発酵食品学

小泉武夫 編著

講談社

◆ 執筆者一覧

〈編　者〉

小泉武夫（東京農業大学名誉教授）

〈著　者〉(五十音順，数字は担当章節)

石毛直道（国立民族学博物館名誉教授，総合研究大学院大学名誉教授：I部）

角田潔和（元 東京農業大学教授：II-2.3節）

金内　誠（宮城大学食産業学部准教授：II-1.3，1.7，1.8節）

小泉武夫（東京農業大学名誉教授：II-序章，1.9，3.1，3.6，3.7節）

鮫島吉廣（元 鹿児島大学農学部附属焼酎・発酵学教育研究センター教授：II-1.2節）

進藤　斉（東京農業大学応用生物科学部准教授：II-1章総説，1.1節）

高橋康次郎（元 東京農業大学応用生物科学部教授：II-2.4節）

高松伸枝（別府大学食物栄養科学部教授：II-3.5節）

髙峯和則（鹿児島大学農学部附属焼酎・発酵学教育研究センター教授：II-1.2節）

舘　博（東京農業大学名誉教授：II-2.2節）

戸塚　昭（㈲テクノカルチャー代表取締役：II-1.4，1.6節）

永島俊夫（元 東京農業大学生物産業学部教授：II-3.4節）

平井光雄（元 ニッカウヰスキー株式会社取締役北海道工場長：II-1.5節）

藤井建夫（東京海洋大学名誉教授，東京家政大学大学院客員教授：II-3.3節）

前田安彦（宇都宮大学名誉教授：II-3.2節）

マルコメ株式会社（II-2.1節）

安田正昭（琉球大学名誉教授：II-3.6節）

渡邊寿一（元 佐藤水産株式会社魚醤工場長：II-2.5節）

レイアウト／片柳綾子・奥秋信二（DNPメディア・アート）
イラスト＋図版／おのみさ

◆ はじめに

　毎日の朝食，和食では，味噌汁，納豆，漬物，酢の物などは常顔で，これらがなかったら民族の食は成立しない。これらはすべて発酵食品で，味噌汁の出汁をとるにしても発酵食品である鰹節を使う。また洋食においても，主食のパンは発酵食品であるし，サラダにかけるドレッシングやマヨネーズに使う酢も発酵食品である。またチーズやヨーグルトも発酵食品である。こうして考えてみると，発酵食品がなかったら，食事はまったく味気のないものになってしまう。

　一方，酒は人類の歴史のなかで，ずっと人は酒とともに喜び，悲しみ，泣いてきた。一本の徳利から，一壜のワインから，一杯のビールから，文化や芸術，政治が動き，歴史が変わった。まさに酒は，我々人類にとって最良最高の友である。そして風土や気候によって世界の国々には別個に酒が誕生し，多くの民族が育て上げてきた。この酒もまた発酵生物が醸してくれた人類が誇る至上の嗜好文化のひとつである。

　さて，その「発酵」には，どんな定義や意味があるのだろうか。
『広辞苑』（岩波書店）によると，「発酵」は，
「酵母・細菌などの微生物が，有機化合物を分解してアルコール・有機酸・炭酸ガスなどを生ずる過程。本態は酵素反応。酒・醤油・味噌，さらにビタミン・抗生物質などはこの作用を利用して製造する。狭義には，糖質が微生物によって酵素の関与なしに分解する現象を，また広義には，これと化学的に同じ反応過程である生体の代謝（解糖系など），および微生物による物質生産を指す」
とある。これはかなり専門的で理解しにくい。

　また『岩波生物学辞典』（岩波書店）では次のように記している。
「有機物が微生物の作用によって分解的に転化する現象。狭義には糖質が微生物によって無酸素的に分解することをいう。この現象は古くからアルコール飲料・パンその他のいわゆる醸造製品の製造に利用されてきた」
こちらも難しい。ただ最後の「この現象は…利用されてきた」というあたりは少々思いあたることがあるかもしれない。つまり，「微生物の作用により，醸造製品の製造に利用できるということ」ならば，味噌や酒，醤油，納豆，チーズなどの例が頭に浮かび，「発酵」のイメージがつかめてくるからだ。

　このように「発酵」は難しい学問的な定義が与えられているが，ここではそのような堅苦しい表現は置いておいて，要するに「微生物，またはそれらが生

産する酵素が，人間にとって有益な物質をつくりだしたり，有効な手段となったりすること」を「発酵」ということにしよう。

　例を挙げて説明すると，ここに一本の牛乳があり，栓を抜いて数日間放置する。当然，空気中から侵入した腐敗菌によって汚染され，猛烈な悪臭が立ち，そのなかには腐敗菌のつくった毒性物質が含まれる。これを飲めば，嘔吐や下痢を引き起こし，人間にとって有益どころか有害となる。これは「発酵」ではなく「腐敗（有機物，とくにタンパク質が細菌によって分解され，有害な物質と悪臭ある気体を生ずる変化『広辞苑』）」である。

　ところが，牛乳に乳酸菌という細菌が入り込み，数日間経ってみると，ブヨブヨと凝固して，ヨーグルトのようなものになった。これを食べてみると，さわやかな酸味とうま味があり，しばらくそのままにしておいても腐らない。これは乳酸菌という細菌が作用して，牛乳を一種の保存食に変えたばかりか，風味も格段に優れたものにしたのである。これは人にとって有益なものに変えたのだから，この場合は「発酵」である。大豆を例にとっても，大豆を煮てそのままにしておいたら腐敗菌の侵入で「腐敗」する。しかし，これに食塩存在下で酵母や乳酸菌で「発酵」させると，味噌や醤油，また納豆菌を繁殖させる納豆となるのである。

　このようなすばらしい発酵食品を本書では，それぞれの分野の第一人者に解説してもらい，いかに私たちの生活に発酵食品が寄与しているかを学ぶことができる。

　また，「この世に酒がなかったら，おそらく世界の歴史は今と大きく異なっていたことであろう」とはある哲学者の名言である。それだけ偉大なる「酒」は，人類がつくった絶妙至高の文化であり，人はこれにかぎりない憧れと誇りをもって育て上げてきた。そして今日，私たちは何不自由なくうまい酒を手にすることができるわけだが，これだけ偉大な美禄でありながら，「酒」の生い立ちやたどってきた道，育つ環境については意外に知られていない。そこで，「酒」についてのつくり方や，そこに活躍する発酵微生物の話を織り交ぜながら，その分野の権威者に解説してもらった。酒についての知見や意外性などを読者に送りこむ役割に本書がなってくれれば幸いである。

2012年3月

小泉武夫

◆ 目　次

はじめに ———————————————————— iii

Ⅰ部　発酵食品と食文化 ———————————— 1

Ⅱ部　発酵食品 ———————————————— 23

序章　「発酵食品」と「酒類」の魅力 ———————— 24

1章　発酵嗜好飲食品（酒類）

酒類の総説 ———————————————— 28

1.1　清　酒 ———————————————— 32

1.2　焼　酎 ———————————————— 80

1.3　ビール ———————————————— 96

1.4　ワイン ———————————————— 112

1.5　ウイスキー ————————————— 148

1.6　ブランデー ————————————— 158

1.7　スピリッツ ————————————— 168

1.8　リキュール ————————————— 176

1.9　その他の酒類 ———————————— 182

2章　発酵調味料

- 2.1　味　噌 —————————— 190
- 2.2　醤　油 —————————— 216
- 2.3　食　酢 —————————— 232
- 2.4　みりん —————————— 252
- 2.5　魚醤油 —————————— 264

3章　その他の発酵食品

- 3.1　納　豆 —————————— 274
- 3.2　漬　物 —————————— 278
- 3.3　水産発酵食品 ——————— 288
- 3.4　発酵乳製品 ———————— 304
- 3.5　パ　ン —————————— 314
- 3.6　その他の発酵食品　甘酒，発酵豆腐 ——— 322
- 3.7　世界の発酵食品 ——————— 334

出典一覧 —————————————— 348
参考文献 —————————————— 350
おわりに —————————————— 354
索　引 —————————————— 356

I 部
発酵食品と食文化

　発酵と腐敗を区別するのは，科学ではなく「文化」である。
　旧石器時代にも自然発酵した食品の利用はあったであろうが，意図的に発酵食品を生産するようになるのは，新石器時代に農耕と牧畜が開始されてからのことである。
　牧畜民は乳を発酵させて，長期間保存可能な乳製品をつくりだした。世界中に分布する発酵飲料である酒は，農産物を原料とするものが主流である。
　ここでは，酒，パン，漬物，魚醤，納豆，穀醤などの発酵食品の大まかな製造原理と歴史や分布について紹介する。
　そして，魚醤や麹でつくる穀醤の分布する東南アジアと東アジアが，発酵によって生成されるグルタミン酸のうま味を重視する，世界のなかでの「うま味の文化圏」となっていることをここで述べる。

❖「発酵」と「腐敗」のちがい

「発酵」も「腐敗」も，主として微生物の作用により有機物が分解し，新しい物質が生成されるということでは科学的には同じ現象である。しかし一般的には，この現象が人間にとって有益な場合を「発酵」，有害な場合を「腐敗」として区別している。

そして「発酵食品」と「腐った食品」を区別するのは「文化」なのである。

ところちがえば発酵食品は腐敗物

「文化」を異にする集団である民族ごとに「発酵」と「腐敗」のカテゴリーが異なるのである。

16世紀後半に来日したイエズス会の宣教師ルイス・フロイスが，日本とポルトガルの習俗を比較した書物『フロイスの日本覚え書き』のなかで，

「われわれにおいては，魚の腐敗した臓物は嫌悪すべきものとされる。日本人はそれを肴（さかな）として用い，非常に喜ぶ」

と記述している。

すなわち，ポルトガル人にとって塩辛は腐敗物とされるのに対し，日本人にとっては珍味の発酵食品として評価されているということである。

その発酵食品を意図的に製造するためには，麦芽，麹（こうじ），イーストなどの発酵を促進させる「スターター（種菌）」を使用することが多い。しかし，スターターなしでも自然のなりゆきで腐敗や発酵は進行する。

気候的に農業が困難で，狩猟と漁労に食料を依存する北シベリアの諸民族が，ロシア語で「酸っぱい魚」という意味の「キスラヤ・ルイベ」という魚の保存食品をつくることが知られている。永久凍土に穴を掘り，穴の底や内壁には樹皮をしきつめ，このなかに塩をせずに生魚を入れ，長期間保存する（魚とともに漿果（しょうか）類を保存することもある）。永久凍土に掘った穴のなかは，温度が0℃以下になることが少ないので魚は冷凍にはならず，魚に樹皮や漿果の乳酸菌が移り乳酸発酵する。そして数か月保存すると，魚は酸っぱくなって臭気を発し，その風味を賞味する。本書のⅡ部3.7節内の「キビヤック」も極北で開発された自然のなりゆきの発酵食品である。

このような自然のなりゆきでつくられる発酵食品は，旧石器時代にも存在した。しかし，作物栽培や家畜の飼養をせず，野生の動植物に食料資源を依存する旧石器時代

と同じ生活様式を現代に伝える世界各地の狩猟採集民には，発酵食品は発達していない。新石器時代に農業や牧畜が開始され，大量の食料を入手し保存をするようになったからこそ積極的に発酵食品が製造されるようになったのである。

❖ 牧畜民の発酵食品：乳製品

　新石器時代に家畜を飼養するようになると，有蹄類の草食性の家畜（ウシ，ウマ，ヒツジ，ヤギ，ラクダなど）を一家族で数十頭以上の群れとして管理し，家畜群からの生産物に大幅に依存する「牧畜」といわれる生活様式が成立した。家畜の肉や乳は牧畜民の主要な食料とされ，食料以外にも毛や皮からも衣服やテントをつくったり，糞を乾燥して燃料としていた。牧畜民の食生活にとって重要なのは肉よりも乳であった。肉食するため屠畜を続けたら家畜群が消滅してしまう。よって屠畜対象は去勢雄と乳を出さなくなった雌に限定し，なるべく家畜を殺さずに繁殖させて畜群を大きくすることで，人間の利用できる乳量を増大させていた。

　牧畜文化の中心は，モンゴルから中央アジア，西アジアを経由して北アフリカにつながる旧世界の乾燥地帯で，農業をせずに牧畜だけに依存し，水と草を求めて放牧地を移動してテント生活をする遊牧民が分布する。ちなみに，牧畜と農業が結合した生活様式はヨーロッパやインドで成立した。

　牧畜民は家畜の乳搾りの習慣を古くからもっている。図Ⅰ-1は15世紀において日常的に家畜の乳搾りが行われた地域を復元した世界分布図である。すなわち，世界の伝統的な乳食文化圏を示す図である。

　乳は理想的な栄養食品ではあるが，生乳はすぐに腐敗してしまう。また，乳を出していた雌も繁殖期に妊娠したら出産時まで乳を出さない。そこで端境期に備えて乳をさまざまな乳製品に加工し，搾乳困難な時期の食料に保存するのである。よって牧畜民は「乳を飲む人びと」というよりも乳製品に加工する「乳を食べる人びと」なのである。その乳製品のなかでもっとも古い歴史をもつのが発酵乳（酸乳，凝乳，ヨーグ

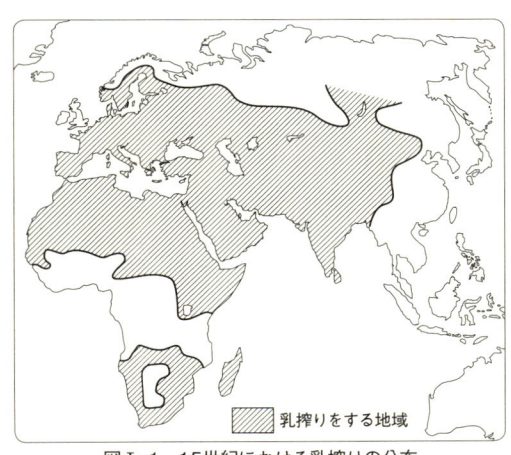

図Ⅰ-1　15世紀における乳搾りの分布

ルト）の加工である。

　生乳や乳のなかの脂肪分を集めて，バター，クリームなどをつくったあとの液体を放置しておくと，乳酸菌が増殖して乳酸発酵が進行し，乳糖が分解して乳酸が生成されて酸っぱくなり，乳のコロイド成分が凝固する。酸性化した乳のなかでは，腐敗を起こす微生物が繁殖しにくいので保存性が高くなる。よって発酵乳の一部を残し，次回の発酵乳づくりのスターターとして使用することで安定した乳酸発酵をくり返すことができる。

　発酵乳は，それぞれの地域で使用される菌種や製法のちがいにより，さまざまな風味や生理作用をもつ。発酵乳中の固形成分を集めて脱水・乾燥させ，チーズ状の食品をつくる地域もある。

　モンゴルからコーカサスにいたるステップ地帯の牧畜民の乳酒も発酵乳の一種である。乳酒は，生乳や他の乳製品を製造後に残った乳糖を含む液体を原料として，乳酸発酵とともに乳糖を分解してアルコール発酵をさせたもので，モンゴルの「アイラグ」，中央アジアの「クミス」，コーカサス地方の「ケフィア」などがある。乳酒のなかでも有名なのは馬乳酒である。ウシやヒツジなどの乳に比べ，ウマの乳は乳糖含有量が多いので，アルコール分が高い発酵乳になるからである。アルコール分が高いとはいってもアルコール含有量は2％前後にすぎず，モンゴルでは栄養飲料として乳幼児も飲んでいる。酔う目的のアルコールにするためには蒸留する。

　乳児は母乳や生乳を飲むと消化することができるが，成人が大量の生乳を飲むと消化することができず，下痢や腹痛を起こすことがある。これを「乳糖不耐症」という。人間を含め，哺乳類の乳児は小腸から乳糖分解酵素を分泌し，生乳の乳糖を分解するが，離乳期にさしかかる頃から分泌能力が低下し，離乳後は分泌が止まってしまうのである。

　この乳糖不耐症の出現頻度には人種差があり，ヨーロッパ，西アジア，中東，アフリカの一部の地域の人びとは成人になっても大量の生乳を消化することができる。これは古くから加工しない乳を飲用する習慣があり，成人になってからも乳糖分解酵素を分泌する獲得形質が優性遺伝をするようになった集団だからである。しかし日本を含む東アジアの

写真Ⅰ-1　仔ウマを近づけると乳がよく出る（モンゴル）

人種は，乳糖不耐症が多く，乳利用の伝統が古いモンゴル人やチベット人にも乳糖不耐症が多い。ただし，発酵により乳糖をアルコールに変えた乳酒なら成人も消化することができる。

乳のタンパク質を凝固させたものがチーズ状の食品である。中近東とヨーロッパではレンネットを利用し

乳糖不耐症には人種差がある

てチーズを製造するが，この種のチーズには長期間熟成させるものが多い。熟成中に乳酸菌などの細菌やカビ，酵母の作用で発酵が進み，地域ごとに独特の風味をもつさまざまな種類のチーズがつくられる。

❖ 食料生産をはじめた発酵食品：酒

酒を醸造酒や蒸留酒，リキュール，薬酒などの混成酒に大別することもあるが，原理的には醸造酒をもとに蒸留酒や混成酒がつくられるので，ここでは表Ⅰ-1と図Ⅰ-2を参照しながら，世界における醸造酒の類型と，その分布を論じる。

酒に含まれるエチルアルコールは，糖類が酵母の作用で発酵することによって生成される。現代の酒造法においては人工的に選択し，培養した酵母を糖液に加える。ただし，酵母は自然界にいくらでも存在するので，適当な濃度の糖分を含む液体を用意し，発酵に適当な環境を整えておけば，自然酵母の作用で酒ができる。

はじめから糖分を含む原料からつくる酒造法を「糖分の酒」とよぶことにする。穀物やイモ類など多糖類のデンプンを原料とする場合は，デンプンを糖類に変化させる過程「糖化」が必要である。したがって，デンプンを原料とした酒造法では，糖化のための発酵と酵母によるアルコール発酵の二重の発酵プロセス「複発酵」が必要である。このようにしてつくられる酒を「デンプンの酒」とよぶことにする。

糖分の酒

糖化のプロセスを必要としない酒造原料には，蜂蜜，果実，樹液，乳がある。

❖ **蜂蜜酒**　タンザニアの牧畜民ダトーガ族の蜂蜜酒のつくり方を紹介する。サバンナのなかの野生のハチの巣から蜂蜜を採集し，蜜量の3倍の水を加えて希釈し，大型のヒョウタン（写真Ⅰ-2）に入れ，そこに「酒の薬」と称する多孔質の木

表I-1 世界の伝統的な酒の類型

	原料		糖化手段	醸造酒	蒸留酒	主要な分布地域
糖分の酒	蜂蜜		→	蜂蜜酒		東欧，サハラ以南のアフリカ，中南米
	果実	ブドウ	→	ワイン	→ ブランデー	地中海
	樹液	ヤシ類	→	ヤシ酒	→ アラック	アフリカ，インド，東南アジア
		リュウゼツラン	→	プルケ	→ テキーラ	中南米の一部，メキシコ
	乳		→	クミズ アイラグ	→ アルヒ	モンベル，シベリア，中央アジア
デンプンの酒	穀類 芋類	トウモロコシ マニオク	→ 唾液	→ チチャ		中南米
		大麦	→ モヤシ	→ ビール	→ ウイスキー	北西ヨーロッパ
		雑穀	→ モヤシ	→ ポンベ		サハラ以南のアフリカ
		主として米	→ カビ	→ 黄酒(中国) 清酒	→ 白酒(中国) → 焼酎	東アジア，東南アジア

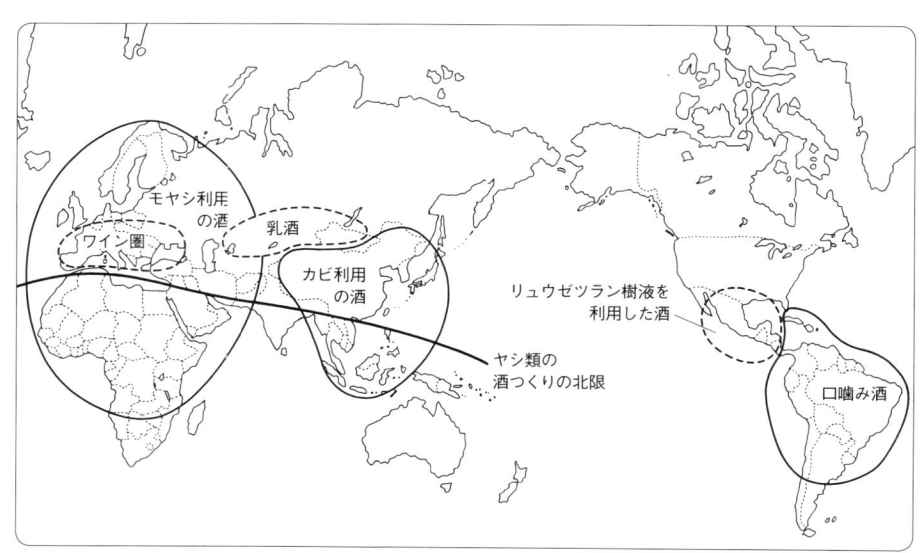

図I-2 伝統的酒つくりの分布模式図

I部 発酵食品と食文化

の根を加える。屋内の焚き火のそばにヒョウタンを置き、火に近づけたり遠ざけたりしながら温度調節すると、一昼夜にして飲み頃の酒になる。木の根は酒造のたびにくり返し使用するので、酵母が付着しているものと考えられる。

　ビールづくりが普及する以前のゲルマン系の民族はこの蜂蜜酒をよく飲んでおり、現代でもイギリス、東欧、ロシアでは製造されている。また中東からエチオピア、マダガスカルを含むアフリカ地帯にも蜂蜜酒が点在する。新大陸でも中米からブラジルにかけての地帯に点在するが、両者の系譜関係を求めるには無理がある。単純な酒造法なので、新旧大陸の関係なしに独立発生したものと考えられる。

写真Ⅰ-2
ダトーガ族のヒョウタン（タンザニア）

　酒造は新石器時代に人類が食料生産をするようになってからはじまったとされる。現代においても狩猟採集民族は酒造をしない。ただし、旧石器時代の岩壁画に蜂蜜採集の情景が描かれていることを考慮すると、蜂蜜酒は人類最古の酒である可能性がある。

❖**果実酒**　果汁を発酵させてつくる酒造原料の主要なものは、ブドウ、リンゴ、バナナ、ナシ、モモ、プラム、サクランボ、アンズ、イチゴ、ザクロ、クロスグリであるが、このほかにもさまざまな果実が利用される。

　ブドウ果汁は適度な酸を含むので、雑菌による汚染を防止しながら良質の酒をつくることができる。イランのザクロス山脈の新石器時代遺跡から発見された紀元前5400〜5000年の土器の底についた残留物を化学分析した結果、この土器にはブドウ酒が入っていたことが判明。これが考古学的に実証された最古の酒である。

　熱帯アフリカではバナナ酒がつくられるが、ほかの伝統的果実酒の多くは地中海のブドウ酒地帯の外縁部にあたる西アジア、ヨーロッパ、北アフリカでつくられてきた。そのことはブドウ酒の製造法がほかの果実に応用されたものであることを示唆する。

❖**樹液の酒**　糖分を含んだ甘い樹液を発酵させてつくる酒造原料の代表がヤシとリュウゼツランである。

　ヤシの花軸を切って、そこからしたたり落ちる樹液を容器に採集し、発酵させてヤシ酒ができる。アフリカからインド北部にかけての乾燥地帯ではナツメヤシの樹液の

酒が分布する。熱帯アフリカでは、ラフィアヤシ、アブラヤシなどさまざまな種類のヤシが利用され、インドから東南アジア、ミクロネシアとメラネシアの一部の地域にかけては、ココヤシ、ニッパヤシ、サトウヤシが主要な原料とされる。太平洋西側のポリネシアではココヤシを栽培しているにもかかわらずヤシ酒が存在しない。これは、ヤシ酒製造の技術が知られる以前に、ポリネシア人の民族移動が行われたことを物語る。現在の中南米でココヤシの酒をつくるところがあるが、それはのちの時代に導入されたものであり、アメリカ大陸の伝統的な酒にはヤシ酒が欠如していた。

そして中米の伝統的な酒に「プルケ」がある。リュウゼツラン科の植物であるマゲイの樹液からつくる酒で、アステカ帝国では神への捧げものの酒とされた。「メスカル」あるいは「テキーラ」という名称で知られるメキシコの蒸留酒は、リュウゼツラン科のアガベ属の植物の塊茎を加熱処理し、樹液ばかりでなく、パルプ質を形成している多糖類を分解してできた糖分も搾ってつくる。人工的につくった「樹液」を発酵、蒸留させて工業的に生産される酒である。

白人がやってくる以前のアメリカ大陸には蒸留技術はなかった。ヨーロッパ、シベリアから北米にかけての地帯には、シラカバやカエデの樹皮を傷つけて樹液を採集してつくる酒が分布する。

❖ **乳酒**　前述したので、ここでは省略する。

デンプンの酒

穀物、イモ類の大量のデンプンを含む作物が世界各地で酒造原料とされる。このような原料で酒つくりをするためには、スターターとしてデンプンの分解酵素を加えて糖化する必要がある。世界の伝統的なデンプンの酒つくり技術をデンプン分解酵素の種類によって分けると、唾液中の酵素を利用する方法（口噛み酒）、穀物の種子が発芽の際につくられる酵素を利用する方法（モヤシ酒）、カビの酵素を利用する方法（カビ酒）の3種に大別される。

❖ **口噛み酒**　生のまま、あるいは加熱したデンプン質の原料を噛み、唾液を混ぜて容器に吐き出して放置すると、唾液の酵素で糖化が起こり、やがてアルコールに変わる。

写真 I-3
口噛み酒をつくっている女性（ボリビア）

日本の古代に米を原料とする口噛み酒がつくられたことが『大隅国風土記逸文』に記録されており，沖縄・奄美諸島でもつくられていた。台湾の先住民は米あるいは餅粟(もち)を原料として口噛み酒をつくった。中国福建省にも口噛み酒の記録があり，13世紀のカンボジアの記録『真臘風土記』にも出てくる。

　東アジアの北方では一例だけではあるが，アイヌの人びとが口噛み酒をつくっていた報告がある。中国の史書には，女眞(じょしん)（ジュルチン：ツングース系の民族）で韃靼(だったん)（タタール：モンゴル系の民族）の口噛み酒をつくっていたことが記録されている。

　このような東アジアにおける口噛み酒の分布は，文明の周辺地帯に古い技術として残存したことを示している。すなわち，カビ（麹）の酵素を利用して酒造をする地域の周辺部や，現在ではカビ利用の酒造をしている場所でも，過去に口噛み酒がつくられていたことがわかる。

　口噛み酒が分布するもうひとつの地帯は，ホンジュラス以南の中南米である。ここではトウモロコシあるいはマニオクを原料とする口噛み酒つくりの伝統がある。

❖ **モヤシ酒**　種子を発芽させたものを「モヤシ」という。そこで発芽の際の糖化酵素の作用を利用してつくる酒を「モヤシ酒」という。いうまでもなくモヤシ酒の代表は麦芽でつくるヨーロッパのビールである。小麦を原料としたビールもあるが，多くのビールは大麦でつくる。

　小麦より大麦の麦芽のほうが糖化力がはるかに高く，小麦よりも穀皮が外れにくく，精麦の際に胚芽が損傷したり，カビが繁殖したりする危険が少ないので，ビールの原料として大麦が選ばれた。また，西アジアから地中海にかけての麦作地帯では，古くから大麦を主作物として大麦パンを食べていた。そこで，古代に開発されたビール原料として大麦が選ばれ，常食が小麦パンに代わると，主食と競合しない大麦が酒造原料として栽培されることとなった。紀元前4000年紀後半のイランのザクロス山脈の初期シュメール遺跡から最古のビールの存在を示す考古学的資料が発見されている。

　熱帯アフリカでも，シコクビエやトウモロコシを原料とするモヤシ酒が分布する。エジプトのビールづくりの技術が南下し，熱帯アフリカ原産の雑穀の酒が生まれたのであろう。

　インドでは，宗教上の理由で，現在，酒造はあまりなされていない。しかし，紀元前1000年紀後半の記録によると，稲や大麦を発芽させて「スーラ」という酒をつくっていたことがわかっている。

　また中国でも，新石器時代の華北平原の主作物であった粟や黍(きび)のモヤシ酒があったと推定され，蘖(げつ)という文字がモヤシ酒のスターターを表すという説が有力であるが，

考古学的に立証できる資料は発見されていない。

❖**カビ酒** デンプンを含む原料にカビが繁殖すると，カビの生育過程でデンプン分解酵素がつくられ，糖化が起こる。このようなスターターとして用いられるカビを「麹菌」という。地域によって麹菌の種類や形態はさまざまであるが，ここでは糸状菌の糖化力を利用してつくる酒を「カビの酒」と総称することにする。カビを用いたスターターの起源については諸説があるが，ここでは省略する。

中国でのカビ酒の歴史は紀元前1000年紀にまでさかのぼる。カビ酒の伝統的分布地域は，ヒマラヤ地域，東南アジア，中国，朝鮮半島，日本，東南アジアにかけてである。ユーラシアの西側がモヤシ酒の地帯であるのとは対照的に，稲作が盛んな東側はカビ酒地帯となっている。この地帯では，酒造ばかりでなく，豆や穀物を発酵させた食品である納豆，味噌，醤油類の製造にカビをスターターとして利用することが発達した。

麹の種類

粉末にした穀物を団子状や円盤状に成形し，そこに植物の葉や樹皮などから移植したカビを繁殖させたスターターを「草麹（くさこうじ）」とよび，中国の古典では「酒薬」と記された。草麹を酒造に用いるのは，ヒマラヤ地帯，東南アジア，長江以南の中国である。現在の華中，華南では，「餅麹（もちこうじ）」の酒造が一般的となっている。典型的な餅麹は，粗挽きした小麦や大麦を煉瓦状の枠に入れて固めたものにカビを繁殖させたものである。餅麹は麦作地帯である華北から伝播したと考えられ，中国，朝鮮半島に分布するが，日本では用いられなかった。草麹，餅麹には，ひとつの麹にクモノスカビ，ケカビなど雑多なカビが繁殖しやすく，それが酒に複雑な味を醸し出す。

また蒸米の一粒ずつに黄麹菌だけを繁殖したものは「散麹（ばらこうじ）」といわれ，日本酒，日本の味噌，醤油づくりに利用される。散麹を使用するのは日本だけといわれていたが，長江下流でも散麹を使用した酒造が近年まで存在していたことがわかっている。餅麹が普及する以前の華中の稲作地帯では，散麹で酒造をしていたと仮定し，それが稲作文化とともに古代日本に伝えられたのではないか，というのが筆者の仮説である。

写真Ⅰ-4　煉瓦状の餅麹の山（中国）

酒と酢は兄弟

酒に酢酸菌が加わると酢酸発酵をして醸造酢になる。人為的に酢酸菌を添加しなくても殺菌して発酵を止めることをせずに酒を放置していたら、自然のなりゆきで酢が生成される。英語のvinegar（ビネガー）には「酸っぱいブドウ酒」という語源があり、また古代中国では酢を「苦酒」という文字で記し、日本でも古くは「からさけ」といった。

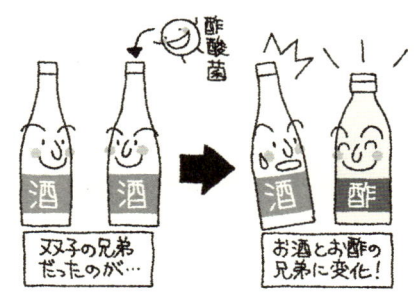

双子の兄弟から年の違う兄弟に?!

そこで世界の伝統的な醸造酢は、それぞれの地域でつくられる酒の種類と関係をもつ。ブドウ酒地帯である地中海圏ではワインビネガー、麦芽（モルト）でビールやウイスキーを製造するイギリスではモルトビネガー、リンゴ酒であるシードルをつくる地域ではリンゴ酢であるシードルビネガー、東南アジアのヤシ酒をつくる地域ではヤシの樹液でつくる酢、日本では米酢がつくられてきた。

❖ 世界でいちばん食べられている発酵食品：植物性発酵食品

主食材料の発酵

日常的に世界でいちばん食べられている発酵食品がパンである。水で練った小麦生地を一晩放置すると、自然酵母のはたらきで発酵し、このときに生じる炭酸ガスの作用で膨らんで焼き上がる。

伝統的なパンの製法は、生地の一部をとっておいて次のパンづくりのスターターであるパン種にするというものであった。ビールづくりの容器に付着したビール酵母は純粋なイースト菌であるので、パンの発酵に珍重されたりしたが、現在では純粋培養した製パン用のドライイーストが使用されるようになった。

ポリネシア諸島には、えぐ味（この場合は、舌をさすような感覚）の強い品種

パンは世界でいちばん食べられている発酵食品

のタロイモを食べやすくする「ポイ」というデンプンを発酵させた食品がある。加熱したタロイモをつぶして大きな木の葉で包み，土中に数週間埋めて発酵させる。それをとり出して，再び加熱して食用にする。えぐ味はしないが，発酵によって酸っぱい味のする食べ物になる。未熟のバナナ，パンの実などを同じ方法で保存食として食べることもある。

漬物の仲間

　野菜，山菜の漬物をつくるときは塩を加える。塩の浸透圧によって細胞を脱水化して保存性を高くし，漬汁の風味を浸み込ませながら乳酸発酵を進行させる。

❖**塩を使用しない漬物**　信州木曽でつくる赤カブの「すんき漬」，ネパールでつくられる葉菜の漬物「グンドルック」，中国の「酸白菜（スァンバイツァイ）」など，ヒマラヤから東南アジア，西南中国にかけての一連の地帯には葉菜やタケノコを原料とする無塩発酵の漬物が分布する。

　酸白菜の一種である四川泡菜（スウチョアンパオツァイ）も無塩発酵の漬物である。特殊な形態をした甕（かめ）を使用して発酵させる。甕の口縁部に溝を設け，そこに水を張って蓋（ふた）を落とし込むと，甕の内外の空気が遮断されて好気性の微生物の繁殖を防止しながら発酵することができる。（写真Ⅰ-5）これはパスツールが考案した「白鳥の首フラスコ」と同じ原理（図Ⅰ-3）である。

❖**発酵茶**　茶葉を無塩発酵の漬物と同じように加工する。茶樹の原

写真Ⅰ-5　四川泡菜を漬ける甕（中国）

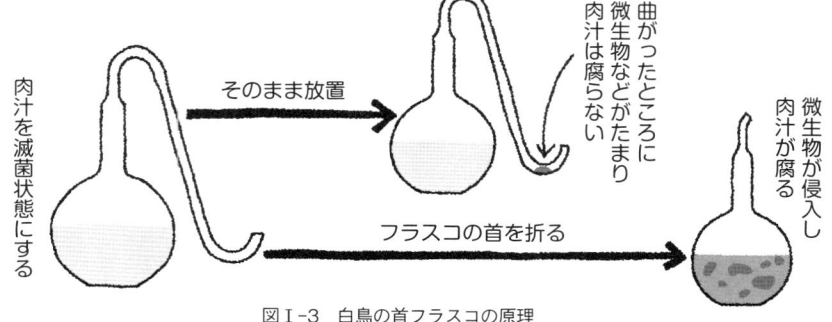

図Ⅰ-3　白鳥の首フラスコの原理

産地といわれるナガランド，ミャンマー，北タイ，ラオスでは，茶葉を蒸したり，湯通してから密閉して乳酸発酵をさせた茶葉の漬物を嗜好品として食べる慣行がある。また発酵した茶葉にショウガ，塩などを加えて，チューインガムのように噛む。

　この「食べる茶」のほかに「飲む茶」に発酵させたものがある。茶葉には酸化酵素が含まれているので，茶葉を摘んで揉むと組織が壊れて酸化発酵が起こる。この自然のなりゆきの発酵をした茶葉を蒸したり炒めたりし，加熱によって酵素を不活性化させる操作を製茶のどの段階で行うかで，煎じたときの茶の色，香り，味が異なる。

　酸化発酵の起こる前に加熱して，茶葉の自然の持ち味を賞味するのが緑茶である。ある程度発酵させてから加熱してつくる半発酵茶といわれるのは，中国の烏龍茶（ウーロンツァー），茉莉花茶（モーリーファーツァー）（ジャスミン茶）であり，紅茶は発酵茶である。中国雲南省の普洱茶（プーアルツァー）の熟茶といわれるものは，できあがった緑茶に多湿な環境でカビを生やして発酵させたもので，後発酵茶といわれる。

❖漬物

ドイツ名物のザワークラウトは「酸っぱいキャベツ」という意味のキャベツを乳酸発酵させた漬物である。ほかにヨーロッパでは，キュウリを香草ディルとともに塩水に漬けて乳酸発酵させた漬物などがあるが，野菜の酢漬けであるピクルスが一般的である。

　世界で漬物づくりがいちばん発達したのは東アジアである。カビ酒つくりの伝統のある東アジアでは，漬物づくりに麹を加えて酵母による発酵作用を付加したり，麹で発酵させた味噌，醬油類を利用した漬物もつくられる。

　中国では漬物なしでも食事をするが，朝鮮半島ではキムチなしでの食事は考えられないし，日本でも漬物は食事に欠かせないものとされてきた。かつての日本では，漬物はそのまま食べるだけでなく，料理の材料としても利用された。積雪期に生野菜が入手できない北国では，漬物を戻して煮炊きしたのである。しかし現代においては，家庭で漬物をつくらなくなり，健康志向により食品の低塩化が進むなかで，市販の漬物は発酵食品とはいいがたく，調味液に漬けて製造したものが多い。これは保存食品であったものが冷蔵庫で保存する生鮮食品化したものといえる。

❖納豆の仲間

豆類は青いときは調理しやすいが，硬く乾燥した状態では，時間をかけて吸水させ，長時間煮なければならず，調理の手間や燃料費もかかる食材である。そこで東アジア原産の大豆の利用法として発達したのが，豆腐に加工すること，モヤシにすること，発酵させて納豆や穀醬（こくびしお）（塩を加えて発酵させる味噌，醬油の類）の加工食品にすることである。大豆が発酵すると，タンパク質が豊富で，うま味のもととなるグルタミン酸やビタミンB_2を含み，消化吸収されやすい食品となる。穀醬については後述するとし，ここでは東アジア，東南アジアにおける無塩発酵食品である納

豆について記す。

図I-4に示すように、日本の納豆の仲間には、朝鮮半島の「チョックンジャン（戦国醤）」、ネパールの「キネマ」、ブータンの「シェリ・スゥーデ」、アッサムの「アクニ」、ミャンマーの「ペー・ガピ」、北タイの「トゥア・ナオ」、マレー半島からジャワ島にかけての「テンペ」がある。これらの納豆の仲間は、加熱した大豆を放置してカビを生やしたり、稲わらや木の葉で包んで植物体についている菌を移植し、無塩発酵させてつくる。地域によって発酵菌の種類がちがうので、日本や朝鮮半

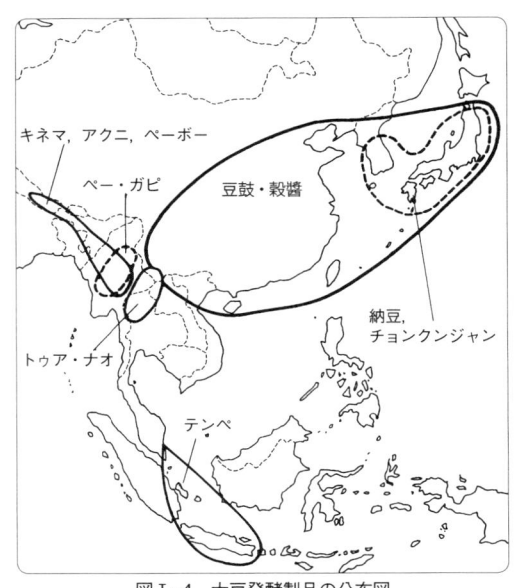

図I-4　大豆発酵製品の分布図

島のように糸をひくものもあれば、テンペのように煮豆が白いカビ（クモノスカビ）に覆われ、粘り気のないものなどさまざまである。トゥア・ナオは大豆に塩を混ぜて発酵させたのち搗き砕いて煎餅状に成形し、乾燥させて製品とする。食べるときは砕いてカレー風の料理に用いたりする。

古代中国では無塩発酵の納豆状の食品もつくられたが、のちに塩を加えて製造し、熟成させる日本の浜納豆に似た調味料である「豆豉（トウチ）」に変化した。そして東アジアにおける発酵大豆食品の主流は、麹をスターターとしてつくられる、後述する穀醤によって占められるようになった。

❖ さまざまな魚の発酵食品

前述した「キスラヤ・ルイベ」のように、塩を使用しない魚を原料とした発酵食品もあるが、魚の発酵食品づくりには塩を用いるのが普通である。

魚醤

秋田の「しょっつる」、能登の「いしる（いしり）」、ベトナムの「ニョク・マム」、タイの「ナム・プラー」など、魚醤油を示す言葉として「魚醤」という名称が使用されることがある。しかし、日本語本来の用法では、魚醤（ぎょしょう＝うおびしお）

とは塩辛から派生した食品の総称である。魚醤油は魚醤の一形態にすぎない。ここでは塩辛系の食品の総称として「魚醤(ぎょしょう)」という言葉を用いることとする。

❖**塩辛** 魚の発酵食品の基本である塩辛類を定義するならば、「生の魚介類を主な原料として、塩を加えて腐敗を防止しながら、主として原料に含まれる酵素の作用によって、タンパク質の一部が分解して構成要素のアミノ酸類に分解することを意図して製造した食品」ということになる。魚ばかりでなく、甲殻類や貝類、ときには鳥獣肉もこのような食品に加工される。

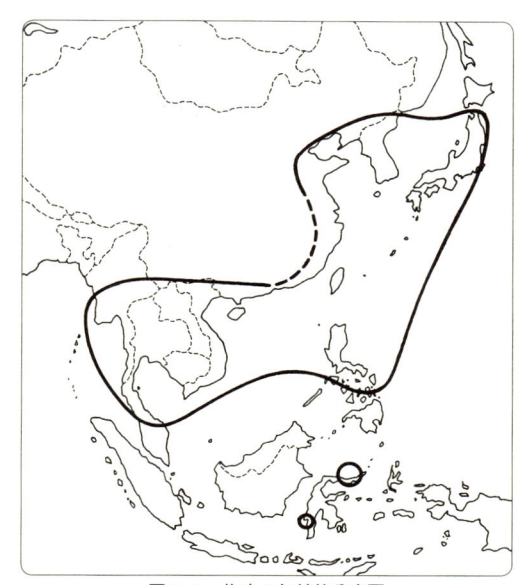

図I-5 塩辛の伝統的分布圏

塩辛の伝統的分布を示すのが図I-5である。かつては中国の内陸部でも淡水魚を原料とする塩辛を生産していたが、近代に近づくほど漢族の食文化では生ものを食べないようになり、現在の中国では塩辛は忘れられた食品となり、沿岸部に残るだけである。

朝鮮半島では「ジョッカル」という塩辛が日常的な副食物として供されるだけでなく、キムチを漬けるときに塩辛や塩辛の汁を混ぜるので、塩辛の消費量はとても多い。

東南アジアでは、インドシナ半島からミャンマーにかけての地帯とフィリピン北部で塩辛が日常的食品となっている。インドシナ半島は、塩辛系の食品が食生活に重要な位置を占める場所である。

マレー半島からインドネシアにかけての地域では、普通の塩辛ではなく、次に述べる塩辛系の調味料である小エビ塩辛ペーストがつくられる。

❖**小エビ塩辛ペースト** 塩辛を臼で潰(つぶ)してペースト状にすると、味噌のように溶けやすく、調味料として使うのに便利である。塩辛ペーストは東南アジア大陸部の各地で製造される。小エビ原料はプランクトン性の小エビで、うま味のもととなるグルタミン酸の含有量が高く、濃厚な味と香りがして、その独特の風味が好まれている。これを小エビ塩辛ペーストという。そしてこれは製法のちがいにより、中国型と東南ア

ジア型に区別される（図Ⅰ-6）。

中国型は、小エビに塩を加え、甕に入れて長期間発酵させると、甲殻が外れてゆるいペースト状にしたものである（写真Ⅰ-6）。その上澄み液を集めたのが「蝦油（シャーヨウ）」で、北京名物の涮羊肉（羊肉のしゃぶしゃぶ）、烤羊肉（ジンギスカン鍋）の調味料に用いられる。その液体をとった残りが「蝦醤（シャージャン）」である。

東南アジア型は、漁獲した小エビを乾燥させてエキス分を濃縮させてから、生乾きの小エビに塩を加えて発酵させ、臼で潰してペースト状にしたものである。蝦醤に比べて水分の少ない硬めのペーストになる。マレーシアの「ブラチャン」、インドネシアの「トラシ」がその例である。

❖**魚醤油**　塩辛を製造したときの滲出液を採集して調味料として利用することは各地で行われており、はじめから液体状に加工することを意図してつくっているのが魚醤油である。

魚肉の分解が進行して半液体状に

写真Ⅰ-6　小エビペースト（中国）

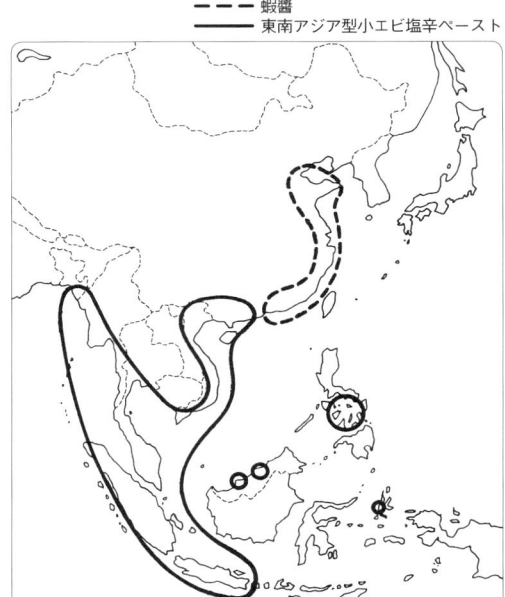

図Ⅰ-6　小エビ塩辛ペーストの伝統的分布圏

なるまで発酵させた塩辛の上澄み液を採取したり、濾過して液体部分だけを集めると、秋田の「しょっつる」、能登半島の「いしる（いしり）」、香川の「いかなご醤油」、中国の「魚露（ユイルウ）」、タイの「ナム・プラー」、ベトナムの「ニョク・マム」、フィリピンの「パティス」などの魚醤油になる。

日本はかつて各地の沿岸部で魚醤油が製造されていたが、明治時代に市販の醤油が普及すると、次第に製造されなくなっていった。

古代ローマでは「ガルム」あるいは「リクアメン」とよんだ魚醤油があったことが

知られている。東南アジアと地中海の中間の地帯には，塩辛系の魚の発酵が存在しないので，古代ローマと東南アジア，東アジアの魚醤油は関係をもたず，それぞれ独立発生したものであると考えられる。しかし古代ローマの滅亡とともにヨーロッパから魚醤油は姿を消してしまった。現在のヨーロッパで塩辛系の食品といえば，イタリアやイベリア半島でアンチョビの塩辛や，それをオリーブ油漬けにしたものがあるくらいである。そのなかでアンチョビソースは古代ローマの魚醤油の名残をとどめるものである。

そしてさまざまな理由から，筆者はアジアの「魚醤」と「なれずし」は，インドシナ半島部から西南中国にかけての初期水田稲作にともなう淡水魚の利用法に起源し，水田稲作とともに各地に伝播したと考えている。

次に魚醤のうま味について記す。筆者が東アジアと東南アジアの魚の発酵食品の現地調査をしていたとき，約350種の塩辛系食品を収集し，そのなかから各地の代表的サンプル34例を味の素中央研究所で化学分析した。各地における製造技術や魚種にちがいがあるにもかかわらず，アミノ酸分析の結果は，アミノ酸類のなかでもうま味のもとであるグルタミン酸の含有量が飛び抜けて高いことが，すべての分析資料に共通することとして判明した。

すなわち，塩辛系の発酵食品はうま味食品としての機能をもっているのである。現在の日本における塩辛は，もっぱら酒肴としての用途であるが，かつては煮物の味付けに塩辛を入れたり，塩辛を漬けた甕から液体を採取して醤油と同じ用途に利用することも行われた。塩辛は塩味とうま味をもつ調味料としての役割をもつ食品なのである。

塩辛系の食品がいちばん発達したのが，インドシナ半島を中心とする東南アジアである。保存食である塩辛類は，常備の副食物として利用されるだけでなく，東南アジア料理の基本的な調味料として使用される。

なれずし

「なれずし」とは，主として魚介類，ときには鳥獣肉を主材料として，それに塩と加熱したデンプン（多くの場合，米飯）を混ぜて保存し，乳酸発酵をさせた食品である。日本語の「すし」の語源は「酸し」に由来するという説があるように，なれずしに加工すると酸っぱくなるが，魚体を崩さず長期間保存することができる。日本のなれずしの代表は琵琶湖の「ふなずし」だが，かつては日本各地で生産されていた。

図Ⅰ-7になれずしの分布を示す。現在でも東南アジア各地でなれずしがつくられ，東南アジアにおける分布は水田稲作の伝統的な分布圏とほぼ一致する。魚醤と同じく

なれずしは、水田稲作における淡水魚利用に起源する発酵食品である可能性をもつ。

魚醤は形状を問わない食品であり、一匹付けの魚料理としての商品価値をもたない、漁獲量の多い小形の雑魚類が原料として利用される。それに対し、なれずしは、テーブルフィッシュとして供される魚を漁獲の少ない時期に備えて保存するためにつくられるので、魚醤原料の魚に比べると大形で、生魚でも商品価値のある魚を原料とする。生食されることも多いが、東南アジアではなれずしを材料とする料理もある。

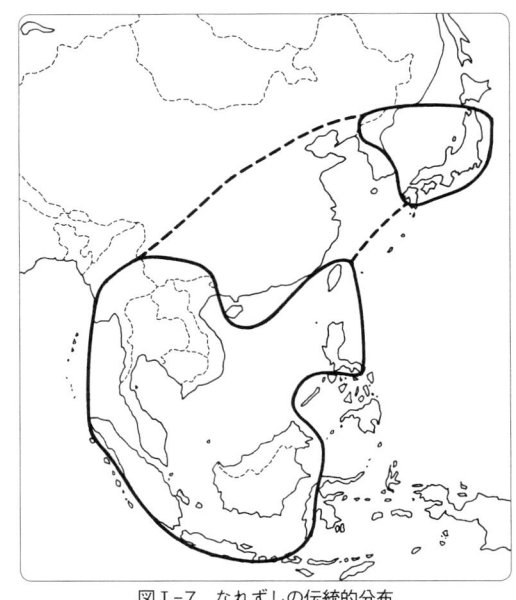

図I-7 なれずしの伝統的分布
（点線はかつて存在していた地域を示す）

そして各地のなれずしを分析した結果、なれずしもグルタミン酸を含む発酵食品であることが明らかになった。

古代中国では、塩と米飯以外に麹や酒、香辛料を入れてなれずしを製造する技術が発達しており、宋代まではよく食べられていたが、漢族が生食を忌避するようになるにつれ衰退し、現在では西南中国の少数民族になれずしが残存する。かつては朝鮮半島各地でもつくられていたようであるが、現在では粟飯に麦芽と唐辛子粉、ニンニクなどの香辛料を入れて海産の塩魚を発酵させた「シッヘ」というなれずしが残存している。

商業経済が発達して鮮魚が手軽に入手できるようになると、保存魚に加工する必要がなくなったこともなれずしの衰退原因のひとつといえる。

日本では8世紀前半からなれずしの記録が現れ、『延喜式』にはさまざまなすしが現れるが、アユとフナの淡水魚の出現頻度が多いことが注目される。

室町時代に生なれずしが出現してから、すしは日本独自の変化を遂げる。漬け込んで数日から1か月くらいで酸味が出るか出ないかのあたりで食べる生なれずしが出現したのである。一般になれずしに漬けた米飯は、米粒が乳酸発酵してベタベタに崩れ、酸味が強いので捨て、魚だけを食べる。しかし生なれずしの米粒は形状を保っており、米飯も食べられる。すしが主食の飯と副食の魚を同時に食べる食品に変化したのである。

その後，乳酸発酵の酸味ではなく，飯や魚に酢を振りかけたすしがつくられるようになり，魚介類だけでなく，野菜を使用した五目ずしや海苔巻きも出現するようになる。19世紀前半に握りずしが普及するようになると，すしは保存食品ではなく，客の顔を見てからつくる即席食品となった。
　かつては「すし」といえば「なれずし」のことであったが，区別するために「なれずし（馴れずし，熟れずし）」という名称がつくられた。

❖ うま味の文化圏

　先述したように，塩辛系の発酵食品は，グルタミン酸のうま味をもつ食品である。東アジアで発達した味噌，醤油の仲間の調味料「豆醤」ともいうが，「穀醤」と総称するもまた原料の大豆や穀物の植物性タンパク質が分解してできた大量のグルタミン酸を含有することが知られている。
　ここでは，魚醤と穀醤の関係について考察する。

魚醤から穀醤へ

　古代中国では，塩辛系の発酵食品を「醤」あるいは「醢」という文字で表記することが多かった。これらの文字は紀元前5〜3世紀頃の記録に現れるが，のちに魚を原料としたものを「魚醤」，肉を原料としたものを「肉醤」と記すことが多くなった。
　醤の本字は「醬」である。読み方を示す音符である「爿」と，肉という意味を示す「月」と，酒という意味を表す「酉」から合成された文字からわかるように，古代中国の「醤」は単純な塩辛ではない。塩をした肉や魚に麹と酒を混ぜて発酵させるのが定法である。
　塩を加えて腐敗を防止しながら，発酵によりタンパク質をアミノ酸やペプチドに分解し，加えた麹から糖分が生成され，酒を入れているのでアルコールと生成された酸により風味が醸し出された食品が，古代中国の魚醤，肉醤であった。東南アジアに起源をもつ塩辛系の食品が，麹を利用する酒造法が発達していた中国で改良されて，醤が成立したものと考えられる。醤は副食兼調味料として利用された。
　中国の歴史的文献で植物性の醤が初出するのは，紀元後1世紀の『論衡』に「豆醤」の文字があることに求められる。6世紀中頃の『斉民要術』の「作醤等法」には，魚醤，肉醤，蝦醤と並んで，大豆に穀物麹を加えて醤をつくる方法が具体的に記述されている。ここでは，植物性の原料でつくるものを醤とし，他の醤には魚，肉，蝦という原料名を付していることから，この時代には穀醤が一般化していたことがわ

かる。

　原理的にいえば、塩と麹を加えて発酵させる魚醤、肉醤の製法を植物性の原料に置きかえたら穀醤ができる。豆類や穀類は魚や肉に比べて安価であるし、貯蔵や運搬に便利で一年中製造が可能である。また塩辛系の食品に比べると、複雑な風味をもつ製品をつくることができる。そのような背景から、中国では穀醤が魚醤、肉醤にとって代わり、それが朝鮮半島、日本に伝播したと考えられる。

　現代中国における穀醤には、先述した「豆豉」、大豆と小麦を主原料とする「黄醬（ホワンジャン）」、「麺醬（メンジャン）」、「甜麺醬（ティェンメンジャン）」という大豆を使用しないで小麦だけを主原料とする甘味噌、四川料理に用いられるソラ豆と小麦を主原料とする「豆板醬（トウバンジャン）」、大豆と小麦を主原料とする「醬油（ジャンユ）」などがある。また、豆腐にカビ付けをして発酵させた「豆腐乳（ドウフルゥ）（別名：醬豆腐、腐乳）」も副食物兼調味料として利用される。

　朝鮮半島の台所で常備の調味料として置かれる穀醤は、大豆だけでつくる味噌状の「カンジャン」と醬油状の「テンジャン」、大豆に米と唐辛子粉を加えて発酵させた唐辛子味噌である「コチュジャン」である。

うま味の文化圏の調味料

　非牧畜圏に位置する東アジア、東南アジアでは乳製品を食べることもなければ、家畜や家禽の肉の消費量が伝統的に少ない地域であった。ニワトリ、アヒル、ブタの飼育は行われたが、上流階級を除いては日常的に食されることはなく、民衆にとって肉は行事の際のごちそうであった。動物性食品としては魚が重要であるが、毎日の食卓に魚料理を供給できる地域は限られていた。そこで、東アジア、東南アジアの民衆の食事における副食物の多くが野菜によって占められていた。野菜に塩味とうま味を付加する食品として、この地域で発達したのが塩辛系食品の魚醤と穀醤である。かつては東アジ

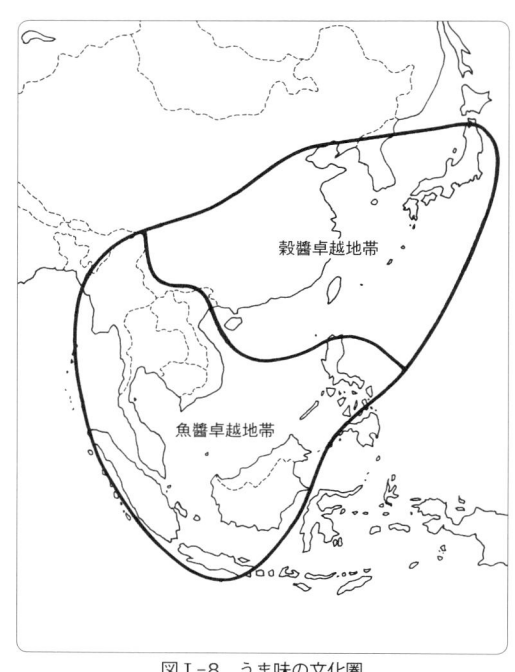

図Ⅰ-8　うま味の文化圏

アでも魚醤をよく利用していたが，現在は穀醤にとってかわった。しかし，気候の関係などで麹を使用した穀醤の生産が難しい東南アジアの台所では，現在も魚醤が重要な調味食品として常備されている。うま味と塩味の合体した調味料を使用する東アジアと東南アジアは，図Ⅰ-8に示したように，世界の味覚地図のなかでの「うま味の文化圏」とでもいうべき地域となっている。

　宗教上の理由などで伝統的に肉食を忌避した日本では，昆布，鰹節，干し椎茸などのだし専用食品が発達した。そして昆布のグルタミン酸，鰹節のイノシン酸，干し椎茸のグアニル酸などのうま味物質を発見し，その生産を製品化した。昆布のうま味成分であるグルタミン酸ナトリウムが「味の素」として商品化されると，世界のなかでいち早くとり入れたのが図Ⅰ-8に示した地域である。そして現在では，上記のうま味物質は，発酵によって製造されるようになった。

Ⅱ部
発酵食品

ここではさまざまな発酵食品を，発酵嗜好飲食品（酒類），発酵調味料，その他の発酵食品に分けて紹介する。

序章 「発酵食品」と「酒類」の魅力

◆ 「発酵食品」の魅力

　目に見えない微生物のはたらきを応用して，人類は「発酵」という一大文化を創造してきた。

　それができた背景には，微生物の性質を知り抜いた知恵の集積があったからにほかならない。先人たちのたゆまない観察と豊かな発想から生まれた，この知恵の巧みさは，我々現代人の想像をはるかに超えるものがある。とにかく，発酵の世界は知れば知るほどすばらしく，また楽しい。

　とりわけ「発酵食品」は，安全かつ優良な微生物を用いて原料を発酵させ，香味に豊かさを加えたり，保存性を高めたりした嗜好性食品で，その歴史は古代にまでさかのぼる伝統的食品である。今では世界に1,000種を超えるといわれるさまざまな発酵食品は，現在，その魅力的な味やにおい，そして保健的機能性が知られ，急激な発展を遂げている。

　その発酵食品には，4つのすばらしい特長がある。

　第一は，滋養の宝庫であること。

　滋養とは「身体の栄養となること，また，その食べ物」のことだが，この意味にきわめてかなうのが発酵食品なのである。その理由は，発酵を司る微生物は多種多様であり，多量の栄養成分を発酵過程中に生産し，食品のなかに蓄積してくれるからである。たとえば，煮た大豆と，それに納豆菌を繁殖させてつくった納豆を比較すると，納豆のほうが圧倒的に栄養成分が高い。また，米を蒸し，それに麹菌を繁殖させた「麹」は，もとの米に比べると，驚くべきほど栄養成分が高まっている。

　第二は，味とにおいに神秘的といってよいほどの魅力があること。

　たとえば，近江のふなずしはその代表であるし，新島のくさやも猛烈な臭さで有名である。納豆やチーズもその類で，発酵食品に共通してこのように個性あるにおいを放つのは，発酵を司る微生物の生理作用によるものである。たとえば，納豆は，煮た大豆に付いた納豆菌が繁殖するときに，においを有する有機酸（プロピオン酸，酪酸，吉草酸，カプロン酸，カプリル酸）や，納豆特有のにおいを特徴づけるテトラメ

チルピラジンを生成する。

このように発酵食品にはそれぞれに特徴的なにおいがあるのは、その発酵食品を醸し上げる微生物がそれぞれ固有のにおい成分を発酵生産するからである。そして、発酵することによりうま味も格段に高まる。たとえば、鰹節菌によってつくり上げられた鰹節は、この菌が原料の燻されたカツオに繁殖すると、まず鰹肉中の主要成分であるタンパク質を分解して、うま味の主成分となるアミノ酸類を豊かに蓄積させ、さらに肉中に存在する核酸関連物質、とりわけアデノシン三リン酸（ATP）を分解して強い呈味性を有する5'-イノシン酸にする。この核酸系呈味物質はアミノ酸と相乗してうま味を私たちの舌に感じさせてくれる。そのうま味の相乗とは、たとえば、呈味性アミノ酸の代表であるグルタミン酸が単独で存在した場合、そこに5'-イノシン酸がほんのちょっと存在するだけで人への呈味性は飛躍的に高まるのである。牛乳より発酵させたヨーグルトやチーズのほうがはるかに味が濃くおいしい、煮ただけの大豆に比べて、それを発酵させた糸引き納豆は強烈なうま味を有するのがその例である。

第三は、比較的長期にわたって保存が効くこと。

牛乳よりチーズのほうが、大豆より味噌や納豆のほうが、生魚よりすしや鰹節のほうが、生野菜より漬物のほうが、生ハムより発酵ハムのほうが、豆腐より発酵豆腐のほうがはるかに保存が効いて長持ちするのがその例である。昔のように冷蔵庫がなかった時代、原料を発酵させて栄養成分を蓄積させ、さらに保存性まで高められることを発酵によって成し遂げた先達者たちの知恵には感心させられる。

第四は、発酵食品は生きた発酵菌の巣窟であること。

たとえば、今、ここに熟して甘いおいしいブドウの実がある。これを皮付きのまま潰して容器に囲っておくと、15時間ほどしてブツブツと炭酸ガスを吹き上げてアルコール発酵が開始される。それは、ブドウの皮に付着していたり、空気中に浮遊していた発酵力の強い酵母が侵入してきて、そこで引き起こす発酵現象で、そのままにしておくとブドウ酒ができあがる。

発酵直前、このブドウの果実には、その1g中におよそ10万個（微生物はひとつひとつの細胞からなっているので、何匹という表現ではなく、細胞が何個というように「個」を付けて数を表している）ほどの

発酵食品はとても体によい食べもの

酵母がいるのであるが，発酵が起こって24時間後には4,000万個（約400倍），そして48時間後には2億個（約2,000倍）に増える。このように微生物は格好の生育環境下に入ったとき，一挙にその数を天文学的に増やしていく。このことはブドウ酒の例ばかりでなく，発酵現象のすべてにおいて共通してみられる。

さらに身近なところでは，日本人が昔から大好きな漬物の一種である糠漬けの，とある発酵中の糠床のなかにも実にさまざまな発酵微生物がひしめきあって生きている。ある研究報告によると，糠床1g（だいたい小さじの先にほんのちょっと）のなかには，生きて活動している乳酸菌が約3億〜5億個，その他の細菌や酵母も約1億個以上生息しているという。たった1gというわずかな糠床のなかに，日本の人口の3〜4倍もの乳酸菌と，日本の人口に匹敵するほどの数の酵母が存在していて，それもさまざまな様式で生活しているのであるから，まったく不思議な世界であり，感動的である。

こうして考えると，巨大な宇宙の星の数が無限であるのと同じく，微細すぎて目にすることのできない地球上の発酵微生物の数もまた無限であることに気付くのである。

◆「酒類」の魅力

人類が酒を意識的につくり出してから今日に至る間，世界の多くの民族のなかで酒にまったく出合うことがなかった民族はおそらくいないだろうといわれている（きわめて稀な例として極北に住むイヌイット族は自らの酒をもたないといわれている）。また，たとえ宗教上の理由などで今は禁酒をしている国も，その民族の歴史をたどれば，少なくとも一度は酒を口にした祖先をもっているはずである。

酒は酵母によってアルコール発酵が起こり，できあがるのであるが，そのためには，糖分の存在が絶対不可欠の条件となる。したがって，穀物原料の糖化を知らなかった原始時代の酒は，北方では山ブドウや山査子，木イチゴ，南方ではパイナップルやヤシの実など，甘い糖分を含む液果類が使われていた。

約1万年以上も前にオリエントやナイル河畔で麦類，インドや中国の一部で稲，東南アジアや中国，東アジアで稗や高粱などの雑穀が栽培されはじめ，農耕時代の幕開けがきてから，本格的な酒文化がはじまる。それらの穀物を生産し，これを貯蔵や調理する段階で，たとえば麦を食べていた民族は，偶然の機会から発芽した大麦が意外に甘いものであり，その浸漬液がいつのまにか（発酵して）不思議な飲料（酒）に変わることを知った。また米を主食にしていた民族は，それを煮炊きしたものにカビが

序章 「発酵食品」と「酒類」の魅力

生えたものを適当にいじりまわしているうちに、ここでも不思議な飲み物と出合った。そのような生活の一部の漠然としたものが酒のはじまりのようなものである。麦芽もカビも、穀類の主成分であるデンプンを分解して、麦芽糖あるいはブドウ糖にする糖化酵素があったから、その偶然と出合ったにすぎない。

それからの長い間、人類あるいはそれぞれの民族は、おいしい酒を求めて試行錯誤をくり返しながら今を迎えた。

日本人は日本酒とともに季節を楽しみ自然を大切にしてきた

酒の誕生は、その民族の主食や調理法、気候風土といったものがほどよく噛みあえば可能であるから、食べ物や食べ方にちがいがあるのと同じように、それぞれの各民族に独自の酒が生まれたのである。

「酒」も広義の解釈では、「発酵嗜好飲食品」と定義されている。そこで今回、「発酵食品」としてさまざまな酒類を紹介する。

1章 発酵嗜好飲食品(酒類)
酒類の総説

◆ 日本の酒類の歴史

　日本国内における酒類製造の歴史は，日本固有の伝統的酒類である清酒にはじまり，穀物を原料とした巧みな微生物管理によって，古の時代より行われてきた。また，泡盛，焼酎などの蒸留酒は，タイ国から琉球を経て16世紀頃から製造飲用されるようになったとの説が有力である。さらに開国後の明治時代には，ビールや果実酒，ウイスキー，ブランデーなど，すでに諸外国によって製造法が確立された酒類，いわゆる洋酒が国内へも導入，製造され，食生活の欧米化やさらに近年の多国籍化によって，古来の日本独自の酒類とともに開発・洗練されてきた。このように各酒類によって，国内導入，一般化の時代は異なるものの，この間，さまざまな独自の変遷を遂げ，現在に至っている。

　酒類は，果実，穀類，芋類など農産物の加工品のひとつであり，その代表でもある米は主食作物でもある。これらの原料作物は，気候や病害などに作柄が左右される。このため，その栽培特性や酒類醸造に有用な特性を有する品種が新規に開発されるごとに，その醸造技術も合わせて発展してきた。

　また科学的観点では，明治期に諸外国から近代科学が導入されたことにより，伝統的製造法のメカニズム解析が行われ，安全醸造・品質向上のために生産の効率化，機械化が進んだ。その一方で，近年は，嗜好品としての手造り回帰やまた途絶えかけた旧来製造技術が新たな解釈で復刻されるなどして，日本の風土と日本人の感覚，食生活の変遷にともない変化しながら，時代を追って独自の発展を遂げている。また最近の生物工学的開発技法の導入によって新たなる発展を続けている。

◆ 酒類の醸造学的分類とその定義

　酒類はその製造法や原料などの観点からいくつかの分類法がある。
　製造法による分類では，醸造酒，蒸留酒，混成酒の3つに分類される。まず蒸留工程の有無により醸造酒（清酒，ビール，果実酒など）と蒸留酒（焼酎，ウイスキー，

ブランデー，スピリッツなど）に分類される。またそれらの酒類の混合により製成されたり，草木果実などを浸出したりする工程を有する混成酒（リキュールなど）がある。

次は原料成分と糖化およびアルコール発酵の形態による分類である。これにはまず

表Ⅱ-1　酒類の分類

原料	発酵
果実原料酒（糖質）	単発酵酒
穀物原料酒（デンプン質）	単行複発酵酒 並行複発酵酒

糖化酵素　　　酵母菌
デンプン　→　糖　→　アルコール

果実を原料とするため糖化工程が不要で，直接アルコール発酵工程をとる単発酵酒がある。次に穀物のデンプン質を原料とする複発酵酒があり，さらに2つに細分される。ビールに代表される「単行複発酵酒」は，糖化工程とアルコール発酵工程とがそれぞれ独立して順番に単独で行われる。これに対し，清酒を代表とする「並行複発酵酒」は，糖化と発酵の工程が発酵容器で同時並行されるのが特徴である（表Ⅱ-1）。

このデンプンの糖化方法には，西洋では麦芽が，東洋では麹が用いられる。麦芽は植物由来の酵素の利用であり，麹は微生物由来の酵素の利用で大きく異なる。また東洋の麹は，さらに東南アジアを中心として使用される「餅麹」と日本の「散麹」に分けられ，その製麹法や関与微生物もまったく異なり，それぞれが原料処理法，加熱工程の有無など独自の方法で製麹され，このように糖化剤，麹の形態によっても分類がなされる。一方，製品として出荷される酒類の分類は，すべて酒税法に従い区分されている。

◆ 酒税法上の酒類の種類とその定義

現代における酒類の定義とその『種類及び品目』は，酒税法で規定されている。
酒税法第2条では『酒類とは，アルコール分1度以上の飲料をいう』と定義されている。アルコール濃度は，容量パーセント（V/V；m*l*/100m*l*）で示され，度数と同義である。

この酒税法は平成18年5月に大幅改正された。これにより酒類は4分類に大別されることになった。先に挙げた醸造学上の3分類と用語が類似するが，『醸造酒類』，『蒸留酒類』，『混成酒類』に加え，新分類として『発泡性酒類』が設けられた（表Ⅱ-2）。

この発泡性酒類に区分される品目はビール，発泡酒，『その他の発泡性酒類』に属するビール風飲料などである。

表Ⅱ-2　酒税法における酒類の4分類と各品目
　　　　（第2条および3条）

発泡性酒類	醸造酒類
ビール 発泡酒 その他の発泡性酒類 （上記以外の酒類で発泡性を有するAlc10度未満のもの）	清酒 果実酒 その他の醸造酒

蒸留酒類	混成酒類
連続式蒸留焼酎 単式蒸留焼酎 ウイスキー ブランデー 原料用アルコール スピリッツ	合成清酒 みりん 甘味果実酒 リキュール 粉末酒 雑酒

これによりビールは，醸造学的分類上は「醸造酒」に該当するものの，酒税法上では『醸造酒類』ではなく『発泡性酒類』に該当することになっている。

また各品目の大部分に対して，これまでなかった「アルコール度数の上限定義」が追加されたのもこの改正で特筆すべき点である。

それ以前の旧酒税法では，『酒類は，清酒，合成清酒，しょうちゅう，みりん，ビール，果実酒類，ウイスキー類，スピリッツ類，リキュール類及び雑酒の10種類に分類する』と規定されていた。これらはさらに，焼酎は甲類と乙類に，また雑酒は発泡酒，粉末酒，その他の雑酒に細分されていた。

また現行酒税法や関連の施行令などにより，その各酒類の品目で使用できる原料やその割合などが詳細に規定されていることは変わりない。

◆ 現代における酒類全体の統計

平成21年度の国内生産数量の構成比（品目ごとの課税数量として）は，もっとも高い『ビール』が34.9%，以下順に『リキュール』18.3%，『発泡酒』13.3%，『その他の醸造酒』8.7%，『清酒』7.2%，『単式蒸留焼酎』6.2%，『連続式蒸留焼酎』4.8%，『果実酒』1.0%などとなっている。この『リキュール』には，新ジャンル飲料（いわゆる"第三のビール"と称される商品）や缶チューハイ，ウイスキーのハイボール缶などが含まれており，近年の大きな変化のうちのひとつである。これらの構成は，食生活やライフスタイル，関連法令の改正による種々の影響を受け，現在に至っている。この各品目ごとの変遷は以下の各論で展開されるが，とくに各酒類の税額の増減により，より税負担の少ない商品に消費の中心がシフトしたり，逆に負担が増える直前には駆け込み需要が増え，直後に買い控えが起き，続けて市場が縮小するなどをくり返してきた。

各酒類商品のラベル表示は，関連する各種の法律や自主基準などにより，それぞれ産地，原料やその配合などの製造方法に由来する項目や語句などが個別に規定されている。さらに各メーカーが独自に提唱する事柄や商標名なども渾然と記載されている。これらの詳細に関しては，以降の各酒類の項目で詳説する。

◆ 酒類全体をとりまく環境

酒類醸造における環境問題への配慮としては，とくに大規模企業を中心に生産効率の向上とも相まった節水や，ごみゼロをめざすグリーン工場化へのとりくみが行われ

ていることは他産業と同様である。もともとビール瓶や一升瓶は，環境問題の高まり以前からリサイクル（リユース）の模範としての扱いであり，現在でも変わりはない。ところが最近の消費者ニーズである小容量化などへの対応の一例としては，ガラス瓶の代替にPET容器が採用されるようになった。以前から焼酎やウイスキーなど蒸留酒の数lサイズの大型商品には使用されていたが，平成23年には，容器と素材の改良により果実酒や清酒などの醸造酒商品も発売され，その利用が拡大しつつある。これは容器の軽量化および輸送コストの低減と同時にCO_2排出の削減へもつながり，結果として環境に対する貢献へも寄与しているといえるであろう。

さらに酒類製造では，発酵後に濾過工程または蒸留工程が必須であり，各残渣が生じる。酒類は，嗜好品でかつアルコールを含むため，人体に対する直接的な保健機能を期待するには制約があるが，これまで主として飼料や肥料としての利用にすぎなかった副産物を機能性素材として活用しようというとりくみが盛んになってきた。従来，民間伝承的に使用されていた効果を追認し，これをヒントにサプリメントや化粧品原料などが開発，実用化されている。また副産物には，原料由来の機能性に加え，微生物の機能性，さらに発酵によって新たにもたらされた物質が存在する。とくに日本の伝統的酒類醸造では，複数微生物種を同時または順次利用する複雑系が特徴であり，今後もさまざまな解析が進むことによって，さらなる進展を遂げるであろう。

飲酒関連の社会的近況としては，女性消費者の増加にともない，ビールや缶チューハイなどを中心としたライト商品で摂取カロリーが気にされるようになった。酒類のカロリー算出は，一般の食品同様にタンパク質と糖質に対して4kcal/g，脂質に対して9kcal/gを乗じて求め，さらにアルコール由来を加算する。ところが酒類のアルコールは，先述した容量パーセントで表示されるため，本来7.1kcal/gのところを，その比重0.794を勘案して，アルコール度数（ml/100ml）に5.6kcalを乗じて算出できる。蒸留酒では，糖やアミノ酸（タンパク質），脂質を含まないので，この計算のみでほぼ算出可能である。醸造酒でも脂質はほとんど含まれないので，エキス分としての糖やアミノ酸の含量に対し4kcal/gを乗ずると求められる。タンパク質は1％未満であるため，アルコール由来を除けば，事実上，糖質の含量がカロリーを左右することになる。

さらに未成年者飲酒防止のための販売時の購入者の年齢確認，自動販売機の順次撤廃が進められている。また飲酒上での種々のトラブル，とくに飲酒強要などのアルコールハラスメントの防止，飲酒運転の厳罰化などの大きな変化がやってきている。その一方で現代社会においても，節度ある飲酒はもっとも身近なストレス緩和や分別ある大人の嗜みとしての重要な役割・文化を担っていることは不変である。

1.1 清 酒

◆ 酒税法における清酒の定義

　清酒は，平成18年5月改正の『酒税法』により新たに設けられた「醸造酒類」に含まれ，酒税法第3条第7号において，次のように定義されている。
清酒　次に掲げる酒類でアルコール分が22度未満のものをいう
（イ）米，米こうじ及び水を原料として発酵させてこしたもの
（ロ）米，米こうじ，水及び清酒かすその他政令で定める物品を原料として発酵させて，こしたもの（その原料中の当該政令で定める物品の重量の合計が米（こうじ米を含む）の重量の100分の50をこえないものに限る）
（ハ）清酒に清酒かすを加えて，こしたもの
　また酒税法施行令第2条での政令に定める物品を抜粋列記すると以下のようになる。

　　アルコール，しょうちゅう，ぶどう糖，水あめ，有機酸，アミノ酸塩又は清酒
　改正前の酒税法施行令で定められていた以下の物品は除外された。
　麦，あわ，とうもろこし，こうりゃん，きび，ひえ，若しくはでんぷん又はこれらのこうじ
　さらに改正での大きな変更点は，アルコール分に上限規定ができたこと。また米，米こうじ，水，酒粕以外の物品の重量の合計が，これまでは米（米麹含む）の等量まで使用可能であったが，これが半量までに定められたことである。

◆ 清酒の歴史

近代科学導入以前

　日本における酒造りは稲作の成立と同期して，文字成立以前より存在していたとも考えられているが，本項では醸造科学的にまたは技術史上重要な項目に限り解説する。
　かつて清酒は，いったん製造した酒を再び仕込水代わりに使用し，これを何度かくり返して仕込みが行われていた。これを「醠(しおり)」方式といい，平安時代まではこの方法

であった。現代のように何回かに分けて仕込みを行う「酛」による段仕込み方式は，この頃はじまった。また原料米は，室町時代頃までは，麹には玄米，掛米には精白米を用いられており，これを「片白」と称する。両方とも白米で仕込みを行う「諸白」になったのは，水車精米機が発達した室町から江戸時代のことである。同時期には三段仕込みもはじまった。

また室町時代（1400年代）において，搾った酒を貯蔵前に65℃程度に加熱，殺菌し，酵素の動きを止めて香味の熟成をはかる「火入れ」が，パスツールの1800年代半ばの殺菌法に先立って行われていた記録が残っている。

近代科学導入以降

開国後の明治期には，近代科学が導入され，酒造りの科学的解析が進んだ。この頃，麹菌や酵母菌の頒布，開発がはじまった。

清酒用の麹菌関連では，すでに明治初期に自家製の種麹が酒造期の終わりに椿などの木灰を混合して製造され，次の製造期まで保存されていたことが，明治11年（1878年）のアトキンソン著の『日本の醸造』に記されている。以降，杜氏たちが副業による粒状種麹の製造を行うとともに専業者も登場し，明治40年代には京阪中心の製造者の種麹が全国的に普及した。1940年代になると製麹機械の登場により粉状種麹が開発された。1970年代以降には酒質向上，さらに1980年代に入り吟醸酒が一般化しはじめると高香気生産に寄与できる菌株が開発された。また1990年代になると大規模清酒工場で液化仕込みが行われるようになり，高グルコアミラーゼ生産株が求められ，次々と実用化された。

また酒母製造は，明治の終わりになると，それまでの生酛から山廃酛が開発され，また同じ頃，江田鎌治郎により速醸酒母が発明され，これが現在の主流となっている。

純粋培養された清酒酵母の利用は，明治末期に日本醸造協会から協会1号酵母が頒布開始され，大正年間までに協会5号までが頒布され利用された。平成24年現在でも用いられている最古の協会6号酵母は昭和10年に実用化されている。

また最近の動向としては，平成4年（1992年）には，清酒の級別制度が廃止され，それまでの銘柄とともに特級酒，1級酒，2級酒などと指名買いするスタイルから大きく変化した。その一例が，同時期に精米歩合，アルコール添加量などの製法により区分された「特定名称酒」である。これにより大吟醸酒，吟醸酒，純米酒，本醸造酒などが定められ，後で詳述するように，さらに平成16年に改正された。その後，平成18年の酒税法改正にともない，製品のアルコール度数に上限規定が定められると同時に，原料として使用できる糖類などが従前の白米と同量までから半分までに制

1.1 清酒

限されたことから，従来の三倍増醸酒（三増酒）は清酒の区分から除外され，通称「二増」までの増醸となった。

清酒の製造場数および製造数量

　清酒に関する国内の統計資料は，製造数量，課税移出数量，製造状況，市販酒類調査などについては国税庁より，出荷量などについては全国の製造メーカーにより組織されている日本酒造組合中央会のまとめなどで発表される。統計により「吟醸酒」に「大吟醸酒」が包括されたり，「純米吟醸酒」が抜粋されたりすることもある。また酒造年度（BY；Brewing Year）は，7月から6月である。これは酒造期の最中に年度をまたがないよう配慮して設定されている。

「平成21酒造年度の清酒の製造状況について（平成22年12月発表，国税庁鑑定企画官室調べ）」では，清酒の製造場は1,302場（前年比27場減）である。このうち従業員数が300人を超える大企業は数社であり，中小企業が全体の99.6％を占める。

　平成21年の清酒の製造数量（アルコール分20度換算数量）は，約47万kl で対前年度比約5％減である。さかのぼると昭和50年には約135万kl であった。これより漸減し，平成に入ってから100万kl を割り，現在に至っており，この20年で半量以下にまで減少した。

　課税数量ベース（出荷商品の統計，輸入分含む）では清酒全体で約61万kl（平成21年）であり，これは約342万石（一石は180 l）に相当し，国内酒類消費の7％程度を占める。輸入清酒の数量は89kl である。

　このように清酒は国内生産がほとんどでかつ出荷時に割水されるものが大多数であるので，上掲のように統計のまとめ方が異なる。

　販売シェアはトップメーカーでも10％に届かず，上位10社合計でも50％弱程度，同20社でも60％程度であり，先掲の千数百社の大半が零細である。なかでも製造数量100kl 未満の企業が53％を占め，次いで100～200kl 未満の企業が11％を占める。製造部門の従業員数は約6,500人で，現在でもこのうち約4割が季節従業員である。この割合は小規模製造企業ではとくに6割と高い一方，5,000kl 超の上位16企業では2割弱である。

　このように，伝統産業であるなかに生産効率を求めた集約化や多くの技術革新をとり入れる一方，季節労働の杜氏制度による技術伝承も行われ，小規模醸造所であっても現在までその存在感を発揮しているところは多数である。このために酒屋萬流といわれるように，最新の清酒工場と手造り酒蔵とが併存し，製造法は多様である。

◆ 清酒の製造工程

原　理：清酒醸造は，無菌発酵によらずに開放下で，近代科学成立以前からの経験の積み重ねによって培われた巧みな微生物コントロールにより製造される。とくに複数微生物種を同時または順次利用する複雑系であることがさらなる特徴であり，これらが相まって諸外国の醸造酒ではみられない20％近い高濃度アルコールを，しかも10～15℃の低温醸造において生成することが可能となっている。

　酒造りは「一麹，二酛，三造り」といわれ，まずは蒸米に麹菌を生育させ米麹を製造する。さらに水と麹と蒸米を用いて酒母製造を行い，酵母を大量に増殖させる。一部製法では酒母初期に硝酸還元菌や乳酸菌なども利用される。醪（もろみ）では蒸米中のデンプンを米麹の酵素で分解，糖化しつつ，これを酵母によりアルコール発酵させる。この糖化（広義）と発酵の工程が同時に発酵槽内で進行する並行複発酵が清酒醸造の特徴である。

概　略：清酒は，先述した酒税法で指定された原料のみを用いて製造される。図1.1-1に製造工程を示す。精米，蒸米などの原料処理工程に続き，まず，蒸米に麹菌を生育させ，米麹が製造される。この麹と蒸米を仕込みに用いる。清酒醸造の特徴は，三段仕込みと並行複発酵である。まず第一に，酒母では乳酸存在下で健全に清酒酵母を大量に培養し，これが醪で急激に希釈されずに安全醸造できるよう段階的にスケールアップするために3回に分けて仕込みを行うのである。発酵中は，麹菌が米麹中に生産した各種酵素により，蒸米から糖をはじめとする各種成分が徐々に溶出・供給され，これを酵母が資化して増殖しアルコール発酵する。これが同時並行して行われるため，醪中には最終的に20％近い高濃度アルコールが生産されるものの，糖濃度は常に10％以下で推移する。これが並行複発酵である。

◆ 清酒の原料

　平成21年清酒製造に対する国税庁鑑定企画官室調べでは，玄米は24万5千t，白米として16万7千t使用されている。平均精米歩合は67.2％である。この白米とは，農産物検査法（昭和26年法律第144号）により3等以上に格付けされた玄米またはこれに相当する玄米を精米したものさす。

　またアルコールは純アルコール換算で3万kl用いられており，白米t当たりの使用数量は184lである。ここで使用される醸造アルコールは，デンプン質物または含糖質物を原料として発酵させて蒸留したアルコールをいうと定められている。副産

図1.1-1　清酒の製造工程図

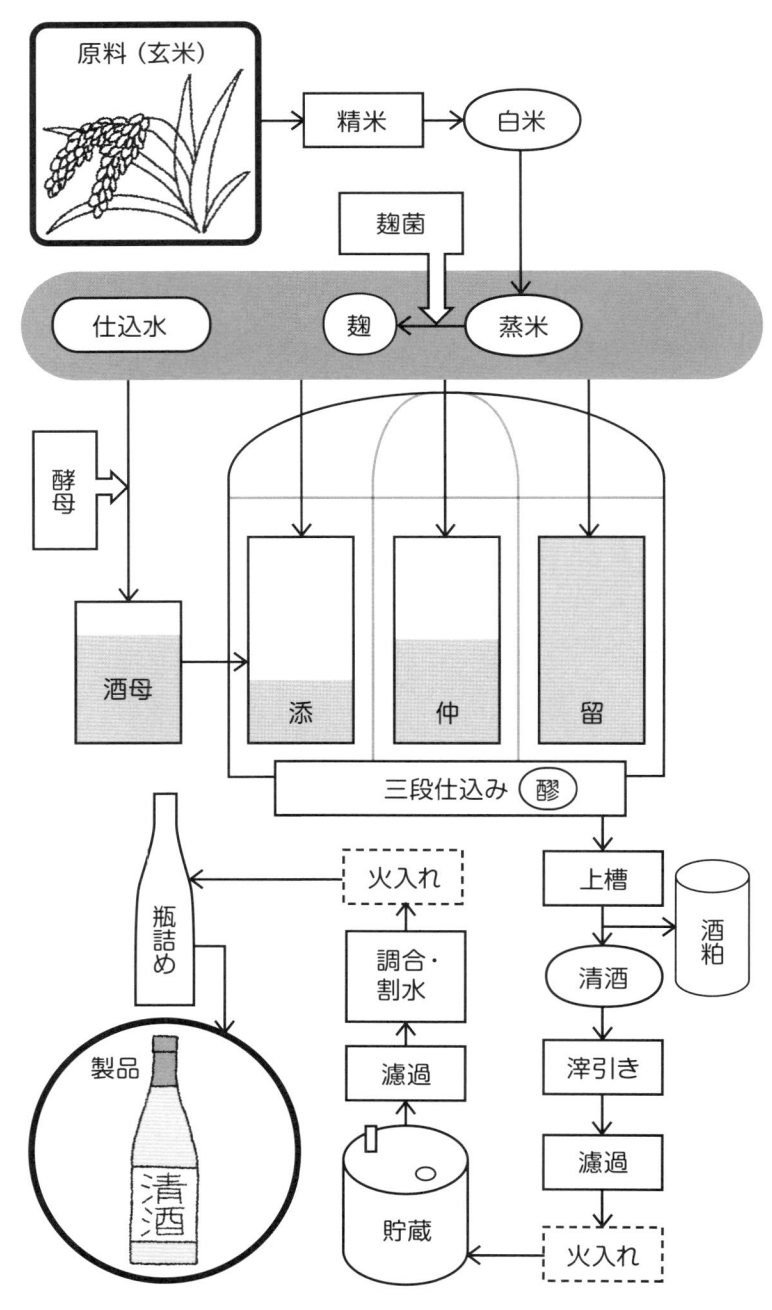

される粕も原料のうちのひとつであるが，その製成粕量は約4万t，平均粕歩合は23.8％である。

1. 米

　品種別では「平成22年産米の検査結果確定値（平成23年11月発表，農林水産省総合食料局調べ）」によると，醸造用玄米は約6万5千tであり，その主力品種である「山田錦」が1万9千t，「五百万石」が1万8千t，次いで「美山錦」が6千tであり，上位3品種は10年来変わらない。以下，この統計で1,000tを超える品種は順に「出羽燦々」，「雄町」，「秋田酒こまち」，「八反錦1号」である。

　かつて平成初期頃までは，清酒鑑評会への出品酒を中心に「YK35」に象徴される山田錦を競って求める傾向があった。しかし地元産米での酒造りへの思いと，地場農家との栽培買取契約などが進み，山田錦は相変わらず代表品種として重用されるものの一辺倒からはやや脱却しつつある。上掲の統計中には，「吟」の字が冠された醸造用玄米品種「吟ぎんが（岩手県）」，「吟風（北海道）」などもみられる。これらは平成に入ってから開発された品種である。このほかに酒造好適米以外の米も酒造原料となっている。

　玄米の成分は，一般に水分14～16％，炭水化物（デンプン）70～75％，タンパク質7～8％，脂質2％，無機物1％である。

　酒造好適米は，栽培特性が良好であることとともに，原料米の性質としては大粒で低タンパク質の心白米が好まれる。その大きさは一般的に千粒重とよばれる米粒1,000粒の重さで示され，26g以上を大粒米という。食用玄米（コシヒカリ，あきたこまちなど）は20g前半，これに対し酒造好適米は30g弱またはこれを超える。

　白米中のタンパク質は，プロテインボディー（PB）の状態で存在し，プロラミンを主として，麹酵素により消化を受けずに粕へ移行するPB-Ⅰと，グルテリンを主として麹酵素で消化されるPB-Ⅱの2種がある。

　また心白とは，米粒中央に認められる白色不透明部分のことであり，これは米粒細胞内の中心に粗な構造空隙を有しているために光の乱反射によってそう観察されるものである。大粒米に多く，心白部はもろいが，その外側は硬い組織になっているため，蒸米後に理想とされる「外硬内軟」の状態が得られやすいため好まれる。近年の電子顕微鏡観察などでは，この心白構造は外観上認められない程度に線型や点状に内部保持されていることもあり，これも好適米としては機能するといわれている。

　さらに製麹に使われる米を麹米という一方，蒸米のまま仕込まれる米を掛米といい，品種を使い分けることもある。

1.1 清酒

2. 水

　水は国税庁所定分析法の定めに従い，その硬度は水100m*l* 中のカルシウム，マグネシウムイオンなどを酸化カルシウムのmg数で示したドイツ硬度で示される。日本国内の水は一般に軟水で，硬水の代表である「灘の宮水」でも硬度7〜10程度である。

　鉄とマンガンは，製品清酒の着色原因となるため嫌われる。鉄は醸造中に麹菌の産生するデフェリフェリクリシンと結合して着色すること，マンガンは製品清酒の日光着色の触媒となることから，いずれも酒造用水として備えるべき条件としては0.02ppm以下とされている（表1.1-1）。近年では水濾過技術が発達したことにより，仕込みおよび割水用の水にも主として逆浸透膜RO濾過水を用いたり，また原水と適宜混合したりして用いる。とくに上記のような有害成分がなければ，必要な成分，たとえばカリウム，マグネシウム，リンのように酵母の増殖に好影響するもの，またはカルシウム，クロールのように米麹中の酵素の浸出に関与し，溶解を促進することにより発酵を進めるものなどは加工すればよいという考え方もある。いずれにしても原水が良質で水量も確保できることは，設備負担も少なく，このような観点から水は重要である。

　仕込水の硬度区分を表1.1-2に示す。また汲水を140％として各ミネラルを水由来と白米由来で換算すると表1.1-3のようであり，カルシウムなどを除くと，計算上，多くは米由来が大部分であることがわかる。

表1.1-1　酒造用水として備えるべき条件（抜粋）

色沢	無色透明	鉄	0.02 ppm以下
臭・味	異常のないこと	マンガン	0.02 ppm以下
pH	中性または微アルカリ性	有機物(過マンガン酸カリウム消費量)	5ppm以下

表1.1-2　軟水硬水の区分と定義

区分	ドイツ硬度
軟水	<3
中軟水	3〜6
軽硬水	6〜8
中硬水	8〜14
硬水	14〜20
高硬水	>20

表1.1-3　汲水140％としたときの各ミネラルの由来（単位：％）

	米	水
カリウム	92.8	7.2
リン酸	99.4	0.6
マグネシウム	94.1	5.9
カルシウム	51.9	48.1
クロール	64.1	35.9
ナトリウム	64.1	35.9
鉄	99.8	0.2

70％精白米，宮水の平均値から算出（洗米浸漬時の流出，酵母の利用は無視）

◆ 清酒の原料処理

1. 精米

　精米の目的は米粒表層に偏在する脂質と，雑味の原因となりうるタンパク質の除去であり，淡麗な酒質を求めるためにこれを削りとる（図1.1-2）。

　玄米は，精米機のバケット（小分け）エレベーターによる上昇と自然重力落下のくり返しにより，精米部分であるロール室を何度も通過することにより，徐々に表面から削りとられていく。精米歩合は，玄米を精米後に生成した白米重量の割合で示され，以下の式で算出される。

$$（見掛）精米歩合（\%）= \frac{精米後の白米重量}{張込んだ玄米重量} \times 100$$

$$真精米歩合（\%）= \frac{白米整粒千粒量}{玄米整粒千粒量} \times 100$$

　見掛けの精米歩合のほうが一般的に用いられ，これは全重量換算で算出する。これに対し，真精米歩合は，精米前後の千粒重で算出される。精米工程中で破砕米が発生してしまうと，これはロール直下の振動式の万石ふるいを通過して，精米の系外，つまり，糠区分へ排出される場合がある。このため真精米歩合のほうが，より正確に精米の巧拙を判断できる。近年，平均精米歩合は67％前後であり，ここ数年変化はない。市販酒では玄米酒から高精米された大吟醸酒まで存在し，鑑評会出品酒などでは35％程度まで精米される。ときに20％台またはそれ以下の商品を見るが稀である。

　一般に精米の所要時間は70％で10時間前後。50％では40時間超とすることもあり，高精白米を得るためには米の品温上昇によるひび割れ，破砕を抑えるために時間を

写真1.1-1　醸造用精米機300kg張
（東京農業大学精米所）

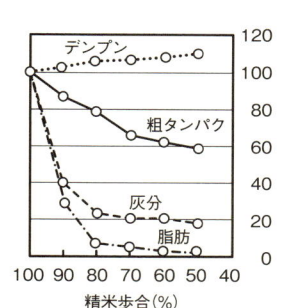

図1.1-2　精米による成分変化
玄米中の各成分を100とした相対値

かける。これは，のちの洗米吸水工程で割れたり，または米のひび部分からも吸水することにより，整粒との間での吸水差が生じたりすることを回避するためである。

2. 洗米，蒸米，冷却

　洗米は，米粒表面に付着している米糠を除き，さばけのよい蒸米を得るために行う。また洗米中にも米粒が擦れあって表面が削られるため，新たな糠が生じるので注意が必要である。洗米により流出が大きいのはカリウムである。水を流入しつづけて溢れさせつつ浸漬することを掛け流しというが，この方法ではとくにカリウム損失が増加するので，とくに麹米などでは避けるべきである。吸水は，温度により60～120分で最大となり，それ以上，長時間浸漬しても増加しない。

　蒸米は，米中のデンプンのα化（糊化）を目的として行われる。これには，蒸米装置内に堆積した米層の上部空間まで蒸気が到達して抜けてから15分で十分といわれている。

　手作業では，釜の上部に甑といわれる木製の大型の蒸籠状の蒸し器を設置する。釜からの蒸気は，底部の蒸気分散の役割をするコマを通過して甑内へ導入される。この内部に水切りした白米を置き，適宜，積層にする。このとき，一度に全量を置かず，蒸気が突き抜けてから次層の米を置いていくのがよいとされ，これを抜け掛け法という。麹米は最後に表層部に張り込み，留の掛米など量の多いものは先に底部に張り，蒸し上がったら最後に掘り出す。最近では，化成品で米粒状の形をしたダミー米をメッシュ袋内に入れたものを同時に蒸すこともある。これは，甑肌（蒸米表面が蒸気結露で濡れること）の回避，少量時に蒸気がバイパスしてしまうことを避ける意味がある。また実際には，作業の都合上，蒸し時間が長くとられることもある。

　装置としては，連続蒸米機があり，これは金属メッシュ底のベルトコンベアが移動

写真1.1-2　甑全景(左)，甑掘り(蒸米掘り出し作業)(右)

する横型や縦型転倒型などがあるが，基本原理は甑と同様である。

蒸し上がり後は，甑では，蒸米の上へ乗り，手作業でスコップを使用して掘り出す。

大量時にはバッグネットとハンドクレーンで吊り上げられることもある。麹用の蒸米では，熱いまま引きとり，自然放冷して麹室へ引き込む。掛米では，コンベア式の放冷機を通して強風により急冷し，布に受けとって搬送，またはエアシューターなどでタンク口まで送られる。

写真1.1-3　蒸米放冷機の出口で蒸米を布に受け運搬

1.1 清酒

◆ 清酒の麹

1. 麹菌

麹は一般に「米，麦，豆などの穀類，それに穀物調製の際にできる副産物である麩，糠などにカビを繁殖させたもの」と定義されており，清酒の場合はもちろん米麹を使用する。

麹菌は，学名を*Aspergillus oryzae*（アスペルギルス オリゼー）といい，一般に黄麹菌と称される，日本を代表する国菌である。酒造業者は，全国に10社ほど存在する専業種麹製造社から「種麹」を購入して用いる。種麹とは麹菌の胞子を大量に集めたものであり，その胞子を製麹に用いる。各社ごとに酵素生産性や増殖速度など目的とされる酒質に応じた種々の特性を有する種麹商品がある。これを数種混合して用いることもある。

清酒用の麹菌としては以下のような性質が求められる。

（1）蒸米上での生育が速やかで良好であること
（2）醸造に必要な各種酵素を十分に生産する
（3）安全醸造および酒質に有害な物質を生産しない
　　　（デフェリフェリクリクローム，チロシナーゼ，メバロン酸など）
（4）種麹の胞子収量がよいこと

このほかに機械式の通風製麹管理を容易にするために短毛菌であることが望ましい。また種麹製造は以下の点で清酒用などの米麹製造とは異なる。

（1）酵素生産ではなく胞子生産主体である
  （2）原料の精米歩合97％程度と高い
  （3）蒸し上がり後に木灰を添加する
      （現在は人工灰で代替：リン酸カリウムおよび炭酸カルシウムなどを主体とする）
  （4）培養期間が長く（5，6日），その間，高湿度下に置く
  （5）出麹後，強制乾燥する

2. 市販種麹および麹

　種麹は，その形状から，穀物粒（玄米）を含む粒状種麹と，これから穀物粒をとり除き，胞子を大量に集めた粉状種麹の2種に大別され，主に製麹規模によって使い分けられる。旧来の粒状種麹は，手造り製麹に用いられる。麹室内の床上に広げた蒸米の上空で，あらかじめ目の粗い布や金属製で底部がメッシュの容器などに量りとった種麹を入れ，手作業により穀物粒と胞子とを篩い分けながら接種する。一方，後年の大型機械設備の登場にともない，大型装置の中心部分に対しては，このように接種することが困難なため，すでに種麹製造業者によって穀物粒を除去し，胞子のみを篩い分けて集めた粉状種麹が開発された。このため，粉状種麹にのみ配合といわれる，胞子とαデンプンを混合する特徴的な工程が存在する。その目的は以下のとおりである。
  （1）増量：使用量が少なすぎると，秤量，均一接種など作業上とり扱いにくい
  （2）ロットの調整：重量当たりの胞子数を揃え，ロットの振れ調整（粒状で10％程度）
  （3）分散効果の向上：デンプン小孔に胞子が入り込み，接種時の分散が向上する
　両種の種麹は，それぞれ以下のように標準使用量および胞子（spore）の含量が異なる。

　　　　粒状種麹（標準使用量0.1％）　　胞子数8×10^8 spores/g・種麹
　　　　粉状種麹（標準使用量0.03％）　胞子数2×10^9 spores/g・種麹

　いずれも標準使用量では，米1粒当たり約1万個レベルの胞子を接種していることとなる。この胞子を均一に接種することは非常に重要で，これが一部にまとまって接種されると発芽しない胞子が多くなる。これは胞子の発芽速度に個体差があり，早く発芽した胞子により周囲の栄養条件が変化して，隣接胞子の発芽が抑制されるためである。このことを無効胞子という。

　また麹菌の菌体が一定量に達するまでの所要時間と接種胞子数の関係では，35℃で種麹を標準の3倍量接種すると，所要時間は1〜2時間短縮され，また1/3量接種でも2〜3時間遅れる程度である。接種量は，発芽速度，菌糸生育速度に影響しないが，蒸米上の集落数のちがいで，見掛け上，菌の立ち上がりに影響したような現象が

現れる。また，均一に接種された場合，製麹時間を短縮可能であるが，先述のとおり数時間程度である。

一方で出麹の状貌は，蒸米水分，環境湿度よりも種麹接種量にもっとも影響され，外観上の総破精，突き破精などの差となる。一般に麹菌胞子の発芽最適環境条件は，品温30～35℃，関係湿度97％以上，炭酸ガス濃度0.1％，酸素濃度20％とされているが，後述のとおり，必ずしも最適条件で培養されるわけではない。これは醸造産業における微生物利用に共通のことである。

清酒醸造における麹の役割は次の3つである。
（1）蒸米の溶解・糖化を司る酵素類の酒母・醪への供給
（2）栄養源の提供による清酒酵母の増殖・発酵の促進
（3）麹菌生産物による酒質の直接的・間接的形成

3. 製麹の概略

製麹は，蒸米に種麹を接種して，30℃前半から40℃に徐々に昇温させながら行われるが，一般酒用の麹で40～46時間，吟醸酒用の麹では70時間もの長時間製麹を行う例もある。

製麹中の麹菌の生育エネルギー獲得は，その呼吸商がほぼ1であることから，グルコース分解は次式と推定されている。

$$C_6H_{12}O_6 + 6O_2 \rightarrow 6CO_2 + 6H_2O + 674\,\text{kcal}$$

製麹中の米は粒状の発熱体とみなすことができる。その発熱速度（最盛期）は，引き込み後，約30時間で7kcal/kg・白米/hrである。また全製麹期間中の発生熱量は，100kcal/kg・白米であり，米の固形成分，主としてデンプンの2～3％が，CO_2と水に分解される。この発生熱の大部分は空気中に放出され，水分蒸発・蒸発潜熱により，麹自身の品温上昇に関与するとともに一部は空気温度の上昇を引き起こす。先の発熱量約100kcal/kgの除去には，水の蒸発量172gが必要（水の蒸発潜熱は約580kcal/kgより）である。引き込み直後の蒸米水分は約35％であり，製麹中にこの水分の蒸発により熱が奪われ，品温の過上昇が防がれる。このとき，同時にこの熱量相当の水蒸気が発生するので，これを適宜，製麹容器または装置外へ逃がさなければ，内部に結露または凝結水が発生する。この結露水が製麹途中の米粒に再付着すると，蒸米表面の麹菌は水分環境が著しく変化することから生育が困難になると同時に他の汚染菌の増殖の温床ともなる。このため品温管理とともに製麹中の湿度管理も重要である。湿度管理は，乾湿差と略される乾球温度計と湿球温度計との温度差で

管理されるが，近年ではデジタルの湿度計管理のことも多い。

手造り製麹法では，木製道具を用いて自然換気による製麹をする。このとき，水分蒸発は，米粒の周囲環境の湿度差によるので，十分な乾湿差，つまり麹室内を乾燥条件にすることが重要である。一般に蒸米水分や製麹量などに合わせて乾湿差4〜8℃ぐらいの幅で設定される。これは室温を30〜35℃に想定した場合，相対湿度として70〜50%に相当し，麹菌の最適培養条件とは合致しないという一例である。また木製の道具を用いる利点として，結露せずに吸排湿してくれることが挙げられ，杉材製の麹室，麹蓋（こうじぶた）が用いられる。

表1.1-4 米麹（A.oryzae）の製麹操作の標準（概略）

時刻	操作	品温（前作業からの時間）
9:00	引き込み	35〜36℃
11:00	床もみ	31〜33℃（種付け：2〜3hr）
22:00	切り返し	32〜34℃（10〜12hr）
翌9:00	盛り	32〜34℃（10〜12hr）
16:00	仲仕事	35〜36℃（7〜9hr）
22:00	仕舞仕事 積み替え	38〜39℃（6〜7hr）
翌7:00	出麹	41〜42℃（10〜12hr）

一方，機械製麹法では，金属製装置内に，ほぼ飽和に近い湿潤空気を強制通風して品温管理し，温度の過上昇を防ぐ。湿度100%の空気は，与湿装置を用いるかまたは装置内循環空気によって確保する。これは風が直接当たる面のみが過乾燥することを防止するための必然策である。

このように手造り製麹と機械製麹では，その湿度管理，製麹の基本がまったく異なる。

麹室内での手作業による製麹中の標準的な品温経過と作業名称を表1.1-4に示す。

麹菌が繁殖して菌糸が白く肉眼で見えるようになった状態を破精（はぜ）といい，増殖することを破精るという。また，その菌糸が米粒表面に繁殖した状態を「破精まわり」という。その一方，菌糸が米粒内部に食い込んだ状態を「破精込み」といって区別する。さらに麹ができあがることを「出麹（でこうじ）」とよび，その状貌は破精の状態から，下記のようにいくつかに分類して評価される。

　総 破 精：破精まわり，破精込みともに良好なもので，一般酒用麹の代表である。
　突 破 精：破精込みがとくに良好で，破精をあまりまわらせないもの。吟醸用など。
　塗り破精：破精まわりはよいが，破精込みが悪い，失敗例。
　馬鹿破精：破精まわり，破精込みともに良好だが，水分過多な失敗例。
　破精落ち：破精ていない部分をさす。

さらに着色胞子が着生してしまうことは「花が咲く」といって嫌われ，これは製品清酒の着色の原因ともなる。

4. 製麹装置と道具

　手造り製麹法には，蓋麹法，箱麹法，床麹法がある。これらは専用の麹室内で行われる。麹室はその機能により，次の2つに大別される。
(1) 床室（とこしつ）：引き込みから盛り（前半約24時間）までを行う室
(2) 棚室（たなしつ）：盛りから出麹まで（後半約24時間）を行う室

　また，天窓（てんまど）といわれる開口25cm角程度の自然換気用窓（非ガラス，木製の扉）が天井に設けられ，これは長短2本の換気筒からなる。暖かい空気は上昇し，この長筒より温熱が排気されるので，短筒側から自然に吸気されることになる。いずれの筒も麹室天井から建物内へ抜けているので，その空間との間で換気することになる。

写真1.1-4　麹室（東京農業大学）
搬入口より内部（左），外部見学窓より（右）

写真1.1-5　自然換気用天窓（東京農業大学麹室）

1. 蓋麹法

　麹蓋1枚，1.5〜2.5kg盛りが一般的であり，小蓋，小箱ともいう。1.5kg盛りの例では，その大きさは45×30×5cmである。空蓋，共蓋，洗浄乾燥予備など含め，引込量100kg規模で270〜300枚の蓋が必要とされる。杉材製が最上とされ，かつ

ては宮大工が小羽割りと称して，底板を割り，カンナ掛けせずに木材の柾目を活か
し，表面をあえてなめらかに仕上げないものが製造されていた。これは底面に米粒が
不規則に並び，かつ木材の表面積も大きいため，底部でも自然換気が期待できるとい
う利点がある。現在では，底板は製材後，ナイロンブラシ処理により再度柾目を立
て，同様の効果をもたらしたものが市販されている。

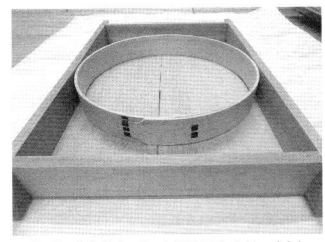

麹蓋（小箱）と破精落防止枠（丸）
（能代製樽所製）

棒積み（共蓋；逆蓋空蓋）
熱こもらせる

棒積み（共蓋；順蓋空蓋）
熱逃がす

写真1.1-6　蓋麹法

箱麹法の全景

閉じ

開き

麹箱の底構造（木製可動式）

写真1.1-7　箱麹法

2. 箱麹法

1箱は15〜45kg盛りで，別名，大箱ともいう。45kg盛箱の例では85×163×13cm程度であり，これを専用のフレームに2〜3段程度積んで，麹の手入れ時にはこれを引き出して作業する。底は簀の子状になっており，その素材は木，竹，ステンレスなどさまざまで，底方向へも換気可能で，適宜間隔調節することや，逆に簀の子下に設置された遮蔽用の引出板で密閉して保温調湿することも可能である。麹蓋よりも省力化できることから普及している。

3. 床麹法

箱麹をさらに大型化したものであり，独自設計で定規模はない。

テーブル状の床の底が金網のメッシュになっていて下方に通気できるようになっているのは箱麹と変わりはないが，写真1.1-8のように一段のみであり，箱麹のように積み重ねることはない。

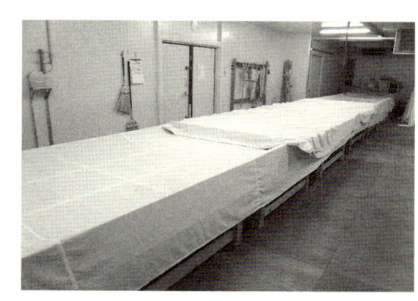

写真1.1-8 床麹法
床の全景（上），床の底構造金属メッシュ（下）

一方，機械製麹も2つに大別される。これは手入れ撹拌を人力で行う自動通風製麹機と，機械アームが代行する全自動型とに分けられる。

1. 自動通風製麹機

床期間は手造り法と同様である。盛り作業時に製麹槽に手作業移動する簡易型であり，手入れも手作業である。ただし，途中の品温管理を通気によって代替できるのが特徴で，このため積み替え作業分を軽減できる。従来の室内に設置し，麹の発熱，発散水分を利用可能なため，通風空気の与熱，与湿装置なしが多い。天幕型などがある。

写真1.1-9 天幕式自動製麹装置（自動通風式）

2. 全自動製麹機

　温度制御のほか，床または手入れ装置が回転または往復移動して手入れを行う。スクリューなどで引き込み（盛り）と搬出する。引き込みから盛りまでと盛りから出麹までを別の装置（部屋）で行う二床式と，同一装置で行う一床式がある。厚盛り，大型化が可能で，大規模工場などで用いられる。回転円盤式やKOS式などがある。

写真1.1-10　枯らし中の米麹

　出麹後，使用時まで通常で1日程度置いておくことを「枯らし」といい，この枯らし場の温湿度環境の管理にも注意を払う。一般に冷涼で乾燥した条件に置かれるが，出麹後，粒単位まで十分にバラバラにせず蓄積熱と水分を保持したまま急冷すると湿気がこもり，結露することがあり，とくに香りが劣化するため好ましくない。
　清酒米麹の標準的な酵素力価は，α-アミラーゼ1,200Unit/g・koji，以下同様にグルコアミラーゼ200Unit，酸性プロテアーゼ3,500Unit，酸性カルボキシペプチダーゼ5,000Unit程度である。各酵素機作については醪の項目で示す。製麹中の昇温時に30〜35℃付近の経過を維持するとプロテアーゼ系の酵素が多く生産され，40℃と高温経過をとればアミラーゼ系の酵素が高生産される。通常の製麹が行われれば，αアミラーゼ力価が不足することはなく，近年では吟醸酒用の製麹などでとくに高グルコアミラーゼ力価の麹が求められるため出麹温度と経過は重要である。

◆ 清酒の酒母

1. 酒母

　酒母工程は，醪での安全醸造のために，水，米麹，蒸米を用いて仕込む最初の工程である。酒母の備えるべき条件としては，以下のことが挙げられる。
(1) 目的とする清酒酵母を多量に含んでおり，野生酵母や酒造に有害な菌がいないこと
(2) 所定量の乳酸を含んでいること
(3) 使用時に酵母が醪において正常に増殖できる活性をもっていること

　一般に酛と酒母とは同義である。このため山廃酛または山廃酒母などのように多く

の場合は読み替えて差し支えないが、「生酛」や「酛立（酒母を仕込むことを意味する）」、「酛御し」に限っては慣例的に読み替えしない。

仕込配合全体に対する酒母の使用割合を酒母歩合といい、次式で算出される。標準は6〜7%である。

$$酒母歩合(\%) = \frac{酒母総米重量}{総米重量} \times 100$$

その製法は2つの系に大別される（表1.1-5）。これは、安全醸造条件である乳酸の確保の方法によって区別される。第一は、伝統的手法である生酛系酒母である。この方法では、酒母初期に自然に生育してきた乳酸菌が乳酸を生成することによりpHが低下する。一方、速醸系酒母では、仕込水に乳酸を加えて用いることにより、乳酸発酵を省略し、早期に低pH条件を確保する。現在の製法の主流は速醸酒母である。

表1.1-5 酒母のタイプとその比較

	速醸系	生酛系
乳酸	市販乳酸添加	乳酸菌による発酵
仕込温度	20℃	8℃
製造日数	7〜15	20〜30
操作	簡単	繁雑
酸度	7	10
アミノ酸度	2〜3	5〜8
関与微生物	酵母	硝酸還元菌, 乳酸菌, 酵母
種類	速醸酛, 高温糖化酛	生酛, 山廃酛

以下は、生酛系酒母の代表として山廃酛を、速醸系酒母の代表として速醸酒母を中心に解説する。

1. 生酛系酒母

山廃酒母：製造中に自然に生育してくる乳酸菌が生産した乳酸を利用して製造する酒母である。生酛から山卸しといわれる擂り潰し操作を廃止したため、これを略して山廃酒母という。生酛ではこの擂り潰し操作を酛摺りといわれる櫂棒で潰す方法や酛踏みといわれる足で踏んで米の塊を崩しつつ空気を抜きながら混合する方法をとる。または工業用の電動撹拌機を利用して擂砕する方法もある。この潰す操作以外の基本的な製法は、生酛および山廃酛ともにほぼ同様である。

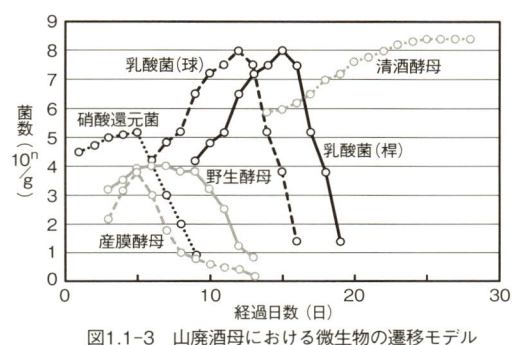

図1.1-3 山廃酒母における微生物の遷移モデル

製造初期には，仕込水に由来する *Pseudomonas*(シュードモナス) 属，*Enterobacter*(エンテロバクター) 属などを主とする硝酸還元菌の生育により亜硝酸が生成され，産膜酵母や野生酵母などが淘汰される。亜硝酸消失後，乳酸桿菌および球菌の生育により乳酸が生成され，その後，前培養した清酒酵母を添加して製造される（図1.1-3）。

Leuconostoc mesenteroides(ロイコノストック メセンテロイデス)（球菌）
$$C_6H_{12}O_6 \rightarrow CH_3CH(OH)COOH + C_2H_5OH + CO_2$$
Lactobacillus sakei(ラクトバチルス サケイ)（桿菌）
$$C_6H_{12}O_6 \rightarrow 2\,CH_3CH(OH)COOH$$

　酒母を仕込むことを酛立という。この後，荒櫂(あらがい)作業をする。これは文字どおり荒々しく櫂を入れ，撹拌することである。
　生酛で行われる山卸操作は，蒸米と麹・水を混合し，櫂で摺り潰す操作をいい，これにより蒸米の溶解を促す。山廃酛では，水麹の調製と荒櫂でこれを代行する。
　次いで汲み掛けが行われる。まずタンクの中心部に金属製の筒を差し入れ，その後，筒内部の物料をかき出して，上部へ積む。筒は下部がメッシュ状またはパンチ穴が空いており，米粒は通過しないが，液体は通過する構造になっている。このため，米麹から仕込水中へ移行した各種酵素を含む酒母液部が底部に溜まる。これを手作業により，ひしゃくで汲んで上部からかける。またセンサーにより，底部に溜まった液体を自動で散布する自動汲み掛け機もある。

　この酛立，荒櫂後，次に述べる初暖気までの期間を通じて打瀬(うたせ)といい，6～8℃程度の低温に保持する。
　次に，暖気とよばれる特徴的な加温操作法があり，これは4～5日目に「初暖気」と称する1本目の暖気入れが行われた後，数日間継続して行われる。暖気は，物料の局部溶解と微生物増殖を促すことが主目的である。
　この方法は，以下の2つに大別される。
（1）暖気（樽）法；だき
　　物料（酒母）中に，木製またはステンレス製の20 l 程度の樽状の容器に熱湯または温湯を入れてたものを差し入れて加温する。
（2）行火法；あんか
　　酒母タンクの下に電熱器などの熱源を置いて加温する。
　暖気樽法は，行火法と異なり，焦がす恐れがない一方，20 l の暖気樽を持ち上げる力作業となる。また物料中に直接暖気樽が接触することから，微生物汚染を懸念す

る向きもある。これらのことに配慮されてどちらかの一方法で作業されるのが一般的である。加温操作により2〜3℃上げ、翌日までに自然に1〜2℃下がるので、結果、図1.1-4の1日、1〜2℃ずつ鋸歯状に昇温経過をとることになる。

図1.1-4 山廃酒母の一般分析経過（例）
（品温のみ右軸目盛参照）

先の加温部分と物料の接触面を暖気肌という。よく用いられる70℃湯詰めの暖気樽法での初暖気時を例にすると、品温6℃の酒母中に差し込まれた暖気樽の暖気肌は糖化に適した60℃付近となる。熱伝導により、それよりもやや離れると微生物増殖に適した30℃帯も存在すると想定され、これにより、溶解と微生物増殖の両目的を達成できる。酒母全体が鋸歯状に数℃ずつ上昇していくのは、結果的にそうなっていることを示しているのであり、全体を均一に3℃上げて2℃下げることが重要ではないのである。

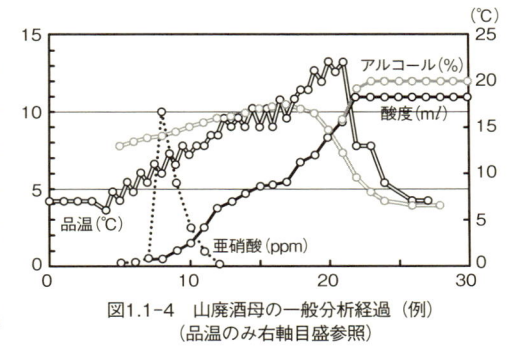

やがて酵母が増殖することにより、酒母は膨れ、そして湧き付きへと導かれ、酵母と乳酸を含む完成状態となり、品温降下させる。これを分けという。これを使用時まで置いておくことを「枯らし」というのは、麹と同様である。

山廃および生酛中では、複数種微生物が関与して、複雑な風味を形成するのに加え、育成された酵母はペプチドとり込み能が低下しているため製成酒にはペプチドが多く残存する。これが、こく味や押し味などと表現される味の深みに寄与することから、現代では芳醇な酒質の差別化商品製造のための手法として用いられている。

2．速醸系酒母

(1) 速醸酒母：乳酸を0.5〜0.7％程度仕込水に添加して用いる酒母である。標準的な仕込配合は、麹歩合が30〜33％、汲水歩合は110％程度である。また一仕込みは総米100kg程度のことが多い。仕込温度が20℃と高いこと、仕込みの時点ですでに前培養酵母を加えるところは山廃と異なるが、その後、打瀬で品温を落とし、初暖気以降の基本経過は山廃酒母を簡略化したものと考えてよい。

(2) 高温糖化酒母：速醸系には高温糖化酒母がある。これは仕込配合は麹歩合30〜33％と速醸と変わらないものの、汲水歩合が180％（初発150％前後）と伸びており、まず仕込み後に55℃付近で5〜7時間糖化する。加水冷却後、酵母添加し、酒母期間7〜10日、経過温度約20℃で酒母が完成する。温暖な地域や、または秋口の仕込み開始を早め年末に向けて先駆けて販売する新酒商品などの醸造に好んで用いられる。

2. 酒母省略仕込み

　また酒母省略による酵母仕込も行われている。この際には、乾燥酵母やアンプル瓶詰めの酵母を処方に従い使用する。このとき、醪の三段仕込みの一段目に相当する「添」仕込みの汲水歩合を150％と増加させたうえで0.5％の乳酸を加えて仕込む。

3. 酒母の微生物

　清酒酵母は*Saccharomyces cerevisiae*に分類される2倍体の株で、実験室株や他の醸造用酵母と比較して液胞が大きいこと、その他に糖類の資化性や低温発酵性を有するなどの特徴がある。この実用株は日本醸造協会などから発売されており、酵母は目的の酒質によって使い分けられる。頒布形態別では、一般的なアンプル瓶詰めのほか、一部は斜面培地でも供給され、さらにごく一部、乾燥酵母も発売されている。

　これらは高泡を形成する酵母と泡なし酵母とに大別される。近年では作業性のよさから醪の表面に高泡を形成しない「泡なし酵母」がとくに普及している。これは、性質は「泡あり」と同様であるのに対し、高泡を形成しないので、タンクの上部空間が泡あり酵母ほどは不要で、同サイズのタンクで20％程度の増産が可能となること。タンクの内壁に泡がこびり付くことがないため洗浄効率がよいこと。高泡形成中に酵母はタンク上部空間でアルコール発酵にほとんど関与していないと考えられているが、このことが泡なしでは生じず、酵母は醪中に存在するので、醪期間の短縮が見込めること。同様に泡が溢れないための対策である泡笠、泡消し器が不要であることなどの利点があるためである。

　泡なし酵母は、昭和40年代以降、順次実用化され普及した。協会6号の泡なし株は601号、同様に7号の泡なし株は701号と付番される。

　この清酒酵母の高泡形成は、まず発酵にともなって生成した炭酸ガスに酵母細胞が付着して醪表面に浮上することによって開始される。これらが集合し、粘稠性のあるペースト状の泡が安定的に長期にわたって保持される。これにはAWA1タンパク質といわれる酵母細胞表面のGPIアンカータンパク質が関与していることが近年明らかにされた。この高泡は、アルコール発酵の最盛期を過ぎてもしばらく続き、やがて泡が落ちる。かつては発酵管理のひとつとして醪の状貌観察は非常に重要視されたが、近年では泡なし酵母が増え、また分析も簡便に行えるようになったことから、かつてほどの扱いではない。しかし、新入りの蔵人などの教育的場面では、あえて両酵母を並べて使うことも多い。

　現在、最新の酵母は1801号である。これは9号と1601号とを親株として開発さ

表1.1-6　代表的な清酒酵母（日本醸造協会頒布）

No（号）	分離または実用年度	備考，特徴：協会の資料より抜粋
K-6	昭和10年	おだやかな澄んだ香，酒質淡麗
K-7	昭和21年	華やかな香，吟醸一般酒用
K-9	昭和28年頃	短期醪で華やかな香
K-10	昭和27年	低温長期醪で酸少，吟醸香
K-11	昭和50年	低温醪で切れ良，アミノ酸少
K-14	平成7年	酸少，低温中期型醪，特定名称用
K-1501	平成8年	低温長期醪，吟醸香高（旧15号）
K-1601	平成13年	少酸性，カプロン酸エチル高生成
K-1701	平成13年	酢酸イソアミルおよびカプロン酸エチル高生成
K-1801	平成18年	酸イソアミルおよびカプロン酸エチル高生成・発酵力強い

れた。このように近年では，泡なし酵母を親株として，その泡なし性を受け継いだ株が開発されるようになり，かつてのような高泡形成酵母を泡なし化して実用化する開発手法とは異なってきている。

　また同様の例として901号の多酸性酵母としてKT901号も追加された。これは，燗酒用など味に幅をもたせた清酒の醸造のために開発されたものである。

　このほかに，各地の公設試験場や大学，また種麹製造業などの微生物販売各社から種々の酵母が開発されて実用化されている。

◆ 清酒の醪

1. 醪

　アルコール発酵のメインステージである醪は，三段仕込みにより行われる。これは，並行複発酵方式とともに清酒醸造の特徴である。

　仕込配合は，図1.1-5に示したように，標準的な配合としては，麹歩合は近年やや低下傾向で22％程度，汲水歩合は逆にやや増加傾向で140％程度である。汲水歩合が低い仕込配合を作成すること，またはその仕込みを慣例的に「汲水を詰める」，逆を「伸ばす」という。

$$麹歩合(\%) = \frac{麹米重量}{総米重量} \times 100$$

$$汲水歩合(\%) = \frac{汲水量}{総米重量} \times 100$$

一仕込みの大きさは一般的に総米で表す。手作業を主とする酒蔵では標準で総米1.5ｔから3ｔ程度の仕込みである。四季または三季醸造する清酒工場では，総米6ｔから30ｔなどの大型仕込みもある。大吟醸酒などの低温醪の仕込みでは冷却効率の観点などから総米600kgから750kgの例が多い。

　各段は順に，初添（添と略されることもある），仲添（仲），留添（留）とよばれ，添の翌日の踊りを含めて，4日間に3回に分けて仕込まれる。この段仕込みにより，酒母中に育成された著量の酵母と，低pH条件を確保するための乳酸は，急激に希釈されることなく安全醸造へと導かれる。とくに図1.1-5のように添後，1日仕込みを休むことで，酵母の増

仕込工程（増加量）	酒母 →	添 →	（踊）→	仲 →	留
	7	+14	0	+28	+51

段仕込みのイメージ 全体→100： 7 / 21 / 21 / 49 / 100

仕込配合例

Total	Moto	1st	Odori	2nd	3rd
総米1000	70	140	—	280	510
蒸米 780	47	100	—	220	410
麹米 220	23	40	—	60	100
汲水1400	77	150	—	330	843

図1.1-5　三段仕込みの基本概念

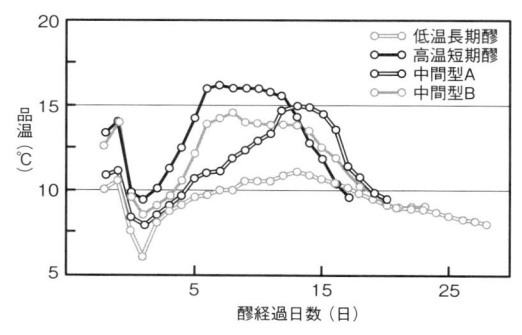

図1.1-6　醪の品温経過の例

殖を促す。仮にこのとき，使用時の一般的な酒母データとして，酵母数が3.0×10^8cells/g・mash，酸度7ml，アルコール12％と想定する。上記の仕込配合の例では換算上，添で酒母由来の各成分は3倍に希釈されて，酵母数が1.0×10^8cells/g・mash，酸度2.3ml，アルコール4％となる。踊りの品温は10℃前後である。酒母中で育成された酵母は，この過酷な環境で再び増殖しなければならないのである。酒母省略の酵母仕込みでは，酒母によって持ち込まれるアルコールや酸の影響がないので，この環境は緩和されるため，一般に増殖がスムーズに進み，発酵が行われる。一方，酵母開発などで実験室規模での経過が良好でも，次いで実地醸造試験に移行した際に発酵力が弱かったり，発酵が遅れたりするのは，この環境での初期増殖の遅さが経過の遅れを引き起こすことが影響していると考えられ，散見される。

　仕込温度は，添の12〜15℃程度から，順次温度を下げながら6〜8℃で留仕込みを行い，以降は徐々に品温を上げ，最高品温を10〜18℃程度にとる。これを数日維持し，醪末期では再び降下させる。一般酒では，醪期間は14日程度であり，低温長期の吟醸醪では25〜35日に達することもある。図1.1-6に品温経過の例を示す。

また仕込配合と酒質との関係については，酵母の湧き進め型，湧き押さえ型など，いくつかの設定がある。積極的に増殖を促し，アルコール発酵を進める方策をとれば，香味もスッキリと切れる方向になる。具体例としては，段仕込みの間に酵母増殖を促すような仕込配合，すなわち添の量を多くする，または添の汲水を伸ばす，踊りを2日間とるなどすれば，湧きが進むこととなる。これらの逆の設定をすれば，糖を残す酒質設計となる。また留の汲水を多くし，三段目での希釈が大きい仕込配合にすれば，湧きは遅れる傾向となる。ただし酒質は，もちろん仕込配合のみで決定されるものではなく，実際の発酵経過に大きく左右される。

2. 発酵管理

清酒醪中では，デンプンの糖化とアルコール発酵が同時進行する並行複発酵が行われ，清酒製造の最大の特徴である。

糖化	$(C_6H_{10}O_5)_n \rightarrow C_6H_{12}O_6$			
発酵	$C_6H_{12}O_6 \rightarrow 2\,C_2H_5OH + 2\,CO_2$			
		分子量	180	2×46	2×44
	重 量	180g	92g	88g
	比例計算で数値調整（×0.45）	40g	20.4g	19.6g
	上記の例が100mlの水中で起こると考える（液量の変化はないものとして）			

20％のアルコール生成には約40％の糖が必要であるが，醪中の糖濃度は，並行複発酵により小出しに供給されるので，最大でも10％程度までである。

醪中での変化の考え方として上掲したシンプルな例では，糖化は広義として蒸米デンプンからグルコースが供給されることをさしている。実際に清酒醪を詳細に考えるうえでは，この並行複発酵を糖化と発酵の2ステージではなく，さらにそれぞれを細分して，液化→糖化（狭義）と酵母増殖→発酵という4ステージで考えると理解しやすい。以下にその工程の詳細を示す。

溶解（≒液化）：米麹中に麹菌が生産したα-アミラーゼの作用による蒸米デンプンからデキストリン（最小マルトース）までの分解である。米粒溶解は，初期にその大半が溶解・流動化し，グルコース供給やアルコール生成よりも速やかに完了する。

糖化（狭義）：グルコアミラーゼによるグルコースの生成。本酵素力価が低いなど，なんらかの理由によりグルコースの供給速度が低いときは，グルコースがアルコール発酵律速要因となる。

増殖：酒母由来の酵母が増殖し、最大で2～4×10^{8}cells/g·mashとなる。酵母の増殖は初期で終了する。酒母由来の酵母は醪中で4～5回、分裂増殖し、以後一定となる。この増殖速度は温度依存性が高く、酵母は10^{8}cells/g·mashに達してから旺盛にアルコール発酵を開始するため、まずは増殖が先決である。K-7の場合では、増殖に要する時間は、13℃で7～9時間、18℃で3～4時間、また20℃で2時間程度とされている。

発酵：酵母によるグルコースからのアルコール製成は、醪高泡以降で菌体（K-7）数が十分量、15℃一定のときで、生成最大1.5%/日であり、アルコール濃度が上がってくると酵母の発酵速度は低下する。

　これらの各要件をふまえて、醪の前半と後半に2分割して、並行複発酵メカニズムを時系列で整理すると以下のようである。

　醪前半では、溶解が糖化に比べて速く、グルコース濃度が高いので、アルコール生成速度は酵母に依存するが、先決は増殖であり、増殖は温度依存であることから、結果的に温度が大きく影響する。次に醪後半では、グルコース供給速度が低下し、グルコース濃度が下がってくる一方、アルコール濃度は上がる。これにより、酵母の発酵速度は低下する。このときグルコース供給速度が低いと発酵律速されるので、グルコース供給、すなわちグルコアミラーゼの作用が重要となる。

　一方、各種酵素のほかに、米粒の溶解には、酸性プロテアーゼが重要な役割を示している。これはα-アミラーゼが米タンパクへの無効吸着して作用しなくなることで全体の活性が低下し、米粒溶解の遅滞を招くが、この吸着を解除するのに有効に働くためである。デンプン粒子の露出によるアミラーゼ作用向上にも寄与している。

　また一般に、発酵するから溶けるのか、溶けるから発酵するのかについては議論があるが、無発酵醪では蒸米の50％程度の溶解のみであり、蓄積グルコースがα-アミラーゼ活性を阻害して、それ以上の溶解・糖生成は進まないとされている。醪中では発酵によってグルコースが減少することにより、さらなる蒸米溶解が進むことから、これらは相互にバランスよく関与して双方が進む、まさに並行複発酵である。

　また清酒醪1g中には酵母が10^{8}cells存在するが、標準的な仕込配合において（酵母菌体重量は微量なので無視すると）、醪1gは米0.4gと水0.6mlから構成されている。これは70％精白米では約20粒（35％精白米では約40粒）に相当し、そのうち2割の4粒（同8粒）は米麹ということになる。酵母菌体はこの米粒表層や米粒断片の内部にも存在することが知られており、固形物を含むドロドロの粥状（マッシュ状）で発酵が進むなかでのミクロな視点は換算上、このように示される。

醪期間中に泡の状貌は表1.1-7のように変遷する。

醪の状貌観察は，タンク上空からしかできないが，この表面の泡は，深層下部で起きていることを示している。すなわち筋泡期では，表層までは溶けは及んでいないため飯状である。ここへ深部で発生したアルコール発酵にともなう微弱なガスが，米粒溶解がそれほど進んでおらず流動性をもたない物料内部を通り抜け，その通路を次々とガスが抜けてくることによって，表層に達した状態を観察していることになる。これが増えてくると，水泡を形成すると同時に溶けも進み，旺盛に発生したガスは，未溶解の中層部分にガス溜まりを形成する。このガス溜まりが表面に突き抜けた状態が岩泡，高泡である。落泡期には発酵も旺盛でアルコールも12％程度まで達し，その後，地を迎えるとアルコールは20％付近までに達している。この状貌は，まったく泡のない坊主や，多数のしわが形成されるチリメン泡または渋皮，米粒が表面に浮いた状態の飯蓋，またねっとりとした厚蓋が形成されることもある。

1.1 清酒

表1.1-7 醪の経過と状貌（泡）

名称	日数	状貌
筋泡	2～3	数本の筋
水泡	3～4	やわらかい泡，別名カニ泡
岩泡	5～6	盛り上がった泡
高泡	6～14	さらに盛り上がった泡
落泡	14～	上記泡が低くなる
玉泡	降温による	大きな玉状泡
地		泡はなく，米粒が見える

写真1.1-11 開放タンクに設置された分割式木製泡笠（上）および泡消し機（下）

3. 分析および管理項目

ボーメとは，正式には重ボーメといい，比重を表す単位である。その定義は，15℃における純水を0とし，同様に10％食塩水を10として，この間を10等分して表示されるものである。すなわち，数値が大きいほど比重が重いことを示す。

これまで述べてきたように，タンク内では，蒸米中のデンプンが糖（グルコース）に分解され，酵母がこの糖をアルコール発酵することによってアルコールと炭酸ガスが生じる。純アルコールの比重は約0.8，純水の比重は1である。糖溶液の比重は当

然，水より重い。

　すなわち，アルコール発酵が順調に進んで糖が減少し，アルコールが生成されてくると比重は小さくなっていく。このことを「ボーメ（または日本酒度）が切れる」と表現する。逆に発酵中に意図せずにボーメ（比重）が大きくなってしまうことを「ボーメが戻る」という。ただし酒母や醪の初期などで蒸米の溶解が進行して，本来比重が大きくなっていくべき場面では「ボーメが出る」といい，明確に区別する。

　また同じく清酒分析で使用される比重である日本酒度との関係については，後述の製品の項で詳説する。

　参考として，また培地調製時や食品分析で用いられる比重には次のようなものがある。
　　　ボーリング（Balling）：17.5℃におけるショ糖の含量
　　　ブリックス（Brix）：15.625℃におけるショ糖の含量

いずれもが比重であるので，相互に換算可能であり，ボーメに1.84を乗じると近似的に上記2項目に換算できる。ただし，これらは水溶液中での光の屈折計による測定が主であるため，アルコールを含む試料では合致しないこともあり，清酒醸造ではボーメ浮秤による測定が主である。また最近では，汎用のデジタル式密度比重計を用いて温度補正式とともに換算によりボーメ（または日本酒度）を求めることもある。工程管理に要する精度としては十分に運用可能である。

　このボーメと留後の醪日数からBMD値を算出し，この経過をプロットして管理の目安とする。

　　　BMD値＝Be × 発酵日数（醪期間；留日を1として算出）

　このBMD曲線（カーブ）から，発酵形式を判断し，経過が早いか遅いかを表現するのに「前急または前緩」，「後急，後緩」の組み合わせで示す。ただし，これはBMD曲線を参考に相対的に決まるもので，絶対的な尺度はない。前緩型は，前急型に対してまたは蔵内や杜氏集団の標準経過に対して，そのBMDカーブの頂点が高い経過をいう。また後緩型は，後急型よりもカーブがなだらかに下がっていく経過をいう（図1.1-7）。

　このBMDの管理のうえで，発酵形式の判断以上に重要なのは，醪末期の管理である。先のようにBMD値は，経過日数との積で求められるが，一般に醪末期でボーメ3を切り，上槽時期が近づくに従い，日本酒度

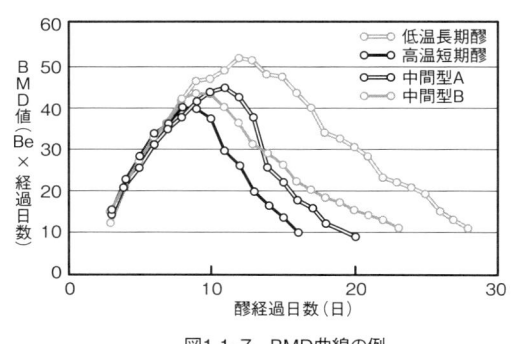

図1.1-7　BMD曲線の例

での測定に切り替えられることが多い。この切れが止まることは，アルコール発酵が緩慢に陥ったこと，または停止を意味し，好ましい状況ではない。しかし，毎日の分析であればこのことに容易に気付けるものの，分析頻度次第では見落としかねない。BMD管理の利点は，発酵日数の積とで示されることであり，このため係数は毎日1ずつ大きくなっていく（例23日目は23，翌日は24を掛ける）。このおかげで末期管理がより把握しやすくなるため，現場では重宝されてグラフ化されている。

醪後半では，日本酒度が5〜6程度切れると，アルコールが1%程度増加する。溶解糖化が完全に止まったと仮定し，この状態でアルコール発酵のみが進むとアルコール1%生成に対して日本酒度は10程度切れることになる。またアルコール生成で消費された分だけの糖供給があれば，同様にアルコール1%生成に対して日本酒度が2程度切れていく。酸度はアルコール15%を超えた頃から増加は認められなくなる。これらのこととBMD値とを総合的に管理して上槽時期を決定するのである。

このほかA-B直線管理もあり，これは縦軸にボーメ，横軸にアルコール濃度をプロットしていくものであるため，このグラフ上に日付の概念はない。これは一般に同じ仕込配合で数本立てた場合，もしくは昨年度データなど，リアルタイムで分析管理し，醪経過の確認修正に利用するのではなく，仕込み後にそれらの差異を検討するために用いられるものと考えるとよい。

醪末期では，アルコール濃度は20%にも達し，酵母も自身の生成したアルコールによりダメージを受けるので，緩やかに品温降下させる。急激な降下は発酵不全を引き起こすこともあり注意を要する。酵母の状態は，メチレンブルー染色などにより検鏡下で確認し，染色率が上昇するようであれば，さらにBMDカーブが戻る，すなわちBMD値が前回分析時よりも大きくなった場合なども速やかに上槽へと移行する。

4. 四段および追い水

四段法は，一般に甘口酒製造に用いられるもので，通常，総米の8%程度を使用する。酵素四段がもっとも普及しており，これでは醪末期で四段掛けをし，日本酒度で10〜15戻るのが標準である。四段法は，その原料と処理法により，いくつかに分けられる。加えるものを冠して，「○○四段」と称するのが基本だが，例外もありわかりにくいので，表1.1-8に整理する。

表1.1-8 四段仕込みの種類

名称	四段掛けの原料および処理
蒸米四段	蒸米をそのまま添加
もち四段	もち米の蒸米をそのまま添加
酵素四段	蒸米を市販酵素剤で糖化して添加
酒母四段	酒母を添加
粕 四段	酒粕，とくに吟醸粕を添加
水 四段	水を添加。後述の追い水の別称でもある

1.1 清酒

追い水は，醪末期で発酵が鈍ったときに水添加することをいい，水を打つともいう。その1回の添加量は，汲水歩合換算で数％でしかない。この操作目的は，水添加により醪中の一部に糖，アルコール濃度の低いところを調製し，この部分の酵母を活発化させて，そこから発酵を促し，周囲にも波及効果をもたらそうとするものである。このため，追い水操作は，水を局所的に静かに流し入れ，撹拌をしないのが妥当な手段である。実際には，緩慢な発酵の回避策として数日に分けて，水を打つ操作を継続することを追い水と称している。これに対し，あらかじめ仕込配合上，決めた量の水を1回だけ投入する場合には，水四段と使い分けられている。

また醪末期で，グルコアミラーゼを主とする酵素剤を補助的に用いて，グルコース供給を補い，発酵を促すと同時に高香気生成を狙う場合もある。酵素剤は仕込総米の1/1,000以下であれば，酒類の原料としてとり扱わない物品とされているので表示の必要はない。

5. アルコール添加（アル添）および増醸

醪末期では，製法区分に従い，純米酒以外ではアルコール添加される。添加のための原料アルコールは95％が一般的であるが，消防法上の危険物であるので，入庫時に60％未満に割水しなければならない。調味アルコールを調製する場合にはこれを考慮して40％に，一般には30％に希釈調製して保管後，アル添に使用する。30％アルコールの日本酒度は＋52.5であり，アル添後の目安とする。

アル添によって醪液量は増加し，アルコールは数％上昇する。これによって味はすっきりとするのに対し，香りはそれほど低下しない。これは酸，アミノ酸，糖などは希釈される一方，香気成分はアルコール濃度の上昇にともなって，醪中の固形物からの移行，抽出効果が発揮されるためである。高級アルコール，エステルなどの香気成分は，一般に水よりもアルコールに溶けやすい。しかしそれ以上に醪中固形物，上槽後の粕に吸着されやすい。このため発酵中に芳香が感じられても，上槽後の酒にその香りが移行しないこともあり，この回避の面で利点がある。

また一般酒といわれる酒では，増醸といって，添加するアルコール中にブドウ糖，水あめ，乳酸，コハク酸，グルタミン酸などの政令で定める物品が溶解されて添加されることもある。これを調味アルコールという。

これらの添加は，いずれの場合でも上槽直前に行い，添加後は速やかに上槽される。

6. 発酵タンク

　発酵タンク（発酵槽）は，ステンレス製や鉄製など材質がさまざまで，ホーローびき，グラスライニングまたはエポキシライニングのものなどがある。形状は円筒形が主で，全体がストレート筒型の開放タンクと，これに対し肩がついた開口部がすぼまってる金属製の蓋付き密閉タンクがある。大規模清酒工場などでは，生産効率重視の角形のものもある。一般に仕込総米（ton）の3倍の容量（kl）必要とされている。

　スッポン仕込みとは，枝桶を使わずに三段仕込みの一段目から親桶に仕込む方法で，一般に用いられる。これに対し枝桶仕込みは，添を枝桶（小タンク）に仕込み，翌日の踊りまでの2日間経過後，仲仕込みから親桶に仕込む丁寧なつくりである。

　醪の冷却方法には，庫内を冷却する方法のほかに，タンクを1本ごとに冷却する方法もあり，個別に温度管理ができる点で有利である。これにはタンク自体に冷水の通るジャケットを巻き付ける方法やタンク本体がその機能を有しているものもある。これを投げ込み法といい，上部から醪中に冷却管を差し入れる方法とがある。

写真1.1-12　仕込タンク口：密閉型タンク　　写真1.1-13　投げ込み式冷却器

7. 液化仕込み

　あらかじめ米を破砕または磨砕し，酵素剤処理を組み合わせることにより，米デンプンの液化（主としてαアミラーゼによる分解のみ）を進め，醪の初期流動性を向上させることにより，均質となり，熱伝導もよいことから温度管理も容易となる仕込方法である。液化液の製造には専用の装置を必要とする。比較的低価格の商品の製造によく用いられる方法で，このため麹歩合も10％台前半と極端に低いことが多く，場合によっては1桁台の例もある。

　以前は液化仕込みの独自製法をラベルに大きく掲げる商品が数多く存在した。しかし酒造りには古くから「櫂で潰すな，麹で溶かせ」という教えがあることなどから異

論も多く，工業的には優れた方法であるものの，ラベル表示されないことが多くなった。これとは逆にこの液化仕込みに対抗した造語として，従来の蒸米で仕込まれる方法を「丸米仕込み」や「粒米仕込み」と表示する例が増えた。

液化仕込みでは，酒化率も向上するため，酒粕は酵母菌体とその構成タンパク質を主としており，デンプン質が少ないため，従来の酒粕とはちがう利用法も試みられている。とくに米由来の難分解性タンパク質が食物繊維様の効果を有することが明らかにされ，サプリメントとしても活用されている。

8. 上槽

醪を搾って酒と酒粕に分ける操作を上槽(じょうそう)といい，酒袋を使用した旧来の酒槽式と自動圧搾機の2種類に大別される。

酒槽式では，酒袋（容量約9 l）へ醪を入れ，槽内へ積み重ねて油圧機で上部から圧搾する。上槽完了および粕のとり出しまでの作業所要時間は72時間程度と長期である。酒粕は袋内に横方向に平たく製成され，袋の底まで腕を伸ばし入れて1枚ずつから回収される。この「粕剥がし」作業が非常に繁雑である。

酒袋内には濾過層が形成され，濾過開始時は無加圧（自重）で自然流出し，酒袋内部では，粒子の大きい米粒およびその部分分解物は外側（袋の目の側）へ，相対的に粒子の小さい物質は，内側（袋の中心部）へ移動し，濾過層を形成する。この後，徐々に圧力をかけはじめることで圧縮性ケーキ生成を回避している。当初から加圧すると，袋の目が詰まり，濾過困難となる。

これに対し，自動圧搾機では，醪は装置上部角から対角線状に下部へ送入され，この間に濾過布を通過して固液分離される。これに7～8時間を要する。さらに横方向に空気圧搾されることにより圧力がかけられる。粕剥がしまで含めた所用時間は24

写真1.1-14　上槽装置の種類と外観
酒袋式：酒槽（さかぶね）（手作業）（左），自動濾過圧搾機（機械式）（右）

時間と短く，粕は縦方向に板状に製成されることから，これを下部にコンテナを置き，そのなかへ剝ぎ落として回収する。

上槽開始直後に流出する区分を，あらばしりといい，以下順に斗瓶取り，中汲み（中取り），責めという。この「あらばしり」と上槽圧力が最大となる「責め」の酒質差は古くから知られ，官能的にも大きく異なり，初期の荒々しさから，丸い感じ，そして責めでは雑味が多く，やや重い感じと表現される。このため鑑評会出品酒などは，斗瓶にとり分けて吟味される。

一般にこの上槽圧力は最大で10kg/cm^{2}程度とされ，製成粕中のアルコール濃度が8～10%程度，醪垂れ歩合が80%程度であることを考慮すると，醪中の酵母の環境は上槽中に体積が1/5程度，酵母密度は約5倍，アルコール濃度は約1/2まで変化すると考えられる。

このほかに酒袋へ入れた醪を小型タンクの上端に渡した棒に吊し掛けて自然濾過する方法もあり，かけしぼり，首つりなどといわれることもある。これは大吟醸などの一部の高級酒で行われる方法である。

また近年では，専用の工業用遠心分離機による上槽も行われている。酒税法では，清酒は『こして』製成することとなっているが，あらゆる方法により固液分離したものという解釈があるため，遠心分離も『こす』ことになっている。

9. 酒粕

仕込みに使用した白米重量に対して製成された粕の重量の割合を「粕歩合」というが，これが一般酒で20%台，純米酒で30%程度，大吟醸などでは50%を超えることもある。また醪から得られた酒の収量を醪垂れ歩合といい，次式で示される。

$$醪垂れ歩合(\%) = \frac{製成酒量}{上槽前醪量} \times 100$$

$$粕歩合(\%) = \frac{酒粕重量}{原料白米重量} \times 100$$

※原料に清酒または清酒粕を用いたときは，それぞれの量から引いて計算する

酒粕の一般成分は，揮発性成分55%（アルコール8～10%，水分45%），固形物35%（デンプン20%，タンパク質15%），その他10%である。また酒粕中の重量の約2割，乾物換算では4割が酵母菌体であるとされている。近年では，高グルコアミラーゼ生成麹菌が好んで使用されるが，これは同時にチロシナーゼ活性が高いことが多く，このため黒粕の発生が多く，再度問題となっている。黒粕とは，粕中の米麹が，黒褐変するために粕としての商品価値が低下することをさす。

粕剥がしの際に，そのまま板状にとれた新粕を板粕という。このときに生じた断片をバラ粕または粉粕という。このバラ粕をタンク内に専用長靴で踏み込んで貯蔵，熟成させることにより軟化させ，やや茶色に着色したペースト状の販売粕もある。これは熟成粕，練り粕または踏込粕ともいう。このほかに最近では吟醸酒の粕も一般に販売されるようになった。これは高精白米を使用するため，色も白く，未分解のデンプンとともにうま味にも富むことから，家庭での甘酒，鍋，漬床に需要がある。

　酒粕は，酒税法上は，清酒醸造の原料として使用してよいことになっている。実際には酒粕は，食品工業として，わさび漬けや根菜類のなどの漬物や畜肉魚肉の漬け床として活用されるほか，調味料などとして，プレッツェルなどのスナック菓子に利用される例もある。さらに焼酎原料としても用いられている。

　酒粕を原料とした焼酎を近年では，酒粕焼酎といい，かつての伝統的な粕取焼酎とは区別する。伝統的製法では，酒粕200kgを原料として蒸留時に籾殻を数％混合，蒸気の通り道を確保して，蒸籠で蒸留し，Alc25度換算で80*l*製成される。現在では，福島県会津若松市など数か所でしか製造されていないようである。

　一方，粕醪取焼酎は，酒粕に水を加えて再発酵させ，その醪を蒸留する方法である。そのほかに酒粕を原料の一部とし，さらに米麹や蒸米などで醪を仕込み，発酵後，蒸留する酒粕焼酎もある。さらにマイクロウエーブ（家庭用電子レンジと基本技術は同じ）を利用して加熱する蒸留機を用いた酒粕焼酎も存在しているが，これらを合計した酒粕原料焼酎の生産量は，単式蒸留焼酎（本格焼酎）の0.1％程度でしかなく，非常に貴重である。製品は酒粕由来の芳香を有し，吟醸粕を用いた減圧蒸留のライトタイプから重厚な貯蔵品までさまざまである。

籾殻と混合された酒粕断片（蒸籠内）（右上），
酒粕籾殻拡大（右下），蒸籠式蒸留機全景（下）

写真1.1-15　伝統的粕取焼酎製造法

◆ 清酒の製成，貯蔵，出荷

1. 濾過，滓

　上槽直後の製成酒は，米粒断片や酵母菌体，麹菌体由来物質などを含むため，白色混濁している。これを滓といい，この滓がさらに分解することによって品質低下を招くことから，自然沈降または滓下げ助剤を使用して，速やかに清澄化させる。とくに滓が絡んだままでは酵母菌体の自己消化などで雑味が生じることがある。またこの滓酒，生酒期間中に残存酵素による未分解デキストリンなどの消化により，糖濃度が上昇することがある。滓引き後，濾過を行う。

　濾過には，フィルターのみを通過させる素濾過や活性炭素粉末を酒に溶かし込んでから濾過する炭素濾過などの方法がある。濾過処理によって雑味の一部やまた色も除去されて薄くなることから，市販酒のほとんどはこの濾過工程を経ている。最近では中空糸フィルター濾過も増えている。なお清酒醸造ではこの上槽酒の濾過工程を濾過といい，醪を固液分離して酒と酒粕に分ける上槽，搾り工程のことは濾過とはいわない。この濾過工程をまったく行わない無濾過商品が，近年，非常に増えている。

2. 火入れ，調合

　低温殺菌，パスツリゼーションともいわれ，60～65℃を数分～10分程度維持することにより，酵素失活と殺菌を目的として行われる。タンク貯蔵前と瓶詰め時の2工程がある。プレートヒーターを介してタンク間をパイプ移送して加熱

表1.1-9　生酒（広義）の種別と火入れ

	貯蔵前	詰め前
生酒（狭義）	×	×
生貯蔵酒	×	○
生詰酒	○	×

○：火入れする　×：火入れしない

する方法と，瓶に詰めた製品清酒を湯浴させて加熱する通称ドブ漬け法がある。近年では加熱後急冷することで高温期間を短縮して酒質向上をめざす例が多い。

　この火入れをしない清酒を生酒というが，これは表1.1-9のように整理できる。狭義の生酒を通称，生生または本生ということがある。

　さらに最近では鑑評会出品酒などの大吟醸などで，上槽後，粗滓のみを沈降後，数日のうちに火入れをする例もあり，これによって酒質のダレを防いでいる。

　また清酒は，もちろん同一配合の仕込みでもタンクごとに微妙に風味が異なるため，製品清酒は，調合の後に出荷される。これは，ラベル表示事項であるアルコール濃度や日本酒度，酸度などの数値を揃えることも重要であるが，同時に官能的にも色

沢や香味，熟度などが一定であることが大事である。また古酒と新酒の端境期などでは，銘柄ラベルの継続性の点で，とくにその調合技術は重要となる。

3. 火落ち

製成酒が白色混濁し，アルコール濃度が低下，香味が劣化することを火落ちという。これには旧分類名での真性火落菌 *Lactobacillus homohiochii*（ホモ型），または *Lac. fructivorans*（ヘテロ型）や火落性乳酸菌 *Lac. casei*（ホモ型），*Lac. hilgardii*（ヘテロ型）が関与する。20％近い高アルコール存在下でも増殖し，メバロン酸を必須に要求する株も存在する。

発酵中の醪が不調となり安全発酵できなくなることは腐造や酸敗，甘敗などといい，製成酒が火落ちすることと区別する。

4. 貯蔵，割水，出荷

清酒は，通常1年以内に出荷されるが，貯蔵により新酒時の荒々しさが消え，香味に丸さを感じさせるような熟成が進行する。貯酒中には，アミノカルボニル反応による色調の濃厚化が進み，苦味が増加したり，カラメルや焦げなどを想像させる熟成香が付与されたりする。

出荷時には割水され，適宜飲みやすいアルコール濃度，一般的には15％程度とされる。原酒のアルコール濃度は，高いものでは20％程度であるので，2〜3割加水される。この水も原料水として重要であり，とくにRO濾過水など純粋な水を使用する例が増えている。一方，純水では味が崩れるとして，仕込原水と適宜混合してから用いられることもある。

一方，あえて個性派の高付加価値商品として販売するために数年の長期貯蔵がなされるものもある。これは低温貯蔵して丸さを特徴とするものや，常温貯蔵して黄色から黄金色，ときに赤みがかった色調の濃醇でかつ良好な苦味を有するようなものまでさまざまである。

◆ 清酒の成分

1. 製成酒

酒類の成分分析は国税庁所定分析法注解に定められた方法で分析される。製成酒については，アルコール度数，酸度，アミノ酸度，日本酒度などが測定される。

アルコールは，試料を蒸留して原量までメスアップした後にメスシリンダー中でアルコール浮秤（酒精度計ともいう）を用いて15℃で測定する。またガスクロマトグラフィーで測定する方法もある。さらに蔵内での醪発酵中の管理には，ガスセンサー式などのアルコール測定専用機を用いることもあるが，製品清酒への表示の際には所定分析法によらなければならない。

酸度は，清酒10m*l* 中の有機酸を0.1mol/*l* の水酸化ナトリウム溶液（かつての表記1/10 N，0.1規定濃度と同義）を用いた滴定値で示され，乳酸，コハク酸，リンゴ酸が主体であり，数値が大きいほど酸味が強いこと。またコハク酸など一部の酸は貝汁様のうま味も兼ね備える一方，吟醸酒などでは味が重く感じられ好まれないこともある。さらに酸は味の濃淡にも関与し，酸度が高いと味が濃く感じられる。

またアミノ酸度は，ホルモール滴定法での滴定値であり，味の幅，コクに関与する。アミノ酸度が高いと味は濃く，低いとスッキリと感じられる。アミノ酸組成はアルギニン，アラニン，スレオニン，グリシン，プロリン，グルタミン酸，ロイシンなどが多いが，単一物質として呈味に直接的に寄与するのは，アルギニン，グルタミン酸，アラニンなど限られている。これらは主として米タンパクのプロテインボディー由来である。

また糖組成は，グルコースが主体で，2～4％程度である。このほかにイソマルトース，コウジビオース，ニゲロース（サケビオース）などの非発酵性糖も存在するが，合わせても1％以下であり，これらは甘味というよりも，ごく味，丸味などに関与するといわれている。

さらに日本酒度は，清酒の比重を測定するのに設けられた単位で，必ず＋，－の符号を付けて示す。これは15℃における4℃の純水との比で示される。このため15℃の純水の日本酒度は＋1.26となる。

±0：プラスマイナスゼロ（基準）　；15℃で4℃の純水と同じ重さ（比重1.0）
＋　：プラス　　　　　　　　　　；それより比重の小さい（軽い）もの
－　：マイナス　　　　　　　　　；それより比重の大きい（重い）もの

日本酒度と比重との関係について表1.1-10に示す。発酵が進んで，糖が少なくなってアルコールが生成されてくると発酵液の比重は小さくなっていく。すなわち，日本酒度は－から＋の方向へ進む。

糖が減るので，液は甘くなくなる。甘くないのは相対的に辛いということになるから，日本酒度のマイナスは甘口，相対的にプラスは辛口となるのである。酒の"辛

1.1 清酒

表1.1-10　日本酒度とボーメおよび比重の換算表
　　　　　比重＝1443/(1443＋日本酒度)

日本酒度	重ボーメ	比重（15/4℃）
＋20	－	0.9863
＋ 3	－	0.9979
＋ 2	－	0.9986
＋ 1.26	－	0.999126
＋ 1	－	0.9993
± 0	0.0	1.000000
－ 1	0.1	1.0007
－ 2	0.2	1.0014
－ 3	0.3	1.0021
－10	1.0	1.0070
－20	2.0	1.0141
－30	3.0	1.0212

写真1.1-16
日本酒度計による測定

い"は，ドライであり，「甘くないから，辛い」と理解するとよい。

また比重と日本酒度とは表1.1-10の換算式で示される。

さらに酸度も合わせて清酒の甘辛と濃淡について図示すると図1.1-8になる。

酒の味は，とくに甘辛，濃淡は，絶対的な尺度よりも個人的な基準との差や二者間比較などで相対的に論じられることが多いが，おおまかには図のように判断される。

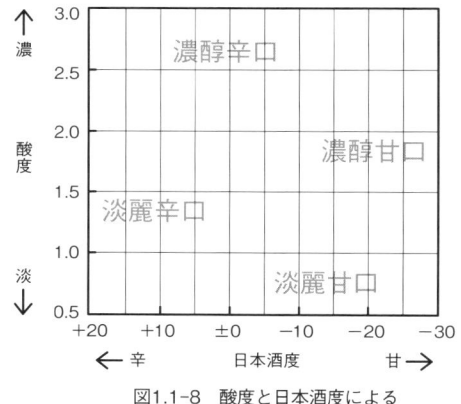

図1.1-8　酸度と日本酒度による
　　　　清酒の甘辛濃淡の相対図

また香りも，酒質判断に大きく関与するが，吟醸香などといわれる香気成分などについては，特定名称酒の特徴として後述する。

2. 清酒の官能評価と唎き猪口

唎き酒には専用の容器を使用する。これは，国税庁所定分析法注解のなかに「ききちょこ」として記載されており，内部底部に藍色の蛇の目模様のある約200mℓ容の磁製のもので，胴直径が8cm，高さ7.3cmと規定されている。

その手順は，まず「猪口へ酒を8分目ほど入れ，まず濁り沈殿を調べて，色調を判定する」。これにより白磁と藍のコントラストのなかで酒の色調外観を見る。「次に香

りを嗅ぐ」。このとき室温で液面から香り立ってくる「上立ち香」を評価する。「それから酒を3～5ml口中に含み舌の上を転がすようにして舌中にまんべんなく行き渡らせて味わう。吐き出すとき，口中から鼻に抜ける香りを確かめ吐き出してからさらに口中に残る後味をきいて香味を鑑定する」。そこで感じるのが「含み香」である。このほかに舌触りなどの物理的感覚も総合的に酒質を判断する。

この結果を唎き酒用語に置き換えて共通の認識として意見交換する。

またあえてアンバーグラス（たとえば，現在，入手可能なものとしてはduralex ベルメイルアンバー210ml容）とよばれる琥珀色の着色グラスを用い，色による評価を加味しない方法もある。各県の酒造組合や各地の国税局鑑定官室，独立法人酒類総合研究所による清酒鑑評会などが開催されている。

唎き酒には一般に分析型の唎き酒と，嗜好型の唎き酒がある。分析型は，製造工程管理を主眼とした客観的な品質チェックを主目的とする。これに対し嗜好型は，酒質設計を再考する新製品開発や消費者嗜好のテストなどで主観的に行われるものである。酒造従事者の唎き酒はもっぱら前者の分析型である。

唎き酒結果の表現および意見交換などには，その専門ツールとしての標準的な用語と物質の対照表が示されている。フレーバーホイール（図1.1-9）はその用語のみを抽出したものであるが，これは原因物質の組成や香りの特質などにより，より近い官能評価結果が近接して示されているものであり，好ましい香りと好ましくないにおいの表現例として参考となるものである。

1.1 清酒

写真1.1-17
唎き猪口底の藍の蛇の目（上），
唎き猪口と500ml容R瓶（下）

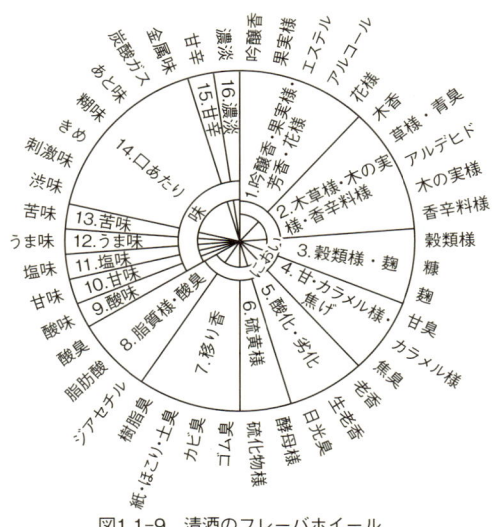

図1.1-9 清酒のフレーバホイール

清酒の評価用紙（例）　　　　　　　　　　　　　　　　　日　付

試　料　　　　　　　　　　　　　　　　　　　　　　　氏　名

香り	ほとんど感じない　やや感じる　感じる　強い　とても強く感じる	外観	ほとんど色がない　うすい色　やや濃い色　濃い色　とても濃い色
果実様・バナナ 酢酸イソアミル	—□———□———□———□———□—		—□———□———□———□———□—
果実様・リンゴ カプロン酸エチル	—□———□———□———□———□—		清澄　かすかに濁る　やや濁る　濁る　とても濁っている
穀類様 麹	—□———□———□———□———□—		—□———□———□———□———□—
草様・青臭 アルデヒド	—□———□———□———□———□—	味	とてもうすい　うすい　やや　どちらでもない　やや　濃い　とても濃い
カラメル様	—□———□———□———□———□—	濃淡	—□———□———□———□———□———□———□—
老香	—□———□———□———□———□—	甘辛	とても辛い　辛い　やや　どちらでもない　やや　甘い　とても甘い —□———□———□———□———□———□———□—
硫化物様	—□———□———□———□———□—	あと味	だれている　もたつく　やや　どちらでもない　やや　きれあり　とてもきれあり —□———□———□———□———□———□———□—
	—□———□———□———□———□—	刺激味 きめ	とてもなめらか　なめらか　やや　どちらでもない　やや　あらい　とてもあらい —□———□———□———□———□———□———□—
	—□———□———□———□———□—		ほとんど感じない　やや感じる　感じる　強い　とても強く感じる
	—□———□———□———□———□—	酸味	—□———□———□———□———□—
		うま味	—□———□———□———□———□—
		苦味	—□———□———□———□———□—

香り	エステル（酢酸エチル），アルコール（エタノール，高級アルコール），花様，果実様（具体的に），木香，木の実様，香辛料様，糠，甘臭，焦臭，生老香，日光臭，酵母様，カビ臭，紙・ほこり・土臭，樹脂臭，ジアセチル，脂肪酸，酸臭 これらの特性がある場合は，上の空欄に記入し強度評価してください	味	塩味 渋味 炭酸ガス 金属味	メモ

図1.1-10　清酒の評価用紙（例）

　また鑑評会などの審査では，プロファイル表といわれる清酒の評価表（図1.1-10）を用いて，特徴的な味と香りを指摘項目に従い選択したうえでフリーコメントする方式がとられる。採点法による官能評価の場合は一般に3点法または5点法が用いられるが，いずれの場合でも，良いが1点，悪いが3点または5点として評価する。

清酒の製品

1. 特定名称酒

「清酒の製法品質表示基準」は平成元年に制定された。当時，級別表示の段階的廃止などにともない，ラベルには製法や品質など種々の用語が記されるようになったが，法的基準がなく，消費者は理解が困難な状況にあった。そこで国税庁訓令第8号"清酒の品質表示基準"において，以下の吟醸酒，純米酒，本醸造酒などの特定名称酒が定められた。これはさらに平成15年10月に改正され，平成16年1月から適用されて現在に至っている。その基準では，たとえば吟醸酒では，使用原料は，「米，米麹，醸造アルコール」。精米歩合は「60％以下」。麹米使用割合は「15％以上」。香味などの要件としては「吟醸造り，固有の香味，色沢が良好」。などと列記されている。

大吟醸酒では、このうち精米歩合が「50％以下」に香味などの要件では「色沢が特に良好」と追記されている。

また同様に、吟醸造りとは、吟味して醸造することをいい、伝統的によりよく精米した白米を低温でゆっくり発酵させ、粕の割合を高くして特有な芳香（吟香）を有するように醸造することをいうと定義されている。

これらの特定名称酒の表示基準のうち、数値で規定される項目、すなわち精米歩合とアルコールの添加の有無とその量で決定される箇所に特化して抜粋して掲出した（図

表1.1-11　製法区分上の特定名称酒

名称	原材料	精米歩合	特徴
純米大吟醸酒	米，米麹	50％以下	吟醸造り 固有の香味，色沢が特に良好
純米吟醸酒	米，米麹	60％以下	吟醸造り 固有の香味，色沢が良好
純米酒	米，米麹		香味，色沢が良好
大吟醸酒	米，米麹 醸造用アルコール	50％以下	吟醸造り 固有の香味，色沢が特に良好
吟醸酒	米，米麹 醸造用アルコール	60％以下	吟醸造り 固有の香味，色沢が良好
本醸造酒	米，米麹 醸造用アルコール	70％以下	香味色沢が良好
特別純米酒	米，米麹	60％以下または特別な製造方法（要説明表示）	香味色沢が特に良好
特別本醸造酒	米，米麹 醸造用アルコール	60％以下または特別な製造方法（要説明表示）	香味色沢が特に良好

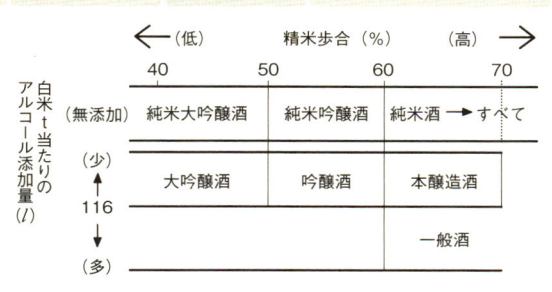

図1.1-11　製法別による特定名称酒表示区分（抜粋）
〔H15.10表示基準の改正による改訂版〕
麹歩合15％以上

1.1-11）。アルコールの添加量は、特定名称酒では、当該アルコールの重量（アルコール分95度換算の重量による）が、原料白米重量の10％以内とされており、これを白米t当たりの純アルコールに換算すると約116*l*となる（換算幅によっては120*l*）。

この図をもとにそれぞれの製法から一般的酒質傾向を概説すると、精米歩合の低い吟醸酒は低温長期の発酵を行うことが多く、さらに酒質設計として高香気生産性の酵母を使用することが多いことから、これにともない、酢酸イソアミル、カプロン酸エチルなどの特徴的な吟醸香を有し、大吟醸酒ではとくにその傾向が顕著である。また純米酒では、米由来のうま味がアルコール添加で希釈されることなくそのまま清酒中に移行するので、本醸造などに比べて風味が濃醇な酒が多く、精米歩合が高いほどその傾向は顕著となる。純米吟醸酒、純米大吟醸酒は、それぞれその特徴の双方を有するこ

とになる。

　製法区分別の数量構成比では，一般酒が圧倒的に多く，全体の約7割である。このうち原材料にアルコールのみが使用されているものと，アルコールと糖類の両方が使用されているものの比は7：3である。

表1.1-12　平成21年 特定名称清酒の内訳と製造区分状況

製造区分別	製造状況 数量構成比(%)	区分毎製造状況 精米歩合平均(%)	粕歩合平均(%)
一般酒	68.5	73.5	20.2
特定名称酒			
純米酒	10.2	65.9	25.8
純米吟醸酒	5.5	51.9	33.4
吟醸酒	3.9	50.3	35.3
本醸造酒	11.9	64.9	27.2

　特定名称酒中では，本醸造酒がもっとも多く，次いで純米酒であり，吟醸酒は純米とアル添を合わせても10％に満たない。また同時にそれぞれの平均精米歩合と粕歩合を示した。吟醸酒では，精米歩合，粕歩合ともに高く，高級酒たる所以を示す数値でもある（表1.1-12）。

2. 市販酒の成分

　一般酒では，アルコールおよび酸度，アミノ酸度は，年々，小数点以下レベルで低下傾向にあるが，ここ数年は横ばいである。日本酒度は，横ばいからややプラスの傾向である。また特定名称酒では，日本酒度は一般酒に比べて高く，やや上昇傾向であるが，純米酒では若干低下傾向である。酸度およびアミノ酸度は，純米酒のみがやや高いが，ほかは一般酒と同様である。これはアル添をしないので希釈されないという製法にも起因している。

　酒質の時代変遷について，一般分析の平均値で述べると，明治時代は日本酒度+15付近，アルコール17度台，酸度が3〜4mlと酸味の多い辛い酒であった。これに続く大正時代ではアルコールは17度台と変わらないものの，日本酒度は+3，酸度は3ml程度とやや甘傾向となった。昭和に入ると，戦前戦後を通して，日本酒度はマイナス1桁台で推移し，アルコールも15度台へと下がり，さらに酸度も2mlから1ml台へと下がって，淡麗化，甘傾向がさらに進んだ。その後，昭和50年頃を転機に日本酒度は±0から，プラスへ転じ，平成3年の+3以降，辛傾向を維持して現代に至っている（表1.1-13）。

　図1.1-12に玄米250kgを原料

表1.1-13　平成21年 市販清酒一般分析結果

製造区分別	市販酒一般分析値平均			
	アルコール(%)	日本酒度	酸度(ml)	アミノ酸度(ml)
一般酒	15.41	+3.8	1.18	1.31
特定名称酒				
純米酒	15.52	+4.1	1.47	1.59
純米吟醸酒	（ー　統　計　資　料　な　しー）			
吟醸酒	15.94	+4.6	1.30	1.28
本醸造酒	15.54	+5.0	1.25	1.41

としたときに，各製法区分で製成される酒の量を模式的に適宜数値を丸めて示した。まず精米歩合70％の本醸造酒と同40％の純米大吟醸酒を原酒で出荷する例で解説する。それぞれ精米により本醸造酒では白米175kgが，純米大吟醸酒では100kgが得られる。これに標準的な仕込配合として汲水を加えると醪はそれぞれ405*l*と240*l*となる（kgと*l*の読み替え）。発酵が進み，ここでの欠減は便宜上無視して，醪末期となり，本醸造酒はアル添され，

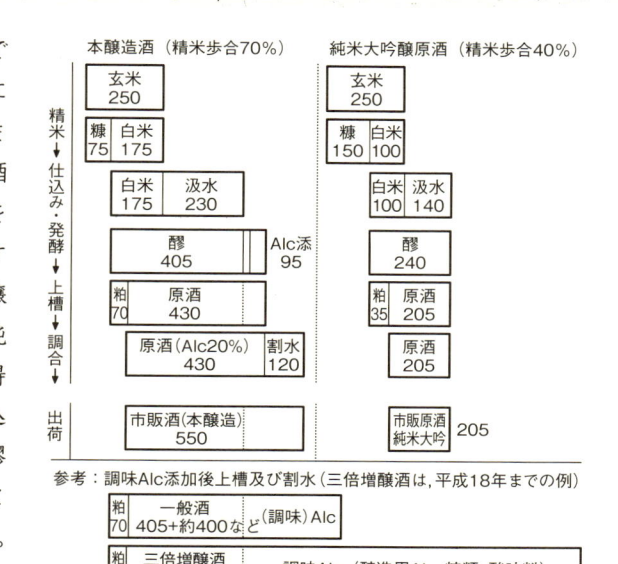

	本醸造酒（精米歩合70％）	純米大吟醸原酒（精米歩合40％）
精米	玄米 250／糠 75／白米 175	玄米 250／糠 150／白米 100
仕込・発酵	白米 175／汲水 230 → 醪 405	白米 100／汲水 140 → 醪 240
上槽	醪 405／Alc添 95 → 粕 70／原酒 430	醪 240 → 粕 35／原酒 205
調合	原酒（Alc20％）430／割水 120	原酒 205
出荷	市販酒（本醸造）550	市販原酒 純米大吟 205

参考：調味Alc添加後上槽及び割水（三倍増醸酒は，平成18年までの例）

	一般酒	
粕 70	405＋約400など	（調味）Alc
粕 70	三倍増醸酒 405＋約1200など	調味Alc（醸造用Alc，糖類，酸味料）

発酵による炭酸ガスの減少他の損失，欠減は，便宜的に無視する。

図1.1-12　製法区分ごとの製成量とその工程

純米大吟醸酒ではそのまま上槽され，原酒が得られる。またそれぞれに妥当な粕歩合を勘案して上槽により粕が生じる。本醸造酒は適宜割水して出荷すると，市販酒で550*l*となる。純米大吟醸酒は原酒で出荷すると205*l*となり，玄米250kgと同量から製造開始しても，特定名称酒間でも製成酒量は2倍以上の差となる。図中下部に例として示した一般酒および三倍増醸酒（平成18年以前は清酒扱い，現在は二増まで）では，上掲の本醸造酒の醪を基準としてアル添量を増やす，または調味アルコールを加えると，製成酒は，確かに相当の増醸になり，これらの差が価格にも影響するのである。

香気成分のうち，高級アルコールはEhrlich（エーリッヒ）経路で生成される。これは，アミノ酸のアミノ基転移により，脱アミノされケト酸，さらに脱炭酸されてアルデヒド，次いでもとのアミノ酸よりも炭素数の1個少ないアルコールに還元されて生じる。

ロイシンから*i*-アミルアルコール（清酒の基調香，甘い芳香，ときにホワイトボードマーカー様香），バリンから*i*-ブチルアルコール（アルコール香），フェニルアラニンからβ-フェネチルアルコール（バラ様香）が生成される。

エステルは，吟醸香の主体をなし，とくに酢酸イソアミルとカプロン酸エチルが重要である。酢酸イソアミルは，アセチルCoAと*i*-アミルアルコールからアルコールアセチルトランスフェラーゼ（AATase）によって生成され，バナナ様香を呈する。

1.1 清酒

表1.1-14　平成8BY（1996）全国新酒鑑評会出品酒使用酵母内訳

協会酵母			その他の酵母 内訳1			その他の酵母 内訳2		
酵母名	場数	構成比	酵母名	場数	構成比	酵母名	場数	構成比
K-9	395	44.9	岩手	5	0.6	静岡	10	1.1
10	6	0.7	宮城	7	0.8	愛知	9	1.0
14	78	8.9	山形	35	4.0	三重	9	1.0
15	34	3.9	福島	9	1.0	岐阜	8	0.9
901	29	3.3	埼玉	3	0.3	広島	6	0.7
1001	3	0.3	明利	4	0.5	徳島	3	0.3
			栃木	8	0.9	高知	3	0.3
			新潟	8	0.9	熊本	94	10.7
			長野	80	9.1	K-13	1	0.1
						自社	32	3.6
その他	334	38.0				計	334	38.0
計	879	100.0						

一方，カプロン酸エチルは，炭素数が6で，低級脂肪酸エステルの代表である。これはアルコールアシルトランスフェラーゼ（AACTase）とエステラーゼにより生成され，リンゴ様の芳香を呈する。

市販の吟醸酒調査では，平成5年，酢酸イソアミルは2.29ppm，カプロン酸エチルは0.96ppmであった。以降，現在までの傾向では，酢酸イソアミルは減，カプロン酸エチルは増加しており，平成21年では順に1.43ppmと2.15ppmである。

清酒酵母の項でも触れたとおり，カプロン酸エチルは，近年の吟醸酒の香りの中心となる物質である。鑑評会出品酒などでは，平均で7ppm，なかには20ppmのものもある。また合わせて鑑評会出品酒の一般分析値は，アルコール17.7%，日本酒度＋4，酸度1.3，グルコースが1.6〜2.5%となっている。

参考として平成8BYの全国新酒鑑評会の使用酵母内訳を表1.1-14に示す。

カプロン酸エチル高生成酵母が登場する以前の鑑評会は，圧倒的に9号が多かった。その他の酵母のなかでも熊本酵母（K-9発祥の蔵，熊本県酒造研究所；銘柄香露が直接頒布している）が10%を占めているので，合算すれば実質は半数以上であるといって差し支えないだろう。K-1601は平成13年発売（それ以前にも"No.86酵母"として販売実績あり）である。

3. 官能評価上の指摘項目

一方で，清酒中に含まれることで欠点として指摘される評価項目と関与物質および成因についていくつかを挙げる。

［酢エチ臭］ セメダイン臭ともいわれ，酢酸エチルが原因物質である。接着剤や除光液に似たにおいである。酵母が発酵時に副生したり，生酛系酒母では産膜酵母によっ

て生成されることもある。

[木香様臭] アルデヒド臭ともいわれ，アセトアルデヒドが関与する。木や青草などを連想させるにおいで，アルコール発酵の中間産物であるピルビン酸が多い時点でアル添すると生じる。

[ムレ香] イソバレルアルデヒドに起因する。これは生酒でイソアミルアルコールの酵素的酸化で生じる。

[漬物臭] たくあん漬け様のにおいで，ポリスルフィドが関与する。含硫アミノ酸の代謝で生じる。

[ダイアセチル臭] つわり香とも称される。ダイアセチルが原因物質であり，バターやヨーグルト様のやや甘いにおい。αアセト乳酸が多い時点で上槽すると生成される。

4. その他の表示

商品ラベルに表示される用語のなかで製法に起因し，その定義が定められているものを以下に列記する。これらは製法上，組み合わせて表示されることもある。

[増醸酒] 上記の特定名称酒に該当しない，いわゆる一般酒のひとつである。すなわち精米歩合が高く，アルコールの添加量が多く，前掲のその他政令で定める糖類や酸味料などを添加した酒である。

[生酒] 狭義では，上槽後の火入れ殺菌工程2回（タンク貯蔵前と瓶詰め前）の両方ともまったく火入れをしないもの生酒という。広義にはこのうち一工程のみを火入れしない酒もさす。タンク貯蔵前の火入れを行わず，瓶詰め時のみ火入れをしたものを「生貯蔵酒」。逆にタンク貯蔵前には火入れをし，瓶詰め時に火入れをしなかったものを「生詰酒」という。このため狭義の生酒を区別するために通称本生，または生生ということがある。

[貴醸酒] 仕込水の一部を清酒で置き換えて仕込む酒で，実際には留の汲水の一部を酒で置き換えることが多い。留後のアルコール濃度が高いとアルコール発酵が緩慢になることがある。平安時代の「醞」方式にヒントを得て開発された，アルコール存在下で糖化を進める製法で，国税庁長官の特許であった。製品は，その製法に由来し，色も濃く，すっきりとした甘さを呈し，リンゴ酸が多いことを特徴とする。

[にごり酒] 清酒醪を粗く滤して，米粒や酵母の濁りを意図的に製成酒に残した酒である。一般的な商品解釈としては，にごりを特徴とする清酒のうち，火入れ殺菌をしていない生のものが「活性清酒」，火入れ殺菌をしてあるものを「にごり酒」と称する。酒税法の定義上，これらのにごり酒もその素材や目の間隔を問わず，必ず『こして』製造されている。後述のいわゆる「どぶろく」とは異なる

1.1 清酒

[長期貯蔵酒]　3年以上熟成させた清酒で，その貯蔵温度によって変化が楽しまれる酒である。低温で貯蔵されたものは，その経時変化も緩やかで風味に丸みが増すといわれる一方，常温で熟成されたものでは，アミノカルボニル反応などにより着色が進み風味も濃醇化する。

　ただし，貯蔵年数の表記は，清酒を貯蔵容器に貯蔵した日の翌日からその貯蔵を終了した日までの年数をいい，1年未満の端数を切り捨てた年数により表示する。また貯蔵年数の異なるものを混和した清酒である場合は，当該年数のもっとも短い清酒の年数をもって表示しなければならない。

[原酒]　製成後，加水調整（アルコール分1%未満の範囲内の加水調整を除く）をしない清酒である。

[生一本]　単一の製造場のみで醸造した純米酒に限る。

[樽酒]　木製の樽で貯蔵し，木香のついた清酒で，瓶その他の容器に詰め替えたものを含む。

5. 販売容器

　一般酒では約9割が1.8l容器である。これに対し，特定名称酒では720ml容器の比率が高く，吟醸酒では約4割を占め，この2サイズが主である。他の容器は300ml以下，180mlなどであるが，合算でも5%に満たない。ただし，一般酒の場合のみ2,000mlの大容量容器が2.4%を占める。

　また容器の素材種類別では，一般酒では茶色瓶が85%，次いで紙パックが約6%を占めるのが特徴である。これに比べ，特定名称酒では緑色瓶の割合が増え，本醸造で2割強，純米では比率が逆転し，茶色瓶よりも多い5割弱となる。とくに吟醸酒では5割を超え，茶色瓶は2割弱とその他の色よりも少ない。その他の色には黒色瓶や薄黄緑色の通称R瓶などが含まれる。

　清酒は温めて飲用されることも特徴のひとつである。飲酒時の温度によって味の感

表1.1-15　平成21年 市販清酒の製法区分別の市販容器ごとの構成比

製造区分別	容器容量別構成比 (%)				容器の種類と色別構成比 (%)				
	1800ml	720ml	他	計	茶瓶	緑瓶	紙パック	他	計
一般酒	89.5	6.4	4.1	100.0	84.9	3.9	5.9	5.3	100.0
特定名称酒									
純米酒	72.4	26.3	1.3	100.0	41.3	47.2	0.8	10.7	100.0
純米吟醸酒	(統計資料なし)				(統計資料なし)				
吟醸酒	52.4	44.4	3.2	100.0	17.2	56.0	0.0	26.8	100.0
本醸造酒	81.0	15.8	3.2	100.0	68.0	24.2	0.2	7.6	100.0

表1.1-16 燗酒の温度と名称

日向燗	30℃
人肌燗	35℃
ぬる燗	40℃
上燗	45℃
あつ燗	50℃
飛びきり燗	55℃以上

じ方にも差が出る。燗をすると甘味がやや強く感じられるようになる一方，苦味は弱く，また酸やアミノ酸に起因するうま味が強く感じられるようになるため，これをとくに燗上がりなどともいい，食中酒として楽しまれる。

一方，冷やは常温で飲用することをさし，冷やして飲むこととは異なる。

◆ 清酒とその副産物の機能性

　清酒や酒粕は既述したように，複数微生物の関与により他の酒類に比べても，元々の原料の有しない種々の機能性を有する物質が含まれている。しかし，これらを抽出や分画によって利用する場合以外では，同時に摂取されるアルコールについても考慮しておく必要がある。これは機能性食品としての考えた場合の酒粕の残念な点でもある。本解説では，民間伝承的な利用については極力割愛し，具体的な成分の関与が明らかであるもの中心に絞って解説する。

　αエチルグルコシドは，清酒中に0.2%程度含まれており，即効性の甘味と遅効性の苦味を呈する物質である。これは麹のα-グルコシダーゼによって生成されるアルコールの配糖体である。皮膚塗布により肌荒れ抑制に作用することが知られ，酒風呂や酒塗布の効果を本物質で説明しうることが明らかとなった。一方，参考として紹介するが，麹菌の生産物にコウジ酸があることは広く知られているが，コウジ酸は，清酒醸造における製麹工程で米麹中には生産されない。このため清酒中にも酒粕中にもコウジ酸は，ほとんど含まれない。コウジ酸には美白作用があり，種々応用されているが，これは麹菌を工業用に活用して生産されたものを利用しているものである。

　グルタチオンは，肝臓で解毒作用を有するなど抗酸化性や新陳代謝の向上に関与するとされ，薬として販売もされているが，清酒酵母もこれを生産する。グルタミン酸，システイン，グリシンからなる化合物である。

　S-アデノシルメチオニンは，抗鬱，抗認知症，肝機能強化薬として諸外国では投与薬として用いられている物質でメチオニンとATPからなる。これは清酒原料に含まれず酵母菌体由来であり，新規保健食品・機能性素材としても活用されている。低温醪で酵母菌体の液胞内に高蓄積される。日本では2009年，厚労省の「食薬区分における成分本質（原材料）リスト」の一部改正以降，サプリメントとして販売されるようになった。本物質は，原酒および濁り酒中，酒粕中の酵母菌体にも含まれている。

　また酒粕は醸造工程における未消化物と酵母菌体の集合体であり，米由来の難分解性のタンパク質や食物繊維も多く含んでいる。このためラットへの給餌試験では，コ

レステロール,脂質の排泄量が増加し,総コレステロールの抑制に寄与することが明らかになっている。

◆ 合成清酒と濁酒

1. 酒税法における合成清酒の定義

合成清酒は,平成18年酒税法改正により,清酒(醸造酒類)とは別に「混成酒類」としてとり扱われることとなり,酒税法第3条第4号により次のように定義されている。

『「合成清酒」とは,アルコール,しようちゆう,又は清酒とぶどう糖,その他政令で定める物品を原料として製造した酒類で,その香味,色沢その他の性状が清酒に類似するものをいう。』

また酒税法施行令第2条での政令に定める物品を抜粋列記すると以下のようになる。

　ぶどう糖以外の糖類,でんぷん質物分解物,たんぱく質物
　若しくはその分解物,アミノ酸,若しくはその塩類,有機酸
　若しくはその塩類,無機酸,無機塩類,色素,香料,粘ちょう剤,
　酒類のかすまたは酒類

3. 前2号に掲げる物品を除くほか,財務省令で定める物品

この3項に該当する物品を酒税法施行規則第2条から抜粋列記すると
「ビタミン類,核酸分解物またはその塩類」となる。

さらに改正により「アルコール分が16度未満,エキス分5度以上で酸度が一定以上のもの」と定められた。

合わせて清酒と同様に改正以前の酒税法施行令で定められていた以下の物品は除外された。

　米,麦,あわ,とうもろこし,こうりやん,きび,ひえ
　若しくはでんぷん又はこれらのこうじ

2. 合成清酒の成立と歴史

「合成清酒」は,昭和15年(1940年)実施の酒税法で独立して定義された。その開発は大正9年特許の理研の鈴木梅太郎までさかのぼる。この当時は,著名な化学者たちが種々の方法を提唱し,米をまったく使用しないで清酒の風味を「合成」するという,米不足を憂いた純粋な志のもとに研究されたものだという。

その製法には、「純合成法」といわれる（表1.1-17）まったく発酵をともなわず混合のみで製造して、別途、香味液（清酒）を混合する方法と、「理研式発酵法」に代表されるアラニン含有タンパクと糖液を酵母で発酵させて新鮮酒粕で風味増強する製法がある。ほかに精製大豆カゼイン（KCP）を用いる「KCP酵素剤仕込法」といわれるKCPを酵素分解し、糖液、酸、塩を加えて発酵させ、KCP原酒を製造し、純合成清酒に10～30%加える方法、「香味液法」といわれる通常の清酒醸造に準ずる米原料での製法がある。

表1.1-17 純合成法の配合例（合成清酒）

アルコール（30%）	675l	グルタミン酸ナトリウム	222g
水	250l	グリシン	111g
ブドウ糖	60kg	アラニン	111g
水あめ	6kg		
コハク酸	1kg	食塩	155g
コハク酸ナトリウム	0.2kg	酸性リン酸カリウム	66g
乳酸（75%）	0.3l	酸性リン酸石灰	66g
色素	適量		

生産は、課税数量として昭和20年～30年代がピークであり約14万kl/年であったが、順次減少し、昭和50年代～平成初期では約2万klで推移したが、平成3年以降順次増加に転じ、平成15年度の課税移出数量は6万6千klと純米酒と同レベルであった。平成21年では4万6千klまで減少している。

主な製品は、大手メーカーによる紙パックで2lなどの大容量商品である。

3. 濁酒の製造者

平成14年の構造改革特別区域法、いわゆる「どぶろく特区」に規定する酒税法の特例により濁酒の製造免許を有する製造者は、平成21年現在、143者であり、この変遷は表1.1-18のとおりである。

濁酒は、『米、米こうじ及び水を原料として発酵させたもの』とされ、清酒の定義から「こした」の一語を抜いた定義となっている。酒税法上は『醸造酒類』の『その他の醸造酒』に分類される

製造所の多くは、農家民宿やファームリゾートレストランなどと呼称される施設内で、特区内での地産自家産の米を原料として製造されたものを提供している。発酵中の変化を楽しむ製品が主体であるため、成分は日々変化するのが特徴で、成分データはまとめられていないようである。

表1.1-18 濁酒製造者数の変遷

平成年度	15	16	17	18	19	20	21
製造者数	4	28	53	84	118	138	143

1.2 焼酎

◆ 酒税法における焼酎の定義

　もともと「焼酎」とは日本の蒸留酒の総称であった。明治後年，外国から純粋なアルコールをつくることのできる連続式蒸留機が導入され，これを36度未満に水で希釈したものを「焼酎甲類」としたため，伝統的な焼酎が「焼酎乙類」とよばれるようになった。長い間，『しょうちゅう』のなかに甲類と乙類があるとされてきたが，平成18年の酒税法改正で焼酎甲類と焼酎乙類は別の酒として認定され，前者は連続式蒸留焼酎，後者は単式蒸留焼酎として独立することになった（『酒税法』第3条第9号，第10号）。単式蒸留焼酎は焼酎乙類ともよばれる。焼酎乙類は別名「本格焼酎」とよばれてきたが，平成14年11月1日から本格焼酎の定義が新たに設けられ，焼酎乙類のうち，原料は穀類，イモ類，清酒粕，黒糖（黒糖焼酎は米麹を併用）のほか国税庁長官が指定する49の特殊原料（表1.2-1）に限定され，麹を用い，単式蒸留機で蒸留したアルコール45度以下のもので，添加物をまったく加えないものだけが「本格焼酎」とよべることになった。現在，流通している単式蒸留焼酎のほとんどが本格焼酎である（図1.2-1）。

本格焼酎の定義
（平成14年11月1日施行）
- アルコール度45度以下
- 麹使用
- 単式蒸留機
- 水以外の添加物なし
- 現に出荷実績のある原料
（表1.2-1参照）

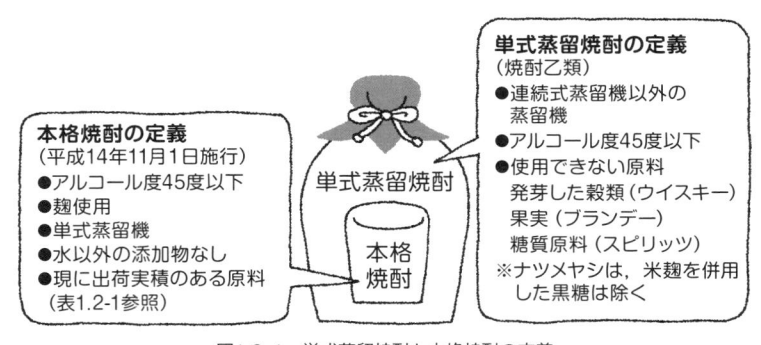

単式蒸留焼酎の定義
（焼酎乙類）
- 連続式蒸留機以外の蒸留機
- アルコール度45度以下
- 使用できない原料
　発芽した穀類（ウイスキー）
　果実（ブランデー）
　糖質原料（スピリッツ）
※ナツメヤシは，米麹を併用した黒糖は除く

図1.2-1　単式蒸留焼酎と本格焼酎の定義

単式蒸留焼酎の種類

　単式蒸留焼酎（焼酎乙類）の原料は酒税法で特定されてはおらず，使用できない原

料が決められている。したがって，使用できない原料以外であればなんでも使用できることになり，焼酎原料の多様さはここに起因する。使用できない原料は，発芽した穀類，果実，糖質原料であり，これを使えば，それぞれ，ウイスキー，ブランデー，スピリッツ類となってしまう。ただし，糖質原料のうち，黒糖とナツメヤシは焼酎原料として認められているが，黒糖焼酎は黒糖とともに米麹を併用することが条件となっている。これは鹿児島県の奄美群島が，昭和28年（1953年）12月にアメリカ統治下から本土復帰にともなう際の特別措置として，奄美群島（大島税務署管内）に限り，認められたものである。黒糖焼酎以外は産地の限定はない。

表1.2-1　本格焼酎の原料

- 穀類・イモ類・清酒粕・黒糖
- 国税庁長官が指定するその他の物品（49品）

あしたば　小豆　あまちゃづる　アロエ　ウーロン茶
ウメの種　えのきたけ　おたねにんじん　かぼちゃ
牛乳　ぎんなん　くず粉　くまざさ　くり
グリーンピース　こならの実　ごま　こんぶ　サフラン
サボテン　しいたけ　しそ　大根　脱脂粉乳
たまねぎ　つのまた　つるつる　とちのきの実　トマト
なつめやしの実　にんじん　ねぎ　のり　ピーマン
ひしの実　ひまわりの種　ふきのとう　べにばな
ホエイパウダー　ほていあおい　またたび　抹茶
まてばしいの実　ゆりね　よもぎ　落花生　緑茶
れんこん　わかめ

　現在流通しているほとんどの単式蒸留焼酎は麹を使用し，単式蒸留機で蒸留し，砂糖などの添加物が一切ない本格焼酎とよばれるもので，これは原料が特定されている。

　国税庁長官が指定するその他の物品はこれまで本格焼酎の原料として使用されたものだが，なかにはデンプンをほとんど含んでいないと思われるものもある。これらの焼酎のほとんどは，たとえば麦焼酎製造の際，醪（もろみ）のなかにこれらの物品を加え蒸留することによりつくられることが多い。原則としてもっとも使用割合の多い原料名を冠してよぶことになっているが，使用割合が低くてもこれらの物品名を冠したい場合はその使用割合を明記することが義務づけられている（冠表示）。

　酒質的には，常圧蒸留を基本とし，個性的で濃醇な味わいをもつ伝統的なタイプのもの（芋焼酎や泡盛に多い），減圧蒸留などを行い，軽快な香味をもち，昭和50年代以降に普及したニュータイプ（麦焼酎や米焼酎に多い），樫樽や甕（かめ）で貯蔵熟成させた熟成タイプ（麦焼酎や泡盛に多い）がある。

◆ 焼酎の歴史

　焼酎の歴史は500年といわれる。その理由は次の2つの資料による。ひとつは昭和29年（1954年），鹿児島県北部に位置する大口市（現 伊佐市）郡山八幡神社の改築時に発見された木片に「永禄二歳八月十一日　作次郎　鶴田助太郎　其時座主は

大キナこすてをちゃりて一度も焼酎ヲ不被下候何共めいわくな事哉」と書かれていた落書きである（写真1.2-1）。内容は，依頼主である神社の主が大変なケチで一度も焼酎を飲ませてくれなかった，というもので，年号と署名入りである。内容のおもしろさとともに，永禄2年（1559年）は当時焼酎に関するもっとも古い記録であり，当初から「焼酎」の文字が使用されていたことなどが明らかになった。

写真1.2-1　大口郡山八幡神社の落書き

　現在，もっとも古い焼酎の記録は天文15年（1559年），南薩摩に滞在していたポルトガルの貿易商人ジョルジェ・アルバレスがフランシスコ・ザビエルに書き送った報告書である。この『日本の諸事に関する報告』のなかに「米からつくるオラーカ（焼酎）」があったことが記されている。焼酎は少なくともその数十年前からあったと思われるので，焼酎の歴史は500年以上ということになる。ちなみにこの頃，まだサツマイモは日本に伝来していない。利右衛門によって琉球から日本本土にもたらされたのが宝永2年（1705年）のことなので，芋焼酎の歴史は250年から300年程度である。琉球の泡盛は本土の焼酎より古く，『朝鮮実録』や冊封使の記録から14～15世紀と推定されている。

　気候温暖な南九州は清酒づくりには不向きな土地柄である。そこでの酒つくりは原料と温暖な気候との戦いのなかから生まれたものであった。江戸中期，九州を旅した京都の医者，橘南谿（なんけい）はその著『西遊記』のなかで「彼国にてたまたま造る酒は，甚だ下品にして飲難し。夫ゆえに此焼酒を多く用ゆる事なり」と記している。

　しかし，その焼酎も出来不出来が激しく，安定した製法が確立したのは明治の後年になってからのことである。伝統的な製法はどんぶり仕込みとよばれるもので，黄麹でつくった米麹に主原料と水を同時に加えて発酵させ蒸留する方式であった。どんぶり仕込みではクエン酸をつくらない黄麹を用い，わずかな麹を用いて，酒母もつくらず，30℃近い高温で発酵させる方式であることから腐造の危険が常につきまとっていた。そこで考え出されたのが現在に至る二次仕込み法である。これは仕込みを米麹と主原料に分けて，まず米麹と水で一次醪をつくり，酵母の増殖を待ってサツマイモ

と水を加えて二次醪をつくる方法である。この二次仕込み法は、大正元年頃、鹿児島の芋焼酎において定着し、その後、クエン酸生産能をもつ沖縄の泡盛黒麹菌が導入され、現在の製法が確立することになる。この製法が球磨や壱岐など他地域に普及するのは昭和17年（1942年）頃のことである。

◆ 焼酎の製造工程

　焼酎の製造工程図（図1.2-2）とその概説を次に示す。製麹工程⇒一次仕込み工程⇒二次仕込み工程⇒蒸留工程および貯蔵工程からなる。なお、詳しい製造工程については後述する。

製麹工程：焼酎製造はまず麹づくりからはじまる。原料は主に米または大麦である。これを洗い、蒸して、これに麹菌の分生子（一般的には胞子とよばれている）を撒いて約2日間かけて麹菌を増殖させて麹をつくる。このとき、麹菌をまんべんなく増殖させることや発生する熱と二酸化炭素を放出させるため、数時間ごとにかき混ぜたり、風を送ったりする必要がある。

一次仕込み工程：一次仕込みは麹と水（麹原料重量の1.2倍容量）そして酵母を加えて30℃前後で5〜6日間糖化と発酵を同時に行う並行複発酵によって酵母を十分に増殖させた一次醪をつくる。醪1gあたりの酵母の数は2億〜4億個にもなる。

二次仕込み工程：二次仕込みは一次醪に主原料と水を加える作業である。主原料がサツマイモであれば芋焼酎、黒糖であれば黒糖焼酎、米であれば米焼酎の醪になる。10〜14日間ほど経つとアルコール14〜18％になった二次醪ができる。

蒸留工程：発酵が終わった二次醪を蒸留して36〜45％の原酒ができる。蒸留機には連続式蒸留機と単式蒸留機があり、前者でできた焼酎を甲類焼酎とかホワイトリカーとよび、後者でできた焼酎を乙類焼酎とか本格焼酎とよぶ。ちなみに、米焼酎の醪を濾過すると酒税法上清酒に、また米麹のみを原料とし発酵させた醪を蒸留すると泡盛ができる。焼酎粕は主にメタン発酵法により処理されるが、もろみ酢や飼料、肥料としての有効利用もある。

貯蔵工程：原酒を濾過、貯蔵、ブレンド後、一般的な商品は25％に割水して出荷される。貯蔵期間は芋焼酎では2〜4か月程度、その他の焼酎は1年以上が一般的である。

図1.2-2　焼酎の製造工程図

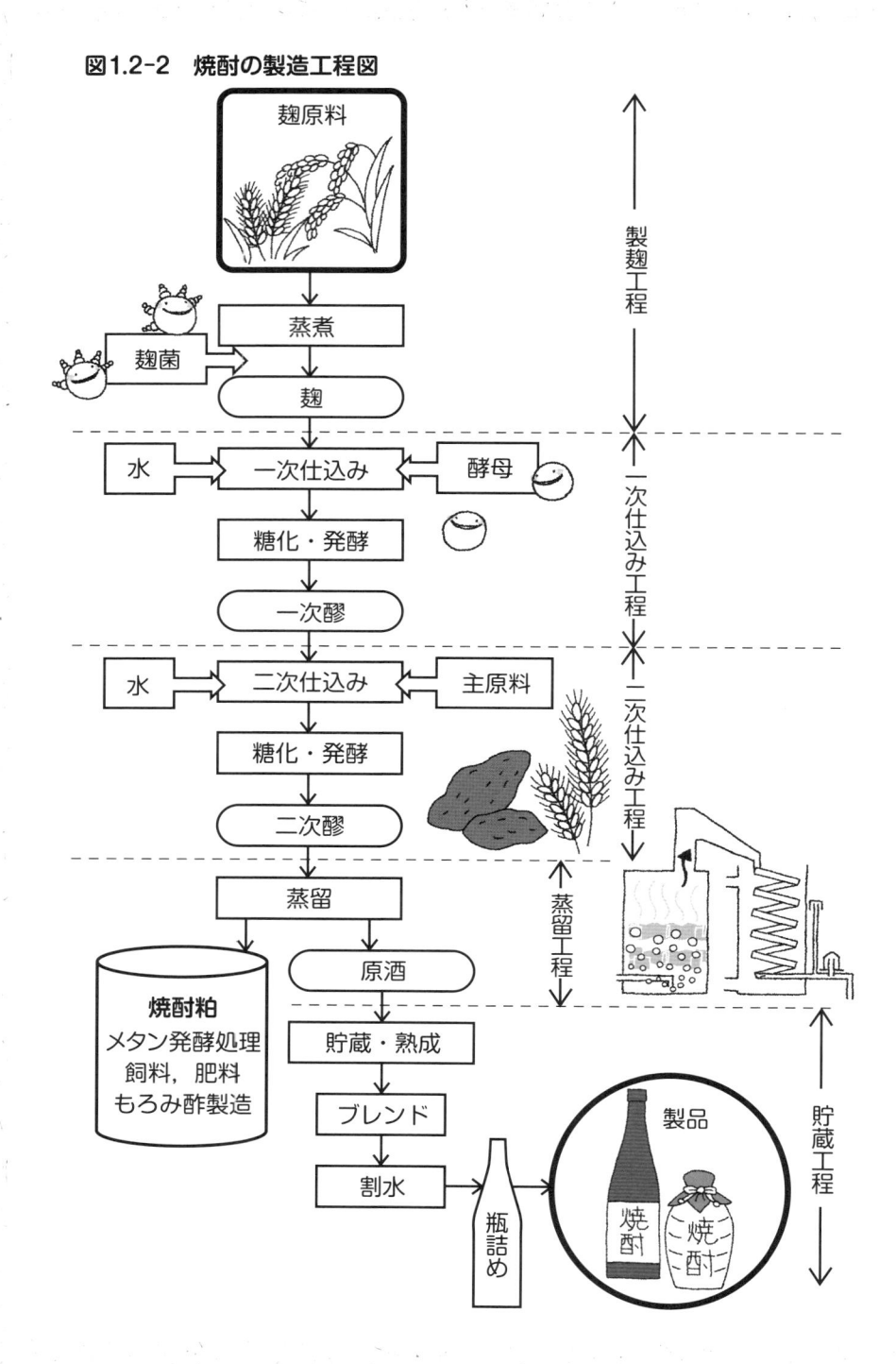

```
                    麹原料
                      ↓
     麹菌 → 蒸煮              ┐
             ↓                │ 製麹工程
             麹               ┘
             ↓
   水 → 一次仕込み ← 酵母      ┐
             ↓                │ 一次仕込み工程
          糖化・発酵           │
             ↓                │
          一次醪              ┘
             ↓
   水 → 二次仕込み ← 主原料    ┐
             ↓                │ 二次仕込み工程
          糖化・発酵           │
             ↓                │
          二次醪              ┘
             ↓
            蒸留              ┐ 蒸留工程
           ↙  ↘              ┘
    焼酎粕    原酒
  メタン発酵処理  ↓            ┐
  飼料，肥料   貯蔵・熟成       │
  もろみ酢製造   ↓             │ 貯蔵工程
           ブレンド            │
             ↓                │
            割水              │
             ↓                │
           瓶詰め → 製品       ┘
                    焼酎
```

◆ 焼酎における微生物

1. 麹菌

　麹菌は *Aspergillus*(アスペルギルス) に属すカビで，分生子の色によって黄麹菌 (*Asp. oryzae*(オリゼー))，黒麹菌 (*Asp. awamori*(アワモリ))，白麹菌 (*Asp. kawachii*(カワチ)) とよばれる。黄麹菌は清酒，味噌，醤油の製造に，黒麹菌・白麹菌は焼酎製造に使われる。黒麹菌・白麹菌はクエン酸を生産することと耐酸性の酵素を生産することが特徴である。

　焼酎づくりは明治時代までは黄麹菌を使っていたが，主産地である南九州地域では醪の低温管理が困難で，腐造も少なくなかった。明治43年（1910年），河内源一郎はクエン酸を生産する黒麹菌を沖縄の泡盛の醪から分離することに成功し，醪のpHを下げる効果があるクエン酸により醪の腐造がなくなったため2〜3割の増収につながった。そして，黒麹菌は大正8年（1919年）には鹿児島県下全域に普及した。大正7年に黒麹菌の変異株として分離された白麹菌は，香味ともソフトな焼酎を製造すると評価され，昭和20年（1945年）以降，ほとんどのメーカーで使われるようになった。そのため黒麹製はいったん姿を潜めたが，個性的な芋焼酎への需要が高まり，昭和50年代後半には復活した。主に銘柄の前後に「黒」がついた商品がそれに該当する。また最近では黄麹を用いた芋焼酎も商品化されはじめた。

2. 酵母

　焼酎酵母には，焼酎用協会2号と3号，宮崎酵母，熊本酵母，泡盛1号のほかに，鹿児島県では昭和27年に分離された鹿児島酵母（Ko）と昭和30年代後半にKoから分離された鹿児島2号（K2），鹿児島県内の芋焼酎醪から分離された鹿児島4号（C4）と鹿児島5号（H5），黒糖焼酎醪から分離された鹿児島6号がある。現在，

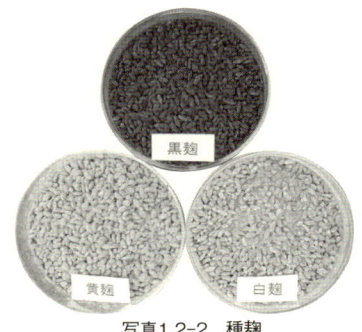

写真1.2-2　種麹

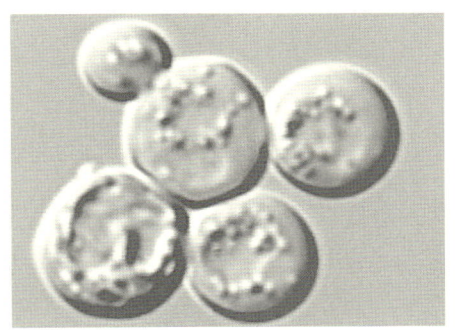

写真1.2-3　酵母（顕微鏡写真）

K2は鹿児島県内の約8割のメーカーで使われている。C4を使った芋焼酎は「華やか」，「味香りソフト」と評価されている。H5はK2と比べてアルコール収得量が約3％向上する。鹿児島6号は黒糖焼酎製造用として初めて分離された酵母で，高温経過を経ても果糖を資化する能力が高い。そのほかKo-CR-37酵母（香り酵母）でつくった芋焼酎は風味が弱いことが特徴である。

また，天璋院篤姫が育ったといわれる鹿児島県指宿市の土壌から分離した酵母は，やわらかな風味とふくよかな味をもつ焼酎ができる。

◆ 焼酎の原料と原料処理

焼酎の原料は酒税法で規制された原料以外は何でも使用できる（単式蒸留焼酎の種類（p.80）を参照）。麹づくりに使われる原料を麹原料，二次仕込みに用いる原料を主原料または掛け原料とよぶ。麹原料は主に米や大麦を使うが，最近ではサツマイモから麹をつくり，すべてサツマイモからできた芋焼酎も市販されている。主原料にはサツマイモや黒糖，米，大麦などのほかに紫蘇やピーマン，緑茶など多種多様な農作物が使われる。主原料が焼酎の種類（たとえば，芋焼酎，黒糖焼酎など）を決める。

1. 水

水は産業にとって重要な資源で，豊富かつ良質の水が求められている。とくに食品産業では水が消費者の口に直接入るため，原料として扱われる。醸造酒（清酒，ワイン，ビールなど），味噌，醤油などでは仕込水そのものが飲食される。一方，蒸留酒（焼酎，ウイスキーなど）では蒸留後のアルコール濃度調整用の水（割水）が直接口に入るものになる。いずれにしても水質のよしあしが製品の品質を左右する。

焼酎製造において水は，原料洗浄・浸漬，仕込み，割水，器具設備・容器洗浄，醪冷却，蒸留用冷却，ボイラーなどに使われ，焼酎 1 l 当たり 20～25 l の水が必要となる。割水用水は商品の30％以上を占めるため非常に重要であり，同じ原酒を異なる水で25％に調整すると酒質が変わってしまうことがある。

2. 米

ジャポニカ米とインディカ米が用いられる。精米歩合はいずれとも食用米と同じで90％程度である。インディカ米は吸水性が低く，粘りがほとんどないことが特徴であり，焼酎づくりにおいて，①浸漬時間を制御する必要がなく，②米粒どうしが付着しにくく塊ができにくい，③麹菌を米表面にまんべんなく破精込ませやすい，④酵素

力価が高く，クエン酸生産量の多い麹をつくれる，⑤一定品質の米が入手できる，といった利点があり，焼酎製造に適した原料といえる。しかし，米トレーサビリティー法の制定により米の原産地表示が義務づけられたことをきっかけに国産米の使用が増加している。

　米の処理は，洗米後，浸漬，水切りし，1時間ほど蒸煮する。このとき，蒸米水分が35～38%になるように浸漬時間を決めることが重要である。水分が少ないと生蒸しになり，麹菌の増殖が悪く，アルコール収得量や酒質が低下してしまう。一方，過多になると，蒸米がべたついて団子状になり，麹がつくりにくくなる。インディカ米は長時間浸漬しても吸水率は23%程度であるため，一度蒸した米を70℃程度まで放冷し，米重量の3～10%の水を撒水して再度蒸煮する「二度蒸し」を行うと良好な蒸米となる。よい蒸米とは，表面のべたつきがなく，米粒内部までよく蒸せており，弾力を有する「外硬内軟」の状態をいう。

3. サツマイモ

　サツマイモの収穫時期は8月下旬から12月上旬のため，芋焼酎はこの時期に1年分の焼酎を製造しなければならない。しかし最近では，蒸したサツマイモを急速冷凍して保存する技術が導入され，1年中入手できるようになった。

　焼酎用の代表的品種は，昭和41年にデンプン用として品種登録された「コガネセンガン」である。この品種はやわらかな風味と甘味のある焼酎になるので9割以上の芋焼酎に使われる。この品種は病害虫に弱く，貯蔵性が悪いため，畑から掘り出した後一両日中に仕込まれる。傷んだ部分は削りとるが，わずかでも残ると傷み臭といわれる一種独特のにおいをもつ焼酎になる可能性がある。よって最近では，土壌殺菌等による土壌改良やウイルスフリー苗による耐病性強化などに農家と酒造メーカーが共同でとりくんで良質なサツマイモを生産するようになり，酒質は飛躍的に向上した。芋焼酎用のサツマイモの新品種としては，平成6年に登録された「ジョイホワイト」はフルーティーな酒質となり，平成22年にはコガネセンガンの病害虫や貯蔵性の問題を解決した「サツママサリ」が登録された。肉質が紫色のサツマイモ（ムラサキマサリ）でつくった

写真1.2-4　サツマイモ
ムラサキマサリ(左)，コガネセンガン(中央)，ベニハヤト(右)

焼酎は甘酸っぱくヨーグルト様の風味があり，橙色のサツマイモ（ベニハヤト）は加熱したニンジンやカボチャ様の香りがする。さまざまな品種を活用することで酒質の多様化が図られている。

サツマイモは蒸煮すると，内在するβ-アミラーゼによりデンプンの30％程度が麦芽糖に分解され甘くなるため，デンプン質原料でありながら蒸すことで糖質原料にもなる特異的な性質をもつ原料である。蒸したサツマイモは送風機などで強制的に冷ました後，小指の先ほどの大きさに機械で粉砕し仕込まれる。

4. 黒糖

含糖物質は焼酎原料には使えないが，黒糖は「酒類行政関係法令等解釈通達」で，奄美群島の酒造メーカーにおいて米麹と併用するときに限り単式蒸留焼酎の原料として認められている。黒糖の原料であるサトウキビの収穫時期は1月から3月である。サトウキビを搾り，搾り汁を煮詰めてブロック状に固めたものが焼酎原料に利用できる黒糖である。黒糖の成分は，ショ糖86％，果糖2.9％，ブドウ糖3.4％，水分5.9％，灰分1.8％である。黒糖は水を加えて蒸気で加熱しながら溶解させ，そして放冷後，一次醪に加える。この

写真1.2-5 黒糖

 とき加熱により黒糖の香りが蒸発することから，一次醪に黒糖ブロックを直接投入する方法が考案されている。この方法でできた焼酎は，黒糖の香りが強い焼酎になり，酒質の多様化が図られる。

5. 大麦

主に二条大麦が使われており，国内産（内麦）と外国産（外麦）とがある。内麦は白っぽく小粒で，外麦は黄色みがかった比較的大粒である。精麦歩合は60～70％が一般的であり，精麦歩合が低くなるほどデンプン価は高くなり，粗脂肪および粗タンパクは減少し，また吸水速度が速まり膨潤しやすくなる。また大麦は米と比べて吸水速度が速く吸水量も多く，品種や浸漬温度によっても吸水速度が異なり，吸水過程で麦どうしがくっつきガチガチに固まる「しまり現象」を生じることがある。洗麦し，浸漬，水切り後，40～60分間ほど蒸煮し，蒸し後の水分が36～40％になるように浸漬時間を決めることが重要となる。

6. その他

清酒粕やそば，トウモロコシなどのほか，国税庁長官が指定する49物品（p.81）などがある。

◆ 焼酎の各製造工程

1. 製麴

昔から「一麴，二酛（酒母），三造り」という言葉がある。これは清酒製造における麴づくりの重要性を示したものであるが，焼酎製造においても麴の出来が酒質を大きく左右するため，その意味するところは同じである。

麴の役割として，①デンプンやタンパク質，脂質などを分解する耐酸性の酵素の生産，②雑菌の生育を抑えながら安全

写真1.2-6　米麴

に発酵させるためのクエン酸の生産，③焼酎の風味の形成などが挙げられる。とくにクエン酸の生産は，清酒麴や味噌麴，醬油麴などに使われる黄麴菌とは異なる焼酎麴特有の性質である。製麴工程は焼酎製造工程においてもっとも機械化が進んだ工程である。回転ドラム式製麴装置と円盤式自動製麴装置があり，回転ドラム式は静置通風式製麴機（三角棚とよぶ）との組み合わせタイプとドラム内で製麴を行う全自動タイプがある。回転ドラム式では洗米から種付け，盛りまでを一貫して管理し，盛から出麴までを三角棚で管理する。種付け後18時間前後経過時点で「盛り」の操作を行い，このときの麴の品温は37〜38℃に制御する。26〜28時間後には「仕舞仕事」を行い，この時点までに麴菌が十分に繁殖し焼酎づくりに必要な酵素の生産が行われる。仕舞仕事以降は，品温を35℃前後に制御することで焼酎製造において重要なクエン酸を麴菌が生産するので，クエン酸生産を優先した温度管理が重要となる。種付けから約43時間後には麴ができあがる（出麴）。品温経過を図1.2-3に示す。麴の酸度は5〜7が一般的で，酸度が低いときは一次仕込み時に乳酸の添加（補酸）を行う。麴酸度とは，麴20gに蒸留水100mlを加え，ときどき室温で振り混ぜながら3時間浸出し，濾液10mlを中和するに要する1/10N-NaOH量である。

写真1.2-7　回転ドラム式製麹装置
回転ドラム(左)，三角棚(右)

写真1.2-8　円盤式自動製麹装置

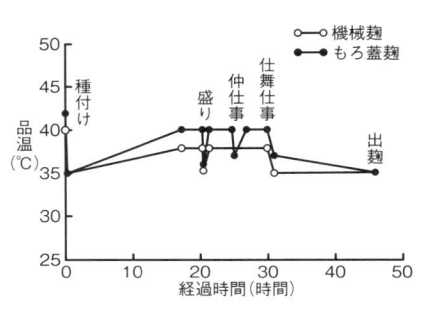

図1.2-3　製麹中の品温経過

2. 一次仕込みおよび二次仕込み

　焼酎製造は温暖な地域が主産地であるため，生酸菌などの雑菌に汚染される危険性が高い。しかし，麹に含まれるクエン酸が一次醪のpHを3前後に低下させるため，雑菌の増殖を抑制することができる。そして耐酸性に優れた焼酎酵母が優先的に増殖し，安全に発酵が行われる。

　一次仕込みは，麹，水および酵母を加えて行う。一次醪の酵母濃度は，仕込み即下時には10^6個/ml程度であるが，仕込み後3日目には$2～4×10^8$個/mlに増殖する。仕込みに使われる酵母は，仕込みがはじまって数本の醪には培養酵母を使うが，それ以降の仕込みには3～4日目の一次醪の一部を使う。この手法は焼酎製造特有であり「差し酛」とよばれる。

　二次仕込みは一次醪に主原料と水を加えて行う。仕込み直後の醪のpHは4～4.5となり雑菌も繁殖できるが，仕込み即下の醪の酵母濃度が$4～8×10^7$個/mlである

こととアルコール濃度が5％前後であるため，雑菌汚染することなく発酵できることになる。仕込配合を表1.2-2に示す。一次仕込みでは汲水歩合（麹原料に対する水の歩合）120％が標準である。仕込み全体の汲水歩合は，芋焼酎では65～75％，黒糖焼酎では230～275％，麦焼酎・米焼酎は140～170％である。麹歩合（主原料に対する麹原料の重量歩合）は，芋焼酎が20％，黒糖焼酎や米焼酎，麦焼酎は50％が一般的である。仕込温度は，一次仕込み・二次仕込みともに25℃前後が一般的で，最高温度は一次醪で30℃，二次醪では32℃を超えないように管理する。醪温度制御はシャワーや蛇管で冷水や温水を使うのが一般的である。

表1.2-2 焼酎の仕込配合

	原料	一次	二次	計
芋焼酎	麹米 (kg) 生芋 (kg) 汲水 (l)	100 — 120	— 500 280	100 500 400
米焼酎	麹米 (kg) 掛米 (kg) 汲水 (l)	100 — 120	— 200 360	100 200 480
泡盛	麹米 (kg) 汲水 (l)	100 130～140	— —	100 130～140
黒糖焼酎	麹米 (kg) 黒糖 (kg) 汲水 (l)	100 — 130	— 200 600	100 200 730

3．蒸留

　焼酎製造に用いられている蒸留機とは『連続して供給されるアルコール含有物を蒸留しつつ，フーゼル油，アルデヒドその他の不純物を取り除くことができる蒸留機（連続式蒸留機）と連続式蒸留機以外の蒸留機（単式蒸留機）』と酒税法で定義されている。連続式蒸留機でできた焼酎を焼酎甲類，ホワイトリカーとよび，単式蒸留機でできた焼酎を焼酎乙類とか本格焼酎とよぶ。単式蒸留機には主に芋焼酎や黒糖焼酎，泡盛製造に使われる常圧蒸留機と，主に麦焼酎や米焼酎などの穀類焼酎に使われる減圧蒸留機がある。単式蒸留機は時間とともに留出する成分が異なり，複雑な香味を有することが特徴である（図1.2-4）。蒸留機の材質はステンレスが一般的であるが，鉄製，銅製，木製などもある。

1．常圧蒸留

　醪に蒸気を直接吹き込む方法が一般的である。蒸留時間は，醪に蒸気を

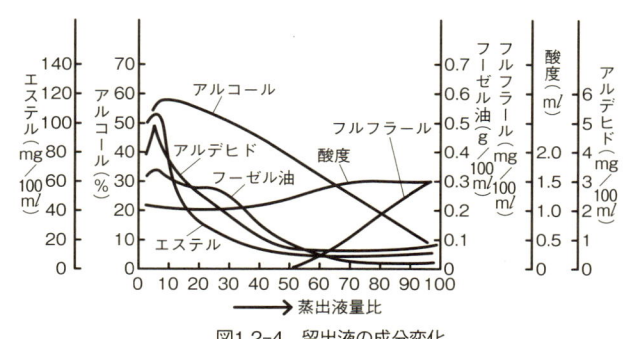

図1.2-4　留出液の成分変化

吹き込んでから焼酎が留出する（垂れはじめ）まで約30分，垂れはじめから180分ほどで蒸留が終了するように蒸気量を調整する。蒸留の終点は留液のアルコール度数が8〜10%を目安とする。焼酎の香味成分の一部は蒸留工程で加熱反応により生成する。

2．減圧蒸留

昭和50年代に導入された蒸留方法で，蒸留缶内圧力を100torr前後に下げて行うため，醪温度が40〜50℃で蒸留できる。減圧蒸留機でつくった焼酎はソフトなタイプの酒質となる。

写真1.2-9　蒸留機

4．貯蔵工程

貯蔵はステンレス容器のほかに甕や樫樽で行われる。貯蔵期間が3年以上の焼酎が50%以上である焼酎は長期貯蔵酒とよべる。また，樫樽で貯蔵した焼酎は淡い琥珀色に着色する。この商品（樫樽貯蔵酒とよぶ）の色は430nmと480nmの吸光度で0.08を超えないようにしなければならない。

1．ガス抜きおよび油性成分の除去

蒸留直後の蒸留酒は一般的に刺激的なにおい（ガス臭）と荒々しい味を有し，油性成分により白濁しているため，貯蔵によるガス臭の除去と濾過による油性成分の除去が必要である。ガス臭の主成分はアルデヒド類や硫黄化合物である。ガス臭は蒸留後3か月ほどで自然に抜けていくが，「新酒がうまい」といわれる芋焼酎では強制的なガス抜きが行われることがある。その方法は，タンクの移し替えによる撹拌やエアーポンプ撹拌，液層循環ポンプ撹拌などがある。油性成分は，パルミチン酸，オレイン酸，リノール酸およびそれらのエチルエステルである。原料に含まれる脂質が発酵中に麹菌の生産する酵素で分解され脂肪酸となり，その一部が脂肪酸エチルエステルとなって蒸留により油性成分として焼酎に移行し，一部は溶解するが，大部分は焼酎に懸濁するか表面に浮上する。油性成分は焼酎の品温が低くなるほど溶解度が低下するので表面に浮遊しやすくなる。浮遊した白濁油性成分は布や濾紙ですくいとる。冷却濾過法は，焼酎を強制的に10℃前後に冷却させて油性成分を不溶化させて濾過する方法である。

2. 濾過

濾紙や濾布を使った簡単な濾過では，風味と濁りをいくらか残すことになる。セライトなどの濾過助剤や活性炭を使うと，油性成分と同時に微量香気成分も除去されるため，透明度の向上や風味を軽快にすることができる。

3. イオン交換処理

焼酎の精製に使用されているイオン交換処理装置は第1塔がHSO_3型陰イオン交換樹脂の単床と第2塔がH型陽イオン交換樹脂とOH型陰イオン交換樹脂の混合床からなり，アルデヒド類やミネラル，有機酸などが除去できる。樹脂の種類や流速などを変化させることで酒質に幅をもたせることができる。

◆ 焼酎の成分と香味

本格焼酎はエタノールと水以外の成分として，高級アルコール類，脂肪酸エステル類（油性成分），揮発性有機酸，ミネラルなどが含まれているが，その含有量はわずか0.2％程度である。しかしこの微量成分が本格焼酎には大きな意味をもつ。芋焼酎や黒糖焼酎などの原料別やメーカーごとの風味のちがいは，すべてこの微量成分に由来している。油性成分は焼酎の刺激味をやわらげて丸味を与える成分であり，物理的な味に寄与するため焼酎には必要不可欠な成分である。しかし，割水に含まれるミネラル成分（Ca, Mg, Feなど）と結合して綿状の沈殿物あるいは浮遊物を生成させたり，酸化していわゆる油臭を発生させたりすることがある。油臭を発生させないためには，①焼酎中の油性物質を除去する，②貯蔵アルコール度数を高く保つ，③貯蔵温度を低く保つ，④瓶詰め後，直射日光（紫外線）に当たらないようにする，などがある。

焼酎の香りについては，芋焼酎の研究が積極的に行われている。芋焼酎の特徴香としてリナロール，α-テルピネオール，シトロネロール，ゲラニオールといったモノテルペンアルコール（MTA）やイソオイゲノールおよびローズオキサイド，β-ダマセノンなどが報告されている（図1.2-5）。

これらの成分は米や麦焼酎には含まれていない。MTAはサツマイモ中にグルコースなどの糖が結合したモノテルペン配糖体として存在し，発酵中に麹由来のβ-グルコシダーゼなどにより加水分解を受け遊離する。そして，その一部は酵母によりシトロネロールに変換される。また，蒸留工程で熱と酸によっても変換される。β-ダマセノンは芋焼酎の甘い香りに寄与する重要な特徴香成分である。MTAやβ-ダマセノンには癒し効果があるといわれており，晩酌に芋焼酎を飲むとホッとするのは，この

ような芋焼酎特有の成分が重要な役割を担っていると思われる。とくにお湯割りで飲酒することで香りが立ちやすくなり，芋焼酎の甘さと癒し効果を引き立てていると考えられる。

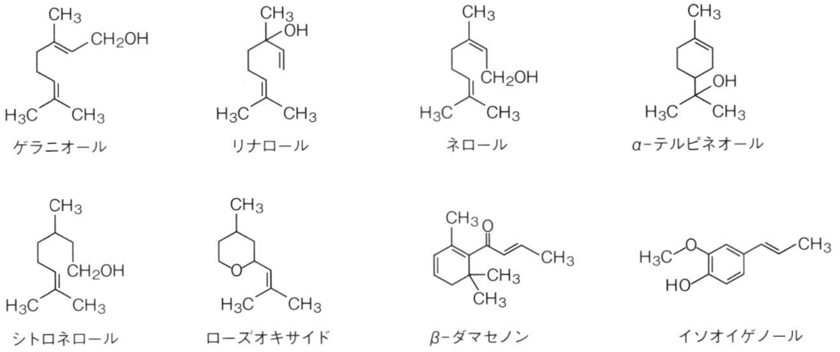

ゲラニオール　リナロール　ネロール　α-テルピネオール

シトロネロール　ローズオキサイド　β-ダマセノン　イソオイゲノール

図1.2-5　焼酎の香り成分の構造式

◆ 焼酎粕の処理と有効利用

　焼酎粕は昭和40年代まではウシやブタの飼料として利用されていた。しかし，昭和50年代の焼酎ブームにより焼酎粕が大量発生し，飼料だけでは処理できなくなり，やむなく海洋投入処分が行われた。しかし，ロンドン条約の実施により，平成19年（2007年）4月以降，海洋投入が原則禁止となった。日本酒造組合中央会の調べによると，平成22年度は年間780千tの焼酎粕が排出され，その46.0％がメタン発酵法で処理され，メタン発酵で発生するメタンガスをボイラー燃料として利用している。その他の処理法としては，焼却4.4％，活性汚泥1.6％，その他8.6％となっている。有効利用法としては，飼料28.0％と肥料11.4％となっている。その他に飲料や化粧品としての活用もある。飲料には焼酎粕を濾過して糖類やアミノ酸を加えて調味したもろみ酢がある。酢という名前が付いているが，酢酸はほとんど含まれず，主にクエン酸が酸っぱい成分なので清涼飲料に分類される飲み物である。

◆ 焼酎の効用と利用

　適正飲酒の条件として，刺激の少ないアルコール度の低い酒を，栄養バランスのとれた肴をとりながら，ゆったりと楽しく飲み，ときに酔いの程度に応じて調整しながら飲むことが求められる。肴を選ばず，自在に薄めて飲むことのできる本格焼酎の酔

い覚めのよさの第一はここにある。昭和60年（1985年）に須見らによって，焼酎飲酒により血栓溶解効果が高まることが示唆され大きな話題をよんだが，これも体に優しい焼酎の実体験が背景にあったからと思われる。

　焼酎は蒸留酒の性質を利用して料理や果実酒つくりなどにも利用されている。たとえば豚骨料理では，焼酎の入った煮汁に豚バラ肉を入れて煮込んだり，油で炒めた豚肉に焼酎を振りかけアルコールを蒸発させたりするが，これは素材をやわらかくし，味を浸透させるアルコールの性質を利用したものであり，肉と骨の離れるのを防ぐ効果もある。梅酒づくりに使われる焼酎は，アルコールの殺菌，脱水，浸透，抽出の効果を利用したものである。

◆ 焼酎の賞味期限と保管方法

　焼酎は蒸留酒である。微生物が増殖しない高いアルコール濃度であるだけでなく，増殖に必要なアミノ酸や糖分などの成分は蒸発しないので焼酎中にはもともと含まれていない。したがって焼酎に賞味期限はない。ボトルに年月日が記されているものもあるが，これは瓶詰め年月日であり賞味期限ではない。ただ，直射日光に長時間さらされると風味が変わることがある。これはリノール酸エチルなどの呈味成分が日光により酸化され，油っぽいにおいをもつ成分に分解されてしまうことがあるからである。通常は心配ないが，白いボトルや底に少し残った状態で長期間放置するとにおいがつきやすくなるので，箱に入れたり，できるだけ暗いところに置いておくことが望ましい。

1.3 ビール

◆ 酒税法におけるビールの定義

　ビールは『酒税法』第3条第12号に次のように定義されている。
ビール　次に掲げる酒類で，アルコール分が20度未満のものをいう
（イ）麦芽，ホップ及び水を原料として発酵させたもの
（ロ）麦芽，ホップ，水及び麦その他の政令で定める物品を原料として発酵させたもの。ただし，その原料中当該政令で定める物品の重量の合計が麦芽の重量の100分の50を超えないものに限る
＊その他の政令で定める物品（麦，米，とうもろこし，こうりゃん，ばれいしょ，でんぷん，糖類など）

　日本の酒税法上，アルコール分1度以上の飲料は酒類とみなされる。よって，これまでアルコール分1度未満のビール風飲料は「ノンアルコールビール」とよばれてきた。しかし，アルコール分0.6〜0.9%などの商品もあることから，平成16年に公正取引委員会が関連企業・団体に向けて表示適正化の指導要望を出したことで，「ビールテイスト飲料」などの名称となった。現にヨーロッパでは，0.6〜0.9%の酒類は「ローアルコール飲料」とよばれている。このような「ビールテイスト飲料」は平成14年の道路交通法改正による飲酒運転の罰則強化以降，需要が高まってきている。

◆ ビールの歴史

　ビールの原型は，紀元前3000年，古代メソポタミアで，原料麦の古代種（エマー小麦）によりつくられた「シカル」とよばれる古代のビールである。紀元前2500年にはエジプトでつくられるようになった。まず麦芽のパンを焼いてから水に溶かして壺で発酵させたもので，現在のようなホップのさわやかな香気と苦味をもつものではなかった。当時は，魔術にも用いられるマンドラゴラやサフランなど多くの香草・ハーブなどが添加され，ハーブの混合物は「グルート」とよばれ，中世ヨーロッパのビールづくりに用いられていた。ホップの使用は12〜15世紀とされ，ビールに爽快な

苦みと香気，また豊かな泡立ちを与え，現在のようなビールとなった。18世紀末から19世紀においては，酵母の純粋培養や衛生管理技術が確立されたことにより安定供給される工業製品として世界中に流通するようになった。

日本では，嘉永6年（1853年）蘭学者の川本幸民がオランダ語の化学書を翻訳し，ビール醸造について解説している。明治時代になると多くの醸造所が次々に誕生し，ビールは本格的に普及，その後，さまざまな変遷を経て現在に至っている。

ビールをとりまく日本の環境

近年，日本のビール産業において2つの大きな変革があった。ひとつは平成6年の酒税法改定にともない，ビール醸造のための免許取得に必要な年間最低製造量が2,000kℓから60kℓまで引き下げられ，規制が緩和されたことである。これにより一気に地ビールの製造がはじまった。そしてもうひとつが「発泡酒」の登場である。平成8年の酒税改定以前までは，麦芽使用率2/3以上であれば『ビール』，それ未満は『発泡酒』と分類され，発泡酒はビールに比べ税率が低く定められていた。このため大手メーカーは低価格の発泡酒を販売した。これによりビールの消費量は平成6年の725万kℓをピークに減少し，ビールのシェアを発泡酒が奪うかたちとなった。そして発泡酒の消費量は平成15年まで増加しつづけ255万kℓとビール消費量に迫る勢いであった。しかし平成15年の酒税法改正で麦芽使用率50％以上の発泡酒の税率をビールと同じに引き上げた。このため各メーカーは，さらに税率の低い，麦芽以外を原料とする「その他の醸造酒」や発泡酒に別のアルコール飲料を添加したビール風「リキュール」を販売した。これがいわゆる「第三のビール」あるいは「新ジャンル」とよばれるビール風飲料である。この出現により発泡酒の消費量は徐々に下降していき，「第三のビール」，「新ジャンル」が平成15年以降，順調に消費を拡大し，平成20年には発泡酒の消費量を抜き，平成22年まで前年比でプラス成長を続けている。

ビールの生産量

ビールは世界でもっとも生産量の多い酒類のひとつであり，世界中で生産されるビール生産量は17,727万kℓである。1位の中国は4,219万kℓ，2位のアメリカは2,451万kℓと消費量が多く，3位のブラジル以下，ロシア，ドイツの上位5か国ですでに50％を超えている。日本は7位で約600万kℓ，大瓶換算で年間に95億本，国民1人当たり47ℓ消費している（平成21年現在）。

◆ ビールの製造工程

ビールの製造工程図を次に記す（図1.3-1）。原料および各製造工程においては後で詳述する。

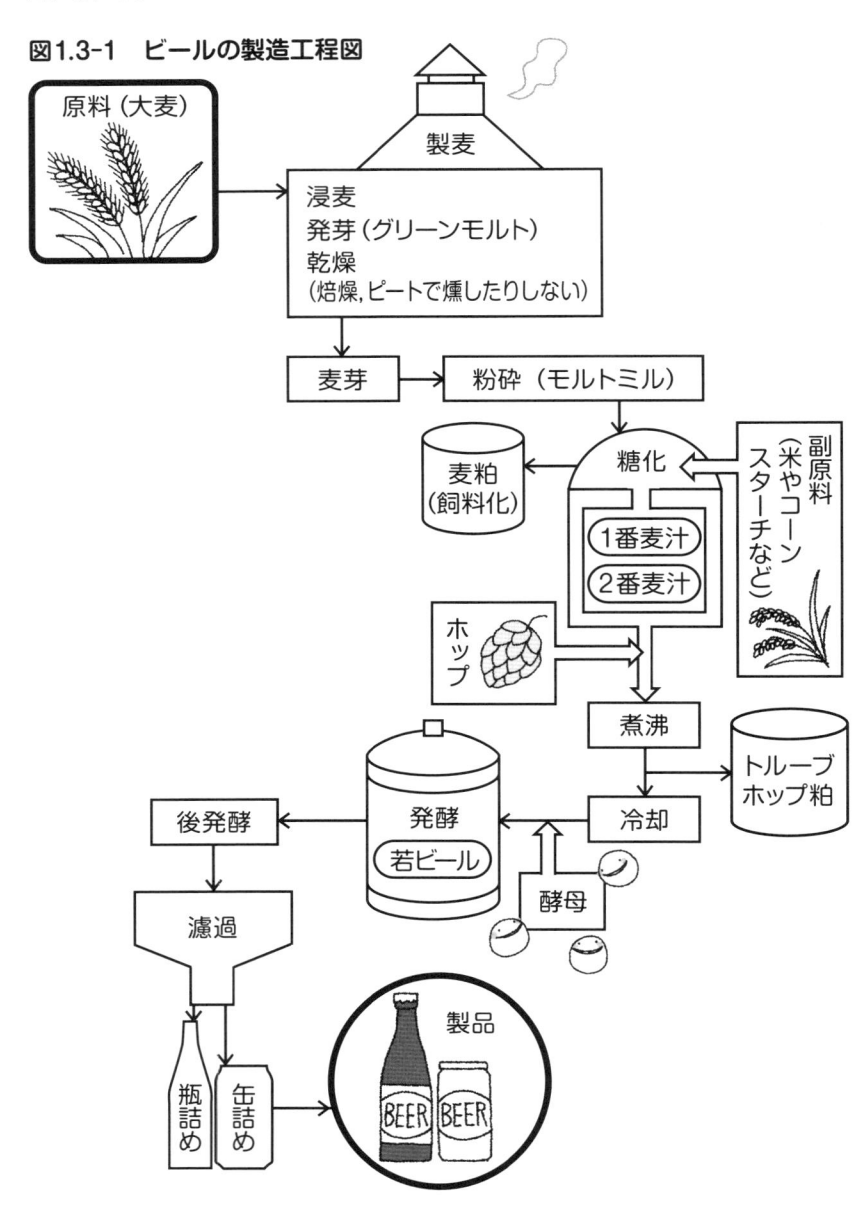

図1.3-1　ビールの製造工程図

原料（大麦）→ 製麦（浸麦／発芽（グリーンモルト）／乾燥（焙燥、ピートで燻したりしない））→ 麦芽 → 粉砕（モルトミル）→ 糖化（←副原料（米やコーンスターチなど）／→麦粕（飼料化））→ 1番麦汁・2番麦汁 → 煮沸（←ホップ）→ トルーブ・ホップ粕／冷却（←酵母）→ 発酵（若ビール）→ 後発酵 → 濾過 → 瓶詰め・缶詰め → 製品

◆ ビールの原料と原料処理

1. 大麦

　大麦はビール麦芽の原料となる。大麦（barley；*Hordeum vulgare*（ホルデウム バルガレ）（写真1.3-1））は穂の形態にちがいがあり，二条，六条とよばれる種類がある。オーストラリア，カナダ，ヨーロッパなどでは，ビール用として二条大麦が栽培され，アメリカでは六条大麦が栽培されている。

　大麦の種子は穎（えい）とよばれる殻皮に覆われており，穎果とよばれる。ビール用大麦は脱殻しても殻皮が穎果に張りついている皮性である。

　大麦の胚は植物体に生長する幼芽と胚乳から栄養を吸収する胚盤とから構成される。また胚乳は，外部をとりまく糊粉層とデンプン貯蔵組織の2つの組織で構成されている（図1.3-2）。

　種子は吸水すると，胚盤から植物ホルモンである「ジベレリン」や加水分解酵素が分泌する。さらに糊粉層ではジベレリンがシグナルとなり，デンプン分解のためのα-アミラーゼやβ-グルカナーゼが合成され，デンプン貯蔵組織へ分泌される。大麦では胚盤に接する部分と糊粉層に接する部分から同時に胚乳貯蔵物質の分解が進行することとなる。

　胚乳細胞壁の75%はβ-グルカンにより構成されている。また麦芽のβ-グルカンの量は麦汁のエキス収量と負の相関があり，それは胚乳細胞壁の分解程度を示している。つまり，麦芽β-グルカン量が高いことは胚乳細胞壁の分解が十分ではないこと

写真1.3-1　ビール用大麦

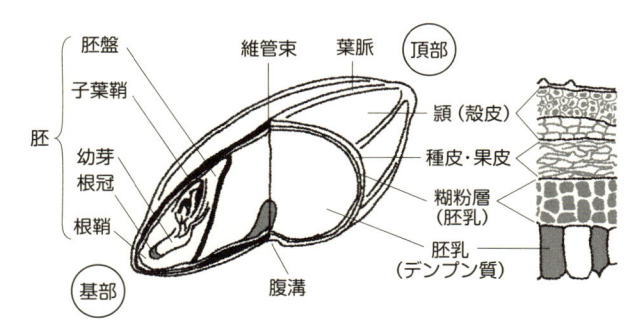

図1.3-2　大麦の構造

を示し，エキス収量の減少を意味する。また，β-グルカンは麦芽と水を加えた糖化醪（マッシュ）の粘性を高め，濾過速度を遅くし，さらに麦汁の濁りの要因ともなる。そこで，β-グルカンの分解酵素であるグルカナーゼ活性を高めることやβ-グルカナーゼ活性が高い系統の選別を行うなどの報告もある。一方で，β-グルカナーゼは焙燥中に失活しやすいなどの問題もある。

ビール用大麦として必要な条件は，①粒の大きさ・形状が均一で大粒である，②穀皮が薄い，③タンパク質含量が均一でデンプン含量が多い，④発芽勢が均一かつ旺盛，⑤麦芽時に酵素力が高い，⑥麦芽の糖化が容易で発酵性がよいなどが挙げられる。

2．ホップ

ホップ（hop；*Humulus lupulus* L.）は，宿根多年生，雌雄異株の蔓性植物で，アサ科の植物である。ビール醸造に利用されるのは「毬花（写真1.3-2）」とよばれる部分で，苞とよばれる葉が重なっている。この苞の根本に黄色の顆粒状のルプリン器官に含まれる精油や樹脂がビールに苦みや芳香を与える。

写真1.3-2　ホップ　毬花（左），ルプリンのついたホップの内苞（右）

ホップがビールに果たす役割は，①独特な香気と爽快な苦味の付与，②過剰なタンパク質を沈殿させ，ビールの清澄効果，③雑菌の増殖抑制し，ビールの腐敗防止，④ビールの「泡もち」への関与である。

主要な原産国はドイツ，アメリカ，中国，チェコである。日本では全世界のシェアの1％にも満たないわずかな量であるが栽培されている。この毬花のなかには苦味成分であるフムロンあるいはルプロンを4〜22％，芳香のある精油を0.5〜2.5％を含む。近年では，毬花をそのまま使用するほかに，毬花を圧縮したもの（ベールホップ），粉砕したもの（ホップパウダー），パウダーをペレットにしたもの（ホップペレット）などがある。さらに，ホップの樹脂を抽出したものや精油をエタノールや超臨界炭酸ガスによって抽出されたホップエキスとよばれるものも使用される。ルプロンはビールに移行しないが，他のフムロン類の同位体（表1.3-1，図1.3-3）は麦汁中で煮沸すると異性化して苦味の強いイソフムロンへと変換される。イソフムロンはビールには10〜50mg/l 移行して苦味に関与するだけでなく，タンパク質の一部と結

表1.3-1　ホップ中のフムロン類
　　　　　ルプロン類の同位体

側鎖 (R)	フムロン類	
	名称	化学式
$-CH_2CH(CH_3)_2$	humulone	$C_{21}H_{30}O_5$
$-CH(CH_3)_2$	cohumulone	$C_{20}H_{28}O_5$
$-CH(CH_3)CH_2CH_3$	adhumulone	$C_{21}H_{30}O_5$
$-CH_2CH_3$	posthumulone	$C_{19}H_{26}O_5$
$-CH_2CH_2CH(CH_3)_2$	prehumulone	$C_{22}H_{32}O_5$

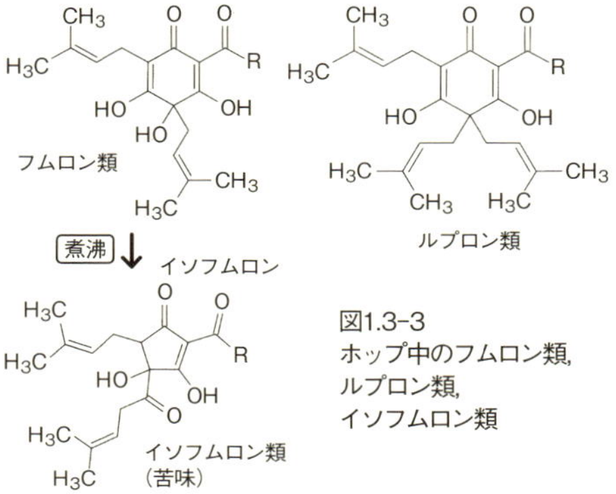

図1.3-3　ホップ中のフムロン類，ルプロン類，イソフムロン類

合して消えにくいビールの泡層を形成する。また，ホップ精油成分は煮沸中に揮散するが，一部の香気成分リナロール，フムレン・エポキシド，フムロールなどはホップ香をもたらす。

3. 副原料

　ドイツ以外の国では，ビールの原料として大麦麦芽の一部をトウモロコシや米，高粱，発芽させない大麦など，原料コストの安い原料を用いることが多い。また，タンパク質量が多い麦芽に代わり，一部タンパク質量の少ない副原料を添加し，バランスのとれたビールに仕上げる目的で使用される。さらに，大麦に多く含まれるポリフェノールの少ないほかの副原料に置き換え，混濁耐久性の向上をめざすために使用される。

4. 水

　ビール醸造においては醸造用水（洗浄水も含む）を大量に使用するので，製造するビールの6～13倍の水を使用する。そのため良質な水を大量に得られるかがビール工場の立地条件のひとつとなる。仕込水の要件として，他の清酒などの仕込水と同じように，無味・無臭であることや，大腸菌などの生物的・微生物的汚染がないこと，健康を害するような重金類などの混入がなく，飲料水として利用できることなどが挙げられる。また，糖化や発酵，ビール品質に有害な成分も含まれていないことも重要である。一般に，淡色タイプのビール製造には軟水が適しており，濃色タイプのビールには硬水が適している。日本は全国的に軟水で，東京の水道水は全硬度66 (mg/l) であるのに対し，ミュンヘンでは277，ウィーンでは164 (mg/l) である。日本の水はピルスナータイプの淡色ビール製造に適している。

◆ ビールの各製造工程

1. 麦芽の製造

　ビール製造では麦芽を糖化剤として使用する。このため，原料の大麦は発芽工程を経て，麦芽にしてから使用する。大麦から麦芽を製造する工程を製麦という。製麦は，浸麦工程，発芽工程，焙乾工程の3工程によって行われる。

　収穫後，乾燥した大麦（水分10～13％）は，十分な発芽を行わせるために少なくても6～8週間一定期間貯蔵させる。これを休眠期間という。この大麦は，選粒機により，吸水・発芽が均等に行われるよう選粒する。

　浸麦工程として選粒された大麦は，12～16℃の水に断続的に浸漬し，42～45％まで吸水させる。次の発芽工程として吸水した大麦は，通風用の網目状の小孔を開けた発芽床の上に広げ，床下より12～18℃に調整した加湿空気を送り，呼吸によって生じた熱を冷却しながら発芽する。一般的には3.5～7日，根は3～4本粒外に出，根芽の長さは粒長の1～1.5倍になるまで発芽させる。焙乾工程において発芽させた大麦（緑麦芽（グリーンモルト））は，焙乾室に運び込み，金網床の下から40～45℃の加熱空気を吹上げ，水分含量10％以下まで乾燥させ，その後，徐々に温度を上げ，淡色麦芽では80～85℃で3時間ほど焙焦する。濃色麦芽は100～105℃で，さらに焙焦強度の強いものはカラメル麦芽といい110～130℃，さらに濃いものをチョコレート麦芽といい200～230℃で焙焦される。この間で水分は4％になり，アミノ酸と糖から褐色の色素「メラノイジン」や独特の香気が生成される。焙乾の終了した麦芽は除根選別され，室温まで冷却後，保管する。麦根は窒素，ミネラルなどの栄養に富むが，品質低下につながる呈味などがあり，丁寧に選別される。麦芽は約4週間程度貯蔵され，この間に香味を低下させる酵素（リポキシゲナーゼ）などを低下させる。

2. 麦汁の製造

1. 麦芽の粉砕

　麦芽は仕込み前に精選し，麦芽粉砕機で粉砕する。粉砕の目的として，水との接触面を増やし，デンプンなどが酵素作用を受けやすくし，エキスの収率を上げる目的がある。その観点からは細かな粉砕が望まれるが，細かくすることにより穀皮中のタンニンの溶出が促進することや，麦汁濾過槽を利用する場合，穀皮粉砕物により麦汁濾過が遅くなることなどの問題がある。

粉砕法としては，乾式粉砕あるいは湿式粉砕に大別できる。乾式粉砕の場合，穀皮分離仕込みが可能なほか，ローラーの間隔調整が簡便などの利点がある。また湿式粉砕の場合，水分により穀皮の弾力性が増し，加湿しない場合に比べ穀皮の砕けが少なく，麦汁濾過槽使用に適したものとなるなどの利点もある。

2．仕込み

麦芽および米，デンプンなどの副原料を水とともに仕込槽（写真1.3-3）に入れ，麦汁をつくる。

仕込みの方法は大きく分けて，デコクション法（煮沸法）とインフュージョン法（抽出法）の2つがある。

デコクション法は，マッシュ（醪）の一部を仕込槽で煮沸する方法で，一部加熱・煮沸したマッシュを仕込槽で混合し，全マッシュの温度を所定の温度にしていく方法である。一部を煮沸する目的として，麦芽や副原料のデンプンの糊化，液化を助けて糖化促進させる。さらに色素の生成の促進，麦芽穀皮などの内容物の抽出促進などが挙げられる。煮沸回数により一回煮沸法，二回煮沸法などがある。

インフュージョン法は煮沸をせず，仕込槽にマッシュをすべて入れ，仕込槽に備えられている加熱装置によって所定温度まで昇温させる。煮沸操作がない分，デンプンなどの糊化が促進されず，副原料を仕込むのには適さない。しかし，エネルギーが20〜50%節約される。また

写真1.3-3　ビールメーカーの仕込室

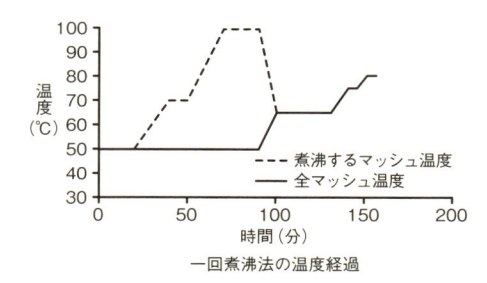

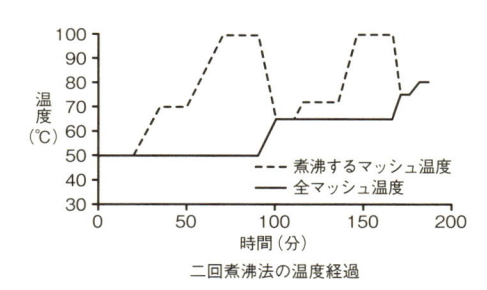

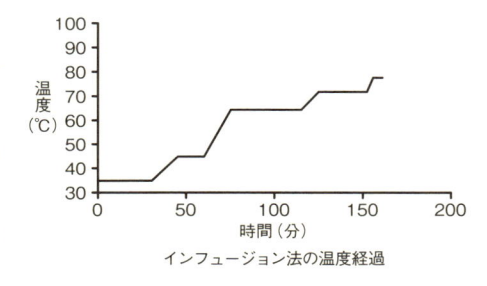

図1.3-4　各種糖化工程の温度経過

短時間で終了し，くせのないやわらかな味になるなどの利点もある。

糖化工程では，上記2種類の方法によって昇温しながら酵素分解を促す。40～45℃の温度帯ではβ-グルカナーゼ，45～50℃ではタンパク質分解酵素を作用させる。62～65℃ではデンプンからマルトース生産（β-アミラーゼ），70～75℃では残存したデンプンを糖化酵素（α-アミラーゼ）により分解させる。78℃まで温度を昇温させると麦芽中の高分子タンパク質は麦汁煮沸段階で熱凝固し，中低分子タンパク質はビールの泡持ち形成に関与する。さらにアミノ酸や低分子のペプチドは酵母の栄養源として発酵中の酵母代謝やビール香気成分に影響する（図1.3-4）。

3．麦汁濾過工程

糖化工程後のマッシュは麦汁と穀皮主体の粕に分離される。ロイター濾過槽は，槽底部の上面にスリット入りの濾過網が設置されており，糖化後のマッシュをロイター濾過槽に移すと，穀皮を主体として形成された濾過層（麦層）が，この濾過網の上に形成し，これがフィルターの役目を果たす。この濾過工程で，濾過した麦汁を「一番搾り」とよび，この麦層を湯で洗浄し，エキス分を回収したものを「二番麦汁」とよぶ。

4．麦汁煮沸工程

麦汁濾過により得られた麦汁を煮沸する。煮沸工程には8つの目的がある。

(1) 水分の蒸発：二番麦汁を加えると麦汁は希釈される。そこで水分を蒸発させ，目的の濃度にする。

(2) ホップ苦味成分への変化：ホップ中のα酸を加熱することでイソ化，イソα酸に変化する。

(3) タンパク質の熱凝固：麦汁煮沸によって生じる熱凝固物をブルッフといい，タンパク質とタンニンとの結合により凝固し，製品の清澄耐久性が向上する。

(4) 麦汁色度の上昇：アミノ酸と糖によるアミノカルボニル反応でのメラノイジンの増加。

(5) 還元性物質の生成：メラノイジンなどの還元性物質により抗酸化・保存性が向上する。

(6) 麦汁の殺菌。　(7) 酵素の失活。

(8) 揮発成分の揮散：ホップや麦芽中の硫化物，主にDMS (dimethyl sulfide)の揮散やその前駆物質SMM (S-methylmethionine)の熱分解をさせるために加熱する。

5．冷却

煮沸した麦汁を冷却前に麦汁からトルーブ（煮沸工程で形成されたブルッフのこと）とホップ粕を分離する。トルーブは酵母に吸着し，発酵の阻害や泡持ちの低下な

ど，品質に影響を及ぼすために分離する。分離は一般的にワールプールによって麦汁を回転させることにより粕を中央に沈殿・分離させる。またプレートクーラーで酵母生育温度まで冷却後，エアレーションで溶存酸素が8〜10ppmとなるようにする。

3. 発酵

1. 酵母

　ビール酵母は，分類学上 *Saccharomyces cerevisiae*(サッカロマイセス セレビシエ) に属し，とくに商業用の培養酵母は数百年にわたり，ビール醸造用に使用・馴養改良されてきた。このような酵母は，発酵時の挙動から上面発酵酵母と下面発酵酵母の2種類に分類される。上面発酵酵母は，発酵が進むにつれて生成する炭酸ガスの気泡とともに発酵液表面に浮上してくる。一方，下面発酵酵母は，発酵が終わりに近づくと凝集して沈降する。下面発酵酵母は，かつて *Sacch. uvarum*(ウバルム) あるいは *Sacch. carlsbergensis*(カールスベルゲンシス) とよばれていたが，現在では両酵母とも *Sacch. cerevisiae* に属している。これら酵母のちがいとして，上面発酵酵母はメリビオースを発酵しないのに対し，下面発酵酵母は発酵する。また下面発酵酵母は，上面発酵より野生性質の喪失が大きく，胞子形成能がほとんど失われていることや，倍数性が高い（3〜4倍体）こと，低温発酵性（10℃以下）であることなどが挙げられる（写真1.3-4）。

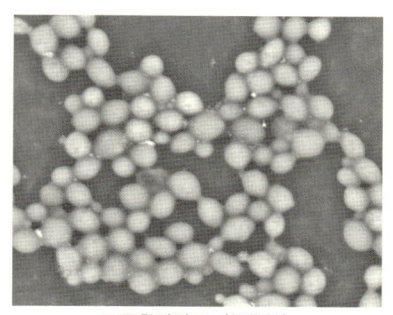

下面発酵酵母（凝集性）

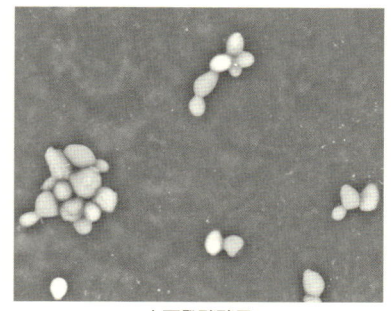

上面発酵酵母

写真1.3-4　ビール醸造用酵母

2. 発酵

　日本で多くつくられている下面発酵ビール（ラガータイプのビール）は，麦汁に酵母を$1.0〜2.0×10^7$cell/ml の濃度になるよう添加する。添加酵母は発酵が終了したタンクから回収されたもの使いまわす。酵母の発酵にともなって温度が上昇するため最高温度より3〜5℃低い温度に設定する。つまり，実際には最高温度は7〜11℃なので，添加時点での温度は4〜8℃となる。酵母添加後3時間で溶存酸素を消費し，不飽和脂肪酸を合成する。15〜20時間後には液表面に微細な泡が出現する。これを「湧き付き」という。2〜3日後には液面上にクリーム状の泡が盛り上がり，これ

を「低泡」という。発酵が急激に進み，発酵熱も上昇する。これを「高泡」という。このときに昇温を抑える。3～6日後には発酵は最高潮に達する。6～10日後には少量のマルトトリオースを残して発酵が終了する。泡の層は崩れ，底面に酵母が沈積する。

上面発酵ビール（エールタイプ）では上面発酵酵母を用い，16～20℃で発酵させる。発酵中に多くのエステルが生成し，フルーティーな香気が強くなる。発酵後，密閉タンクにて1～2週間貯蔵・熟成される。ラガータイプのように低温度長期間熟成（ラガーリング）は行われない。

4. 貯蔵

発酵の終わった発酵液は「若ビール」とよばれ，香り，味ともに未熟なので，後発酵タンクに移して熟成（ラガーリング）させる。このとき発酵性糖の残量と酵母数がポイントとなる。少なすぎると後発酵が進行しなくなったりするので，後発酵時には別の発酵最盛期の発酵液を10～30％ほど添加する方法などがとられる。未熟臭としてジアセチルや硫化水素，アセトアルデヒドなどが挙げられるが，酵母の代謝によって消去される。一般的には0～3℃で，1～3か月行われる。大手ビールメーカーでは，発酵および貯酒は屋外の20mを超える大型タンクで行う（写真1.3-5）。

写真1.3-5　大型屋外タンク

5. 出荷・品質管理

製品になる前のビールには，タンパク質とポリフェノールの結合物やホップ樹脂，酵母やビール有害菌等の固形物が存在する。これらを除去するために，遠心分離器，珪藻土濾過機，シートフィルターやカートリッジフィルターなどが用いられる。珪藻土濾過機の前処理として遠心分離器を用いる場合，使わない場合と比べ，珪藻土を

写真1.3-6　濾過機装置

30～70％削減できる。

　珪藻土濾過機は珪藻土を濾過助剤として使用し、世界で主流のビール濾過機となっている。その理由として、ビールの味や性状を変化させない、濾過能力が大きい、ランニングコストが安いなどの理由が挙げられる。また、シートフィルターやカートリッジフィルターによる濾過装置（写真1.3-6）は珪藻土濾過機の後段に設置され、酵母や有害菌の捕促に使用される。かつては、低温殺菌（60℃、20分）や瞬間殺菌（68～72℃、15～30秒）もとり入れられたが、除菌濾過による生ビールが主流となっている。近年では、混濁の原因となるタンパク質を混濁させるポリフェノールを除去させるポリビニルポリピロリドン樹脂を添加し、除去することもある。

　濾過されたビールは、瓶詰めあるいは缶詰めされる。ビールの移送は圧力や温度の変化によって炭酸ガスが遊離しないようにする。また空気の混入による酸化も防止する。充填機、配管、容器は微生物汚染（コンタミネーション）防止のための洗浄、殺菌し、炭酸ガス充填を行う。瓶詰めされたビールは、異物混入などの異常がないかを目視あるいは検査機で確認し、ラベルを貼り、プラスチック通い箱に詰められる。その後、低温保管、出荷される。加熱殺菌されるものは殺菌後、同様な工程で出荷される。

◆ ビールの種類

　ビールの種類は、使用酵母の種類による分類、原麦汁濃度による分類、苦味の強弱による分類、ビールの色度による分類、ビールの色による分類などが挙げられる（表1.3-2）。

表1.3-2　ビールの使用酵母と色調および苦味度による分類

	色調	EBC	ビール	国名	IBU
下面発酵	淡色	3～8	ライトビール	アメリカ	5～10
		6～8	ピルスナービール	ドイツ	30～40
		8～11	ヘルスビール	ドイツ	18～25
	中間	12～28	ウィーンビール	オーストリア	22～28
	濃色	50～60	シュバイツビール	ドイツ	22～30
上面発酵	淡色	10～28	ペールエール	イギリス	20～40
	中間	22～38	アルトビール	ドイツ	25～52
	濃色	80以上	スタウト	イギリス	30～60

EBC：European Brewery Convention が定めたビールや麦芽の粒の色度数の単位。
IBU：International Bitterness Units の頭文字をとったもので、国際苦味単位。苦味の主成分のイソフムロンの割合（ppm単位）として定義される。

　使用酵母による分類では、上面発酵酵母を使用したイギリスのエール、スタウト、アルトビールなどや下面発酵酵母を使用したラガービールがある。

　原麦汁濃度による分類においては、ビールの濃度は原麦汁の濃度に関係し、原麦汁濃度の約40％がアルコール濃度となる。そのため、原麦汁濃度11～14％ではアル

コール濃度4〜5%となるが，ドイツのボックビールは原麦汁濃度16%，アルコール濃度7%である。また，アメリカのライトビールでは原麦汁濃度6〜8%，アルコール濃度3.5%程度と低く，軽快なテイストのビールのタイプとなる。色度によるビールの分類として濃色ビール（スタウト），淡色ビール（ペールやピルスナービール），中濃色ビール（ウィーンやアルト）に分けられる。

ビールの色による分類は，使用する麦芽の焙焦強度による。つまり，焙焦強度の低いベースモルトとよばれるものやペールモルトとよばれるものからつくられるものは明るい色のビール，たとえば，アメリカのライトビールやイギリスのペールエールである。一方，クリスタルモルト（カラメルモルト）やチョコレートモルトからつくられるものは色が黒ビールのように，黒・濃い色のビールがつくられる。これらの色はEBC（European Brewery Convention）規格や標準参照法（SRM；Standard Reference Method）によって表すことができる。つまり，SRMを分光測光法で測定し，係数を乗じる。サンプルを0.5インチのセルを通して430nmの吸光度を測定し，その値の10倍がSRMで，これに係数1.97を乗じたものがEBC値である。

◆ ビールの成分

日本の一般的な組成は，1ℓ当たりアルコール39〜46g，炭酸ガス4.5〜5.2gである。また可溶性固形分は33〜42gである。その内訳として，炭水化物は75〜80%，窒素化合物6%，ミネラルは3〜4%，ポリフェノール1%である。また，微量なビタミン，リボフラボン，ピリドキシン，ニコチン酸なども含んでいる。

呈味成分として，1ℓのビールには，デキストリン15g，オリゴ糖10g，マルトースやマルトトリオースが6g含まれている。

苦味成分は90成分以上含まれているが，主成分はイソフムロンで，そのビールのタイプによって異なる（10〜50ppm）。

香気成分としては，アミノカルボニル反応にともなって生成されるフルフラールや，大麦から生じる煮野菜の香りに似たジメチルスルフィド（DMS）はオフフレーバーとして存在する。しかし，麦汁の煮沸によって除去される。ホップからはテルペン類のフムレンの青臭い香りやリナロール，ゲラニオールなどの柑橘の香りも与えられる。

またビールは日光によって劣化する。日光によっては苦味成分のイソα酸の光分解物と硫黄化合物の光分解物とが反応したメチルブテンチオールを生成し，獣臭やかき餅臭を呈する。この反応は光波長400〜500nmの光により生成するので，光を透過しにくい褐色瓶や暗緑瓶で流通させることが一般的である。また近年では，日光臭対

策のために，化学処理によりイソα酸を還元型イソα酸にしたものも市販されており，透明瓶での流通も可能になった。

　泡もビールの重要な要素である。泡の品質は泡立ち，泡持ち，泡付着性で評価される。泡立ちは炭酸ガスによって内圧が表面張力と外圧の和に等しくなり，均一な泡が生じる。また炭酸ガスよりも窒素ガスは泡立ちがよく，イギリス・アイルランドのビールでは，プラスチック製のウィジェットのなかに窒素を充填し，缶ビールに入れているものもある。ビールの泡持ち（泡安定性）に関しては，イソフムロンとタンパク質の複合体が関与している。

◆ ビール製造における環境へのとりくみ

1. CO_2排出

　LCAとはライフサイクルアセスメント（Life Cycle Assessment）のことで，製品やサービスに対する環境影響評価の手法のことである。個別の商品の製造，輸送，販売，使用，廃棄，再利用までの各段階における環境負荷を明らかにする。近年では，二酸化炭素（CO_2）の出所を調べて把握するカーボンフットプリント（炭素の足跡）として「環境負荷の見える化」のための指標を計算するためのツールとしても用いられている。

　LCAは1960年代にアメリカのコカ・コーラ社が「容器の環境負荷」について検討したのがはじまりとされている。現在，日本の多くの企業でLCAが活用されており，とくに自動車，電気，事務機械などの業界で利用されている。2004年に大手ビールメーカーは，ビール業界で初めてLCAを国際規格ISO14040に準拠して実施した。このとりくみを行ったビールメーカーでは食品業界で先行してライフサイクル全体でのCO_2排出量を把握できた。その理由は，ビール，発泡酒の主原料となる大麦やホップを「協働契約栽培」により入手することで原料栽培段階からの分析が可能であったためである。

　大瓶のビールでは，2003年の1本当たりのCO_2排出量は221g，2005年で188gと33g（15%）の削減，350ml缶でも同年度の比較でCO_2排出量を179gから161gで18g（10%）削減することができている。近年では，他社でも工場でのCO_2排出量の算出や，それにともなった削減努力も行っている。

2. 廃水

ビール工程にともなう廃水は多く、ビール1m³当たり6〜13m³である。工場あたりでは2,000〜7,000m³/日といわれる。廃水の分析値を表1.3-3に示す。

表1.3-3　ビール工場からの廃水分析例

	処理前水質	処理水
BOD（生物化学的酸素要求量）	700-1000ppm	20ppm以下
COD（化学的酸素要求量）	300-500ppm	20ppm以下
SS（浮遊物質）	200-400ppm	10ppm以下
pH	5〜10	6〜8

仕込み・冷却工程では固形物が多く、総廃水中の固形物の大半はここから排出される。BOD（生物化学的酸素要求量）も高く2,000〜3,000ppmである。発酵・貯酒工程では、タンパク質凝固物や酵母などが含まれる。ビール濾過工程では、酵母、タンパク質凝固物、珪藻土などが含まれ、BODは1,000〜4,000ppmである。瓶詰め工程では、洗瓶工程と温瓶（殺菌機）から排出され、BODは400〜800ppmと低いものの廃水は多い。これらの廃水はすべて活性汚泥法によって処理されるが、有機物の濃度やpHなどにバラツキがあることから一次貯留槽で調整処理される。処理に要する時間は10〜15時間程度で、沈殿槽で汚泥を沈降後、河川に放流される。

◆ ビールの効用について

飲酒と健康について、1926年レイモンド・ペールは「適度な飲酒は死亡のリスクを下げる」ことを発表し、死亡リスクと飲酒との関係がUあるいはJカーブを示す（図1.3-5）ことを報告した。これを「Jカーブ効果」といい、1日12オンス（約350ml）のビールの摂取を1ユニットとすると、リスクが減少

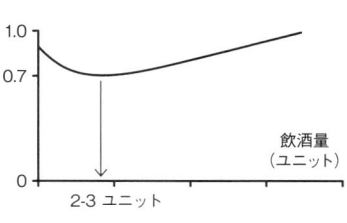

図1.3-5　死亡リスクと飲酒との関係

するのは2〜3ユニットで、350ml 缶ビールで2〜3本である。効果としては、血液中の善玉コレステロールを増やし、高血圧、虚血性心疾患、脳卒中などを引き起こす動脈硬化を防ぐ効果が期待できるといわれている。また、ビールには難消化性の食物繊維が多く、プレバイオテクスに効果があるとされていたり、酵母由来のビタミンB群や抗酸化物質、グルタチオンという特殊なペプチドも含まれているといわれる。さらにホップには、女性ホルモン様である8-プレニルナルゲン（8-PN）やリラックス効果のある精油・香気成分も含んでおりアロマテラピー効果も報告されている。

◆ ビールの賞味期限と保管方法

　賞味期限切れのビールがただちに変質してしまうことはないが，ビールをおいしく飲むためにはメーカーが保障した期間が望ましい。そして日光の当たらない冷暗所に保管し，極力温度変化を避けること。高温にさらされたビールは酸化して2-ノネナールとよばれる酸化臭（段ボールのような紙臭）を発し，極低温貯蔵・冷凍されたビールはタンパク質などが析出して濁りを生じる。ビールの飲み頃温度は6～10℃で，それ以下に冷やしても冷たさだけを感じ，うま味を味わうことはできない。日光においては，苦味成分のイソα酸の光分解物と硫黄化合物の光分解物とが反応したメチルブテンチオールを生成して獣臭やかき餅臭がする。ビールは光を透過しにくい褐色瓶や暗緑瓶に入っているが，直射日光は強く，短時間でもにおいを生成しやすいので，保管は冷暗所がよい。

1.4 ワイン

◆ ワインの定義

　ワインは果実を原料とした醸造酒で,一般にブドウを原料として醸造したものをいう。国際ブドウ・ワイン機構（O.I.V.）の基本定義では,『ワインとは新鮮なブドウ果実またはブドウ果汁（must）を,破砕の有無を問わず,一部または完全にアルコール発酵して得られたアルコール分8.5%以上の飲料をいう』と定めている。なお,日本の『酒税法』にはワインの定義は存在せず,『果実酒』としてとり扱われている。

　ワインは,Vin（フランス語）,Vino（イタリア語,スペイン語）,Vinho（ポルトガル語）,Wein（ドイツ語）,Wine（英語）とよばれ,いずれもラテン語の「Vitis（生命の樹）からつくられた飲み物（Vinum）」から派生した語句といわれる。ワインは人類の歴史のなかでも古くから嗜好の対象とされている酒類である。ブドウ果実は穀物と異なり,微生物が直接資化することができる糖分を豊富に含有し,さらにミネラルなどの微生物の増殖と発酵に好適な成分も含有するため,液化・糖化の過程を経ることなく,酵母の発酵により容易にエタノール含有物（酒類）が生成する。したがって,ワインの品質には原料ブドウ果実の個性,特性,品質が強く反映する。また,通常,貯蔵,輸送の困難な生のブドウ果実を原料とするため,製成ワインの特性は,高級ワインになればなるほど,ブドウ産地の土壌,気象,風土,さらにその土地の人びとの生活と歴史に大きな影響を受ける。1980年代以降,ブドウ栽培技術およびワイン醸造技術の進歩にともない,世界各地でバラエティーに富んだワインが誕生している。

◆ ワインの種類

　ワインの種類は,色調,発泡性,甘辛といった呈味,製造法,産地,格付け,原料ブドウの品種名,さらに食前酒・食中酒・食後酒といった飲酒形態により多様に分類されている。

1. 製造法による分類

1. スティルワイン（Still wines）

通常,「ワイン」と呼称されるもので,二酸化炭素による発泡をともなわない。日本語では「非発泡性ワイン」と訳し,「テーブルワイン」ともいわれる。なお,テーブルワインには「日常的に食事といっしょに飲むワイン（日常ワイン・並酒）」という意味もある。日本の酒税法では,醸造用原料に果実を使用したアルコール分1％以上の酒類のすべてを『果実酒』として扱う。EUではO.I.V.の定義に基づき,ブドウ果実を原料としたアルコール分8.5％以上（特定地域では7.0％以上）の酒類で二酸化炭素含有量が20℃において4g/l未満のものを『ワイン』と規定している。

2. 特殊なタイプのワイン（Special wines）

O.I.V.はワインの定義において,一般に「ワイン」とよばれているものとは異なる「特殊なタイプのワイン（Special wines）」という範疇を設けている。「スペシャルワイン」には,スパークリングワイン,フォーティファイドワイン,フレーバードワインが含まれる。「特殊なタイプのワイン」の品質特性は,原料ブドウ果実の個性に醸造技術の特性が加味されたものといえる。

(1) スパークリングワイン（Sparkling wines）：二酸化炭素を含む発泡性ワインをいう。日本の酒税法では,20℃におけるガス圧が0.48気圧以上の発泡性を有するワインはすべてこれに属する。フランスのシャンパーニュ,ヴァン・ムスー,ドイツのゼクト,イタリアのスプマンテ,スペインのカヴァなど,EUではO.I.V.の定義に基づき,瓶内または密閉容器内で二次発酵により生成した二酸化炭素を20℃において3.5気圧以上（250ml容瓶では20℃で3.0気圧以上）含有するもののみをSparkling winesと定義する一方,人為的に二酸化炭素を吹込んだ「ガス吹込み方式の発泡性ワイン」はSparkling winesではなくCarbonated winesとして扱う。なお,フランスのヴァン・ペティアン,ドイツのパール・ヴァインのように,二酸化炭素含有量が20℃で3g/l以上5g/l以下のワインについてはSemi-sparkling wines（微発泡性ワイン）として扱っている。日本の酒税法では「ガス吹込み方式による発泡性ワイン」も発泡性ワインと認めており,国際的な基準との整合性に欠けている。

(2) フォーティファイドワイン（Fortified wines）：酒精強化ワインをいう。果醪の発酵途中あるいは製成したワインにブランデーまたはグレープスピリッツを添加し,アルコール分を高め,保存性を向上させたもの。呈味改良の目的で濃縮果汁を添加することもある。ポルトガルのポートおよびマデイラ,スペインのシェリーなどがある。通常,みなしアルコール分（実際に「ワインに含まれるアルコール分」に

「ワイン中に含まれる糖分がすべてエタノールに変化したと仮定したときの計算上のアルコール分」を加算した値）は15%以上22%以下である。

(3) フレーバードワイン（Flavored wines）：混成ワインをいう。ワインに草根木皮，果実，蜂蜜を加えて風味付けしたもの。フランスおよびイタリアのベルモット，スペインのサングリアなどがある。

2. 色調による分類

ワインの色調は，原料ブドウ，製造法，産地などの差異により多様である。一般に白ワイン，赤ワイン，ロゼワインに大別される。

白ワインの色調は，無色に近いものから淡黄色，黄緑色，濃黄色さらに黄金色に及ぶものまであり，「白」のイメージとはかなり異なる。フランス・ジュラ地方でつくられる濃黄色のワインはヴァン・ジョーヌ（黄色ワイン）とよばれている。

ロゼワインはバラ色ワインといわれることがあるが，その色調はフランス・タベル地方の橙色，フランス・アンジュー地方の橙赤色，アメリカ・カリフォルニア州のピンクあるいは淡い桜花色など，淡い桜花色から橙色まで多様である。

赤ワインの色調は，淡赤色から濃赤紫色までその幅はきわめて広い。醸造直後の赤ワインは淡赤色，赤色，または青色を帯びた赤紫色を呈しているが，熟成さらに劣化にともない青味が失せ，赤味に黄色あるいは小豆の煮汁に近い褐色が加わり，褐変化が進行する。

3. 呈味による分類

白ワインは辛口から甘口まで味の幅が広い。ロゼワインも白ワイン同様，辛口から甘口までさまざまなタイプがあるが，日本では女性が購買層を形成するため，やや甘口に人気がある。赤ワインの糖分はほとんどが0.3%以下であり，甘口はきわめて少ない。甘口の赤ワインは市場を意識した日常ワインまたは発泡性赤ワインに限定される。

O.I.V.の定義ではワインの甘辛について糖分により4群に分類しているが，日本には公的な定義はなく，もっぱら各社の任意表示である。そのため，市場では表示と実際の呈味の間にバラツキが大きい。EU国内で消費されるスティルワインにはとくに甘辛の表示はないが，発泡性ワインではO.I.V.の定義に従い，次のように表示されている。

 a. Dry：糖分4g/*l*（0.4%）未満のワイン。なお，酒石酸として全酸度が2g/*l*以上のワインでは糖分9g/*l*未満のワインをいう。
 b. Demi-sec：糖分4g/*l*（0.4%）以上で12g/*l*（1.2%）未満のワイン。

c. Semi-sweet：糖分12g/l（1.2％）以上で45g/l（4.5％）未満のワイン。
　　d. Sweet：糖分45g/l（4.5％）以上のワイン。
　日本で流通するワインには，残糖分によるもの，糖分と酸度から計算したもの，エキス分によるもの，エキス分と酸度から計算したもの，さらに輸入業者あるいはワイナリー関係者の官能によって決めたものなど，法的に甘辛の基準が統一されないまま裏貼りに表示が行われている。なお，ワイン瓶の裏貼りに表示されることの多い「濃淡」の度合いについては，国際的にもワイン中の特定の成分量による規定は設けられておらず，もっぱらワイナリーあるいは流通業者の判断に依存している。

4. 産地による分類

　産地によるワインの分類は，ワインの格付け，市場評価とも関係し，ワイン購買上の重要な基準となる。同じ白ワインでも，ドイツ・ラインガウ産とフランス・ブルゴーニュ産のものでは異質である。フランスの赤ワインといっても，ブルゴーニュ産とボルドー産では風味がまったく異なる。これらの差異は産地で栽培されているブドウ品種に由来する特性の差による。加えて，同じ白ワイン用原料ブドウ品種であるリースリングでも，たとえばドイツ・ラインガウ産とニュージーランド産では風味が異なる。日常ワインはともかく，格付けの付いた高級ワインについては，産地に基づくワインの品質特性を記憶することが重要である。
　EUにおいては2008年8月1日発効の法律により，ワインを地理的表示の有無で大別し，地理的表示を行うワインについては，広範囲な産地表示のI.G.P.（Indication Géographique Protégée：地理的表示保護）と，I.G.P.よりも限定された地域名で産地を特定したA.O.P.（Appellation d'Origine protégée：原産地名称保護）に細分している。EU加盟各国ではこの法律に基づき，各国独自の産地呼称表示を行っている。たとえばフランスにおいては，I.G.P.として Vins de Pays（地酒），A.O.P.として Appellation d'origine contrôlée（A.O.C.原産地呼称統制）の法制化を行っている。なお，この法制化にあたっては，従来から使用されている伝統的な産地表示も認められ，新規表示にともなう市場の混乱を避けている。日本においては地方自治体が個別に産地呼称を規制しているが，国として産地呼称の基本概念となるワイン法の法制化がなされていない。

5. 醸造場の格付けによる分類

　醸造場の格付けによる分類はワイン市場において重要な情報とされる。格付けワインについては産地の特性と醸造場の特徴・個性が明確で，熟成にともない付加価値の

向上が期待されるものほど上位に格付けされなければならない。しかし往々にして醸造場の格付けと市場におけるワインの評価あるいは話題性が一致しない。醸造場の格付けでは，1855年のパリ万国博覧会を機にフランス・ボルドー商工会議所が制定したメドックとソーテルヌ地域のものが有名であるが，このほかにグラーブ，サンテミリオン地域においても行われている。

　醸造場の格付けは，当該ワイン醸造場の製造するワインの品質との相関性が求められる。格付けの有無によりに日常ワイン（Ordinary wines）と高級ワイン（Quality wines）に大別される。ヨーロッパにおいては日常ワインの格付けがないものが主流であったが，2000年代に入り日常ワインの消費減少と反比例して格付けワインの消費量が伸びている。格付けワインのなかでは，原料ブドウ栽培技術とワイン醸造技術に優れ，産地の特性や醸造場の個性が明らかなものほど上位に位置づけられている。

6．飲酒形態による分類

　飲酒形態による分類は，個人の嗜好と関連しているので定義づけが難しいが，食前，食中，食後の酒とすると次のようになる。食前酒（アペリティフ）は，発泡性ワインのシャンパーニュ，辛口のシェリーであるフィノ，薬味酒のヴェルモット，辛口の白ワインとクレーム・ド・カシスをミックスしたキールなど。食中酒（テーブルワイン）は辛口のスティルワイン。食後酒（デザートワイン）は，ごく甘口の白ワイン，甘口のシェリー，甘口のポートのほか，ブランデーが用いられる。

7．その他

　日常ワインの産地や新興ワイン産出国はワイン市場を形成する過程で，銘醸ワイン産地で使用している原料用ブドウ名をエチケット（ワイン業界ではラベルを「エチケット」という）に表示することを行ってきた。1990年代後半からアメリカやアジアの新興市場にフランス産高級ワインが進出して行く過程で，日常ワインの産地や新興ワイン産出国と同様に，エチケットにワイン原料用ブドウ品種名を表示することで新たな消費層を獲得する戦略を展開している。その結果，ワインに原料としたブドウ品種の個性が表現されているか否かということよりも，ブドウ品種の名称で商品の選択をする消費者層が出現している。

　また，1980年代までは高級ワインにおいても当たり年（Vintage year）のみ醸造年度（収穫年号）を表示し，ブドウの出来のよくない，いわゆる「外れ年」には，日常ワイン同様，醸造年度の表示は行われなかったが，1990年代に入りブドウの出来のよくない外れ年においても醸造年度の表示が行われるようになった。

日本の酒税法では、ワインは『醸造酒類』のうち『果実酒』に属し、スティルワインは『果実酒』、フォーティファイドワインは『甘味果実酒』に細分化され、さらに使用する色素、香料、糖類の種類などについて細部にわたる規定がなされている。

◆ ワイン醸造用の原料

ブドウ

　ブドウはブドウ科ブドウ属に属する蔓性の植物で、温帯、亜熱帯地域に生育する。原生地から、西アジア・ヨーロッパ種群（通称ヨーロッパ系ブドウ品種）、北アメリカ種群（通称北米系ブドウ品種）、東アジア種群（通称東アジア系ブドウ品種）の3つに大別される。しかし、ワイン醸造に用いられているブドウ品種はヨーロッパ系品種が主流であり、北米系品種はジュースやフレーバードワインの原料とされる。EUでは北米系ブドウおよび北米系ブドウの交配種をワイン醸造に用いることを禁止している。

1. ブドウ品種

(1) ヨーロッパ系ブドウ品種（*Vitis vinifera*／ヴィティス ヴェニフェラ）：ヨーロッパ系品種の原産地はカスピ海と黒海南部のコーカサス地方の乾帯といわれ、その後、メソポタミア→エジプト→ギリシャ→ローマと西方に流布し、さらに地中海沿岸からヨーロッパ中南部へと植栽地が拡大したとされている。しかし、野生のヨーロッパ系品種は7500年前にはすでにヨーロッパ各地に広く分布していたとの説もある。近代に入りキリスト教の布教および植民地政策とともに、また近年はワイン市場の国際化にともない、南北アメリカ大陸、オセアニア大陸、アフリカ大陸、ユーラシア大陸へとヨーロッパ系品種の植栽地が広まっている。

　ワイン醸造に用いられるヨーロッパ系品種は、マスカット系品種に代表される一部のアロマ系品種を除き、ブドウ果実には品種特有の香りは少ないが製成ワインには品種特性香が表現され、熟成にともない付加価値の向上が期待されるノンアロマ系品種である。なお、ヨーロッパ系品種は *Phylloxera vastatrix*（フィロキセラ ヴァスタトリックス）（ブドウネシラミ）の被害を受けやすいため、*P. vastatrix* に耐性をもつ米国系品種を台木として、ヨーロッパ系品種を接ぎ木する方法が広く採用されている。

　原料ブドウのうち、製成ワインを長期熟成後、付加価値が向上する品種には次のようなものがある。

①赤ワイン醸造用品種
- カベルネ・ソーヴィニヨン（Cabernet Sauvignon）：フランス・ボルドー地方

の主要品種。晩熟種。製成ワインは色調が濃く，渋味，酸味，香気成分が豊かである。樽熟成により，より豊かな味わいと華やかな熟成香（ブーケ）が生成する。栽培に適応性があり，ワインに品種特性が発現しやすいので世界各地で栽培されている。
- ピノ・ノワール（Pinot noir）：フランス・ブルゴーニュ地方の主要品種。赤ワイン用品種としてボルドー地方のカベルネ・ソーヴィニヨンと双璧をなす。早生種。熟成によりスパイシーで複雑な香りをもったきめの細かいやわらかな渋味のワインとなる。世界各地で栽培が試みられているが，アメリカ・オレゴン州を除くと，ブルゴーニュに匹敵する長期熟成型のワインになる可能性を有する産地は見当たらない。
- メルロ（Merlot）：ボルドー地方サンテミリオン地区とポムロール地区の主要品種。カベルネ・ソーヴィニヨンよりも早熟で栽培しやすい。ブドウの風味が豊で渋味がやわらかく味に幅があるため，メドック地区でもカベルネ・ソーヴィニヨンのワインに調合され，渋味の調整に用いられる。低温醸しを行うと口当たりのよい渋味を有するワインが製成することから，近年，アメリカ，日本，中国の市場で人気が高い。
- カベルネ・フラン（Cabernet franc）：カベルネ・ソーヴィニヨンより熟期がやや早く，渋味がやわらかい。ボルドー地方のサンテミリオン地区とロアール地方の主要品種である。同じボルドー地方でもメドック地区とグラーブ地区では，カベルネ・ソーヴィニヨン，メルロのワインに調合される。カベルネ・ソーヴィニヨンに比較して早期に飲用可能なワインに仕上がる。

このほか，シラー（Syrah；フランス，コート・デュ・ローヌ地方，オーストラリアではシラーズ（Syraz）），テンプラニーリョ（Tempranillo；スペイン，リオハ地方），ネッビオーロ（Nebbiolo；イタリア，ピエモンテ地方），サンジョヴェーゼ（Sangiovese；イタリア，トスカーナ地方），グレナッシュ（Grenache；フランス南部，スペインではガルナッチャ（Garnacha）），ガメ（Gamay；フランス，ボージョレー地方），ジンファンデル（Zinfandel；アメリカ，カリフォルニア州）などが栽培されているが，このなかで高付加価値ワインの醸造に適したブドウ品種はテンプラニーリョとネッビオーロにすぎない。

②白ワイン醸造用品種
- シャルドネ（Chardonnay）：フランス・ブルゴーニュ地方の主要品種。栽培に適応性があり，ワインに品種特性が発現しやすいことから，辛口白ワイン用品種として世界各地で栽培されている。品種特性に加えて，樽発酵，マロラクティック発酵，シュール・リ，樽熟成などの醸造技術と組み合わせることで多様なワインが得られる。シャンパーニュをはじめスパークリングワインの主要原料ブドウでもある。
- リースリング（Riesling）：正式名称はヴァイサー・リースリング。ドイツ・ライ

ンガウ，モーゼル・ザール・ルーヴァー地方の主要品種。晩熟種。製成ワインにはライラック，バラに共通する上品で繊細なテルペン系の香りが発現する。辛口から極甘口の貴腐ワインまで幅広い風味の銘醸ワインが醸造される。酸味の強いワインが多いため，切れ味がよいという人と酸っぱいという人に評価が分かれることがある。

　このほか，ソーヴィニヨン・ブラン（Sauvignon Blanc；フランス，ボルドー地方，ロワール地方。アメリカ，オーストラリアではフュメ・ブラン（Fume blanc））, セミヨン（Sémillon；フランス，ボルドー地方），ヴィオニエ（Viognier；フランス，ローヌ地方），ゲヴュルツトラミネール（Gewürztraminer；ドイツ広域。フランス，アルザス地方）シュナン・ブラン（Chenin Blanc；フランス，ロワール地方），フルミント（Furmint；ハンガリー，トカイ・ヘジャリア地方），ミュスカデ（Muscadet；フランス，ロワール地方），ユニ・ブラン（Ugni Blanc；フランス広域）などが栽培されているが，高付加価値ワインの醸造に適したブドウ品種は貴腐ブドウになったときのソーヴィニヨン・ブラン，セミヨン，フルミントにすぎない。

　なお，日本において主要な白ワイン用ブドウ品種である甲州種は，遺伝子解析の結果，ヨーロッパ系品種のうち東方系に属することが明らかになっている。

(2) 北米系ブドウ品種（*Vitis labrusca*）：原産地はアメリカ北東部である。ヨーロッパ系品種が乾帯を原産地とするのに対して，北米系は多湿帯を起源とし，日本のような高温多湿な風土でも栽培適性がある。北米系ブドウ品種の純系に属するものとしては Concord が挙げられる。このほか，雑種として Campbell Early, Niagara, Delaware がある。なお，台木として用いられる米国系品種は *V. riparia*, *V. rupestris*, *V. berlandieri* に属するものである。

(3) 交配品種：ブドウ栽培地の気候風土に適し，かつ，形質の優れた品種を求め，*Phylloxera vastatrix* 抵抗性，耐寒性，早熟性，耐病性，多収穫性，高品質性などの目的に沿って品種改良が進められている。このうち，ヨーロッパ系ブドウ品種と北米系ブドウ品種の交配品種はハイブリッド（Hybrid）として区別されている。日本では梅雨前線と秋雨前線の停滞と台風の来襲により，ヨーロッパ系品種の栽培が難しいことから，明治初期から北米系品種との交配品種が多数育種されてきた。このうち，川上善兵衛が育種した Muscat Bailey A（Bailey × Muscat Hamburg）は日本における主要な赤ワイン用ブドウ品種となっている。

2. ブドウ栽培

　ブドウの栽培は年間平均気温が10〜20℃の夏乾帯がもっとも適しているといわれ，とくに高級ワインの産地は年間平均気温15〜16℃の地域である。気温が高い地域では果汁糖度が高くなる半面，酸度が減少し，果皮の色素量も少ない。一方，気温

が低い地域では，気象条件が悪い年にはブドウの作柄が低下するばかりか，果汁糖度の低下と酸度の上昇を生じるなど，果実成分に影響を与える。年間平均気温が10～20℃の地帯を緯度に当てはめると，北緯30～50°，南緯30～40°の範囲になる。また，日照時間もブドウの品質に大きな影響を与える。ワイン醸造用ブドウの生育期間中の日照時間は1,250～1,500時間が必要とされている。同じ地域でも日照時間が長い土地のブドウ果は糖度が高く酸度が低い。これは一般にブドウ栽培が平地よりも丘，山，谷の南斜面が適しているといわれる理由でもある。降雨量は年間500～800mmが適当とされ，それより少ない地域では，とくに苗木を植栽した当初や若木のときには灌漑によって給水する地域もある。開花・結実期に降雨量が多いと病害の発生と結実不良を招き，成熟期に降雨量が多いと病害の発生に加え，果実の裂果と果汁成分の低下を生じる。醸造用ブドウが栽培されている地域の土壌は，一般に表層は砂，砂利，頁岩からなり，その下が石灰質，珪土質，粘土質であり，水はけのよいことが望まれる。優れたワイン用原料ブドウを収穫するためには，果実着色期以降にブドウ樹に水分ストレスを与えることが必須とされ，そのためにも水はけがよく，かつブドウ樹の根に酸素を十分に供給できる物理的土壌構造が望まれる。窒素成分やカリウムが多いいわゆる肥沃な土壌では，ブドウ樹の生育が旺盛で果実の収穫量は多くなるが，収穫したブドウ果実から醸造したワインの質は低く，長期間の貯蔵・熟成にともなう酒質の向上が期待できないことから，早飲みに適した日常ワインの品質水準に留まる。

ブドウ栽培法は，それぞれの気候風土，ブドウ品種などにより異なる。外国

写真1.4-1　甲州種の棚栽培

写真1.4-2　ワイン用ブドウの垣根栽培

では生食用を含めブドウ栽培法は垣根仕立て，棒仕立て，株仕立てが主流であるが，日本では生食用の房づくりの関係から棚仕立てが多い。これは日本においてブドウ果実を収穫する時期に台風が襲来したり，秋雨前線の停滞が起こるため，病害対策からも棚仕立てが適しているとされてきた。しかし最近はブドウ栽培技術の進歩にともない垣根仕立てが普及してきた（写真1.4-1，写真1.4-2）。

ブドウは定植後3年目くらいから結実し，一般に30〜45年後に新株と更新する。ワインの品質が安定するのは樹齢10〜15年以降といわれる。ブドウ樹は，北半球では4月に萌芽，6月に開花，結実，8月に着色期を迎え，9月中旬〜10月上旬にブドウ果実を収穫する。この間，剪定，除芽，摘房，除葉，収穫等の作業のほか，施肥，薬剤散布，除草，さらに地域によっては灌漑作業が行われる。なお，南半球におけるワイン醸造用ブドウ樹の収穫期は2月中旬〜3月上旬である。ブドウ果実の収穫にあたっては，果実の着色度，糖度，酸度，ポリフェノール含有量の測定とともに腐敗果，裂果のチェックが必須である。

◆ 各種ワインの醸造法

ワインはブドウを原料として醸造した酒類であり，原料が限定される反面，製造法はきわめて多様である。赤ワインは果皮が黒系または赤紫系のブドウを原料とし，白ワインは果皮が黄系または緑系のブドウを原料とするが，果皮の赤紫色のブドウから白ワインを醸造することもある。なお，O.I.V.のワイン規定では，O.I.V.が認可した方法で調製した濃縮ブドウ果汁を原料としたワイン醸造も認めている。図1.4-1に基本的な赤ワイン，白ワイン，ロゼワインの醸造工程を示す。

ワイン醸造はデンプンを液化・糖化する工程を必要としないため，きわめて単純な工程から構成され，製成ワインに与える原料ブドウ果実の品質の影響は大きい。近年，圃場で選別のうえ手摘みにより収穫したブドウ果実について，さらに果実選別機を用いて不良果実の除去を行うことが一般化している。日常ワイン用原料ブドウについては機械で収穫することが多いが，収穫に先立って圃場で不良果実の除去作業が行われている。

1. 赤ワインの醸造法

赤ワインは，果皮，種子，果肉，果汁をいっしょに発酵させ，搾汁したものである。

1. 破砕・除梗

収穫したブドウは醸造場へ運び込み破砕機にかける。破砕機（写真1.4-3）は同時

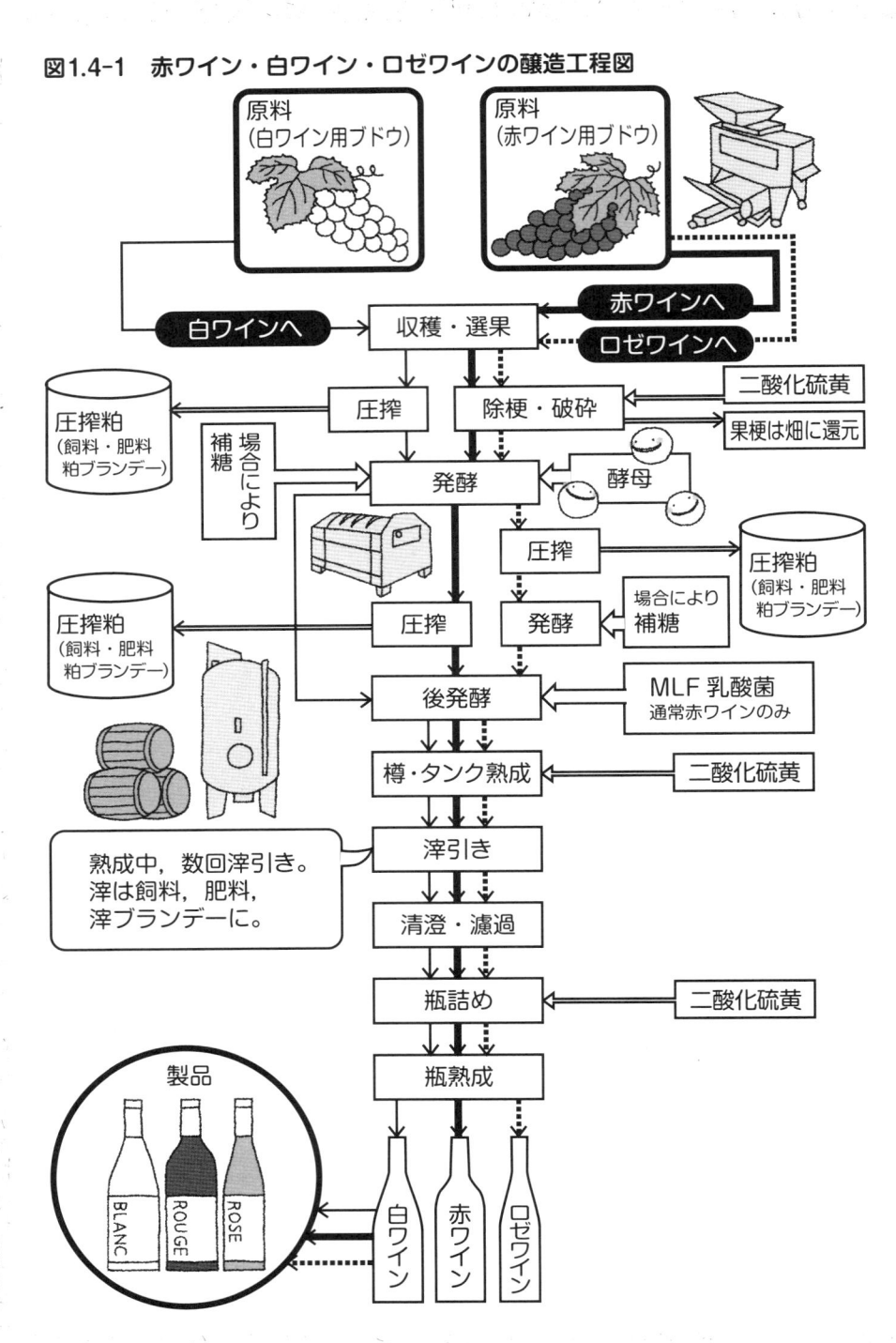

図1.4-1 赤ワイン・白ワイン・ロゼワインの醸造工程図

に果梗をとり除くシステムのものが一般的であるため、除梗破砕機ともよばれている。除梗破砕機で果梗から分離されたブドウ果粒は回転する2本のローラにより破砕され、併設されたポンプにより果皮、果肉、種子、果汁が混合したかたちで、逐次、発酵槽へ移送される。除梗を完全に行うか、あるいは一部を果醪に混入するかは地域や醸造場によって異なる。除梗を行わないと製成ワインは渋味や苦味の強いものとなる

写真1.4-3　除梗破砕機

ので、圧搾機の性能の向上とともに、現在ではほとんどの醸造場で除梗を行っている。

2．二酸化硫黄（亜硫酸）の添加

　発酵槽に移送した果皮、果肉、種子、果汁などには酸化防止と野生微生物の繁殖防止の目的で二酸化硫黄を添加する。なお、赤ワイン醸造では、二酸化硫黄は果皮からの色素の抽出を助成するといったはたらきもある。二酸化硫黄の添加量は、赤ワインの醸造では果皮、色素、ポリフェノールへの吸着があり、微生物汚染防止効果が減少するため、果醪1kl当たり75〜125gと、白ワインよりやや多めに使用する。日本では二酸化硫黄は無水亜硫酸またはピロ亜硫酸カリウム（通称メタカリ；$K_2S_2O_5$）のみ使用が許可されている。

　二酸化硫黄の使用は古代においても硫黄を燃やして容器の殺菌をするといった型式で行われていたという。ブドウ破砕果汁はきわめて容易に酸化される。また、ブドウ果皮や使用器具には多数の野生微生物が付着し、純粋培養酵母よりも増殖力が強い。幸いなことに野生微生物、とくに細菌は二酸化硫黄耐性に乏しいことから、二酸化硫黄耐性を獲得したワイン酵母は二酸化硫黄存在下で正常な発酵を行う。なお、過剰な二酸化硫黄添加は発酵の開始を遅延させ、香りが劣化するので望ましくない。最近は、消費者の自然志向を受けて、二酸化硫黄をまったく使用しないワインが市場に登場しているが、長期熟成にともなう酒質向上は難しい。なお、有機栽培ブドウを原料としたオーガニックワインでは、法的に二酸化硫黄の使用は認められている。

3．酒母の添加

　自然発酵を踏襲している醸造場もあるが、発酵の安全性や品質保証といった点から問題がある。自然発酵の場合、①畑の数か所から採取したブドウをそれぞれ10l程度の容器で自然発酵させ、もっとも風味のよいものを酒母とする。②自然発酵させた果醪のうち風味のよいものを連醸する。③完全に自然発酵に依存するなどの方法がある。各種市販顆粒状乾燥酵母を使用すると酒母を立てる必要がなく、また液体培養酵

母よりもとり扱いが容易なため，現在ではほとんどの醸造場が，乾燥酵母のなかから，各醸造場の酒質目標に適した乾燥酵母を選択し使用している。乾燥酵母の標準使用量は果醪1kℓに対して200gである。

4．主発酵

赤ワインの醸造では果皮，果肉，果汁，種子をいっしょに発酵槽に仕込むが，このような製造法を「醸し仕込み」という。発酵槽に移送した果醪に二酸化硫黄を添加後約8～12時間経過し，官能的に二酸化硫黄臭が感知されなくなった時点で酒母を添加する。発酵槽は古くは壺が使用され，樽，木桶，グラス，エポキシ樹脂，タイルなどでライニングしたコンクリート製タンク，ほうろう引き鉄製タンクを経て，現在では温度調節装置を付属させたステンレス製密閉タンク（写真1.4-4）が採用されるようになった。なお，木桶，コンクリータンクにおいても容器内部に温度調節装置を設置し，温度制御を行っている醸造場が多い。ワイン醸造用タンクでは，タンク下方部に仕込み時に果汁とともに仕込んだ果皮，種子などをとり出すためのマンホールを設置する。

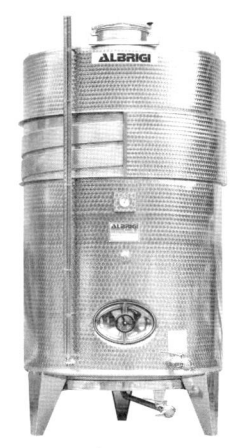

写真1.4-4
ステンレス製発酵タンク

ワイン醸造用原料ブドウの果汁糖分は22～23％が望ましい。しかし，栽培地域の風土や気象条件で果汁糖度が低下することがある。このため，ヨーロッパや日本では一定の限度内での補糖（シャプタリザシオン：Chaptalisation（仏））を許可している。日本の酒税法ではスクロース，グルコース，フラクトースを用いて，転化糖として果汁糖分26％まで補糖できる。EUではワイン法により，国や地域別に収穫時のブドウの最低糖度と補糖の限度を定めている。補糖は1回に全量行う場合と2～3回に分割して行う場合がある。

赤ワインの発酵温度は白ワインよりも高く25～30℃である。赤ワインの醸造においては，果皮から色素を，また種子からポリフェノールを溶出させて風味に複雑さをつけるために発酵温度は高めとする。ただし30℃を超えると揮発酸の生成量が多くなり風味が劣化するので，30℃を発酵温度の上限とする。

赤ワインの醸造では仕込温度が高いので，仕込みの翌日には発酵がはじまる。この時点で果皮は果醪の表面に浮上し果帽を形成する。果帽をこのまま放置すると果醪の品温が上昇するばかりか果帽表面に酢酸菌などの好気性微生物が繁殖し酒質が劣化する。そこで浮上した果帽を1日に2回ほど櫂で突きくずすか，沈め枠を用いて果帽の

浮上を防ぐか、またはポンプを用いてタンク下部から果醪の液部を抜きとり、果帽表面に循環散布する作業（ルモンタージュ：Remontage（仏））で対処する。

　新鮮さを売り物とする赤ワインをつくるためにマセラシオン・カルボニック（Macératio carbonique（仏））を行うことがある。マセラシオン・カルボニックとは、黒紫系ブドウを破砕せずに密閉タンクに投入し、炭酸ガス加圧下に3〜7日放置後、ブドウ果実を圧搾し、得られた圧搾汁を白ワインの場合と同様に発酵させる。フルーティーな香りで渋味が少なく、酸味のやわらかい赤ワインが製成する。この製造法を採用した代表的なものに、フランスのボジョレー・ヌーボーがある。

　また、ブドウ果皮から色素を抽出する方法として、除梗・破砕したブドウ果実を70〜75℃で15〜30分間ほど加熱した後、冷却し、50℃を切った時点で搾汁効率を向上させる目的でペクチナーゼを添加し、圧搾して得られた圧搾汁が20℃に低下した時点で活性化した酵母を添加し、発酵を開始させる加温抽出仕込み（マセラシオン・ア・ショー：Macération à chaud（仏））がある。この方法でつくったワインは、色調が安定し渋味が少ないため、醸造後短期間のうちに飲酒可能である。ただし、熟成にともなう酒質の向上は望めない。

　さらに、黒紫系ブドウの内容成分が不足がちな地方や銘醸地でも天候不順な年には、短時間醸した果醪の液部を発酵容器の下部呑み口から分離し、果醪の液部に対する果皮、果肉、種子の割合を相対的に高めてから発酵に移行する製造法、セニエ（Saignée（仏））を採用することもある。本来はロゼワインの製造法のひとつで、この名称はかつて医師が行った瀉血（Saignée）にちなんでいる。

　櫂入れを機械的に行うタンクあるいは方式は、近年、多数開発されているが、タンク内部に邪魔板を設け、タンクを左右に回転することで果帽を崩す横型回転タンク（ヴィニマティックタンク）は、1990年代から大規模なワイン醸造場に広く設置されている。このタンクは果実の浸漬を行うリキュール製造場でも使用されている。

　最近は発酵容器に設置した温度調節装置とドライアイスを共用してブドウ果醪の品温を1週間4℃に保持し、その後、酵母を添加し品温を30℃まで上昇させ発酵を開始する低温醸し法（マセラシオン・ア・フォア・プレフェルメンタシオン：Macération à froid préfermentation（仏））を採用し、新興ワイン市場向きの味にふくらみがあって余韻がある渋味のやわらかい赤ワインをつくることも行われている。この方法を採用するとブドウ品種の特性は薄まるが熟成期間を短縮することができる。

　1990年代前半には、発酵開始前の品温18〜20℃の果醪を減圧で濃縮する常温減圧濃縮法（コンセントラシオン・スー・ヴィッド・ア・バース・テンペラトゥル：Concentration sous vide à basse température（仏））が開発された。低温で

の濃縮のため，濃縮に時間がかかるが果醪の品質劣化は少ない。EUのワイン法では，もとの果醪容量の20％未満の濃縮，あるいは計算上，アルコール分２％未満に相当する糖分の濃縮を条件として，常温濃縮装置の使用を認可した。

5．圧搾

　主発酵開始後３〜４日で果皮から色素は溶出するが，種子からのポリフェノールの溶出はその後も継続する。主発酵を終了する時点は生成アルコール分にとらわれず，果皮からの色素および種子からのポリフェノールの溶出状態を見ながら決定する。日本では通常７〜10日目に果醪を圧搾して果皮と種子を分離するが，フランスやイタリアでは醸し期間20日間以上という地域もある。圧搾に先立って自然流下液（フリーラン）を分離する。自然流下液は圧搾したものに比して収斂味が少なく味がなめらかなため，高級酒のベースワインとして用いられる。

　果醪の圧搾には圧搾機を用いる。圧搾には梃子の原理を用いる方式，螺旋軸を用いるジャッキ方式，水圧，油圧，空気圧を用いる方式などがある。ジャッキあるいは水圧か油圧で下方に圧力をかけるバスケット型式（写真1.4-5）は，近年開発が進む圧搾機に比較して得られる搾汁量は少ないが，小区画で収穫した少量のブドウ果および果醪の処理に採用されている。プラスチック製の板を，間隔をあけて張った横長シリンダー中を両端の円盤が螺旋軸により中央に移動することによって水平方向に圧力をかけ，シリンダー内部のブドウ果または果醪を圧搾するヴァスラン（Vaslin）方式を経て，現在では世界的にウィルメス（Willmes），ハワード（Howard），ユーロプレス（Europress）社製（写真1.4-6）の圧搾機が採用されている。これらの方式では，細孔のあるステンレス鋼のシリンダーの内部に合成ゴム製の耐圧合成ゴム風船を設置し，圧搾空気により風船をふくらませ，シリンダー内壁にブドウ果あるいは果醪を押しつけ圧搾する。最近はヴァスランもこの方式を採用するようになった。最新式の空気圧圧搾方式では，圧搾面積が大きいので低圧で圧搾できるため，滓の生成が少な

写真1.4-5　バスケット型式圧搾機　　　　　写真1.4-6　ユーロプレス社製圧搾機

いことに加え，シリンダー内部の空気を非活性ガスで置換することができる。したがって，圧搾後の果汁あるいはワインの酸化にともなう劣化が少ない。圧搾によるワイン収得率はフリーランを含め約65％を目途とし，その後，約75％までのワインは圧搾ワイン（プレスワイン）として並酒の調合に用いるか，過剰のポリフェノールを除去した後，フリーランワインの味の補強に数％調合する。

なお，赤ワインの果醪の圧搾粕は，家畜の飼料，粕ブランデーの原料，あるいは仕込み時に果房からとり除いた果梗といっしょに堆肥として圃場に還元するなど，昔から有効に利用されている。

6. マロラクティック発酵・貯蔵・滓引き・熟成

主発酵の終了したワインは，タンクや木桶，樽に貯蔵する。主発酵に引き続き，早期にマロラクティック発酵（malo-lactic fermentation；MLF）の生起を促すために，糖分を0.5w/v％程度残した状態で顆粒状乾燥MLF乳酸菌を添加したり，冬期は貯蔵庫内の室温を高めることもある。MLF乳酸菌としては*Leuconostoc oenos*（ロイコノストック エノス）などが用いられる。マロラクティック発酵によってワイン中のリンゴ酸が乳酸に変化し，酸味がやわらかく落ち着くとともに，副生する香気成分によってワインの風味に複雑さが増す。なお，酸度の低い赤ワインではMLFが生起しないように管理する。

赤ワインによってはフランスのボジョレー・ヌーボーのように醸造後1か月程度で消費されるワインもあるが，大部分はタンク，本桶，樽で6か月から2年間ほど貯蔵・熟成させる。この間，必要に応じて容器の底部に沈降したポリフェノールや酵母菌体を除去するために滓引きを行い，雑味がワインに移行することを防止する。

樽熟成は高付加価値赤ワインでは必須である。コナラ属（*Quercus*（クエルクス））の材を用いた容量225〜250 *l* の小樽が用いられる。赤ワインを樽に貯蔵することで樽材からバニリン，ケルカスラクトンなどの成分が溶出し香味が向上する。使用する樽材の産地，樽の製作会社，樽の製作時の内面の焼き方，樽の使用事績などにより，貯蔵したワインの品質は異なる。最近，良質の樽材不足から，ワインを入れた貯蔵容器に，コナラ属の木片，鉋屑状の薄片または鋸屑状の粉粒を投入し，樽材の風味を付与する方法が世界的に行われている。フランスではAOCを表示するワインにはこの方法の採用を禁止している。

写真1.4-7　瓶貯蔵・熟成室

赤ワインは白ワインに比べてポリフェノールを多く含有するため，熟成には時間を要する。樽貯蔵中の熟成は酸化的熟成といわれ，瓶詰め後の嫌気的熟成とは異質である。酸化的熟成を調熟（maturation）といい，嫌気的熟成の熟成（aging）と区別することもある。

　赤ワインの酸化的熟成は徐々に進行させることがポイントである。樽貯蔵中も滓引きの際にワインに溶け込む酸素の効果が大きい。タンク貯蔵の際は滓引き回数を増して熟成を促進することもあるが，急激な酸化は避けなければならない。また，好気性微生物の繁殖による品質劣化を防止するためにも，酸化的熟成中でも樽は満量とし，タンクは上部空間の空気を窒素ガスまたは炭酸ガスにより置換する。ワインにとって酸化は熟成に不可欠だが，同時に品質劣化の第一段階でもある。

　貯蔵中の赤ワイン，場合によっては発酵中の赤ワインの果醪に，セラミック製の筒を通して酸素の微泡を吹込み，ポリフェノールの酸化・重縮合を促進する方法を採用することもある。本法はフランス・ピレネー地方で栽培される黒紫系ブドウのタナーの鋭い酸味と強烈な渋味をやわらげるために開発された手法だが，貯蔵ワインの回転効率のよさと市場の嗜好のライト化とが噛み合った結果，タナー以外のブドウ品種にも本法が採用され，短期間で口当たりのよい赤ワインが製造されている。本法は日常消費ワイン醸造にはむいているが，長期熟成により付加価値の向上を期待する商品の醸造には適さない。

　ワインは熟成中に滓の沈降，二酸化炭素の放出，酒石の析出，酸化還元電位の低下，味の丸さと直結するアルコールと水の会合などの物理的変化に加え，アルデヒドの増加，有機酸エステルの生成，ポリフェノールの酸化にともなう高分子化と酵素作用による低分子化などの化学的変化が生じる。

7．濾過・瓶詰め

　熟成の終了したワインは，清澄濾過後，瓶詰めをする。貯蔵中のワインは，タンパク質，ポリフェノール，鉄が原因となり混濁を生じることがある。また，白ワインではペクチン質による混濁もある。清澄法としては，ゼラチンとタンニンによる方法，卵白による方法，フィチンによる方法，ベントナイトによる方法，白ワインについてはペクチン分解酵素剤によるものなどがある。前もって混濁を予知するか，混濁の原因をつきとめて適切な処理法を採用する必要がある。なお，濾過機の性能向上にともない，遠心分離機を使用する醸造場は減少している。

　濾過機（写真1.4-8）は横型フィルタープレス，珪藻土濾過機のほか，近年はミクロフィルターを用いることが多い。ミクロフィルターを採用する際，孔径が小さいと味が淡麗になりすぎるので，事前に予備実験を行う必要がある。また，濾過前にワイ

ンを−2〜−4℃に冷却し，5〜7日間放置したのち，酒石酸水素カリウム（酒石）や低温で生じる混濁を析出後，低温下で濾過を行う方法も採用されている。

昨今，瓶詰の際に濾過を行っていないワイン，いわゆる無濾過ワイン（ヴァン・ド・ノン・フィルトラシオン：vin de non firtration）が，ワイン本来の風味を保持するものとして一部のワインマニアにもてはやされている。

写真1.4-8　濾過機

濾過を行わないで瓶詰めをすると，ワインの透明度（テリ）が良好ではないばかりか，時間の経過とともに瓶内に沈殿や濁りを生じる。また，酵母などの微生物が混入する危険性も大きい。一般消費者からの品質に関する問い合わせの多くが，瓶内の濁りと沈殿物であることを考えると，瓶詰めに際しては風味を単調にするような過剰な濾過は避けるとともに，酒質を傷めない濾材，濾過助剤を選択し，濾過を実施することが望ましい。

さらに発酵終了後，卵白やベントナイトなどで滓下げをせずに瓶詰めしたことを謳うワイン，ノン・コラージュ（vin de non collage）もある。一切の滓下げを行っていないため，瓶詰めワインの透明度は悪い。さらに時間の経過とともに，無濾過ワイン以上に，ポリフェノールの沈降，タンパク混濁，ペクチン混濁により瓶内に濁りや沈殿を生じる。過剰な滓下げ作業は避けるべきだが，適切な滓下げを行ったワインは風味のよいなめらかな舌触りの商品となる。

瓶詰めに先立って調合を行うことがある。調合の目的は，樽あるいは貯蔵容器ごとの酒質の差の平均化と，銘柄の特徴なり個性をはっきりさせることにある。調合の時期は，貯蔵に先立って行うか，あるいは瓶詰め時に行うか一定ではない。

ワインの瓶詰めは，広範囲な市場に供給される日常ワインにおいては，市場における酒質の安定を図るためにフラッシュパストライザーで60℃とし，加温殺菌したものを高温状態で瓶詰めする，いわゆる「火入れ充填」の商品もある。火入れ充填の目的は，白ワインとロゼワインにおいては酵母の増殖に原因する「混濁発生と再発酵の防止」であり，赤ワインにおいては「産膜性酵母の増殖防止」にある。ワインは基本的には「常温充填」であり，高級付加価値商品ではすべて加温処理することなく常温で瓶詰めされるが，価格帯の高くないものではフラッシュパストイザーで60℃加温殺菌後，常温に戻して瓶に充填するものもある。

濾過したワインは瓶に充填後，コルク栓，プラスチック成形栓，金属製キャップで

密封される。コルク栓に用いるコルクは，スペイン，ポルトガル，イタリアが主要産地である。コルク栓はコルク樫（かし）の樹皮を剥がし，円筒状に打ち抜いて成形されたものである。コルクはコルク樫の細胞膜にコルク質が厚くついた細胞の集団からなり，その成分は，セルロース，リグニン，スベリンを主体とする。コルク栓は弾力性に優れ，瓶を横にしてコルク栓を常に湿った状態にすることにより，ワインが外部へ漏出するのを防ぐとともに瓶内への空気の侵入を防止する。コルク栓を打栓した高級ワインを12～15℃，湿度75～80％で保管すると，還元状態でエステル化が進行し，華やかな熟成香（ブーケ）とまろやかな風味を形成する。この現象を「瓶熟成」という。最近は良質なコルク栓の入手が困難になったため，成形コルク栓，プラスチック製，合成樹脂製などのコルク栓に形状が類似した栓が開発されるとともに，ワイン新興国や日常ワイン産地では金属製のネジキャップを使用している。ただし，瓶詰め時に瓶内の空気を不活性ガスで置換し，金属製ネジキャップを施したワインを12～15℃で保管すると，3～5年経過後も瓶詰め時と酒質がほとんど変化しない若い状態を保持できるが，風味に瓶熟成の効果は認められない。瓶詰め時の不活性ガスの使用は，製品への二酸化硫黄の使用量を減少させる方法として有効である。酸化防止剤としてアスコルビン酸ナトリウム（ビタミンC）を用いることもあるが，二酸化硫黄と併用しないと酸化防止効果は減少する。

　ワイン瓶は透明瓶（白ワイン，ロゼワイン用），茶瓶（ラインタイプの白ワイン），緑瓶（モーゼルタイプの白ワインならびに赤ワイン）がある。瓶型は産地により特定されるが，世界的に広く使用されているタイプは赤，白，ロゼワインともにフランス・ボルドー型の瓶である。

2. 白ワインの醸造法

　白ワインは果皮と種子を圧搾により分離し，果汁のみで発酵させたものである。

1. 破砕・圧搾

　収穫したブドウは不良果実を選別除去後，破砕し，ただちに圧搾する。黒紫系ブドウを用いて白ワインを醸造する際は不良果実の選別除去後，除梗・破砕を行わず，速やかに圧搾し，果皮から色素（アントシアニン）を溶出させないよう留意する。圧搾時に二酸化硫黄を添加し，果汁などの酸化防止と野生微生物の繁殖を抑制する。

　白ワイン用果汁は赤ワインの果醪よりも赤色色素や種子由来のポリフェノール等の二酸化硫黄と結合しやすい化合物の含有量が少ないため，二酸化硫黄の添加量は果汁1kl当たり50～100gと赤ワイン醸造の場合よりも少ない。白ワイン醸造に二酸化硫黄を使用する意義については赤ワインの項（p.123）を参照のこと。

白ワインの場合も，果皮の緑黄色系ブドウを用いて醸し仕込みを行うことがあるが，醸し期間が長くなるとポリフェノール化合物が多くなるため，一般に10℃で3～6時間醸した後，圧搾する。この方法を用いると，ペクチナーゼが作用して搾汁率が向上し，後味のふくらみが増強されるが，高級酒の醸造には推奨できない。

　圧搾時にペクチン分解酵素を0.01～0.1％添加し，搾汁率の向上と果汁清澄の促進を図ることもある。しかし，発酵中に酵母によりペクチンが分解されることや，生成アルコールにより果汁中のペクチンの30～90％が除去されることから，圧搾効率のよい最近の圧搾機を使用する場合はペクチン分解酵素製剤の使用はほとんど行われない。

　なお，白ワイン用原料ブドウの圧搾粕は，水を加えて発酵させたのち蒸留し，ブランデーを得るか，家畜の飼料あるいは果梗とともに堆肥として圃場に還元するなど有効に利用されている。

　白ワインの醸造では，圧搾時において加圧を開始する前に分離される自然流下液（フリーランジュース）のみ，あるいはごく軽く加圧した圧搾液を自然流下液に混和して発酵させる。搾汁率70％以上の果汁には果梗や果皮由来の渋味や苦味，また果皮から色素が抽出されるため，白ワインの酒質は劣化する。一般に搾汁率は65～70％である。なお，自然流下液と圧搾液は別々に発酵させ，それぞれの製成ワインを唎き酒してから調合するのが望ましい。

2．果汁の前処理

　圧搾して得られた果汁をそのまま発酵させるのではなく，混濁物質を分離してから発酵させる方法もある。果汁に二酸化硫黄を100～120mg/ℓ添加すると，タンパク質，ポリフェノールやペクチンが不溶性となって沈降し，翌日には上澄部と滓に分離する。この上澄部を分離する操作をフランス語でデブルバージュ（debrubage（仏））という。得られた上澄部のみを発酵容器に移し発酵させると，キメの細かいワインが製成する。この際，あまりにも果汁の清澄度を上げると発酵が遅延するので注意が必要である。なお，最新式の空気圧圧搾方式の圧搾機を使用して得られた果汁は清澄度がよいので，圧搾に引き続き遠心分離機で果汁の清澄処理する方法を採用する醸造場は減少している。

　本来，白ワインの果汁は果実の風味を活かすため，搾汁後，酸化させないように作業する。しかし，低分子のポリフェノール含有量が多く通常の製造法では苦味，渋味の強い白ワインが製成する原料用品種では，搾汁後の果汁に空気または酸素を微泡として吹込み，果汁中のポリフェノールを強制的に酸化し，生成した滓を遠心分離あるいは真空濾過機で濾過し，軽快な風味の果汁を調整することも行われる。ポリフェノール以外の化合物も酸化・除去されるので長期熟成型の高級ワインの醸造には適さな

い。この方法はハイパー・オキシデイション（Hyper oxydation）あるいはスーパー・オキシデイション（Super oxydation）といわれる。

　白ワインの醸造においても，果実中の糖分が少ないときには補糖を行うことがある。補糖については赤ワインの項（p.124）を参照のこと。

3．発酵

　二酸化硫黄を添加してから8〜12時間後に活性化した酵母を添加する。果汁と果皮をいっしょに仕込む赤ワインの場合と異なり，果皮由来の酵母数が少ないので自然発酵では酒質の安定性は困難である。白ワイン果醪の品温は15〜18℃と赤ワイン醸造の場合よりも低温である。近年，フレッシュ・アンド・フルーティーなタイプのワインが市場において人気があるため，低温発酵性酵母を添加して，温度制御機能を設置した発酵容器を用いて12〜15℃で発酵を行う事例もみられる。

　白ワインは辛口から甘口まで幅広いタイプがある。そこで予定した残糖分となった時点で発酵を停止させる必要がある。白ワイン果醪の発酵期間は7〜30日間とその幅がきわめて大きい。甘味果実酒に分類されるものを除いて，製成したワインに糖類を添加して甘味を調整することは，発泡性ワインを除き，日本を含めて世界的に禁止されている。発酵を停止させるためには果醪中の酵母の発酵力を抑制するか，果醪中から酵母を除去すればよい。そのため，果醪に二酸化硫黄を150〜200mg/l添加した後，品温を下げ，上澄液を濾過するとか，濾過機あるいは遠心分離機を用いて酵母を分離・除去する方法が採用されている。なお，ドイツワインのうちターフェルヴァインとQbAクラスのワインについては，糖分のない辛口ワインに，ブドウ果汁の一部を炭酸ガス加圧下でタンク内に保存したズースレゼルヴェ（Süssreserve（独）：保存果汁）を添加し，甘味と酸味のバランスを調整したワインをつくることが認められている。

4．貯蔵・滓引き・熟成

　長期貯蔵・熟成型の白ワインを除き，日常消費ワインではマロラクティック発酵を誘導しないのが一般的である。これはリンゴ酸の酸味を活かした爽やかな風味の白ワインに市場性があるためである。そのため，貯蔵中の二酸化硫黄管理が重要となる。

　発酵終了後，品温を下げ，2週間から1か月後には第一回目の滓引きを実施する。白ワインでは，赤ワインに比べて滓下げ作業の回数は少ない。大量生産方式の日常消費ワインでは発酵終了後，二酸化硫黄を添加し，速やかに真空濾過機で濾過し，密閉タンクに満量貯蔵したうえで上部空間を不活性ガスで置換する。貯蔵品温も20℃以下の温度変化の少ない場所を選定する。日常消費白ワインではタンクでの貯蔵期間が6か月から1年間と短く，樽貯蔵の熟成タイプのものは少ない。なお，白ワインで

も，シャルドネを原料ブドウとした高級付加価値ワインについては，マロラクティック発酵と樽貯蔵は必須である。

白ワインには，滓引きを醸造直後のみとし，その後は酵母と接触させたままで瓶詰め時まで貯蔵容器内にワインを放置するシュー・ル・リ（sur le lie（「滓の上」の意））も行われている。発祥の地フランス・ロワール地方では，最短でも主発酵後，翌年の3月1日まで滓引きをすることなく，滓と接触した状態で樽または貯蔵容器内に貯蔵することが法律により定められている。この製造法のポイントは，滓との接触期間が長いので発酵を保持できる範囲で圧搾時の果汁の清澄度をよくすることにある。この方法を用いることで，酵母の自己消化に由来する窒素化合物などにより味の幅が補われ，同時に酵母が生成するエステル香がワインに付与される。

5．濾過・瓶詰め

赤ワインの項（P.128）を参照。白ワインは瓶詰め後，短い貯蔵期間で消費されるものが多く，瓶熟成により付加価値が向上する産地は赤ワインよりも限定される。

6．甘口ワイン

白ワインのなかには甘口のデザートワイン（食後酒）があり，貴腐ワイン以外ではアイスヴァイン（Eiswein（独），Ice wine（英））とクリオ・エクストラクション（Crio-extraction（仏））によるワインがある。アイスヴァインはブドウの収穫を12月中・下旬まで遅らせ，圃場で氷結した果粒を手で摘み，氷結状態で果実を圧搾すると，水分は凍結したまま圧搾機中に残り，糖分の高い果汁が得られる。この果汁を用いて醸造した極甘口の白ワインである。ドイツで開発されたワインだが，最近の日本市場では価格の安いカナダ産のものが多くみられる。アイスヴァインが自然の気候条件で氷結したブドウ果実を原料として醸造した甘口ワインなのに対し，クリオ・エクストラクションはブドウ果実を果房のまま人工的に冷凍し，凍結状態のまま果房を圧搾し糖度の高い果汁を得る方法で，人工凍結濃縮法というべき手法である。アイスヴァインは，原料ブドウ果の収穫が遅く，貴腐ブドウ果が混入することがあるので，貴腐ワインと共通の風味を感知することが多い。一方，クリオ・エクストラクションでつくったワインは，原料ブドウ果の収穫期がアイスヴァインより早く，通常，貴腐ブドウ果の混入がないので，アイスヴァインほど風味が複雑ではない。

3．ロゼワインの醸造法

最近は，日本市場においてもロゼワインの消費増がみられる。ロゼワインの味はヨーロッパでは食中酒であるため辛口であるが，ワイン後進国では食中酒よりもパーティー，会合における女性主体の消費が多いためか，一般にやや甘口の商品が主流である。

ロゼワインの製造法は3つに大別される。
(1) 赤ワインと同様に黒紫系ブドウを使用し，2～3日間，醸し仕込みを行って目的とする色調が得られた時点で搾汁し，引き続き白ワインと同様に液発酵を行う。この製造法が世界的に主流である。
(2) 黒紫系ブドウと白系ブドウを混合して仕込む混醸方式による。製造ロットが替わると色調の再現性が難しい。
(3) 赤ワインと白ワインを調合してロゼワインをつくる。この方法は日本では許可されているが，欧米ではスパークリングワインを除き禁止されている。なお，最近，日本においても欧米と同様，(1)の方式でロゼワインをつくる傾向にある。

　代表的なものにフランスのタベル・ロゼ（Tavel rose），ロゼ・ダンジュー（rose d'Ajou）がある。このほか，黒紫系ブドウを用いて白ワインの製造法を採用したものにアメリカ・カリフォルニアのホワイトジンファンデル（White zinfandel）がある。ロゼワインの色調は，染井吉野の桜花色のごく淡い紅色から鮮明な明るい紅色，さらに淡い玉ねぎの皮色まで多様であり，味も辛口からやや甘口まで幅が広い。また，女性の嗜好を反映して発泡性の型が数多く開発されている。

4. 特殊なタイプのワインの醸造法

　ワインはブドウという液化・糖化工程を必要としない原料に基づく酒類だけに，製造法の差異がそのままワインの多様化と結びつく。以下，赤ワイン，白ワイン，ロゼワイン以外のワインの醸造法の概略について述べる。

1. 発泡性ワインの醸造法

　発泡性ワインはスパークリングワイン（Sparkling wines）ともいわれ，フランス・シャンパーニュ地方で製造されるシャンパーニュ（Champagne）が代表的なものである。主発酵終了時にワイン中に残存する糖分を瓶詰め・打栓後，酵母が資化して生成した二酸化炭素が貯蔵中に瓶内に封じ込められ，発泡性を有するワインが誕生したものと考えられる。

　発泡性ワインの製造法は5つに大別される。
(1) 主発酵時に発生した二酸化炭素を瓶内に封じ込めたもの：フランスのブランケットやガイヤックの発泡性ワインとイタリアのアスティなど
(2) 主発酵で残糖分のない辛口ワインを醸造し，酵母と計算量の糖分を加えたのち瓶詰め。瓶内で二次発酵を行い，発生した二酸化炭素を瓶内に封じ込めた古典的製造法によるもの：フランスのシャンパーニュ，スペインのカヴァなど
(3) 主発酵で残糖分のない辛口ワインを醸造し，酵母と計算量の糖分を加え，密閉

タンクなどの貯蔵容器中で二次発酵を生起させ，生成した二酸化炭素を含むワインを濾過・瓶詰めするもの：ドイツのゼクト，イタリアのスプマンテなど

(4) 主発酵に続き生起する乳酸菌によるマロラクティック発酵の際に発生する二酸化炭素を瓶内に封じ込めた弱発泡性ワイン：ポルトガルのヴィニョ・ヴェルデ（Vinho verde）がそれに相当

(5) ワインに食品添加物規格の二酸化炭素を微泡として吹き込むもの：この方法はカーボネーション（Carbonation）といわれる。人為的に炭酸ガスを吹き込んで発泡性ワインをつくることは，EU各国，アメリカをはじめ世界的に認められているが，いずれも日常消費ワインとしてとり扱われる。

以下，代表的な発泡性ワインの製造法について概説する。

(1) 瓶内二次発酵法：フランス政府の「産地誤認を招く」との申し入れを受け，EU各国は，1990年以降，シャンパーニュ方式により製造した発泡性ワインに「シャンパーニュ方式」の表示を禁止し，「伝統的製法（methode traditionelle）」あるいは「瓶内二次発酵方式（methode de bouteille au second fermentation）」と表示している。ここではシャンパーニュ地方で採用されている製造法について述べる。

原料ブドウ品種は，果皮の黄緑色系のピノ・ムニエとシャルドネ，さらに黒紫系のピノ・ノワールを用いる。2種の黄緑色系ブドウについては，常法により辛口ワインを醸造する。黒紫系ブドウであるピノ・ノワールは破砕をせずにそのまま表面積の大きい圧搾器を用いて圧搾し，搾汁に果皮の色素を移行させない。その後は白ワインと同様に辛口のワインに仕上げる。醸造した辛口ワインは必要に応じて調合後，ワイン1kℓにつきショ糖2.5kgを添加し，純粋培養酵母とともに耐圧瓶に詰め打栓をし，約20℃で発酵させる。添加したショ糖がすべて酵母によって消費されると，瓶内の二酸化炭素ガス圧は約6kg/cm^{2}となり，発泡性を有するようになる。9か月〜5年間の二次発酵期間内に酵母の自己消化が進行する。瓶は冷所に移動し，瓶口を下方に約45°傾け，毎日ほぼ1/8ずつ瓶を回転させる。瓶を徐々に直立させ，最終的に垂直に倒立させるが，この間の数か月間は毎日瓶を回転させ，酵母菌体などの滓を瓶の口の部分に集める。この操作をルミュアージュという。この作業はすべて人が手作業で行っていたが，最近ではコンピューター制御の回転式の金属製の籠による醸造場が多い。次いで，瓶の口の部分を約−20℃の冷媒中に浸漬し，瓶口の滓を凍結させる。瓶の口を上方に向けて栓を抜くと，凍結した滓の部分は瓶内の二酸化炭素のガス圧により外部へ飛び出す。滓の除去によって生じた空間は別途貯蔵しておいたワイン，あるいはワインにショ糖，ブランデーを調合した調味液により補填する。補填に用いる

調味液の糖度が高いほど甘口のシャンパーニュとなる。補填後ただちにコルク栓を打栓し針金で止めた後，瓶を横に寝かして貯蔵・熟成する。なお，ロゼシャンパーニュは滓を除去した後に使用するワインあるいは調味液に，シャンパーニュ地方の赤ワインを混和したものを調合する。シャンパーニュと同様に瓶内二次発酵を実施した後，二酸化炭素を含有するワインを密閉耐圧タンクに移動し，調合・濾過してから瓶詰め，打栓，針金止めして熟成させる方式がある。フランスのヴァン・ムスーで採用され「タンク調合瓶詰方式」と称すべきものだが，フランスでは「移し替え方式 (methode transfer)」という。この方式によると製品の品質の均一化が容易になる。

(2) **タンク内発酵方式**：シャルマー法という。1907年に M. Charmat が考案した方式で，酵母による二次発酵を密閉耐圧タンクで行うものである。辛口ワインに所定量のショ糖などの糖類を溶解し酵母を添加して二次発酵させたのち，品温を低下させて二酸化炭素をワインに溶解させる。次に濾過機あるいは遠心分離機を用いて，ワインから滓を除去しながら密閉耐圧タンクへ移動し，調合により香味を調整した後，瓶詰め，打栓，針金止めをする。この方式による発泡性ワインにはドイツのゼクト (Sect)，イタリアのスプマンテ (Spumante) がある。

2. 貴腐ワインの醸造法

貴腐ワインという名称は Pourriture noble（仏）の訳語である。ブドウ果の成熟期に *Botrytis cinerea*（ボトリティス シネレア）がブドウ果皮に繁殖することにより発生した貴腐ブドウを原料として醸造した貴腐ワインは，きわめて付加価値の高いものである。*B. cinerea* の菌糸は果度表面を保護しているワックスの層を溶かし，果実中の水分の蒸発を促すとともにグリセリン，グルコン酸を果汁中に蓄積する。この結果，果汁の糖濃度は30〜50g/100ml に上昇する。*B. cinerea* の繁殖しやすいブドウ品種のうち，リースリング，ソーヴィニヨン・ブラン，セミヨン，フルミントなどが貴腐ブドウの対象となる。黒紫系ブドウにおいては，*B. cinerea* の繁殖によりアントシアニンが褐変するため，貴腐ワインの原料ブドウとはしない。貴腐果は通常，ジャッキあるいは水圧か油圧で下方に圧力をかけるバスケット型式の搾汁機を用いて搾汁後，二酸化硫黄を添加し，*B. cinerea* のポリフェノールオキシダーゼのはたらきを抑制する。搾汁は高糖濃度であるため，発酵には数か月要することもある。残糖分が10%以上ある甘酸っぱく藁（わら）様の香りを有する黄色味の強い製成酒となる。ドイツのトロッケンベーレンアウスレーゼ (Trockenbeerenauslese) やフランス・ボルドー地域のソーテルヌ (Sauternes)，バルザック (Barsac) 地区の極甘口ワイン，ハンガリーのトカイ・アスズ・エッセンス (Tokaji Aszu Essence) が有名である。

3．酒精強化ワインの醸造法

　酒精強化ワインはフォーティファイドワイン（Fortified wines）ともいう。製成酒または醸造途中の果醪にブランデーあるいはグレープスピリッツを添加し，アルコール分15～22％としたものをいう。甘口のものは食後酒として，辛口のものは食前酒として供される。スペインのシェリー，ポルトガルのポートおよびマデイラ，フランスのヴァン・ドゥ・ナトゥレルなどがある。

（1）シェリー（Sherry）：スペイン・カディス県ヘレス（Jerez）地域のワイン。シェリーは英語名で，スペイン語ではヴィノ・デ・ヘレス（vino de Jerez：ヘレスのワイン）という。その製造法からフィノ（Fino）系とオロロソ（Oloroso）系に大別される。フィノは貯蔵中の白ワイン表面にシェリー酵母 *Saccharomyces bayanus*，*Sacch. oviformis* が産膜を形成し，独特の風味を付与したものである。糖分が約25％まで上昇した主としてパルミノ（Palomino）種を収穫し，伝統的製造法では一日天日にさらしたのち軽く圧搾し，その搾汁に石膏を含んだ土壌「エソ（yeso）」を添加する。エソの添加により遊離の酒石酸が増加し，pHが低下し，細菌汚染が防止される。二酸化硫黄添加は行わない。最近は天日乾燥は甘口シェリー用の原料ブドウであるペドロ・ヒメネス（Pedro Ximenez）に限られ，圧搾時に得られた搾汁のうち，フリーラン果汁はフィノの醸造に，プレス果汁はオロロソの醸造に使用する。また，搾汁へのエソの添加は行わず，酒石酸を添加することによって果汁の酸度調整を行い，二酸化硫黄添加後，低温発酵を行う方式に移行している。

　発酵が終了した時点で酒質をチェックし，アルコール分が14.0～14.5％に満たないものはグレープスピリッツで補強したのちオーク樽に3/4ほど詰める。樽に上部空間を残したまま2～3週間経過させると，ワイン表面全体に産膜性酵母の薄い白い膜を生じる。この産膜をフロール（flor：花）という。冬の間に滓引きを行うとともに唎き酒を行い，フィノ系とオロロソ系に区分する。フィノ系はアルコール分15.0～15.5％に，オロロソ系はアルコール分18.0％までグレープスピリッツを添加する。フィノ系は産膜状態を保持するが，オロロソ系はフロールの保持をしない。春先に2回目の酒質チェックを行い，フィノ系は独特のソレラシステム（Solera system）による熟成に移行する。

　ソレラシステムは約100個のオーク樽を1グループとして3段か4段に積み，各樽には産膜状態のワインが3/4ほど充填されている。最下段の樽の列を「ソレラ」という。樽を4段に積んだ場合，ソレラの上段の樽の列を「第一クリアデラ」，その上の列を「第二クリアデラ」，最上段を「第三クリアデラ」という。製品用のワインは最下段の樽の列（ソレラ）から1年に最大で1/4量を抜きとり，銘柄に応じて調合と

規格調整を行う。最下段の樽の列には抜きとった量に相当する量を，その上の段の列の樽（第一クリアデラ）のワインを同様にして抜きとり，混合したうえで補填する。これをくり返し，最上段の樽の列（第三クリアデラ）には若いワインが補填される。ソレラシステムによって，シェリーの熟成と酒質の均一化が図られているといえる。

フィノ系のうち，フィノはアルコール分15.5～17.0%で，淡黄色をしたフロールの風味を活かした辛口で切れ味のよく繊細な食前酒である。もう一方のアモンティリャード（Amontillado）はフィノよりも産膜の度合いがやや少なかったものを長期間ソレラシステムに組み込んだもので，アルコール分17.0～18.0%で，色調は飴色から琥珀色を呈する。以前は辛口のフィノに対して濃縮果汁を調合した甘口のアモンティリャードが多かったが，最近は市場の嗜好に合わせてアモンティリャードも辛口が主流になった。

オロロソ系は貯蔵時のアルコール分が18.0%と高いので，産膜性酵母の繁殖が抑制され産膜を形成しない。オロロソ系のうち，オロロソはペドロ・ヒメネスを原料ブドウとするが，産膜を形成しなかったパルミノのワインも調合される。ソレラシステムを組むことはない。原酒となるワインにグレープスピリッツと濃縮果汁を調合し，アルコール分18.0～24.0%とした琥珀色から褐色を呈する味わいの豊な食後酒である。以前はオロロソは甘口が主流であったが，最近は辛口のものが多くみられる。クリーム（Cream）もオロロソ系のシェリーである。オロロソに甘口のペドロヒメネスを調合したもので，アルコール分は18.0～24.0%で琥珀色を呈し，食後酒以外にケーキの風味付けに用いられる。

(2) ポート（Porto）：ポートは，1926年以来，ポルトガル北部ドウロ川上流の法定地域で醸造されたワインを，河口のヴィラ・ノヴァ・デ・カイア（Villa Nova de Gaia）の町で貯蔵・熟成し，対岸のポルト市（Porto）から積み出した酒精強化ワインをいうと規定されていたが，1986年からはブドウ生産地である法定産地で醸造・貯蔵・熟成し出荷することが認められた。赤の甘口デザートワインを原則とするが，近年，市場の嗜好の変化を受け，辛口の白のポートの生産が増加している。

原料ブドウ品種は，主なものだけでも黒紫系ブドウが16種，緑黄系ブドウが6種あるが，主に Touriga Nacional などの黒紫系ブドウが用いられる。夏期の気温が高く，乾燥した気候のため，原料ブドウの糖度は高い。赤ワインの醸造法と同じように，果皮，種子，果肉を果汁とともに発酵させる「醸し仕込み」を行う。醪2～3日目に果醪の糖分が10%になった時点で果醪から液体区分（ワイン）を抜きとり，アルコール分77%のグレープスピリッツを添加して発酵を停止させ，アルコール分19～20%の新酒を製成する。冬季に滓引きを行い，唎き酒によって商品のタイプに合

わせて調合を行う。その後，貯蔵容器でさらに熟成させたポートは，最終的に示す6種のタイプに再度調合し，瓶詰めを行う。

①ルビー・ポート（Ruby port）：もっとも一般的なポートで，大樽で熟成4～5年のワインを主体に調合したもの。ルビー色を呈し，果実の風味が豊かである。

②トニー・ポート（Towny port）：ルビー・ポートよりも樽熟成期間が長く，黄褐色（トニー）を呈している。黒紫系ブドウのワインに緑黄色ブドウのワインを調合したものもある。

③ヴィンテージ・ポート（Vintage port）：原料ブドウの作柄がとくによかった年の単一醸造年度のポートである。樽熟成期間は2年程度だが，瓶熟成期間が長く，最高級品のポート。

④クラステッド・ポート（Crusted port）：若いワインに古酒を調合したもので，瓶詰め後に製品に滓を生じることからこの名称がある。

⑤レイト・ボトルド・ヴィンテージ・ポート（Late bottled vintage port）：ヴィンテージ・ポートの一種だが，原料ブドウの作柄がヴィンテージ・ポートの水準に及ばなかったもので，5年以上樽熟成してから瓶熟成させたポート。

⑥ホワイト・ポート（White port）：緑黄色系ブドウを原料として低温発酵し，グレープスピリッツを添加しアルコール分16.5％以上としたポートで，辛口が人気。

(3) **マデイラ（Madeira）**：大西洋上のポルトガル領マデイラ島でつくられる酒精強化ワイン。ポートと同様，発酵中の果醪にグレープスピリッツを添加し停止させた甘口のもの，あるいは糖分0.1～0.2％の辛口ワインをベースとしたものを2～3kl容の容器に詰めてエストゥファ（Estufa）と称する加温室内に入れ，約50℃で3か月以上貯酒する。その後，3～5週間かけてゆっくりと冷却して大樽に移し，さらに最低3年間熟成後，瓶詰めし製品とする。原料ブドウの作柄がとくによい年に醸造したヴィンテージ・マデイラは，カンテイロ（Canteiro）といわれる太陽熱を利用した貯酒熟成庫で加温熟成させる。また最近は，温度制御装置を装填したタンクを用い，タンクを個別に加温することも行われている。淡色で辛口のセルシアル（Sercial），淡褐色でやや甘味のあるヴェルデリョ（Verdellho），褐色で甘口のブアル（Bual），暗褐色でより甘口のマームジー（Malmsey）の4タイプがある。

(4) **ヴァン・ドゥー・ナチュレル（Vin doux naturale）**：フランスの地中海沿岸地帯，ラングドック・ルーション（Languedoc-Roussillon）地域で生産される酒精強化ワイン。製造法はポートと同様，発酵途上でグレープスピリッツを添加し，果醪のアルコール分を5～10％程度上昇させて発酵を停止し，果汁の甘味を残したアルコール分15％以上の製品である。マスカット種を用いたものに人気がある。2年

以内の熟成期間ののち瓶詰めする。

　スペイン南部で製造されるアルコール分15～23%のマラガ（Máraga）やイタリア・シシリー島で製造されるアルコール分17～18%のマルサラ（Marsala）も酒精強化ワインである。なお，未発酵の果汁にブランデーまたはグレープスピリッツを添加してアルコール分を15～20%としたものはヴァン・ド・リキュール（Vin de liquer）といい，ブランデーを生産しているフランス各地で製造されている。

4．アロマタイズドワインの醸造法

　アロマタイズドワイン（Aromatised wines）はフレーバードワイン（Flavored wines）ともいわれ，18世紀にイタリアで生まれた薬味酒が起源である。ワインに植物の風味を付与して飲用するという発想はギリシャ時代にすでにあった。

　代表的なものとしてヴェルモット（Vermouth）がある。ドイツ語のヴェルムート（Wermut：ニガヨモギ）をフランス語読みしてヴェルモットになったという。淡色辛口のものをフレンチヴェルモット，濃色甘口のものをイタリアンヴェルモットということもある。ヴェルモットは白ワインをベースにブランデーを添加し，これにニガヨモギ，ゲンチアン，アンゲリカなど20種類以上の草根木皮を浸漬するか，水蒸気蒸留またはアルコール抽出により草根木皮からとり出したエキスを添加する。レシピ（配合）は製造会社ごとに異なり，各社の極秘事項となっている。辛口のヴェルモット（ドライヴェルモット）はこのような方法で製造したもので，無色に近い。甘口のもの（スイートヴェルモット）はさらに糖分を添加し，必要に応じてカラメルにより着色をする。アルコール分は古典的なものは16～18%であるが，最近は風味がフルーツ系でアルコール分15%の商品に人気がある。

　アロマタイズドワインには，ヴェルモットのほかにワインにキナの皮で風味付けをしたものや，クレーム・ド・カシスを加えたキール（Kir）などに代表されるアペリティフ（Aperitif），ワインにオレンジやレモンの果汁を加えシロップで甘味を付けたスペインのサングリア（Sangria），ワインに香味料などを添加したスイートワイン（Sweet Wine）などの混成酒も含むことが多い。

5．ブドウ以外の果実を原料としたもの

　リンゴ，洋ナシ，イチゴ，キウイ，ベリーなどの果物を原料としたものはフルーツワイン（Fruit wines）と総称される。リンゴ，洋ナシを除いては，香味料を添加して果実の特性を表現することが多い。ワインの前に果実名を付して，アップルワイン，キウイワインなどというが，酸味のあるアップルワインを除いては熟成にともない酒質が向上するものはない。アップルワインは別名「シードル（Cidre）」といい，発泡性のものと非発泡性のものがある。シードルはフランス・ノルマンディー地方，

ブルターニュ地方およびイギリス・ブリストール地方が主産地である。原料リンゴは糖度と酸度が高く、渋味のあるものがよいとされ、日本の食用を目的とするリンゴに比べて小粒である。原料リンゴ果は収穫してから数日間後熟させ、その後、スライサーおよびクラッシャーを用いて潰砕・圧搾する。リンゴ果汁にはペクチンが多いので、ペクチナーゼを添加して果汁の清澄化を図り、活性化した酵母を添加して発酵させる。原料リンゴ果の糖度は低いため、製成酒のアルコール分は4〜7度内外である。

◆ ワイン醸造における微生物

ワイン醸造に関与する主要な有用微生物はアルコール発酵に携わる酵母である。また、鋭い酸味を感知させるリンゴ酸を口当たりのやわらかな乳酸に転換する「マロラクティック反応」に関与する乳酸菌も重要である。

ワインの品質は、原料ブドウの品種、作柄により左右されるところが大きいが、微生物管理は他の酒類と同様、一定水準以上の品質を保持するうえできわめて重要である。近年、消費者の自然回帰志向から微生物管理を無視した「ビオデナミ」によるワイン醸造が広まり、これにともない有害微生物によりワインの品質が劣化した事例が多くみられるようになった。以下、酵母、細菌、カビの順に記述する。

1. 酵母

ワイン醸造では、収穫したブドウ果実をそのまま使用するため、自然発酵に限らず純粋酵母を添加した場合も、ブドウ果実に付着している酵母が果醪に移行し複雑な酵母相を呈する。ブドウ果実に付着する酵母の種類とその数は、気候、地域、ブドウの品種と熟期により異なる。たとえば、熟期の早いマスカット・ベリーAでは10^3〜10^6cells/mlの酵母が認められたが、熟期が遅く果皮に蝋質の多い甲州種では10〜10^5cells/mlと、熟期と品種の相違が果実に付着する酵母数に変化をもたらす。仕込み時のブドウ果実からは *Kloeckera*(クロエケラ) 属が40〜70%ともっとも多く、*Candida*(キャンディダ), *Pichia*(ピチア), *Rhodotorula*(ロドトルラ), *Saccharomycodes*(サッカロマイコデス), *Schizosaccharomyces*(シゾサッカロマイセス), *Saccharomyces*(サッカロマイセス) などの属も検出されている。

これら野生酵母の多くは、アルコール発酵能が低く、アルコール耐性も弱い。なお、中・北部ヨーロッパにおいて高い頻度で分離される *Metschnikowia pulcherrima*(メチニコビア プルシェリマ) は、日本のブドウ果実から分離されることは稀(まれ)である。

果醪の仕込み時に二酸化硫黄を使用しない場合には野生酵母が急速に増殖する。仕込み時に二酸化硫黄を使用し、果醪のSO_2濃度が10mg/l程度に減少した時点で、

Saccharomyces cerevisiae または *Sacch. bayanus* を使用菌株とした顆粒状乾燥酵母などを活性化し添加すると，二酸化硫黄耐性を有し，かつ，糖の資化性に優れた *Sacch. cerevisiae* または *Sacch. bayanus* が急速に増殖し，アルコールの生成にともない野生酵母が淘汰される。

　なお，優良ワイン酵母の選択基準はブドウ果醪の特性から次のようにまとめることができる。①糖分の食い切りのよいこと。②濃糖耐性のあること。③二酸化硫黄耐性のあること。④低pH耐性のあること。⑤アルコール耐性のあること。⑥低温発酵性であること。⑦高温耐性のあること。⑧揮発酸生成能の低いこと。⑨ジアセチルなどのオフフレーバー生成能の低いこと。⑩発酵末期において凝集性のよいこと。⑪優良な香気成分の生成能を有すること。

　他の醸造用酵母と異なる選択基準としては，二酸化硫黄使用量を低減するために，アセトアルデヒド，ピルビン酸，α-ケトグルタル酸などの二酸化硫黄と結合しやすい成分を多量に生成しないことが挙げられる。酵母は糖分をエチルアルコールに変換すると同時に多くの代謝生産物，すなわち，高級アルコール，エステルといった第二アロマを構成する香気成分や，有機酸，グリセロール等の呈味に関与する成分を生成するが，それらの成分の生成量とバランスがワインの風味に大きく影響する。なお，*Sacch. bayanus* はアルコール耐性が強く産膜性を有していることからシェリー醸造に用いられる。*Sacch. bayanus* をスティルワインやスパークリングワインの醸造に使用するときは，貯蔵中のワインあるいは瓶詰め製品の再発酵や産膜形成等の事故を起こさないように管理することが重要である。

　世界的に顆粒状乾燥酵母を用いたワイン醸造が普及しているが，自然発酵による醸造場も少なくない。自然発酵の場合，*Brettanomyces*（ブレタノマイセス）属の酵母が生成する湿った獣皮を思わせるにおいを感知することがある。ベルギーのランビックやグーズビールでは，このにおいを製品の特徴香と認識するが，ワインにおいては「ブレット」あるいは「フェノレ」といい，微生物管理不良のときに発生する欠陥臭である。木製容器，とくに小樽により熟成したワインに感知されることが多い。エチル4-フェノール（獣臭），エチル 4-グアイアコール（スモーキーな臭い）およびエチルカテコール（馬小屋臭，革臭）から構成される。なかでもエチル4-フェノールが主要な原因物質とされ，ワインでの閾値は約0.4mg/l である。

2. 細菌

　パスツールはワインの腐敗現象に興味を示し，発酵や腐敗が微生物に原因することを実証したが，果醪に存在する種々の細菌類のうちマロラクティック発酵（MLF）

に関与する一部の乳酸菌を除き，そのほとんどがワイン醸造上，有害菌である。乳酸菌には桿状，球状および球状～桿状のものがある。桿状は*Lactobacillus*（ラクトバチルス）であり，ホモ型とヘテロ型がある。球状はヘテロ型の*Leuconostoc*（ロイコノストック）とホモ型の*Pediococcus*（ペディオコッカス），*Streptococcus*（ストレプトコッカス）で，球状～桿状は*Leu. oenos*である。いずれもMLFに関係し，赤ワインの酸味を和らげ，風味を複雑にするうえで重要である。MLFに関与する乳酸菌をMLF乳酸菌と別称する。果醪発酵中のリンゴ酸の減酸には*Saccharomyces cerevisiae*などの酵母も関与し，リンゴ酸は約10～35％分解するが，コハク酸，乳酸なども生成するため，減酸効果はMLF乳酸菌ほど大きくない。なお*Schizosaccharomyces pombe*（ポンベ）は，発酵中にリンゴ酸を分解し，減酸率も約30～50％と高いが，製成酒に土臭に共通する異臭を付与するため実用化されていない。

　MLF乳酸菌の消長や分布は，地域，製造法，果醪・ワインのpHや遊離SO_2含有量などにより異なり一定ではないが，果醪から分離されるMLF乳酸菌は，一般に*Leuconostoc oenos*, *Leu. mesenteroides*（メセンテロイデス）, *Lactobacillus plantarum*（プランタルム）などである。MLF乳酸菌の生育因子としては，滓に含まれる窒素化合物等の酵母自己消化物，Mn^{2+}，トマトジュース，果糖があるが，一般に白ワインよりも赤ワイン，醸し期間の長いワイン，滓引きの遅いもののほうがMLFが生起しやすい。MLFを人為的に生起させるために顆粒状乾燥MLF乳酸菌が実用化されている。また，*Leu. oenos*または*Schiz. pombe*を使用菌株として固定化MLF菌の研究も行われている。MLFの生起にとって二酸化硫黄の影響は大きい。果醪に多量の二酸化硫黄を添加した場合や，製成したワインに遊離二酸化硫黄として50mg/*l*以上添加した場合にはMLFは生起しない。また，pHが3.5以下になるとMLFは生起しにくい。寒冷地の酸度の高いワインではMLFが生起しにくいのはこのためである。図1.4-2に示すように，MLFにおける乳酸の生成経路には，マロラクティック酵素（MLE）によってリンゴ酸から，直接，L-乳酸を生成する反応経路（Ⅰ）と，マリック酵素（ME）によりピルビン酸経由の反応経路（Ⅱ）があり，pH3.4～3.8では反応経路（Ⅰ）が主であり，pHが高くなると反応経路（Ⅱ）が生起する。また，MLFで生成する乳酸はL-乳酸が主体である。なお，優良MLF乳酸菌とされる*Leu. oenos*と*Leu. mesenteroides*はMLE活性が強く，

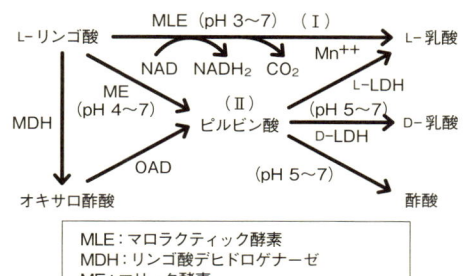

図1.4-2　MLFによる乳酸の生成機構

MLE：マロラクティック酵素
MDH：リンゴ酸デヒドロゲナーゼ
ME：マリック酵素
L-・D-LDH：L-・D-乳酸デヒドロゲナーゼ
OAD：オキサロ酢酸デヒドロゲナーゼ

主としてL-乳酸を生成するがL-LDHはもっていない。

なお，MLFを「乳酸発酵」と訳す人がいるが，「乳酸発酵」はグルコースを基質として乳酸を生成する発酵系であり，図1.4-2に示すようにMLFに関与する酵素は乳酸発酵とは異なるので学問的に誤りである。

アルコール分の少ないワインを好気的条件下に放置すると酢酸敗するが，これは *Acetobacter*（アセトバクター）によるものである。*Acetobacter* はアルコールを酸化して酢酸を生成するほか，グルコースからグルコン酸やα-ケトグルコン酸を生成したり，リンゴ酸，酒石酸などを分解するものもあり，ワイン醸造には望ましくない細菌である。*Acetobacter* のアルコール耐性は菌種によりかなり異なるが，アルコール分14～15%ですべての *Acetobacter* の増殖は抑制される。また *Acetobacter* は二酸化硫黄耐性が弱いので，原料ブドウ果実の選別，果醪仕込み時の二酸化硫黄の使用，優良ワイン酵母の使用に徹する限り汚染されることはない。貯蔵中のワインについては，好気的条件とならないように容器に満量貯蔵するか，不活性ガスにより貯蔵容器の上部空間の置換を行う。

3．カビ

ブドウ栽培に関与するカビでは，貴腐ブドウの貴腐菌 *Botrytis cinerea* を除いて有害菌である。ただし，*B. cinerea* は自然界に広く存在する不完全菌の一種で，果樹，野菜，花卉などに灰色カビ病を起こす病原菌でもある。ワイン原料用ブドウ樹の栽培においても，春先からはじまり収穫期まで *B. cinerea* の防除作業は重要である。

B. cinerea は20℃前後の気温と75%以上の湿度で繁殖する。リースリング，セミヨン，ソービニヨン・ブランなどの白ワイン用ブドウで貴腐ワインを醸造するときだけ有用菌として扱われる。なお，ブドウ果実の晩腐病は *Glomerella cingulata*（グロメレラ　シングラータ）により発生する。

ワインセラーや瓶詰めワインのコルク天面に観察されるカビは *Cladosporium*（クラドスポリウム）*cellare*（ケッラレ）を主体とし，*Penicillium*（ペニシリウム），*Aspergillus*（アスペルギルス）なども分離されているが，人体に有害な菌は報告されていない。なお，ワインに感知されるカビ臭，コルク臭の主要原因物質は2,4,6-トリクロロアニソール（2,4,6-trichloroanisole；TCA）である。コルクを塩素処理すると2,4,6-トリクロロフェノール（2,4,6-trichlorophenol）が生成し，カビの代謝によってTCAに変換され，1～10ppt（0.001～0.01μg/*l*）というきわめて微量でも人はカビ臭と感知する。カビ臭の原因物質としては，TCAに加えて，ペンタクロロアニソール，2,3,4,6-テトラクロロアニソールが同定されている。

◆ ワインの成分と効用

　ワインの主要成分を表1.4-1に示す。ワインの成分を他の醸造酒と比較すると有機酸含有量が多く，そのためpHが低いことと，ポリフェノール含有量が多いことが特徴的である。果汁のグルコース，フラクトースは，酵母によってワインのエチルアルコールに変換される。グリセロールはアルコール発酵の副産物として糖から生成され，ワインになめらかな舌触りを与える。赤ワインは一般に残糖がないが，白ワインは辛口から甘口まで残糖量の幅が広い。果汁の有機酸はそのままワインに移行するが，リンゴ酸はワインに移行後，MLF乳酸菌によって乳酸に変換される。酒石酸はワインに特異的な有機酸である。果汁の酒石酸の一部は製成ワインを貯蔵中に酒石酸水素カリウム（酒石）となり，ワインから沈殿・除去される。

　ワイン中の窒素化合物の量は産地，品種，施肥などの栽培方法，収穫時期，さらに酵母菌体の自己消化の有無により異なる。高級アルコールの生成と関連して果醪のアミノ酸量の検討が行われている。

　赤ワインは果皮や種子由来のポリフェノールを多く含む。ポリフェノールはワインの外観と風味に大きな影響を与えるとともに，ワインの熟成と劣化に関与する。ポリフェノールはフラボノイドと非フラボノイドに分けられる。赤ワインの色調の主成分であるアントシアニンや渋味の主要成分であるプロアントシアニジン（pranthocyanidin；PA）はフラボノイドである。果皮のPAは発酵初期に液部に多く抽出されるが，種子のPAは発酵中に徐々に抽出される。果皮のPAにはエ

表1.4-1　ブドウ果汁およびワインの主要な成分

成　分	果汁 (g/l)	ワイン (g/l)
[炭水化物]	140〜250	1〜3
グルコース	70〜130	0.5〜1.5
フルクトース	70〜130	0.5〜1.5
[アルコール類]		
エチルアルコール	tr.	9〜15
高級アルコール	0	0.16〜0.41
（イソアミルアルコール）	0	(0.09〜0.3)
グリセロール	0	0.30〜1.4
[有機酸]	5〜15	5〜12
酒石酸	5〜10	5〜10
リンゴ酸	2〜4	0〜0.5
クエン酸	0.1〜0.5	0〜0.5
コハク酸	0	0.5〜1.5
乳酸	0	0〜2.5
酢酸	0〜0.2	0.2〜0.7
[ポリフェノール]		
アントシアン	0.5	0.5
フラボノイド，非フラボノイド	0.1〜1	0.1〜3
[窒素化合物]		
タンパク質	0.01〜0.1	0.01〜0.03
アミノ酸	0.17〜1.1	0.1〜2
[無機成分]	3〜5	1.5〜4
カリウム	1.5〜2.5	0.45〜1.75
マグネシウム	0.1〜0.25	0.1〜0.2
カルシウム	0.04〜0.25	0.01〜0.21

ピガロカテキン（Ec）が含まれエピカテキンガレート(EcG)の含量は非常に少ない。一方，種子のPAにはEcGが含まれるがEcは含まれない。EcGの割合が高くなると渋みが荒くなりEcの存在で渋味の荒々しさが減少する。また低温醸しを行うと種子からのフラボノイドの抽出が抑制されることから渋味のやわらかい市場性の高い赤ワインが得られる。一方，果汁を発酵する白ワインの主要ポリフェノールは非フラボノイドであるが，フラボノイドよりも酸化されやすい。ワインのポリフェノール含有量は白ワインで平均0.5mg/l，ロゼワインで平均2mg/lであるのに対し，赤ワインは平均8mg/lと圧倒的に含有量が多いが，この差は醸し仕込みを行うか否かという醸造法の差異によるものである。

ワインの香りに果たすエステルのはたらきは大きい。酢酸エチルをはじめ，エステルの多くは主発酵中に酵母により生成され，第二アロマを構成する。また，酒石酸ジエステルをはじめ，貯蔵熟成中に生成したエステルはブーケの構成成分となる。近年，ソービニオンブランを原料にしたワインに感じるトロピカルフルーツの香りが話題になった。この香りは3-メルカプトヘキサン-1-オール（3-mercaptohexan-1-ol；3MH），3-メルカプトヘキシル・アセテート（3-mercaptohexyl acetate；3MHA），4-メルカプト-4-メチルペンタン-2-オン（4-mercapto-4-methylpentane-2-one；4MMP）というチオール化合物から構成されている。いずれもその分子内に硫黄分子をもち，ng/lという低い閾値でその存在が感知される。この物質の前駆物質はリースリング，シャルドネ，甲州など，多くのブドウ品種で発見され，香りの発現に酵母のもつ酵素が重要なはたらきをすることも明らかになった。

「ワインと健康」については話題が尽きない。1980年代後半に，赤ワインのポリフェノールの抗酸化作用が狭心症などの虚血性心血疾患を予防するという「フレンチ・パラドックス」の情報が世界を駆け巡って以来，ワイン市場では赤ワインの需要が急増している。ポリフェノールの活性酸素消去能は動脈硬化や脳梗塞の予防に効果的とされる。なかでも果皮と種子に起源をもつ非フラボノイド，レスベラトロール（resveratrol）に関しては，マウスなどの実験動物を用いた研究で，寿命延長，抗炎症，抗癌，放射線による障害の抑止，血糖降下，脂肪の合成や蓄積にかかわる酵素の抑制など，疫学的研究結果を支持する研究報告が多数発表されている。また，種子由来でワインでは荒々しい渋味を呈するポリフェノール，プロアントシアニジンが抗酸化作用が強く，動脈硬化，胃潰瘍，発癌プロモーションに抑制作用を示すほか，皮膚のきめを改善する効果を有することも認められるなど，世界中でワインに含まれるポリフェノールが健康に果たす効果について研究が行われている。

◆ ワイン市場の動向

　2011年の世界におけるブドウ果樹栽培面積は758.5万haと10年前の2001年対比で28.5haも減少している。2010年の栽培面積より減少しているのは，スペイン（50万ha），イタリア（19万ha），フランス（12万ha），アルゼンチン（10万ha）などで，増加したのは中国（21万ha），トルコ（18万ha）などである。日本のブドウ果樹栽培面積は1万8,800haであり，生食用ブドウ樹の栽培面積が多い。しかも生食用と醸造用を区別せずに兼用で栽培する国は日本以外ではみられない。

　2010年の世界ワイン生産数量は2億6,500万kℓに達するが，主産国であるイタリア，フランス，スペイン，アメリカは減産し，中国，チリ，南アフリカの伸長が著しい。日本のワイン生産数量についてみると，日本産原料ブドウに限定した「日本ワイン」の生産数量は約3万5,000kℓであり，このほかに外国産輸入原料ブドウによるもの，外国産濃縮ブドウ果汁を発酵させたものおよび外国産ワインを調合したものを含めた国産ワインの「総課税移出数量」は12万kℓになる。自国産ワインと外国産ワインを調合することは世界的に行われている。日本ではアルコール分や内容量など酒税法にかかわる部分を除き，日本ワイナリー協会の自主基準である「国産果実酒の表示に関する基準（昭和61年12月23日付）」に基づいて自国産ブドウのみで醸造したワインとそれ以外のワインを区別してエチケット（ラベル）に表示している。

　世界のワイン消費数量をみると，2007年のピークである2億5,000万kℓから毎年減少を続けてきたが，2010年は2006年の水準に近い2億4,300万kℓであるが，前年対比で0.03％増となった。しかし，ワイン市場の構造変化は激しい。フランス，イタリア，スペイン，アルゼンチンにおけるワイン年間消費数量が減少する一方で，中国，ルーマニアでワイン市場が拡大しており，先進ワイン消費国の減少量を新興ワイン消費国が補填する図式が形成されている。なお，1980年代は人口1人当たり年間100ℓ以上のワインを消費したフランスにおいて，2010年には48ℓと半減し，消費者の購買指向も産地表示されたワインなど，上級ワインにシフトする傾向がみられる。

　日本のワイン業界の第一の問題点は，ワイン用原料ブドウ果の数量不足と，他の農産物と同様に，原料価格が国際価格よりも大幅に高いことが挙げられる。第二の問題点としては輸入ワインの攻勢がある。日本の酒類市場においてはワイン消費数量の増大が期待されているが，外国産ワインのワイン市場占有率が60％を超え，とくに低価格帯の外国産ワインの攻勢が激しい。価格面のみ強調され品質面で問題のある商品が流通する市場形態は，消費者のために修正しなければならない。

1.5 ウイスキー

◆ 酒税法におけるウイスキーの定義

　ウイスキーとは「穀類を原料とし発芽した穀類の酵素力により糖化し酵母により発酵させたのち蒸留し木の樽に詰めて貯蔵した酒」である。現在，世界中の多くの国でウイスキーがつくられているが，主要なものとしてはスコッチウイスキー，アイリッシュウイスキー，アメリカンウイスキー（バーボン，ライ，コーンなど），カナディアンウイスキーおよび日本のウイスキーが世界の5大ウイスキーとされている（表1.5-1）。またウイスキーは原料や製造方法あるいはブレンド方法のちがいにより各国で定義や呼称が定められている。

　日本の『酒税法』第3条第15号ではウイスキーを次のように定義している。
（イ）発芽させた穀類及び水を原料として糖化させて，発酵させたアルコール含有物を蒸留したもの（当該アルコール含有物の蒸留の際の留出時のアルコール分が95度未満のものに限る）
（ロ）発芽させた穀類及び水によって穀類を糖化させて，発酵させたアルコール含有物を蒸留したもの（当該アルコール含有物の蒸留の際の留出時のアルコール分が95度未満のものに限る）
（ハ）イ又はロに掲げる酒類にアルコール，スピリッツ，香味料，色素又は水を加えたもの（イ又はロに掲げる酒類のアルコール分の総量がアルコール，スピリッツ又は香味料を加えた後の酒類のアルコール分の100分の10以上のものに限る）

　この定義で，（イ）および（ロ）は穀類100％のウイスキーであるが，（ハ）により穀類と水以外にアルコール，スピリッツ，香味料，色素を加えたものも日本ではウイスキーとなる。

◆ ウイスキーの歴史

　紀元数世紀頃より錬金術に端を発した蒸留技術を用いて薬用としての蒸留酒づくりがヨーロッパ各地に広まっていった。その蒸留酒はラテン語で「アクアヴィテ（生命

の水）」と称された。ウイスキーも古代ゲール語の「ウシュクベハー（生命の水）」が転じて「ウスケボー」となり，18世紀頃に現在の「ウイスキー（whisky；アイルランドやアメリカではwhiskey）」という呼称になったとされる。

　ウイスキー製造は，アイルランドで発祥し，スコットランドに伝わり発展したというのが有力な説である。スコットランドのウイスキー（当時はアクアヴィテ）に関する最古の記録は15世紀末であり，その後，長い間スコットランドでは多くの農家で大麦麦芽を原料として小型の銅製単式蒸留釜（ポットスチル）で蒸留した未貯蔵のため無色透明で香味が重い，いわば地酒をつくっていた。現在のスコッチウイスキーの製法がほぼ確立したのは19世紀後半である。とくに18世紀頃から酒類製造への重税を逃れるため，ウイスキーを密造してシェリー酒などの空き樽へ隠したことで偶然にも樽によるウイスキーの熟成が発見されたこと，1830年にイニアス・コフィにより連続式蒸留機（パテントスチル）が発明され，トウモロコシなどを用いた安くて軽い香味のグレーンウイスキーの大量製造がはじまったこと，さらに1860年アンドリュー・アッシャーにより重厚で香味の強いモルトウイスキー（malt whisky）と軽快なグレーンウイスキー（grain whisky）を調合（ブレンド：Blend）することで口当たりがよく飲みやすい酒質のブレンデッドウイスキーが開発されたことはスコッチウイスキー製造技術上の重要な進歩であった。19世紀後半からは，大英帝国の海外進出にともない，スコッチウイスキーは世界中で飲まれるようになった。

　北米ではアイルランドやスコットランドからの移民により18世紀頃からトウモロコシやライ麦など，その土地で多く収穫される穀類を利用した独自のウイスキーづくりが発展し，現在のアメリカンウイスキー，カナディアンウイスキーとなっている。

　日本では江戸末期に海外から持ち込まれたウイスキーが飲用された記録があるが，明治大正期までは消費量も少なく，高額の輸入ウイスキーと国産イミテーションウイスキーの時代であった。本格的な国産ウイスキー製造はスコットランドでウイスキーづくりを学び，日本人として初めて製造技術を習得した竹鶴政孝（ニッカウヰスキー創業者）と，竹鶴を技師として受け入れ，大正12年（1923年）に日本で初めて京都山崎に本格ウイスキー蒸留所を設立した寿屋（現サントリー）の鳥井信治郎によって成し遂げられた。この経緯から日本のウイスキーはスコッチウイスキーを手本とし日本の気候風土で独自の発展をしたウイスキーといえよう。最初の国産本格ウイスキーは昭和4年（1929年）に寿屋より発売された。その後，参入する企業も増え，第二次世界大戦後の高度成長とウイスキーブームなどを経て今世紀に入り，世界的な品質評価も高まり，世界の5大ウイスキーの一角を占めている。

◆ ウイスキーの製造工程

　モルトウイスキーとグレーンウイスキーから製造される日本のウイスキーおよびスコッチウイスキーを例にとり，製造工程図（図1.5-1）を示し，概説する。

モルトウイスキーの製造工程

　モルトウイスキーの原料は二条大麦を発芽させた大麦麦芽（モルト：malt）である。大麦は発芽により糖化に必要な各種酵素を生成する。麦芽はビールと同様に浸麦，発芽，乾燥してつくるが，モルトウイスキーでは伝統的に麦芽の乾燥に湿地に堆稙した植物が炭化したピート（草炭：peat）を燃料の一部として使用することが特徴である。ピートで燻すことでフェノール化合物由来のピート香（スモーキーフレーバー）が麦芽に付着し，モルトウイスキーの大きな特徴香のひとつとなる。モルトミルで粉砕した麦芽に温水を加えて60〜65℃で糖化槽（マッシュタン）中で糖化す

表1.5-1　世界の5大ウイスキーの特徴

産地	原酒呼称	原料	蒸留方法	熟成	主要な製品カテゴリー	備考
スコッチ	モルト	大麦麦芽	単式2回（一部3回）	3年以上	ブレンデッドウイスキー	モルトとグレーンのブレンド
					ヴァッテッド（ブレンデッド）モルトウイスキー	複数蒸留所のモルトのみ
					シングルモルトウイスキー	単一蒸留所のモルトのみ
	グレーン	穀類（トウモロコシ, 小麦など），大麦麦芽	連続式		シングルグレーンウイスキー	単一蒸留所のグレーンのみ
アイリッシュ	ポットスチル	穀類（大麦，小麦，ライ麦など），大麦麦芽	単式3回	3年以上	ストレートウイスキー	ポットスチル原酒のみ
					ブレンデッドウイスキー	グレーンウイスキーとのブレンド
アメリカン（バーボン）(注1)	バーボン	トウモロコシ51%以上，穀類，大麦麦芽	連続式（一部単式）	内面を焼いた新樽使用	ストレートバーボンウイスキー	2年以上樽貯蔵したバーボンのみ
カナディアン	フレーバリング	穀類（ライ麦など），大麦麦芽	連続式（一部単式）	3年以上	ブレンデッドウイスキー	フレバリングとベースのブレンド
	ベース	穀類（トウモロコシなど），麦芽	連続式			
日本（ジャパニーズ）	モルト	大麦麦芽	単式2回	規定なし	ブレンデッドウイスキー	モルトとグレーンのブレンド（注2）
					ピュアモルトウイスキー(注3)	モルトのみ
					シングルモルトウイスキー	単一蒸留所のモルトのみ
	グレーン	穀類（トウモロコシ，大麦麦芽	連続式		シングルグレーンウイスキー	単一蒸留所のグレーンのみ

（注1）アメリカンウイスキーは法規で非常に細かく分類されているので，それらの代表であるバーボンについて記載。
（注2）日本の酒税法ではウイスキーはスピリッツ類をブレンドすることが可能となっている。
（注3）日本でのピュアモルトはモルトウイスキー100%のことだが現在スコッチでは使用されない（ヴァッテッドモルト）。

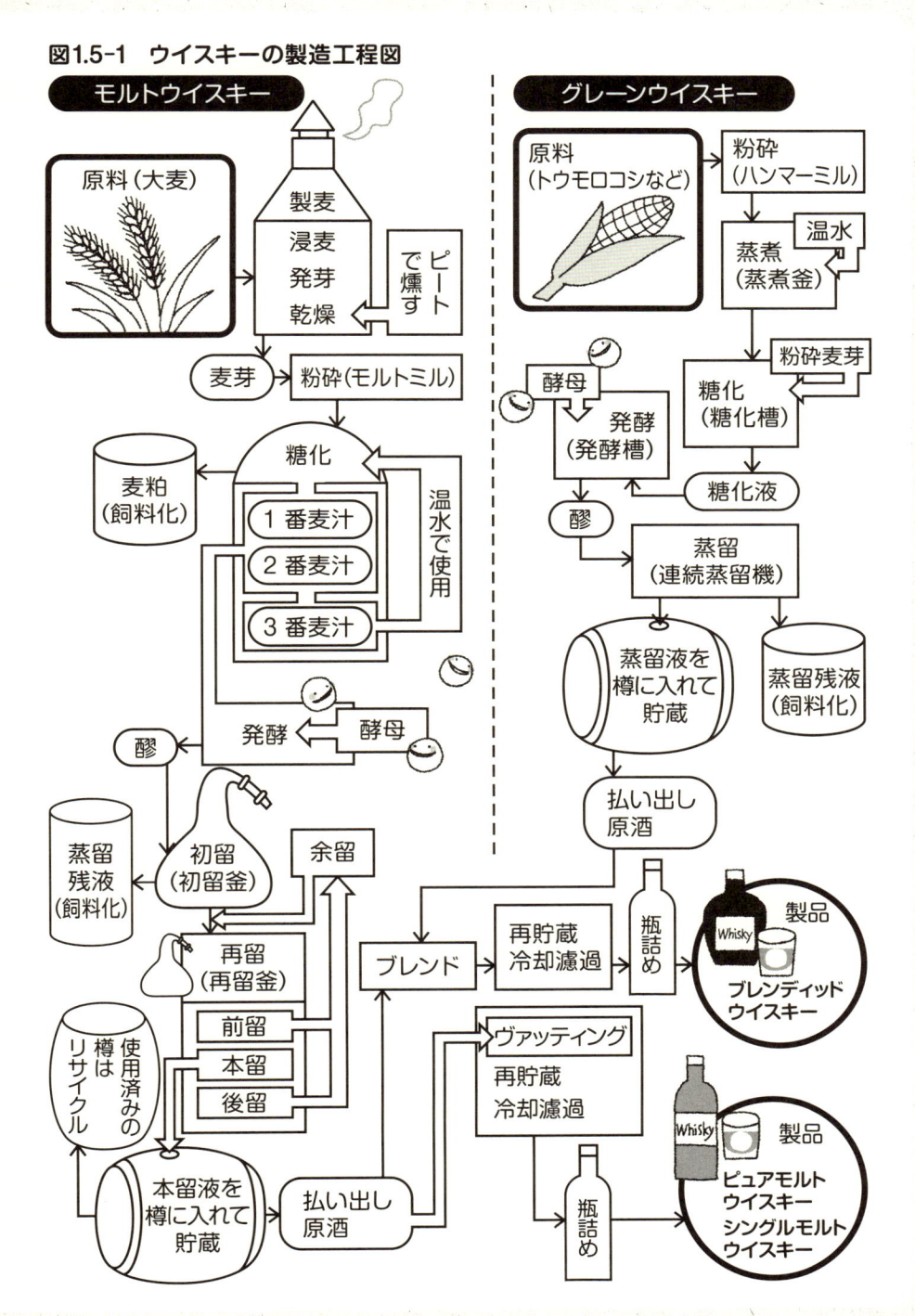

図1.5-1 ウイスキーの製造工程図

モルトウイスキー

- 原料（大麦）
- 製麦（浸麦・発芽・乾燥）← ピートで燻す
- 麦芽 → 粉砕（モルトミル）
- 糖化（1番麦汁・2番麦汁・3番麦汁）← 温水で使用
- 麦粕（飼料化）
- 発酵 ← 酵母
- 醪
- 初留（初留釜） → 蒸留残液（飼料化）
- 余留
- 再留（再留釜）（前留・本留・後留）
- 使用済みの樽はリサイクル
- 本留液を樽に入れて貯蔵
- 払い出し原酒

グレーンウイスキー

- 原料（トウモロコシなど）
- 粉砕（ハンマーミル）
- 蒸煮（蒸煮釜）← 温水
- 糖化（糖化槽）← 粉砕麦芽
- 糖化液
- 発酵（発酵槽）← 酵母
- 醪
- 蒸留（連続蒸留機）
- 蒸留残液（飼料化）
- 蒸留液を樽に入れて貯蔵
- 払い出し原酒

ブレンド → 再貯蔵・冷却濾過 → 瓶詰め
製品：ブレンディッドウイスキー

ヴァッティング → 再貯蔵・冷却濾過 → 瓶詰め
製品：ピュアモルトウイスキー、シングルモルトウイスキー

る。糖化槽は濾過槽も兼ね，麦芽の穀皮をフィルターとし麦汁（ウオート）を得る。麦汁は通常1番麦汁から3番麦汁まで3回採取し，1，2番麦汁を合わせたもの（比重1.050～1.060）が発酵に使用され，3番麦汁は次回の温水として再利用される。20℃程度に冷却した麦汁にウイスキー酵母を加え，ステンレス製または米松などの木製の発酵槽（ウオッシュバック）中で2～3日間発酵して，アルコール分7～8％の醪（ウオッシュ）を得る。発酵温度は30℃以上に達する。醪は銅製の単式蒸留釜（ポットスチル）で2回蒸留して本留液（ニュースピリッツ，ニューポット）を得る。1回目を初留，2回目を再留という。醪を初留釜で蒸留して得た初留液は再留釜で前留，本留，後留に切替えて（カット）分別採取し，アルコール分約70％の本留液を得る。前留と後留を合わせたものを余留液といい，初留液と混合して次の再留に用いる。本留液はアルコール分60～65％に割水した後，樽に貯蔵して熟成しモルトウイスキー原酒（モルト原酒と略）となる。熟成を終えた原酒はブレンダーにより官能評価され製品に使用する処方が決められる。ブレンデッドウイスキーではモルト原酒とグレーン原酒をブレンドし，樽での再貯蔵（マリッジ：marriage）を経て製品度数に調製後，充填してアルコール分40％前後の製品とする。ピュアモルトウイスキーではモルト原酒どうしを調合（ヴァッティング：vatting）し製品とする。

グレーンウイスキーの製造工程

未発芽穀類（トウモロコシ，小麦など）を主原料とし，少量の大麦麦芽を糖化用に用いる。ハンマーミルで粉砕した穀類は，高温で加圧蒸煮したのち冷却し，粉砕した麦芽を加えて糖化する。糖化液は通常全量が発酵槽に送られ，ウイスキー酵母とともに3日間程発酵してアルコール分8～9％の醪を得る。蒸留はパテントスチルなどの連続式蒸留機を使用してアルコール分94％程度の蒸留液を得る。これを割水してアルコール分60～65％とし，香味の軽い原酒に適した再使用樽に数年～数十年貯蔵熟成した後，グレーン原酒として主にモルト原酒とのブレンド用に使用する。

◆ ウイスキーの各製造工程

1. 麦芽

モルトウイスキー用の麦芽は自家製麦を行う蒸留所もあるが，通常はビール用麦芽も製造している製麦業者から購入される。製麦業者は蒸留所の要求するフェノール濃度に調製したピート麦芽を供給する。フェノール濃度の高いものをヘビーピート，低

いものをライトピートという。麦芽に用いる二条大麦としては，1960年代から寒冷地でも高収量でモルトウイスキーに適したゴールデンプロミス種が開発され，広くウイスキーづくりに使用された。その後も高アルコール収率品種の開発と切り替えが進んでいる。また近年では，消費者の嗜好のライト化からピート不使用のノンピート麦芽を使用する蒸留所も増えている。グレーンウイスキーや北米のウイスキーでは少量添加でも糖化に十分な酵素力の高い大麦麦芽が使用される。

写真1.5-1　大麦麦芽

写真1.5-2　糖化槽（マッシュタン）

2. 仕込水

ウイスキーの仕込みには発酵に必要な適度なミネラルを含む軟水がよいとされる。多くの蒸留所が自らの個性あるウイスキーづくりに適した清澄で豊富な水を使用できる土地に立地している。なおスコッチでは，ピートの層を通過した水を使用している蒸留所も多い。水質のちがいはウイスキーの個性に大きな影響を与える要因となる。

3. 糖化濾過

モルトウイスキーの糖化濾過工程ではウイスキーの主要香気成分であるエステル類が発酵でバランスよく生成されるために必要な麦汁清澄化とアルコール収率向上のための糖分の回収が重要となる。そのため伝統的なマッシュタンより効率的なビール用濾過槽ロイタータンも多くの蒸留所で使用される。

4. 発酵

モルトウイスキー製造では煮沸殺菌工程がないので，発酵初期の微生物汚染を防ぐため，酵母は圧搾酵母として麦汁の0.5W/V％前後とかなり大量に投入する。スコッチではウイスキー酵母（ディスティラーズイースト：distiller's yeast）として酵母業者より市販の圧搾酵母や乾燥酵母を購入するが，日本では自社選抜した酵母を

使用する。ウイスキーの発酵には発酵力が強く香気生成能が高い酵母が適している。スコッチでは伝統的に上面発酵ビール（エール）酵母（ブリュワーズイースト：brewer's yeast）をウイスキー酵母と併用して混合発酵を行うことが多い。また酵母の死滅する発酵後期には，麦汁や木桶発酵槽などに由来する乳酸菌群が増殖してモルトウイスキーに必要な複雑な香味形成に深く関与し，個々の蒸留所の特徴を生み出す。発酵工程では酵母と乳酸菌のはたらきによりウイスキーの主要香味成分である脂肪酸や乳酸，そのエステル類，フーゼルアルコール類，アルデヒド類あるいはラクトン類など数百種類の香味成分が生成する。酵母と乳酸菌のはたらきを適切にコントロールすることは発酵での重要なポイントといえる（図1.5-2）。

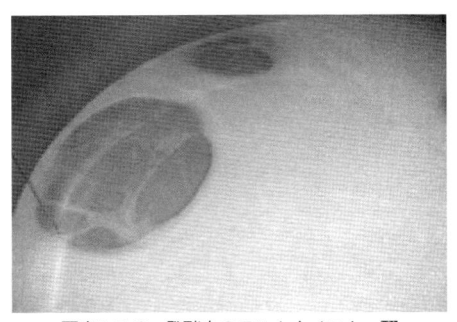

写真1.5-3　発酵中のモルトウイスキー醪

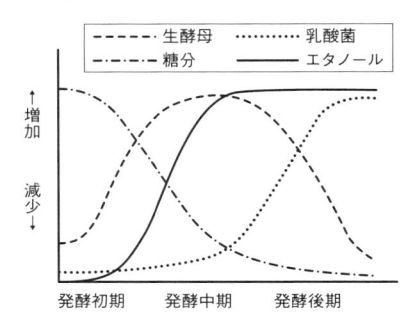

図1.5-2　モルトウイスキー発酵経過のイメージ

5. 蒸留

　モルトウイスキーに用いるポットスチルは伝統的に銅製であり，銅には醪中の硫黄系不要成分を除去する効果がある。蒸留方法は蒸留所によってさまざまで，釜の形状のちがいや加熱冷却方法のちがいにより揮発成分の蒸発や初留での醪の発泡状態，釜内加熱温度などが変化し，その結果，さまざまな香味の原酒ができる（表1.5-2）。また再留での前留，本留，後留のカット時期のちがいが原酒の香味バランスへ及ぼす影響も大きい。蒸留方法のちがいは個々の蒸留所の原酒の個性を生み出す重要な要素となっている。グレーンウイスキーでも伝統的な二塔式のパテントスチル（コフィスチル）のほか精留効果の高い多塔式連続蒸留機を用いる場合もあり，蒸留液に微妙な香味のちがいを生み出す。蒸留は多量のエネルギーを消費する工程であるため効率的な自動制御や余熱再利用による省エネルギー化技術の開発も進んでいる。

6. 貯蔵

　樽による貯蔵熟成は酒質を最終的に決定する工程で，ウイスキー製造の大部分の時

写真1.5-4　ポットスチル　　　　　写真1.5-5　パテントスチル（コフィスチル）

表1.5-2　蒸留方法がモルトウイスキー品質に与える影響（一例）

ポットスチル加熱方法	ポットスチル形状	冷却方法	原酒品質への影響
直火（石炭）	ストレート型（釜が直線的に立ち上がる形状）	蛇管	重厚で香味リッチ
間接（スチーム）	ボール型（釜が途中で丸く膨らんでいる形状）	多管	軽快で華やか

表1.5-3　ウイスキーの貯蔵に使用される主な樽

樽の種類	容量と呼称	履歴	熟成への影響や用途
新樽	各種，パンチョンは約500 l	新規に製作した樽	熟成が早く進む。樽由来の香味が強くなる。バーボンでは新樽使用が必須。
シェリー樽	約480 l，シェリーバット	シェリー酒の空き樽	シェリーの香味が付与され，色も濃くなる。
リメイド樽	約230 l，ホグスヘッド	バーボン樽を組み直し容量増やした樽	適度な樽の香味と色調になる。
バーボン樽	約180 l，バレル	バーボンの空き樽	バーボンの香味が付与される。
活性化樽	各種あり	内面焼き直し再使用する樽	長期熟成に向く。
古樽	各種あり	数回再使用した樽	グレーンのような軽い原酒や再貯蔵向き。

写真1.5-6　低層貯蔵庫　　　　　写真1.5-7　貯蔵庫内部（ダンネージ式）

間は貯蔵で費やされる。モルト原酒の貯蔵熟成には経験的に低温で適度に多湿の自然環境がよく，荒々しく刺激的な無色透明の本留液はまろやかで琥珀色をしたモルト原酒に変身する。貯蔵用には楢（オーク：Oak）の樽が最適で，表1.5-3に示したように各種の樽が使用される。貯蔵中は年間2～3％の原酒が樽の木目を通して自然に蒸発し中身が減少する。これを天使の分け前（エンジェルシェア：Angel's Share）という。貯蔵期間は数年～数十年に及ぶが，貯蔵年数が長くなれば必ず香味がよくなるというわけではなく，樽の種類や原酒タイプのちがいにより最適な貯蔵年数は異なる。

樽に使用するオーク材は北米のホワイトオークやヨーロッパのコモンオークなどが主体で，日本ではミズナラ材も使用される。樹齢100年ほどになる原木は，製樽用に柾目どりされ乾燥したのち，樽職人が組み上げる。このとき，通常，樽内面を焼く（チャー：char）。樽は60～70年程度何回も使用し最後は家具などに再生される。貯蔵方法にも伝統的な低層貯蔵庫での2～3段直積み（ダンネージ式）や中高層貯蔵庫でのラック積みなどがある。樽の樹種，過去の使用履歴，容量，焼き具合，貯蔵方法のちがいなどが原酒香味に大きく影響する。日本ではブレンドの幅を広げるためにさまざまな種類や履歴の樽を用いて香味の異なる原酒をつくり分けている。

熟成には未解明の部分もあるが，樽からのタンニンなどのウイスキーの琥珀色をもたらす着色成分やバニリンなどの香味成分溶出と化学変化，樽の木目を通じた外気の流入や原酒成分の蒸散，本留液由来成分の酸化やエステル化などの化学変化や樽由来成分との反応，焼いた樽内面への不要成分吸着，まろやかさをもたらすアルコールと水とのクラスター形成などが進行することがわかっている。樽はウイスキー原酒熟成のためのゆりかごであり反応容器ともいえよう。

7. ブレンドと品質管理

ウイスキーはさまざまなタイプの原酒をブレンドすることにより香味が広がり深くなる性質の酒である。既存製品のブレンド処方を見直し，常に品質を一定に維持することや新製品の処方設計を行うのがブレンダーである。ブレンダーは，将来の市場動向や消費者の嗜好も考慮してさまざまなタイプの原酒を適切に貯蔵管理するという役割も担う。ブレンド後のウイスキーは再び樽に詰め，数か月間再貯蔵することで異なる原酒がなじみ合い製品として安定した品質になる。また品質管理面ではウイスキーの寒冷混濁を防止するため冷却濾過をして高級脂肪酸エチルエステル類などの原酒由来の混濁成分を除去することが一般的だが，シングルモルトウイスキーなどでは香味成分が減少することを嫌い冷却濾過を行わないこともある。

◆ ウイスキーの副産物の再利用

　モルトウイスキーの製造工程で生じる副産物は，糖化濾過で発生する麦粕および蒸留で発生する蒸留残液が主要なものである。モルトウイスキーの場合は麦粕を除いた濾過麦汁を発酵に使用するので，蒸留残液（主に初留残液）は固形分総量が少なく，活性汚泥や嫌気的処理装置により処理される。また麦粕は飼料や肥料として利用される。
　グレーンウイスキーや北米のウイスキーでは通常固形分も含めて全量を発酵に使用する（ホールマッシュ：whole mash）。固形分の多い蒸留残液は遠心分離して液状のソリュブルと固形分のケーキに分ける。ケーキはソリュブル濃縮液と混合して乾燥し粒状のDDGS（Distiller's Dried Grains with Solubles）とする。DDGSは飼料や肥料として市場価値も高い。なお糖化後にトウモロコシなどの粕をフィルターにより分離する方法もあり，粕は飼料に利用される。現在では使用済み樽の家具などへの再利用も含めてウイスキー製造の副産物はほぼ再資源化されている。

◆ ウイスキーの効用

　ウイスキーはアルコール分が高く，適量飲酒が前提だが，蒸留酒であるため余分なエキス分が少なく水などで割って飲むことが多いので低カロリーの酒ともいえる。長期間樽貯蔵するため健康面での機能性を有する樽由来のポリフェノール成分が多く含まれている。またウイスキーの香り成分は鎮静効果を生み出すともいわれる。

◆ 今後のウイスキー

　100以上もある蒸留所間で原酒交換もできるスコッチと異なり，日本では各メーカーの少数の蒸留所がそれぞれ独自に処方設計に必要なさまざまなタイプの原酒をつくり分けている。このことは一方で日本のウイスキー技術や品質を高める一因となっていることも確かである。
　日本のウイスキー市場では，ブレンデッドウイスキーがもっとも消費量が多いが，近年シングルモルトの深い香味と蒸留所ごとの個性を楽しむ人も増え，一方でハイボールなど気軽で誰でも楽しめる飲み方も広がっている。飲み方の多様化とともに樽熟成した蒸留酒としての深みのあるおいしさも再認識されつつある。世界でも新興国などではウイスキーの消費は増加している。ウイスキーはその品質に磨きをかけることによりさらに酒としての魅力を増していくであろう。

1.6 ブランデー

◆ ブランデーの定義と歴史

　単にブランデー（brandy）といえばブドウを原料とした蒸留酒をいい，フランス，スペイン，イタリア，ドイツ，アメリカ，ロシアをはじめ，ワインを産する世界各地で製造されている。ブランデーの発祥については諸説あるが，13世紀に南仏の錬金術師アルノー・ド・ヴィユヌーヴがワインを蒸留したのが初めといわれている。ブドウ以外の果実を発酵し蒸留したものも広義にはブランデーであるが，一般に果実ブランデー，フルーツブランデーとよんで，ブドウを原料としたブランデーと区別している。欧米では法律によりブランデーを細部にわたり定義しているが，日本では『酒税法』により『果実を原料とした蒸留酒』として『蒸留酒類』に分類しているのみで，細部にわたる法的定義はない。

　ブランデーのなかでもっとも有名なコニャックの産地であるフランス・コニャック地方では，1500年代にブランデーの製造が一般化し，1700年代には蒸留法の進歩に加え，『ワイン以外の原料によるスピリッツの製造禁止令』という保護政策の恩恵を受けて販路が拡大し，さらに『原産地呼称法（1909年）』，『原産地呼称統制法（1938年）』の制定にともない，ブランデーにおけるコニャックの名声を確立した。

　日本では明治15年（1883年）に輸入原料アルコールを用いた模造ブランデーが製造され，その後ワイン生産地域で粕ブランデー原酒が製造されたが，市場に登場する製品はいずれも混成酒製造法によるもので，本格的なブランデーの製造は昭和20年（1945年）以降である。

　発酵に用いる原料果実は糖分を含んでいるため，穀物と異なり発酵に先立って液化・糖化の工程を必要としない。このため穀物を原料とする蒸留酒よりも，原料果実の品質・特性が，直接，ブランデーの特性・品質に影響を与える。また，原料である生の果実は長期貯蔵や長距離輸送が難しいため，一般にブランデーは果樹栽培地近辺で製造される。さらに，原料果実の種類や品種の相違は栽培地の気候風土に支配されるため，ブランデーの特性・品質は産地ごとにそれぞれ豊かな個性を有する。

◆ ブランデーの分類

1. 製造法による分類

　ブランデーは，蒸留時の原料となる酒類あるいはアルコール含有物により3つに大別される。

1. ブランデー
　果実を発酵して得られた酒類を蒸留したもので，ブドウ果実を発酵したワインを蒸留したブランデーや，リンゴを発酵したアップルワインを蒸留したアップルブランデーがある。

2. 粕取ブランデー・滓ブランデー
　ブドウや果実の果醪（かもろみ）圧搾粕あるいは滓（おり）に水を加えて再発酵後，蒸留したもの，または蒸気を用いて果醪圧搾粕からアルコールを回収したもの。

3. 果実浸漬ブランデー
　果実を浸漬したグレープスピリッツを蒸留し，果実の風味をともなった蒸留酒に仕上げたもので，ガイスト（geist）とよばれる。

2. 原料による分類

1. グレープブランデー（Grape brandy）
　先述のように，単にブランデーといったときはグレープブランデーをいう。アメリカではGrape brandy，イギリスではWine brandy，フランスではEau de vie de vinという。ブドウ樹は帝国の侵攻，植民地政策，キリスト教の布教，ワイン市場の国際化に付随し，世界的にもっとも普及している果樹であり，その産物であるブドウ果実，さらにワインを産する国ではいずれもブランデーが製造されている。高級酒はすべてオーク樽に貯蔵する。産地によってブランデーの酒質は多様であるが，世界的に有名なグレープブランデーとしては，フランスのコニャック（Cognac）とアルマニャック（Armagnac）がある。また，ブドウ果醪の圧搾粕を原料としたポマスブランデー（pomace brandy）では，フランスのオー・ド・ヴィー・ド・マール（Eau de vie de marc），イタリアのグラッパ（Grappa）などが有名である。ペルーのピスコ（Pisco）はグレープジュースあるいはジュース製造時の圧搾粕を原料としたブランデーで，素焼きの壺で貯蔵・熟成する。

2．アップルブランデー（Apple brandy）

　フランス・ノルマンディー地方のリンゴ酒，シードル（Cidre）を蒸留してつくられるカルヴァドス（Calvados）が有名である。なかでもペイ・ドージュ地区のものが有名である。原料としては，渋味や酸味が強く生食に適さないが，カルヴァドスに仕上げたときに酒質が向上する品種が選択されている。アップルブランデーの製造法としては，一般的にはリンゴ果汁を発酵・蒸留してつくるが，リンゴ酒の果醪圧搾粕に水を加えて発酵・蒸留する製造法もある。フランス，イギリスでは後者の製造法によるブランデーをオー・ド・ヴィー・ド・マール・シードル（Eau de vie de marc cidre（仏）），あるいはアップルジャック（Apple jack（英））と呼称し，前者のブランデー（Eau de vie de cidre（仏），Apple brandy（英））と区別している。オーク樽に貯蔵するのが一般的である。

3．キルシュヴァッサー（Kirschwasser）

　比較的小粒で酸度の高いブラックチェリーを原料として発酵し蒸留したブランデー。オーク樽の香味はチェリー特有の果実の風味を損なうため，陶器やガラス容器で貯蔵・熟成し，無色透明な製品に仕上げる。フランスのキルシュ（Kirsch）やドイツおよびスイスのキルシュヴァッサー（Kirschwasser）が有名である。

4．その他のブランデー（Fruit brandy）

　有名なものはフランス・アルザス地方産が多い。スモモの一種であるプラムを発酵・蒸留したミラベル（Mirabelle），洋ナシ（ポワール種）を発酵・蒸留したポワール・ウイリアムズ（Poire Williams），木イチゴを発酵・蒸留したフランボアーズ（Framboise）などが有名である。いずれもキルシュ同様，原料果実の風味を活かすため，貯蔵・熟成にオーク樽を用いない。

3．法律による分類

　日本の酒税法では，ブランデーは蒸留酒類の一品目として分類され，『果実もしくは果実及び水を原料として発酵させたアルコールを蒸留したもの』または『果実酒（果実酒カスを含む）を蒸留したもの』と定義している。しかし世界的にみると，さらに『果実を浸漬したアルコールを蒸留したもの』もブランデーとよばれる。EUではブランデーをワインスピリッツ，グレープブランデー，原料果実に基づくフルーツブランデー，フルーツスピリッツなど，原料やアルコール分，さらに貯蔵方法などによって細かく分類・定義している。また，アメリカにおいてもカリフォルニアブランデーをはじめとして，細かい分類・定義が行われている。

◆ ブランデーの原料

ここではグレープブランデー（以後「ブランデー」）について述べる。

原料

　ブランデー製造に用いるワインの原料はブドウと酵母であり，欧米では補糖や副原料の使用は行わない。原料ブドウの品質がブランデーの品質を左右することはワインと同様である。しかし，ブランデー製造に適した原料ブドウは果皮の緑色のヨーロッパ系白ワイン用ブドウ品種とされ，果汁成分をみると酸度は0.8〜1.0%と高い一方，糖分は逆に18〜19%と低いものが望ましいとされる。

　その理由としては，
(1) ブランデー用ワインの醸造には二酸化硫黄を使用しないため，醸造工程，貯酒工程において雑菌汚染や酸化による品質劣化の危険性を避けるためにpHを低く保持できる酸度の高いブドウを用いる。
(2) 酸度が高くpHが低い状態の果汁から生成したワインを蒸留すると，エステル等のフレーバーの生成に関与する化学反応が促進される。
(3) 原料ブドウの果実の風味や高沸点化合物が多く，余韻に満ちた風味のブランデーを得るには，蒸留する原料ワインのアルコール分が8〜10%であることが望ましいとされ，そのためには糖分の低いブドウ果実が求められる。
(4) ヨーロッパ系ブドウでも赤ワイン醸造に用いられる黒紫系ブドウは製成したブランデーの風味が緑色系ブドウより風味が劣るため，高付加価値ブランデー用原料ブドウとしては採用されない。またアメリカ系ブドウは製成ワインが酸化されやすいことに加え，フォックスフレーバーといわれる独特なにおいを有するため，ブランデー原料用ブドウとしては不適当である。

　コニャック地方では原料ブドウ品種として9品種が認められているが，病害に強く，果実が熟しても糖度が低く酸度の高いユニ・ブラン（Ugni blanc，別名：サンテミリオン（St. Emilion））が主要品種である。この品種のほか，フォール・ブランシュ（Folle blanche），コロンバール（Colombard）などが用いられている。いずれの品種も世界各地でブランデー用品種として採用されている。

◆ ブランデーの製造工程

ブランデーの製造工程（単式2回蒸留方式）の一例を図1.6-1に示す。

図1.6-1　ブランデーの製造工程図（単式2回蒸留方式）

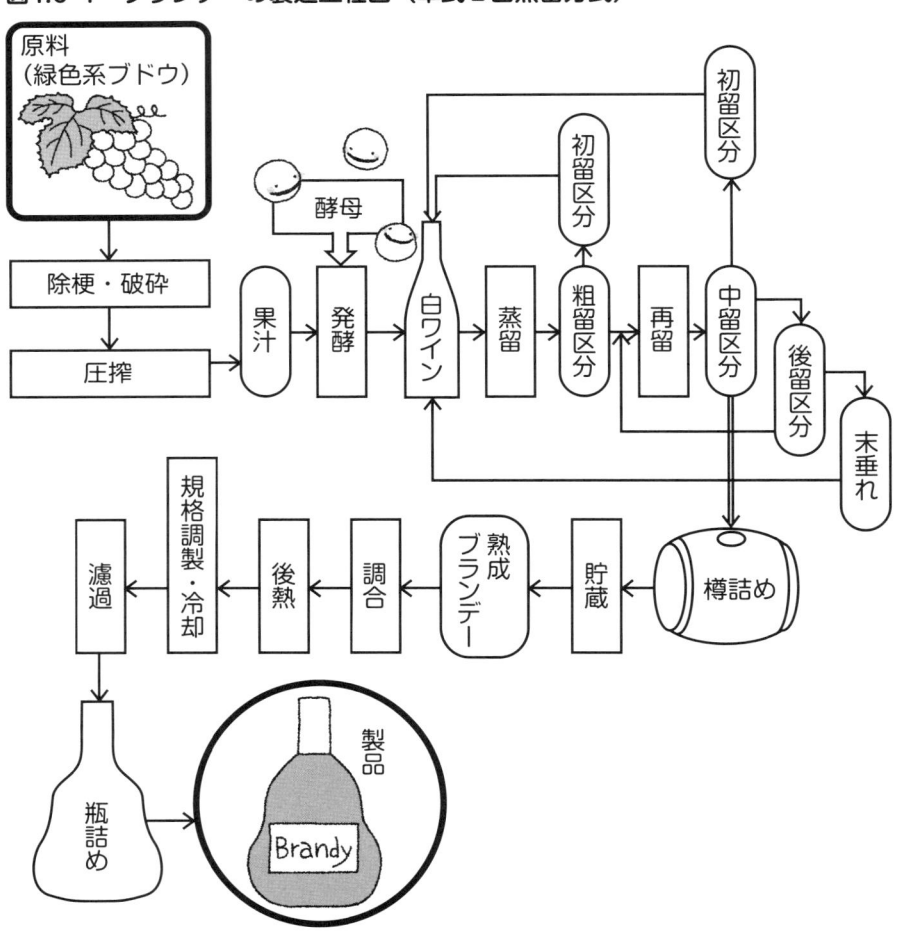

1. ブドウの収穫・圧搾・除梗

　原料ブドウ果実は糖度・酸度・熟度を指標として健全果を収穫する。ブドウ果実が完熟すると酸度が減少する地域では，完熟前に早摘みを行う。ワイナリーに運んだブドウ果実は除梗・破砕後，圧搾機で搾汁率55～60％と軽く搾汁し清澄果汁を得る。また二酸化硫黄を用いると，硫黄系化合物が蒸留液に移行しブランデーの風味を損ねるとともにブランデー原酒の熟成を遅らせるため，醸造工程においてはピロ亜硫酸カリウムを含め，一般のワイン醸造で使用される二酸化硫黄は使用しない。

2. 発酵

　圧搾で得られた清澄果汁に活性化した酵母を添加し発酵工程に移行する。発酵で使用する酵母の種類はブランデーの品質に大きな影響を与える。従来は伝統的に自然発酵が用いられてきたが，世界的にブランデー製造用ワインの醸造においても顆粒状乾燥酵母の採用が普及し，近年はコニャックにおいても健全な発酵と酒質の安定を目的として，純粋培養酵母や顆粒状乾燥酵母を用いている。使用する酵母は一般に *Saccharomyces cerevisiae* (サッカロマイセス セレビシエ) または *Sacch. bayanus* (バイアヌス) である。

　アルコール発酵は品温20～25℃，3～4週間で終了する。果醪の品温が30℃以上になると揮発酸量が増加するため，外気温が高い地域では果醪冷却装置を用いて品温を30℃以下に抑える。使用する酵母菌株，発酵温度，果醪のpHによって生成するアルコール分に加え，高級アルコール類，エステル類，脂肪酸類，アルデヒド類などの香気成分の組成は大幅に変化する。アルコール発酵終了後は滓引きをせずに，またマロラクティック発酵が生起しないうちに速やかに蒸留することが望ましい。貯酒の必要がある場合には酸化防止のためにタンクの上部に空間を生じないように満量貯酒とするとともに，原料ワインの品質劣化を防止するために滓引きを行う。蒸留能力などの制約から発酵終了から蒸留までのワイン貯酒期間が4～5か月に及ぶ場合には，酸化防止に対する配慮に加えて，乳酸菌によるマロラクティック発酵の生起にともなうジアセチルの生成や酢酸菌による変敗にも留意する必要がある。

3. 蒸留

　ウイスキー同様，ブランデー製造においても，蒸留は蒸留器の形状，蒸留速度，留分分割操作などが製品品質に影響する重要な工程である。

　ブランデー製造において蒸留工程に期待される機能としては，①原料ワイン中のアルコールおよび各種揮発成分の分離・濃縮，②酵母・乳酸菌の菌体構成成分の留

液への移行,③熱化学反応による香味成分の生成と分解が挙げられる。

蒸留方法は,銅製のポットスチルによる単式蒸留と,パテントスチルによる連続式蒸留の2つに大別される。

コニャックではポットスチルによる2回蒸留のみが認められており,アランビック(alambic)あるいはシャラント型ポットスチル(charentes potstill)といわれるポットスチル(図1.6-2)を用いて2回蒸留を行う。またアルマニャックでは原始的構造の多段式連続蒸留釜を用いて蒸留を行うのが伝統的な方式だが,近年はシャラント型ポットスチルを用いた2回蒸留も行われている。なお,世界各地のブランデー製造では,製造効率の面から多段式連続蒸留器による連続式蒸留が採用されている。

1. 単式蒸留

ポットスチルによる2回蒸留では,粗留釜に張り込む原料ワインの品質がブランデーの品質を決定する。コニャックの場合,まず原料ワインを撹拌し,酵母菌体を含む滓を拡散させてからワイン予熱缶に張り込む。滓の添加量の多少により留液のエステル量をコントロールすることができる。予熱缶で45℃に加温されたワインは粗留釜に移され,直火加熱方式または間接加熱方式で蒸留される。粗留(一次蒸留)工程では初留区分(heads)と粗留区分(brouillis)に分画する。初めに留出する初留区分はアルデヒドなどの刺激臭の強い低沸点成分からなる。そのため,張込量(通常2,500 l)の0.5～1.0%を初留区分としてカットし,ワイン貯酒タンクに戻す。初留区分をカットした後は,留液のアルコール度数が1%前後になるまで粗留区分として採取する。この蒸留操作により,アルコール分28～30%の粗留区分が約800 l 得られ,再留(二次蒸留)の原酒となる。粗留工程は1サイクル10時間前後かけてゆっくりと操作する。

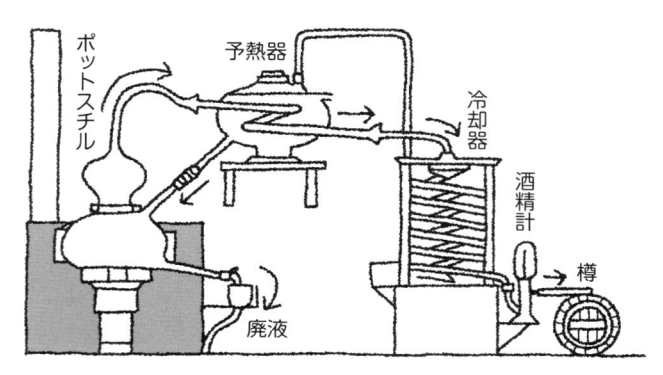

図1.6-2 コニャック用ポットスチル
予熱器を設置していない形式もある。

再留工程には，コニャックで採用されている「初留区分（heads），中留区分（hearts），後留区分（se-condes），末垂れ（tails）」に4分画する蒸留方法と，「初留区分（heads），中留区分（hearts），後留区分（se-condes）」に3分画する蒸留方法がある。4分画法では初留区分と末垂れはワイン貯酒タンクに戻し，後留区分は粗留区分と合併して次回の再留釜に張り込む。3分画法では初留区分と後留区分はワイン貯酒タンクに戻す。再留工程で得られる中留区分は，張込量が2,500 l の再留釜を用いた場合，アルコール分68〜72％の無色透明のスピリッツとして約700 l 収得される。

2．連続式蒸留

連続式蒸留に用いられる蒸留装置の主流は多段式連続蒸留器である。連続式蒸留器を使用すると，現在の市場が求めるブドウ由来の風味をもったライトタイプのブランデーの大量生産とそのための品質管理が容易となる。連続式蒸留器を用いて製造するブランデーとしては，カリフォルニア産，フランス産，スペイン産などのものがある。なお，アルマニャック式連続蒸留器は多段式連続蒸留器に比べて精留度が低いため，留液に含まれる低沸点や高沸点の化合物が多く重い風味のタイプのブランデーが得られるが，熟成には長期の年月を必要とする。また，多段式連続蒸留器に比べ，設置に要する初期投資が安価であることから，フレンチブランデーやカルバドスの製造にも用いられている（写真1.6-1）。

写真1.6-1　グラッパ蒸留器

4．貯蔵・熟成

再留によって得られた中留区分（hearts）は無色透明であり，一般にコナラ属（*Quercus*（クエルクス））の木材で製作した200〜400 l 容の小樽に貯蔵して熟成させる。高付加価値商品としてのブランデーを完成するうえで，この貯蔵・熟成工程はきわめて重要である。

コニャックの場合は主として300〜400 l 容の樽が用いるが，リムーザンの森のオーク材からつくった樽がもっともよいとされ，このほかアリエール，トロンセの森のオークが，アルマニャックの場合はガスコーニュの森のフレンチオーク（*Q. robur*（ロブル），

Q. petraea）が用いられている。カリフォルニアでは180～200 l 容のホワイトオーク（*Q. alba*）を用いたバーボンウイスキーの中古樽が多く用いられている。

　ブランデー原酒の貯蔵・熟成には一般に新樽と古樽が併用される。貯蔵・熟成庫内の室温は20℃以下，高湿度がよいとされる。貯蔵・熟成中にブランデー原酒は，①原酒構成成分の樽からの蒸散と濃縮，②樽材成分のブランデー原酒への移行，③原酒中の成分および樽材からの移行成分の酸化および加水分解などの化学反応，④水分子とアルコール分子のクラスター形成などの進行によって，蒸留当初の荒々しさはやわらぎ，繊細でまろやかな風味に変化するとともに琥珀色を呈するようになる。

5. 調合・瓶詰め

　原酒によって熟成のピークを迎えるタイミングが異なるため，貯蔵期間は短いもので2～3年，長いものでは50年を超えるものもある。出荷にあたっては，熟成した複数のブランデー原酒から，専門のブレンダーの唎き酒により商品設計に適した原酒を選択し，混和・調合する。調合されたブランデー原酒は，蒸留水または脱イオン水を用いてアルコール分を規格調製し，濾過・瓶詰めを行って製品とする。

◆ ブランデーの成分

　ブランデーに含まれる成分の由来は，①原料（ブドウまたは果実）に由来する成分，②ワイン醸造時に酵母によって生成する成分および発酵・貯酒中に細菌によって生成する成分，③蒸留工程で生成する成分，④樽材に由来する成分，⑤樽貯蔵中に生成する成分の5つに大別される。ブランデーに含まれる成分は，エタノール（65～72％）と水（27～34％）の2成分で99％以上を占めている。しかし，エタノールと水以外の残りの1％程度を構成する多数の微量成分の種類・量・構成比がブランデーの品質と風味を決定づけている。またブランデーの構成成分は，①酵素的反応（酵母・細菌の微生物代謝），②化学的反応（エステル化，酸化，アセタール化，加水分解，アミノカルボニル反応，転移反応，銅触媒反応），③物理的反応（蒸発，抽出，溶出，クラスター形成，重合）の3つの反応により生成される。

　ブランデーの風味を構成する成分を大別すると，アルコール，エステル，カルボニル化合物，ラクトン，ポリフェノール，有機酸，テルペン化合物，糖類，無機成分，その他の成分に分けられる。現在までに報告されているブランデーを構成する成分は750成分に及んでいる。構成成分の種類と量の多さが品質のよさと相関するとは一概にいえないが，構成成分の種類と量が多いと，酒類の風味の幅や余韻の長さ，複雑

さが増すことは事実である。

表1.6-1にグレープブランデー製品に含まれる主要成分と含有量を参考までに示す。製品のアルコール分は38～45％である。ブランデーの構成成分とその含有量は，銘柄，産地，製造法に加え，近年，ブランデーにおいても酒質のライト化が進行しており，数値に変動があるものと推測される。

表1.6-1 各種グレープブランデー製品の主要香味成分量（冨岡）

化合物	コニャック	アルマニャック	ドイツ	スペイン	イタリア	アメリカ
n-プロパノール	330～410	280	280～300	150～190	117～280	290～458
i-ブタノール	980～1230	800	570～820	130～245	310～600	170～408
i/act-アミルアルコール	2500～3200	2600	1900～2500	585～1400	940～2300	964～1050
n-ヘキサノール	10～30	10	9～16	2～17	1～16	2～27
β-フェネチルアルコール	100～130	10	2～39	3～62	1～11	1～26
総フーゼルアルコール	3920～5000	3700	2761～3675	870～1914	1369～3207	1427～1969
メタノール	280～470	360	625～760	520～630	100～480	75～441
酢酸エチル	200～530	240	150～230	106～220	230～400	53～82
酢酸i-アミル	1.5～7	1.3	0～1.2	0～1.8	1.3～2.3	4.5～5.5
酢酸n-ヘキシル	0～0.14	0	0～0.03	0～5.6	0～0.03	0.22～1.6
酢酸β-フェネチル	0～1	0.1	0～0.14	0	0.01～0.3	0～0.1
カプロン酸エチル	4.3～12	3.5	2.3～11	0.8～7.5	0.5～2.8	1.3～6
カプリル酸エチル	30～46	14.5	10～12	15～25	3.8～13.3	3.3～14
カプリン酸エチル	25～55	10.8	13～16	13～20	8.8～19	6～15
ラウリン酸エチル	20～45	3.5	4.5～6	0～4	3.8～7	3～8
ミリスチン酸エチル	1.3～6	2.3	0～3.8	0～0.5	1.3～2.8	1～1.3
パルミチン酸エチル	1～3	2.8	1.7～3.4	0.5～3.2	0～3	0.6～1.8
バニリン	2.2～4.8	3.2	0～1	0～1	0～0.8	2.1～2.9
総フェノール＊	500～1190	660	250～350	160～580	330	140～210

＊ 没食子酸換算　　　　　　　　　　　　　　　　（単位：mg/l；アルコール100％換算）

1.7 スピリッツ

本節ではウオッカ，ジン，ラム，テキーラの4大スピリッツについての概要を述べる。

◆ 酒税法におけるスピリッツの定義と分類

　一般的にスピリッツは，ウオッカ，ジン，ラム，テキーラなどの蒸留酒で，アルコール度数の高い飲料を示す。日本では，清酒，合成酒，連続式しょうちゅう，単式蒸留しょうちゅう，みりん，ビール，果実酒，甘味果実酒，ウイスキー，ブランデー，発泡酒，その他の醸造酒（穀類，糖類その他の物品を原料として発酵させた酒類。ただし，エキス分（可溶性固形分）が2度以上のもの）以外のもので，エキス分（可溶性固形分）が2度未満のものをいう（『酒税法』第3条第20号）。

　よって，原料などがウイスキーと同じでも，スピリッツになりうるものもある。たとえば，しょうちゅう類や原料用アルコールと区別するために，アルコール分が35度以上45度以下のものがそれにあたる。また，ウイスキーやブランデーと区別するため，同じ原料でも留出時のアルコール分が95度以上のものはスピリッツに分類される。また，平成元年の酒税法改正ではウイスキー原酒やブランデー原酒を7.9％以下を含むスピリッツが生まれたが，ウイスキーやブランデーとの差別化を図るために，色度の規制や，商品にウイスキーもしくはブランデーの特性を主張し，またはウイスキーもしくはブランデーのイメージを意識させるような表示等をさせないなどの規制がある。

ウオッカ (Vodka)

◆ ウオッカの歴史

　ウオッカは12世紀初頭にロシアで生まれた蒸留酒で，当時はビールやミード（蜂蜜酒）を蒸留していた。18世紀には，それまでのライ麦からトウモロコシや大麦，

ジャガイモなどへ切り替え，品質が向上した。また，薬剤師のアンドレイ・アルバーノフが，白樺の炭の活性作用（吸着作用）を発見した。これをピョートル・スミルノフがウオッカ製造に応用し，現在のような白樺炭を用いたウオッカが誕生した。ロシア革命後，ウオッカメーカーの社長ウラジーミル・スミルノフはフランスに亡命し，ロシア国外で製造を開始した。さらに同じくロシアからの亡命者ルドルフ・クネットが，アメリカとカナダにおけるスミノフ・ウオッカの製造権利を得，アメリカでのウオッカ消費が増大した。

◆ ウオッカの製造法

　原料はトウモロコシ，小麦，大麦などの穀物原料を主原料として，麦芽あるいは酵素剤によって糖化，発酵し，連続蒸留機を用いてグレーン・スピリッツを得，それを白樺炭で濾過し製造される。基本的な製造法を次に記す。

　粉砕トウモロコシに，トウモロコシの1％相当の麦芽および，これら穀物原料に対し4倍量の温水を加え，135〜150℃で3時間蒸煮する。これを急速に冷却し，15％ほどの麦芽あるいは酵素剤を添加し，原料のデンプンを糖化させる。この糖化液をそのまま，あるいは濾過後，発酵させ，醪とする。これを蒸留し，留液を白樺炭により濾過させて製品となる。

　近年では，蒸煮工程と糖化工程を連続的に行う「連続蒸煮・糖化方式」がとられる。この方式では，蒸煮と糖化が連続したパイプ中を通過することで行われる。粉砕したトウモロコシと麦芽（トウモロコシの約1％相当）および温水（穀物原料に対し4倍量）の混合物を蒸煮管内に10分間通過させ蒸煮する。次に2基の冷却装置により冷却後，加水して63℃とし，残余の麦芽と酵素剤を添加し，糖化パイプ中を通過させながら糖化する。糖化させた原料は発酵槽に移される。発酵槽は水冷式温度調節により発酵温度を33℃以下に抑える。2〜3日間でアルコール分が6〜10％生じる。醪は連続蒸留機によって，高級アルコールやアルデヒド，エステルが分離され，アルコール分95％の留液が得られる。留液はアルコール50％となるように加水し，数本連続した大粒の白樺炭の入ったステンレスカラムを通過させる。このとき，不快な香味は除かれ，味に丸みが帯びる。

　ウオッカにはフレーバーを添加したフレーバードウオッカがある。香草の一種バイソングラスを1本漬け込んだズブロッカや柑橘系の果物を漬け込んだもの，樽貯蔵したものなど，日本の酒税法上，リキュール類に属するものもある。

ジン (Gin)

◆ ジンの歴史

　ジンの歴史は古く，香料植物ジュニパー・ベリーを使ったスピリッツは11世紀にイタリアの修道士がつくっていたとされている。しかし，ジンの直接的な起源は，1660年オランダのライデン大学の医学部教授フランシスクス・シルヴィウスが植民地の熱病の特効薬としてつくった解熱・利尿用薬用酒とされている。最初はジュニパー・ベリーの「jiniper」のフランス語である「genieivre（ジュニエーヴル）」と名付けられていたが，「genever（ジェネヴァ）」とよばれ，薬としてだけでなく，酒として普通に飲まれるようになった。

　1689年にオランダのオレンジ公ウイリアムがイギリス国王に迎えられると，もともとオランダで飲まれていた「ジェネヴァ」もイギリスに持ち込まれた。これにともなって呼び方も「Gin（ジン）」と変化した。さらに19世紀に連続式蒸留機が導入されると，ライトなグレーン・スピリッツからドライタイプのロンドン・ジンが製造された。その後，ジンはアメリカに伝えられ，カクテルベースとして人気を博し，19世紀以前の労働者階級の飲み物から多くの人に愛される飲み物になった。

　このような歴史からジンは「オランダ人が生み，イギリス人が洗練し，アメリカ人が栄光を与えた」といわれるようになった。

◆ ジンの香料植物原料

　ジンに使用される香料の主要なものは，杜松実，コエンドロ，アンゲリカ，オレンジ皮，桂皮，キャラウェイである。配合はメーカーにより異なる。

1. 杜松実（ジュニパー・ベリー）
（*Juniperus communis*（ユニパレス　コムムーニス）（写真1.7-1））
　ヒノキ科ビャクシン属で，広い分布域をもつ針

写真1.7-1　ジュニパー・ベリー

葉樹。イタリア・トスカーナ地方，ユーゴスラビアの山地に生育する杜松実を乾燥して使用する。1～1.5％の精油を含み，テルピネール，α-ピネン，カンフェンなどが含まれ，α-ピネンが少ないほうが好まれる。

2．コエンドロ（コリアンダー）

セリ科コエンドロ属（*Coriandrum sativum* L.）の植物で地中海東部原産。各地で古くから食用とされてきた。高さ25cm程度になったものの実を使用する。葉や茎に独特の芳香がある。0.5～1.0％の精油を含み，リナノールとモノテルペンが主流である。

写真1.7-2　アンゲリカ

3．アンゲリカ（セイヨウトウキ）

（*Angelica archangelica*，A. *officinalis*は異名（写真1.7-2））

セリ科の植物で，欧州各地，北欧・東欧・シベリアおよびグリーンランドなどの湿原やアルザス地方などの山地に自生する。草丈1～2m。3年間栽培し，根を乾燥させ使用する。麝香（ムスク）のような香気をもつ。ペンタデカノリドが主成分である。

4．桂皮

桂皮はシナモンとカシアニッケイの2種類あり，香気が微妙に異なる。シナモンは，クスノキ科ニッケイ属（*Cinnamomum zeylanicum*）の植物で，熱帯に生育するクスノキ科の常緑樹の名で，セイロンやセイシェル産の樹木の内皮を乾燥して用いる。0.9～2.3％の精油を含み，約70％がシンナムアルデヒドで，オイゲノールカリオフェレンなども含まれる。カシアニッケイは，クスノキ科ニッケイ属（*C. cassia*）の植物で，シナニッケイともよばれ，中国南部～インドシナ半島に生育する樹木の樹皮の乾燥物である。1～2％の精油を含み，80～95％がシンナムアルデヒド，シンナムアセテートである。

5．オレンジ皮

ミカン科ミカン属（*Citrus sinensis*）で，その果皮には精油の90％がd-リモネンで，オクタノール，デカノールなども含まれている。

6．キャラウェイ

セリ科キャラウェイ属（*Carum carvi*）でセリ科の二年草。原産地は西アジア。香辛料として用いられるのはその種子（植物学上は果実）。3～7％の精油を含み60％がd-カルボンである。

◆ ジンの製造法

　製造法のちがいにより，ドライ・ジン（ロンドン・ジン），ジェネヴァ・ジン（オランダ・ジン），シュタインヘイガーに大別される。しかし基本的には，いずれも先の杜松実などの香料植物の精油成分を含ませ，特有の香りをつけた蒸留酒である。

　ドライ・ジンはトウモロコシなどの穀物原料を糖化・発酵させ，精留したグレーン・スピリッツをアルコール50～60％に調整し，ジュニパー・ベリーなどの植物原料を加えて，ジンポットスチルで再蒸留する。留液は初留，中留，後留に3分割され，アルコール75～85％の中留区分をとる。その後，品質が一定になるように調合・加水，濾過後に瓶詰めする。また，ドライ・ジンに1～2％の糖を加えたもの（オールド・トム・ジン）などもある。

　ジェネヴァ・ジンは，ウイスキーのように，グレーン・スピリッツ香の強いジンである。トウモロコシなどの穀物原料を糖化・発酵させ，精留したグレーン・スピリッツはポットスチルで2回蒸留され，アルコール約45％とし，これに香料植物を添加して再蒸留している。以前はグレーン醪中にハーブ植物原料を入れて香気成分を溶出させた後に蒸留していた。留液は短期間樽貯蔵する。

　シュタインヘイガーはドイツで製造されている。ジュニパー・ベリーは乾燥させると20～30％の糖を含む。これに2倍量の水と酵母の栄養素や窒素源となる硫酸アンモニウムを加え，酵母を接種して25℃，8～14日間発酵させる。そしてポットスチルで蒸留し，この留液に連続蒸留したグレーン・スピリッツを加えて再蒸留し，製品となる。

ラム (Rum)

◆ ラムの歴史

　ラムの原料であるサトウキビは，イネ科サトウキビ属（*Saccharum officinarum*　サッカラム　オフィキナラム）の植物で，世界各地の熱帯，亜熱帯地域で広く栽培される。カリブ海での栽培がはじまったのは，コロンブスの西インド諸島発見以降である。ラムの生産は16世紀プエルトリコあるいはバルバドス島であるとの説がある。サトウキビ栽培地域の拡大にともないラムも広

まり，南北アメリカやアフリカでもつくられるようになり，その労働力として，アフリカから黒人奴隷が西インド諸島に連れて行かれた。サトウキビから砂糖をとった後の糖蜜はアメリカ（ニューイングランド）に運び込まれ，ラムが醸造・蒸留された。できたラムは，空になった奴隷船でアフリカに運ばれ，奴隷との取引に使われた。つまり「三角貿易」の一部として，黒人奴隷の売買という悲しい歴史のなかで世界的な酒へと発展していった。

ラムという名前の語源は，17世紀のイギリスの植民地記録によると「ラムを飲んで島の土着民たちは，みな酔って興奮（ランバリオン：rum-bullion）した」ことに由来するという説がある。

◆ ラムの製造法

ラムは，砂糖を製造する際にサトウキビの搾り汁を煮詰め，砂糖の結晶後に残った溶液の廃糖蜜（モラセス）に水を加えて発酵後，蒸留し，樽貯蔵したものである。

製造法により，ライト，ミディアム，ヘビーの風味の異なる3タイプに分類される。

ライトタイプは糖蜜糖分を12～20％，pH5.5付近に調整後，窒素源として硫酸アンモニウムを加え，*Saccharomyces cerevisiae*（サッカロマイセス セルビシエ）を接種して2日ほど発酵し，ポットスチルあるいは連続蒸留機（カフェ式蒸留機）で蒸留してつくられる。キューバやプエルトリコで製造されるライトタイプのラムにも *Sacch. cerevisiae* が用いられ，28～33℃，30～40時間発酵後，連続蒸留で精留し，蒸留画分を1年ほど樽貯蔵する。

ミディアムタイプは，ライトタイプとヘビータイプのブレンドやサトウキビの搾り汁（ケーンジュース）を発酵させて糖蜜風味の弱いものをポットスチルで蒸留するなどしてつくられる。バルバドスでは，デメララ・ラムとよばれているミディアムタイプのラムがある。これは糖蜜を発酵後，ポットスチルで蒸留してつくられる。

ヘビータイプはジャマイカ産がとくに有名で，香味が強く，高級アルコール，エステル，アルデヒドなどが比較的多い。自然発酵させ，醪の初期には酢酸菌や酪酸菌が生育して酸を生成する。発酵は天然酵母 *Schizosaccharomyces pombe*（シゾサッカロマイセス ポンベ）（30～35℃）で行われる。発酵後，ポットスチルで蒸留される。このとき，前回の蒸留廃液を細菌などで発酵させた廃液（ダンダー）を加えて蒸留する。さらに，醪は菌体などの固形物をとり除いたウオッシュスチルで行われる。留液は第2蒸留機，第3蒸留機でアルコールが高められ，中留画分をラム区分とする。これを150 *l* 用の樽内で10～12年（最低3年）貯蔵させ，調合，濾過，瓶詰める。

テキーラ (Tequila)

◆ テキーラの歴史

　テキーラはメキシコ産の蒸留酒で，スペイン統治下の18世紀中頃，ハリスコ州の西方に位置するシエラマドレ山脈で山火事があり，その焼け跡からよいにおいを発し，甘い樹液を出す焦げたリュウゼツラン（竜舌蘭）が発見された。これを人びとが加工し，完成させたものがテキーラの原型である。1775年にはスペイン人が工場を創立し，蒸留工場が置かれたテキーラ村の名前が，そのまま用いられた。1949年のカクテル大会で「マルガリータ」が入賞したことでテキーラは一躍有名になった。また2006年には「テキーラの古い産業施設群とリュウゼツランの景観（Agave Landscape and Ancient Industrial Facilities of Tequila)」がユネスコの世界文化遺産に登録された。

写真1.7-3　リュウゼツラン畑（メキシコ・テキーラ）

　テキーラの原料はリュウゼツランで，ユリ目リュウゼツラン科（以前はヒガンバナ科）の植物で，Ageve azul tequilana（アガベ　アスール　テキラーナ）という品種を用いる。

　テキーラとよばれるのは，ハリスコ州，ミチョアカン州，ナジャリ州だけで製造されたもので，それ以外の地域で製造されたものはメスカルとよばれる。

◆ テキーラの製造法

　テキーラの原料は8〜10年栽培したリュウゼツランの葉を切り落とした塊茎部（じろ）で，それを室のなかで65〜80℃，3日間糖化あるいは圧力釜で蒸し上げる。糖化により

多糖類のイヌリンが分解して果糖になる。そして蒸し上がったリュウゼツランを粉砕・圧搾して糖液を回収する。伝統的には「タオナ」という大きな石臼(うす)を使用して粉砕し、発酵させる。以前は天然発酵に頼っており、*Zymomonas mobilis*(ザイモモナス モリビス)などの細菌や天然酵母により発酵させていたが、現在は添加酵母を用いている。発酵した醪(もろみ)はアルコール濃度7％となり、ポットスチルで2回蒸留し、樽熟成される。使用される樽は、バーボン用の樽やコニャック樽、スペインのシェリー樽、カリフォルニアのワイン樽、リチャー（再火入れ）したワイン樽などの中古樽が利用されている。

写真1.7-4　テキーラ蒸留所に山積みにされたリュウゼツランの塊茎部（メキシコ・テキーラ）

　テキーラに色が付いていないものはブランコ（Blanco）、2〜12か月貯蔵したものはレポサード（Reposado）、1年以上貯蔵したものはアニョホ（Añejo）とよばれている。

　テキーラはテキーラ規制委員会において①主原料はアガベ由来のアルコール51％以上が含まれていること、②主原料のアガベは特定地域で生育されたものを使用すること、③テキーラ村および周辺地域で製造すること、④2回以上蒸留すること、⑤蒸留所番号を記すことなどが定められている。なお、副原料である砂糖を用いるテキーラの場合、その使用は49％までとされ、主原料とともに発酵しなければならない。

◆ スピリッツの利用

　スピリッツ類も多くの酒類と同様にそのまま飲まれることが多いが、製菓やカクテルに使われることもある。ラムが製菓に利用されるのは、ラムの原料が砂糖を製造したときに排出される廃糖蜜であることから砂糖を使う菓子とは相性がよいからである。

　またカクテルとして利用されるのは、ほかの酒類を混ぜたり、果実や糖類で味付けすることができるからである。たとえば、ウオッカとオレンジジュースでつくる「スクリュードライバー」やウオッカとグレープフルジュースでつくる「ソルティー・ドック」、ジンと白ワインに香草を漬け込んだベルモットからつくる「マティーニ」、ジンとライムジュースからつくる「ギムレット」が有名である。このようにして飲むことによりスピリッツは飲み方が広がっていく。

1.7 スピリッツ

1.8 リキュール

◆ 酒税法におけるリキュールの定義

　日本の『酒税法』第3条第21号では，リキュールは『酒類と糖類や酒類を含むその他の物品を原料とした酒類で，エキス分が2度以上のものである』と定義されている。ヨーロッパではリキュールを『糖分が10％（w/v）以上含まれているアルコール飲料』と定義している。とくにフランスの法律にしたがって『糖分が25％（w/v）以上含まれるもの』を『クレーム・ド（crème de）』と冠してよび，糖分が低いものと区別している。フランスでは『草根木皮，果実，果皮，穀物などをアルコールのなかに煎じるか，浸漬した液体，あるいはその液体を蒸留した液体，またはそれぞれを調合した液体であって，砂糖などで甘味が加えられ，アルコール分15％以上のもの』をいい，アメリカではリキュールを『アルコール・ブランデー・ジンやその他スピリッツを用い，果実やハーブ，生薬や天然のフレーバーなど香料植物を加えて製造され，砂糖を2.5％以上含むもの』と定義している。また，アメリカ国内で製造されたものをコーディアル（cordial），合成したフレーバーを用いたものをアーティフィシャル（artificial）とそれぞれ表記することが求められている。

　一般的にワインやブランデーなどのさまざまな酒類やアルコールに糖や香料，色素を加えて製造したもので，酒類の分類では『混成酒』に分類される。リキュールの多くは食前酒（apetizer），食後酒（dessert wine），寝酒（night cup）として飲まれるほか，カクテルに使用されたり，製菓の原料にも使われている。

◆ リキュール類の歴史

　リキュールは，古代ギリシャのヒポクラテスのつくった薬草の水薬が起源とされている。11世紀には錬金術師により蒸留技術が発明され，ワインを蒸留した生命の水（アクアヴィテ：Aqua Vitae）とよばれる蒸留酒が薬酒とされた。さらに本格的なリキュールは，13世紀にはスペインの錬金術師であり医者でもあったアルノー・ド・ビルヌーヴとモラン・ルッルが，スピリッツのなかにレモンやローズなどの成分を抽

出させてつくったものである。これらはラテン語で「溶け込ませる・液体」の意味をもつ「リケファケレ（Liquefacere）」と名付けられた。14世紀にはヨーロッパを襲ったペストの大流行の際に，薬あるいは強壮剤として多くのリキュールがつくられ，飲まれた。15世紀には，北イタリアの医師であるミケーレ・サボナローラが薬となるリキュール「ローソリオ（太陽のしずく）」とよばれる薬酒を発明し，飲みやすいようにバラの香りを付けた。また修道院でも，薬酒としてのリキュールがつくられた。これがノルマンディーのベネディクト派の修道院で1510年につくられた「ベネディクティン」や，シャルトリューズ派の修道院で1605年につくられた「シャルトリューズ」である。これらの修道院のリキュールはフランス革命時にレシピの紛失などで中断されたが，現在は製造されている。17世紀には新大陸やアジアから持ち込まれた香辛料も原料に使用され，リキュールの幅を広げていった。

リキュールメーカーのボルス社は1575年にオランダで誕生した。日本では，平安時代からみりんや酒に，屠蘇散（さんしょう・ほそしん・ぼうふう・にっけい・かんきょう・びゃくじゅつ・ききょうなど，いずれも漢方）を加えた屠蘇などがある。これは健胃の効能や風邪の治療効果があるとされている。近年，日本では薬用酒として漢方を含むものも販売されている。ただし，酒類販売業者からは「リキュール」として，薬局は「第2類医薬品（滋養強壮保健薬）」として販売しており，それぞれパッケージのデザインが異なるものもある。中身は両者ともに同じだが，『薬事法』と『酒税法』の両方の適用を受ける。

日本のリキュール消費量

　日本のリキュール消費量は，平成元年は10万k*l*，平成10年は28万k*l*，平成15年は60万k*l*と徐々に増加していった。平成15年以前のリキュール類は，連続式蒸留焼酎（甲類焼酎）に果汁を加えた，いわゆる「チューハイ」や，アルコールにウメやカシスなどの植物を漬け込んだものであった。ところが平成15年に，発泡酒に別の蒸留酒を加えた，いわゆる「第三のビール」の一部が発売され，平成16年には71万k*l*，平成19年には初めて100万k*l*を上回り，平成20年の統計では127万k*l*と過去最大の消費量となった。一方で，このような「第三のビール」の消費量増加は，その安さの後押しにより，発泡酒やビールの消費を圧迫している。つまり1*l*当たりの税金の安さにより，その分の販売価格が安いものが販売されている。また近年では，商品形態がより複雑になり，清酒にウメを漬け込んだものや，ウイスキーをソーダで割ったハイボール，カクテル，韓国の濁り酒マッコリの一部の商品など，多くの商品形態がリキュール類に入るために，消費量を牽引していることも考えられる。

◆ リキュールの分類

　リキュールは、香草・薬草系、果実系、ナッツ・種子系、その他の4種類に分類される。ただし近年、従来の枠には当てはまらない特殊なタイプ（カクテルや「新ジャンル」ビールタイプ）のリキュールも多く出現している。

1．香草・薬草系　香草・薬草・スパイスの類を主原料とするリキュール。修道院でつくられ、中世に薬とされていたリキュールはこれに属する。シャルトリューズのようにレシピが非公開であるもの、100以上の原材料を配合しているものもある。また、カンパリやベネディクティンなどもこれに属する。

2．果実系　果実の果肉・果皮・果汁を主原料とするリキュール。薬よりは嗜好品としての要素が強く、カクテルや製菓に利用される。

3．ビーンズ系　植物の種子やカカオなどを用いたリキュール。製菓や食後酒に使用される。

4．その他　花や茶、乳濁系、カクテル・チューハイ系、ビール系。技術の発達にともない製造されるようになったリキュール。発泡酒に大麦からつくられたスピリッツを添加し、糖類などで味を調えたもの。

◆ リキュールの製造工程

　リキュールは、香味原料からの成分抽出⇒配合⇒熟成⇒仕上げの段階を経てつくられる。下記に製造工程図を示す（図1.8-1）。

図1.8-1　リキュールの製造工程図

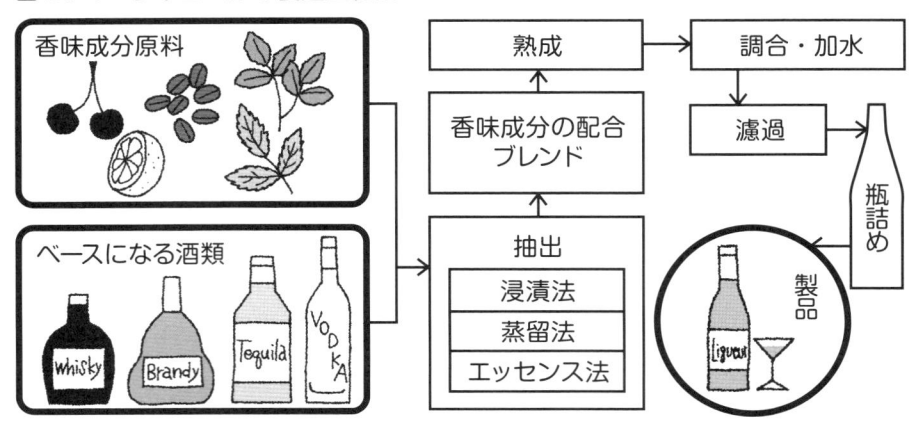

◆ リキュールの原料と原料成分抽出法

原料

原料は次の4つになる。
1. **ベースとなる酒類** ニュートラル・スピリッツ，ウオッカ，ブランデー，ウイスキー，ラム，清酒，発泡酒，ワインなど
2. **香料植物**
3. **糖類** グラニュー糖，ブドウ糖，蜂蜜，水飴など
4. **食用色素，天然色素，無添加**

原料成分抽出の際にベースとなる酒類は，ニュートラル・スピリッツやウオッカのような癖の少ない酒類，ウイスキー・ウイスキーなどの蒸留酒を混ぜたもの，清酒や発泡酒などがある。

原料成分抽出法

次にベースの酒類または水で香味原料からの成分抽出を行う。このときに浸漬法，蒸留法，エッセンス法のいずれか，またはこれらを組み合わせて抽出する。

1. 浸漬法
(1) **冷浸法**：ベースの蒸留酒に香味原料をそのまま漬け込む方法。果実をよく洗浄・水切りしてから，タンク中の酒類に浸漬し，循環させながら果実の成分を抽出させる。浸漬期間は任意とし，梅酒などの果実酒は普通この方法を用いる。梅酒づくりには加糖浸漬されるが，単に味付けだけでなく，糖自体の浸透圧によって抽出効果が高まる。また，カカオやハーブも浸漬法によることがあるが，浸漬時間は短く，得られた液はマセレートとよばれる。着色料を加えることもある。

(2) **温浸法**：タンク中の湯にハーブなどの香味原料を漬け込み，湯が冷めたらベースの酒類を加えておく方法である。浸漬期間は任意とし，甘味料や着色料を加えることもある。得られた液はインフュージョンとよばれ，カンパリやビター・リキュールに使用される。

2. 蒸留法
ベースの酒類と香味原料を混合し，または水と香味原料を混合後，それを蒸留釜で蒸留して香気成分を抽出する方法。蒸留後，留液に甘味料や着色料を加える。ハーブ，キュラソーなど精油成分が多い香気成分の抽出で使用される。濁りのない澄んだリキュールをつくることができ，高級なリキュールはこの方法でつくられることが多

い。加熱によって変質してしまう果実の香味原料を使用する場合には向かない。オレンジキュラソーは古来よりこの方法によって製造されている。

3．エッセンス法

ベースの酒類に，別途抽出しておいたエッセンスオイルを加えて香りを付ける方法。合成香料が用いられることもある。蒸留法や浸漬法など他の方式と併用される場合も多い。なお香料としてだけでなく，味を補うための調味料としてエッセンスオイルを加えることもある。

原料特性と抽出法

原料植物をその成分特性によって分けると，①水に抽出しやすい成分，②油分が多く高濃度のアルコールで抽出される成分，③熱によって香りが変化しやすい成分，④熱に強い成分などがある。一般に果実は水に抽出しやすく，熱に

表1.8-1　香料植物による抽出の適合性

		冷浸法	温浸法	蒸留法
	香草・薬草系		○	○
	柑橘系	○		○
果実	核果	○		
	ベリー	○		
	その他・トロピカル	○		
	ビーンズ・ナッツ	○		

よって香りが変化しやすい。さらに，モモやウメの種子からの香気は重要で，抽出時間に数か月要する。ハーブや柑橘類の皮は，油分が多く，高濃度のアルコールで抽出されやすく，熱に強い成分などがある。そのため蒸留法が適している。適合性については表1.8-1に示す。

◆ リキュールの効用

リキュールは多くの植物の抽出液を飲料としているため，植物がもつ機能性物質が溶け込んでいる。梅酒ではウメ由来のクエン酸を含んでいる。クエン酸は，糖代謝（クエン酸回路）の中間体としてエネルギー代謝において中心的な役割を果たしている。また俗に「疲労回復によい」，「筋肉や神経の疲労予防によい」などといわれているが，これは今後，詳細な研究が必要である。またチョコレートリキュールでは，チョコレート由来のカフェインの一種であるテオブロミンが含まれており，血管拡張作用，利尿作用や覚醒作用なども報告されている。また漢方の抽出液が含まれているリキュールは薬局でも販売されている。これについてはメーカーあるいは薬剤師に相談するのが望ましい。

◆ リキュール製造における副産物の利用

　リキュール類製造において，抽出液を浸漬した後の植物は廃棄物として処理される。日本では，梅酒に浸漬後のウメの実（漬け梅）はしわしわになり，見た目が悪く，商品価値はない。また，なかの成分も酒類中に抽出されている。一般に市販酒で，ウメの実が瓶(びん)中に入っているものは，しわしわにならないよう別途漬け込んだものを酒類に加える。そこで大量の漬け梅が排出される。大手梅酒メーカーでは年間100t（2006年資料による）の漬け梅をウシの飼料として供給し，生産された牛肉を「ウメビーフ」としてブランド化している。また全国的には中小の梅酒を製造している酒造場から出される漬け梅を粉砕し，肥育するブタやウシの飼料とする，いわゆるエコフィードへ活用する動きもある。

◆ リキュールの用途

　これまで述べたように，スピリッツに果実やハーブなどの副材料を加えて香味を抽出し，砂糖やシロップ，着色料などを添加し調製した酒である。よって，甘味が強く，そのまま飲むよりも多くの場合カクテルの材料や菓子の風味付けなどに用いる。
　たとえば，クレーム・ド・カシスとシャンパンで「キール・ロワイヤル」が，アラビカ種のコーヒー豆をローストしてつくられるカルーア・コーヒー・リキュールと牛乳で「カルーア・ミルク」が，イタリアのリキュールで，アンズの核でつくられるアマレットとスコッチウイスキーで「ゴッドファーザー」がつくられる。
　そして，オレンジの皮からつくられるキュラソーは，古くからカクテルや菓子などに使用されている。たとえば，オーストリアの女帝マリア・テレジアは，コーヒーとキュラソーで，ホットコーヒーをつくり，そのなかにホイップクリームを浮かせて，小粒の飴をのせて楽しんだといわれる。また，オレンジと相性のよいチョコレート菓子トリュフの風味付けやオレンジ風味のケーキなど製菓にも多く使われる。

1.9 その他の酒類

清酒，焼酎，ビール，ワイン，ウイスキーなどのほかにも世界や日本各地にはまだまださまざまな酒類が数多くある。そのなかでも有名な酒類を紹介する。

中国の酒：白酒・黄酒

何千年という遠い昔から伝えられている中国の酒には名酒が多い。中国の酒は日本の清酒や焼酎と同じくカビを使う酒であるが，日本の麹は米を蒸してこれに麹カビをつける散麹に対し，中国の麹は原料の穀類を餅のように大きく丸め，これにカビをつける餅麹であることに最大のちがいがある（写真1.9-1）。この理由は，日本の散麹は蒸した米によく増殖する麹カビ Aspergillus によってできるのに対し，中国の餅麹をつくるカビは，生の穀物にもよく増殖できるクモノスカビ Rhizopus が主体である点にある。

さて，中国の穀類を原料とした伝統酒には，白酒という無色透明な蒸留酒と，黄酒と称する黄色ないし褐色を呈した醸造酒とがある。白酒に属するほとんどの酒は高粱を主原料とするが，この白酒は，世界でここにしかみることのできない独特の発酵法によってつくられている。世界中のすべての酒は，容器のなかで液体状で発酵するものであるが，中国の蒸留酒は，土の穴のなかで，しかも固型状で原料を発酵させる

写真1.9-1　中国の代表的な煉瓦状（左）と団子状（右）の餅麹

（これを固型発酵または固体発酵という）というとても珍しい方法で行っている。まず，原料の高粱を粉砕し，蒸すときに蒸気の通過をよくするために籾殻や落花生の殻を混ぜた後，これに撒水して湿り気を与え甑で蒸す。これを発酵温度まで冷却した後，次に餅麹を粉砕したものと酵母を加え固体発酵槽に移す。この固体槽は，地面に2〜2.5mの深さに掘った縦1.3m，横2.5mの長方形の世界に類のない坑で，これを「発酵窖」または「発酵池」とよんでいる（写真1.9-2）。

写真1.9-2 窖（チイアオ）
とても大きいので，梯子（はしご）を使って出入りする（中国・貴州省）

この窖に移し終えたら，この表面に筵をかぶせ，さらにその上に発酵によって生じたアルコールの飛散を防ぐ目的で，土を十分に覆って密閉し発酵させる。発酵期間は短いもので4〜5日，長期のものは1か月行う。発酵期間の長いものほど多種多様の微生物作用（たとえばエステルという芳香物質の生産）があり，複雑で絶妙な香りを与えるので，高級酒ほどこの期間を長くする。そして発酵窖は古いものほどよい。それは，古い窖（老窖）の壁や土床には名酒を醸すのに不可欠である優れた微生物叢（ミクロフローラ）があり，これが製品の優劣を決定する大きな要因となるからである。そのため新たに発酵窖を掘る場合は，古い窖の土や壁を少しとり，これを新しく掘った窖の土で培養した後，新しい窖の壁側や土床に塗りつける工夫を行っている。名の通った老窖になるまでは，少なくとも20年はかかる。

しかし最近の新設の白酒工場では，煉瓦やコンクリートで地上に窖を構築し，発酵時は土の代わりにナイロンカバーなどで表面を覆う簡易的な方法も行われている。中国でなぜこのような固型発酵法がとられているのかについてはよくわかっていないが，白酒工場が多くある名醸地には不思議にも醸造用水の少ない地方が多く，水を節約しようとしたための知恵であろうといわれている。固型発酵が終わると，これを甑に入れて蒸留するが，このときも中国特有の蒸し方で合理的に行っている。まず，固体発酵の原料を大きな甑に入れ，この上に発酵を終了した固型の酒醅（「醅」とは発酵を終えた醪のこと）を重ねて，底から蒸気で蒸す。こうすることにより，次に仕込む原料が蒸されると同時に発酵を終了した醅が蒸留されるので，まさに一石二鳥の方法を行っている。なお，蒸留を終えた醅の粕は，再び麹を加えて再処理し，ブタの飼料となる。

そしてこのたった1回の蒸留で,アルコール分は55〜70%もの高濃度になるのがこの固型発酵の最大の特徴で,水が多く存在する液体醪の蒸留では,到底行うことのできない利点である。したがって,中国の白酒は世界でもっともアルコール度数の高い酒として有名である。

蒸留後の酒は甕（かめ）やタンクに長く貯蔵して熟成させ,数々の名酒となって重宝される。このなかには汾酒（フェンチュウ）,茅台酒（マオタイチュウ）,桂林三花酒（コマリンサンホウチュウ）,全州湘山酒（コアンチオウシイアンチュウ）,白沙（パイサア）,淩川白酒（リンチオアンパイチュウ）などがあるが,とくに山西省杏花村の汾酒,貴州省の茅台酒,河北省の白乾児（バイカル）（高粱酒（カオリャンチュウ））が著名である。

中国の伝統酒には,この白酒に対して黄酒がある。黄酒は主にもち米を原料とするが,その代表的な酒が紹興酒（シャオシンチュウ）である。日本ではこの酒を老酒（ラオチュウ）とよんでいるが,厳密にいえば老酒とは紹興酒のような黄酒を長い期間,貯蔵・熟成させた酒の総称である。

紹興酒は浙江省紹興県がもっとも有名で,福建省,江西省,上海地方などでもつくられている。そのつくり方により淋飯酒（リンファンチュウ）,加飯酒（チイアファンチュウ）,攤飯酒（タンファンチュウ）,善醸酒（シェンニャンチュウ）などがあるが,水の使用量,麹や米の使用量,発酵日数,仕込み方法,熟成の日数などが異なるから,それぞれに特徴がある。

なかでも善醸酒はおもしろい酒で,3年以上貯蔵した紹興酒を水の代わりにして仕込んだ酒である。「酒を原料の一部にした酒」という,世界でも例をみない贅沢な酒で,豊醇な紹興酒の名品である。

また加飯酒（仕込みの水の使用量を少なくした濃厚な紹興酒）を彫刻,彩色した美しい壺に入れて貯蔵した酒を花雕酒（ホウテイアオチュウ）といい,別名を女児酒（ニュウリュウチュウ）という。これは,女の子が生まれると加飯酒を仕込み（自分で仕込むか,酒屋に頼んで仕込んでもらう）,これを美しく彫刻をした壺に入れて長く貯蔵しておき,その子の嫁入りのときに嫁ぎ先に土産にもっていく。20年以上も貯蔵した逸品であるので,大変な酒となるが,これも中国流の美しくもロマンティックなしきたりである。

灰持酒（地伝酒,赤酒,地酒）

日本酒（清酒）に草木灰を加えてつくった日本特有の酒で,『酒税法』では『雑酒』に入る。

木灰を酒に入れることは,中国の宋の『酒経（しゅきょう）』に「酒熱入灰」とあるので,必ずしも日本独特の方法ではないらしいが,平安時代『延喜式（えんぎしき）』（927年）によると,天皇即位のときの大嘗会（だいじょうえ）や秋の収穫の祭りといわれる新嘗会（しんじょうえ）には白貴（しろき）（白酒）と木灰を加

えてつくる黒貴(黒酒)の2種の酒をつくって祝ったと記してあることから，木灰を加えてつくる酒はたいへん古い歴史をもつ。これによると，その製法は，米2斗8升6合で麹をつくり，これに7斗1升4合の飯と水5斗を加えると3斗5升7合の酒ができる。このうち半量には久佐木灰3升を加える。この久佐木灰を加えた酒を黒貴と称し，灰により酸が中和され澄んでいる。そしてもう一方の甕の酒が白貴で，濁っている酒である。

このように木灰を加えてつくる酒を「灰持酒」という。この種の酒はかなり近世までつくられていて，明治時代にも地方の名物として盛んであった。その代表的なものには，出雲(島根県)の「地伝酒」，熊本の「肥後の赤酒」，鹿児島の「地酒」などがある。

「地伝酒」は島根県簸川郡地方特産の灰持酒で，正月などおめでたいときや，料理の隠し味として重宝される。この酒の原料はうるち米とその麹(これを老ね麹という)を使い，汲水歩合(米に対する水の量で，たとえば米100kgに対し，水100lの仕込みの場合は，汲水歩合100%ということになる)は，40～50%と水を大幅に少なくした濃厚仕込みである。これを40～70日間も発酵・熟成を行い，販売するときに木灰を加えて一日放置し，これを搾って濾過し，製品とする。できた酒は赤褐色を呈し，粘稠でわずかにアルカリ性を示し，アルコール10～15度の甘味の強い酒である。ちょうど今のみりんのような酒で，かまぼこの味付けにもよく使われたため，「松江の蒲鉾酒くさい」と歌にも謳われたほど親しまれた。この酒は昭和初期に一度姿を消してしまったが，最近一部の酒造家が復活させた。

熊本に今もわずかに残る「肥後の赤酒」も有名な灰持酒で，正月や冠婚葬祭に用いられてきた。また現在は，料理用赤酒として改良され，みりんに代わる調味料としても用いられている。原料は，もち米，うるち米，麹，木灰で，普通の清酒の場合と同様に酒母をつくり，添・仲・留を3回に分けて仕込みを行う(図1.1-1参照)。汲水歩合は60%とかなり濃厚仕込みで

写真1.9-3 地伝酒

写真1.9-4
赤酒(左)，料理用赤酒(右)

1.9 その他の酒類

ある。約2週間，発酵・熟成後，圧搾し，濾過を行う。木灰は酒を搾る直前に加える。淡黄赤色で，甘味が強く，粘稠な酒で，アルコール分10～18度，酒類では稀な微アルカリ性を呈する濃厚な甘味酒である。なお，昔は原料に大麦や麦芽も用い，麦芽は留仕込みのときに加えていたとされている。もしこれが本当であったのならば，東洋の酒文化の一大特徴である麹と西洋の一大特徴である麦芽の双方が，期せずして1つの容器のなかで醸されるとても珍しい例である。

　鹿児島や宮崎に今もわずかに残る「地酒」は，清酒と赤酒との中間のような酒で，清酒を「上酒（かみざけ）」とよぶのに対してこの名がついている。原料は米および麹と木灰で，汲水歩合を80～90%として添・仲・留の三段仕込みを行い，約1か月間発酵・熟成させたのち，これに焼酎と木灰を加えて搾り，濾過した酒である。前述の地伝酒や赤酒と少し異なり，いくぶん清酒風だが，やはり甘味の強い酒である。

　酒に木灰を加える目的は，多くの場合，余分の酸を中和して飲みやすくすることである。しかし，この灰持酒の場合には中和を通り越してむしろ過中和とし，本来，酸性である酒をアルカリ性にしてしまうことに特徴がある。すなわち，木灰を多量に加えたこの酒は，そこに急激な水素イオン濃度（pH）の変化が起こり，酸性からアルカリ性へと逆転することにより，特有の赤褐色を呈し，赤酒のいわれとなる。

　また，このほか木灰における効用は，灰のもつ防腐効果が製品となってからの腐敗を防ぐこと，灰から持ち込まれた多量の金属イオンが妙な後味となって口に残り，味が楽しめることなどが挙げられる。このように木灰は，中和，着色，防腐，呈味の4つの役割を果たしている。なかでも注目すべきは，灰を加えることによる防腐効果である。普通，清酒は市場に出す前，酒を容器に入れて60℃の湯のなかに5～10分間保って加温する。これは清酒に生息していて，市場に出てから，しばしば腐らせる乳酸菌の一種である火落菌（ひおちきん）を熱処理することによって死滅させる目的で行うもの（これを「火入れ」という）で，この処理を行った酒を「火持酒（ひもちしゅ）」と称している。この火入れによる殺菌法は実は歴史が古く，室町時代の末，永禄から元亀，天正にかけてすでに行われていたと記録されている。しかし，この時代よりずっと以前に灰を加えた「灰持酒」があり，防腐効果もあったという事実は，日本人の醸造技術は古くから優れたものであることを示している。16世紀にパスツールがブドウ酒（ワイン）の殺菌でパスツリゼーション（低温殺菌）を発明するよりはるか古い時代に，日本ではすでに灰の添加や火入れによる殺菌法や防腐技術が行われていたのである。

乳酒

　酒は，そのほとんどが穀類，果実，糖蜜などの植物系原料である。では，動物系を原料とする酒はまったくないかというとそうではなく，唯一の例として乳酒がある。動物の乳に，乳糖に基づく甘味があるのは，牛乳を飲んでわかることだが，およそ牛乳で4％，山羊乳で4.5％，馬乳で5％，人間の母乳には7％の乳糖が含まれている。この乳糖はブドウ糖や麦芽糖とは異なり，酵母によってアルコール発酵を受けにくい糖であるため，乳酒をつくろうとしてもそう簡単にはいかない。だが，昔からこの酒をつくってきた伝統の地には，この乳糖を発酵するきわめてまれな酵母が生息していて，乳酒をつくることができる。

写真1.9-5
中国内モンゴル自治区の「奶酒」

　乳酒の代表的なものは，ロシア南西部の黒海とカスピ海に挟まれ，アジアとヨーロッパの境界地域であるコーカサス地方の「ケフィア」，牛乳を主とした酒（ときには羊乳，山羊乳も用いる）で，酵母と乳酸菌で3日間ほど発酵させる。アルコール度数は0.7〜1％と低い。同じ地方の「クミス」という酒も馬乳，驢馬乳，駱駝乳など容器に入れて放置し，自然に発酵させた酒である。

　乳酒はほかにトルコやブルガリアの草原地方にある牛乳や馬乳の「レーベン」，アフリカに点在する水牛乳の「マース」，それにエジプトの水牛乳酒などがある。なかでも珍しいのがモンゴル草原の乳酒「乳奶酒（写真1.9-5）」で，発酵したものをそのまま飲むこともあるが，大半は蒸留してアルコールを10％にも高めた蒸留乳酒とする。このタイプの乳酒はほかにみることはできない。

　これらの乳酒は，発酵を受ける乳糖が原料乳のなかに少ないので，アルコールは2％以下と低く，そのうえ酵母によるアルコール発酵のほかに乳酸菌によって乳酸発酵も同時に起こるので，酒というよりはヨーグルトのようにドロドロとやわらかく固まった半固型状の奇酒である。

蜂蜜酒

　動物系原料の酒は乳酒だけだが，発酵される糖が植物に起源をもちながら，動物（昆虫）が集めた原料で酒をつくるのが蜂蜜酒である。

　蜂蜜酒は，発酵酒のなかでも最古のもののひとつである。蜂蜜に水を加え（これを「ハイドロメル」という），酵母で発酵させたもので，アルコール分は8〜16％前後である。この蜂蜜酒は，古くからアフリカの部族において飲まれた酒として知られ，エチオピアではゲスという植物を加えてつくる「ミード」や「タッジ」が有名である。ミードは，いまや蜂蜜酒そのものをさし，いくつかの酒造会社が製造・販売している。

　このほかにも蜂蜜酒には，ロシアの「メダブーハ」，イギリス・ウェールズ地方の蜂蜜にさまざまな薬草を加えてつくった「メセグリン」という薬用酒，ポーランドの蜂蜜を発酵させたものに水，果実シロップ，香草などを加えてつくった「ミュウト・ピトヌィ」がある。また蜂蜜酒を蒸留して，さらにアルコールを40％に高めたものもある。

写真1.9-6
エチオピアの蜂蜜酒タッジ
フラスコのような入れ物で飲む

花の酒

　花を原料とした酒もあるが，花びらには酵母によって発酵される糖がないので，たいていの場合，花を摘んで貯蔵しておき，その花の果実が熟したときにこれを加えて発酵させたり，花とはまったく別の果実に花を加えて発酵させるという，いわゆる副原料的な使い方をしている。

　花を加える理由は，酒に花の色を付けたり，香りを移したりするためである。この種の酒の例に野生のバラの花を使ったアムール川付近にあった「シンボブカ」がある。この酒はバラの花の甘くて優雅な香りのなかに美しいピンク色のバラの花びらが映えた幻想的な酒であったという。野に咲く花の蜜を（ハチに頼るのではなく）手で

採取して歩き，それを発酵させた後，粗製の蒸留器でアルコール度を高めたという，信じがたい努力によりシベリアの春につくられていた。あまりにも貴重な酒のため，これを口にした者は「永遠の幸福者」と称されたという。このほかに白ワインにキンモクセイの花を3年ほど浸漬した混成酒「桂花陳酒」(クイホワチェンチュウ)がある。この酒は楊貴妃も愛飲したといわれている。

またイチジクは植物学的には花托を食べるから，これを原料にした酒は花の酒となるであろう。中近東の「モックハイト」のほか，南欧にわずかにこの種の酒がみられる。

写真1.9-7　桂花陳酒

1.9 その他の酒類

粉末酒

　粉末清酒や粉末ラム，粉末ワインといったように，酒類にデキストリンなどのデンプン加水分解物を混合し，その溶液をスプレードライヤーで噴霧乾燥することによってアルコールや香気成分をその粉体に閉じ込め，水分のみを揮散させてつくった粉末状の酒である。『酒税法』第3条22号では，粉末酒は『溶解してアルコール分1度以上の飲料とすることができる粉末状の酒類をいう』と定義されている。粉末酒の数量に係る計算方法は『酒税法施行令』第12条の3において『粉末酒の重量に0.73を乗じて計算する』とされ，その数量に対して課税される。

　粉末酒は旅行などに携帯され，水に溶かして飲まれるほか，菓子，スープ類，調味食品，肉製品，各種飲料などの原料にも利用される。

2章 発酵調味料

2.1 味　噌

◆ 味噌の歴史

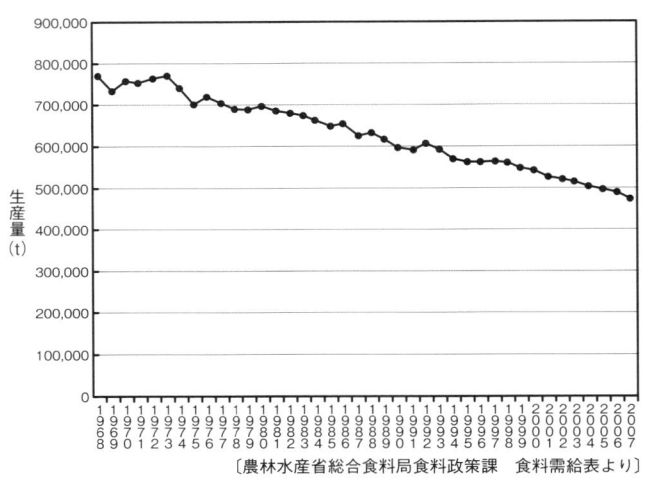

味噌の起源は古代中国の「醤(ひしお)(動物の肉や魚と塩を混ぜて漬け込み発酵させたもの)」や「豉(くき)(大豆と塩を混ぜて発酵させたもの)」が，中国大陸や朝鮮半島を渡って日本に伝わり，独自の発展を遂げて現在のかたちになったと考えられている。日本で初めて「未醤」という文字が登場するのは701年(大宝元年)の『大宝律令』で，これが「みしょう」→「みしょ」→「みそ」と変化し「味噌」になったとされている。その後，各地方の気候や風土，食習慣によって多種多様な味噌が全国各地で生み出され，発展を遂げてきた。

〔農林水産省総合食料局食料政策課　食料需給表より〕
図2.1-1　味噌の生産概要

そのような1300年の歴史を誇る味噌ではあるが，ここ数十年に着目してみると，図2.1-1に示すとおり，味噌の生産量は減少傾向にあり，40年前に比べ約4割も減っている。これは食のグローバル化にともない，和食主体であった食生活が多様化し，ご飯と味噌汁の食卓への登場頻度が減ったためと思われる。

近年では味噌の機能性の研究も進み，さまざまな健康機能が解明されてきた。味噌業界としては需要拡大に向けて新しい味噌のかたちや食べ方の提案が欠かせない時代となっている。

◆ 味噌の種類

味噌は，みそ品質表示基準（平成23年10月31日消費者庁告示第11号）により，「みそ」および「米みそ」「麦みそ」「豆みそ」「調合みそ」の定義が定められている。

次に味噌の分類を表2.1-1に示す。味噌は原料のちがいにより大きく4つに分類される。米を麹にした米麹と大豆と塩でつくる「米味噌」，大麦や裸麦を麹にした麦麹と大豆，塩でつくる「麦味噌」，大豆を麹にした大豆麹と塩でつくる「豆味噌」，そして，米味噌・麦味噌・豆味噌を混合したものや，米麹と麦麹のように複数の麹を混合して醸造したものなどをまとめて「調合味噌」という。

味噌の生産量におけるそれぞれの内訳は，米味噌が約80％，麦味噌が5％，豆味噌が5％，調合味噌が10％である。

米味噌は味により甘味噌，甘口味噌，辛口味噌に分けられる。この味のちがいは，大豆に対する米の重量比率である麹割合（米/大豆×10，米と大豆を等量使用すれば麹割合は10）や塩の配合によるものである。麹割合が高いほど麹からの糖分で甘くなる。甘味噌は麹割合が高く，塩分が低い。逆に辛口味噌は麹割合が低く，塩分が高い。

また，米味噌，麦味噌は色によっても分けられ，白，淡色，赤と分類される。白はクリーム色，淡色は淡黄色または山吹色，赤は赤茶色または茶褐色のような色をさす。色については原料の処理方法や配合にもよるが，醸造期間によるところが大き

表2.1-1　味噌の分類

原料による分類	味による分類	色による分類	配合		醸造期間	産地	主な銘柄
			麹割合	塩分(%)			
米味噌	甘味噌	白	15〜30	5〜7	5〜20日	近畿地方，岡山，広島，山口，香川	白味噌，府中味噌，讃岐味噌
		赤	12〜20	5〜7	5〜20日	東京	江戸甘味噌
	甘口味噌	淡色	10〜20	7〜12	20〜30日	静岡，九州地方	相白味噌
		赤	10〜15	11〜13	3〜6か月	徳島	御前味噌
	辛口味噌	淡色	5〜10	11〜13	2〜3か月	関東甲信越・北陸地方，その他全国各地	信州味噌
		赤	5〜10	11〜13	3〜12か月	関東甲信越・東北地方，北海道，その他全国各地	仙台味噌，北海道味噌，津軽味噌，秋田味噌，会津味噌，越後味噌，佐渡味噌，加賀味噌
麦味噌		淡色	15〜25	9〜11	1〜3か月	九州・四国・中国地方	
		赤	8〜15	11〜13	3〜12か月	九州・四国・中国・関東地方	
豆味噌			全量	10〜12	5〜24か月	愛知，三重，岐阜	八丁味噌
調合味噌	米味噌・麦味噌・豆味噌を混合したものや，米麹と麦麹のように複数の麹を混合して醸造したもの						

く，醸造期間が短いものほど白く，長くなるほど赤く（茶褐色に）なる。

また表2.1-1には，それぞれ細分化された味噌について，産地や主な銘柄も添えた。全国各地で昔からその土地の風土にあった味噌がつくられている。

◆ 味噌の製造工程

米味噌，麦味噌，豆味噌のどの味噌にもかかわらず，味噌づくりは基本的に，麹づくり⇒仕込み⇒発酵・熟成の製造工程を経る（図2.1-2）。

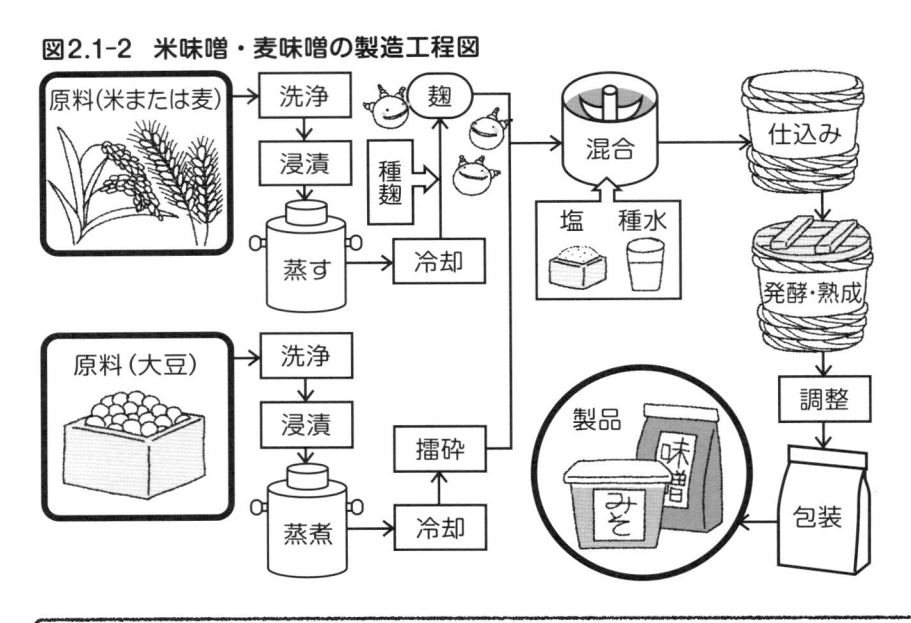

図2.1-2　米味噌・麦味噌の製造工程図

◆ 味噌の原料

1. 大豆

現在，味噌醸造用に使用されている大豆は約12万tである。その約90%（約11万t）は中国，アメリカ，カナダ産などの輸入大豆で，国内産大豆は10%以下と大部分を輸入に依存している。

1．味噌用原料大豆の品質

大豆の品質は味噌の出来映えに直接影響を及ぼすので，原料大豆の選択は重要である。味噌に適した大豆の品質は次のとおりである。

(1) 異品種の大豆の混入，粒の大きさの不揃い，割れた豆や夾雑物が少ないこと。これは品種・粒の大きさにより必要な蒸煮時間が異なるため，このような不揃いや夾雑物などの多い大豆では均一な仕上がりにすることが難しいためである。

(2) 大粒種であること。これは大粒の大豆では全体に占める種皮の割合が少なくなる。大豆の皮は味噌の色調やなめらかさ，大豆の吸水率に好ましくない影響を与えることがあるため脱皮して使用する場合がある。しかし，脱皮により味噌の出来高が減ることや，大豆処理中の成分の溶出が増え，廃水の汚濁が高くなること，貯蔵中の大豆の変質がしやすいことがある。このため，大粒で種皮の割合が少ないほうが好ましい。

(3) 比較的穏やかな条件（温度，時間）で蒸煮しても適度なやわらかさになる大豆が好ましい。やわらかさの判定方法は，蒸煮大豆を40℃前後まで冷却し，上皿バネ秤にのせ，一粒を押し潰して潰れる際の力をグラム数で読みとる。このとき，500g程度をさすやわらかさが適当である。

穏やかな条件で蒸煮する利点は，大豆の着色が少なくなることである。高温もしくは長時間蒸煮すると，大豆はやわらかくなるが，着色が進んだり，タンパク質が過度に熱変性したりするので好ましくない。

さらに，蒸煮の前に行う浸漬で十分に吸水できる大豆は一般的に蒸煮が容易である。このような大豆は成分的には炭水化物含量が多い。

(4) 蒸煮大豆の色が明るく鮮やかに仕上がること。これは味噌に仕込んだ後，熟成の進行とともに着色してくるが，蒸煮大豆の色はできあがる味噌の色との相関が高い。とくに白味噌や淡色味噌ではその影響が大きい。蒸煮大豆の色は前述の蒸煮条件（温度と時間）のほかに，大豆の種類や収穫してからの期間の長さなどによっても影響される。淡麗な蒸煮大豆にするためには，種皮が黄白色で光沢のある，新しい大豆を使用することがよい。またヘソ（Hilum）の色は味噌の熟成後も残るので，味噌の色が淡色だと目立ってしまい，外観上好ましくないのでできるだけ淡色がよい。

(5) 発芽率がよいこと。これは貯蔵期間が長く，貯蔵条件の悪い大豆は発芽率が低下する。発芽率をみることが大豆品質の指標となる。

2. 国産大豆

国産大豆は一般的に味噌原料に適した品種が多い。きめが細かく，ねっとりしてざらつきがなく，組成もよいので定評がある。このような大豆を使用した場合，蒸煮して食塩を加えても硬くしまることが少なく，短時間の蒸煮でやわらかくなり，白甘味噌や淡色味噌に適している。

3. 輸入大豆

輸入大豆には中国産，米国産，カナダ産などがみられる。中国産は国産大豆に性状

が似ており，国産に比べて価格が安いことから味噌用大豆として多く使われている。しかし，アメリカ，カナダなどで契約栽培が普及したことなどから使用低下の傾向にある。米国産・カナダ産は，以前は夾雑物が多く，蒸煮が均一でやわらかくなりにくいという欠点があった。しかし近年は，品種改良や非遺伝子組換え大豆の契約栽培が進み，味噌用原料として中国産を上回っている。

4. 味噌用原料大豆の成分

味噌用大豆の成分は，タンパク質と脂質含有量が多いことが特徴として挙げられる。タンパク質は約35％，脂質は約20％を含有している。炭水化物は約30％含有しているが，食物繊維やオリゴ糖類で，デンプンはほとんど含まれていない。灰分は約5％を含有し，カルシウムとリンが多く含まれている。無機成分は蒸し大豆の組成に関係し，カルシウム含量が多い大豆は蒸煮後の組成が硬くなる傾向がみられる（表2.1-2）。

表2.1-2 大豆の一般成分（100g当たり）

	水分(g)	タンパク質(g)	脂質(g)	炭水化物(g)	灰分(g)	カルシウム(mg)	リン(mg)	食物繊維(g)
国産	12.5	35.3	19.0	28.2	5.0	240	580	17.1
米国産	11.7	33.0	21.7	28.8	4.8	230	480	15.9
中国産	12.5	32.8	19.5	30.8	4.4	170	460	15.6
ブラジル産	8.3	33.6	22.6	30.7	4.8	250	580	17.3

〔日本食品標準成分表2010より〕

5. 非遺伝子組換え大豆

近年，アメリカの大豆栽培は，非遺伝子組換え大豆から遺伝子組換え大豆への転換が進んでいる。しかし，日本では，遺伝子組換え農作物を長期に利用することへの人体への影響や，遺伝子組換え農作物を栽培することによる環境への影響に対し，不安をもつ消費者が多い。そのため，主原料となる味噌用原料大豆には非遺伝子組換え大豆を使用しているが，次第に入手困難になりつつある。

なお，栽培，生産，流通，加工などの過程で遺伝子組換え大豆と非遺伝子組換え大豆が混ざらないよう管理する手段として「分別生産流通管理（IPハンドリング）」が行われている。これは「生産，流通，および加工の各段階で善良なる管理者の注意をもって分別管理し，その旨を証明する書類によって明確にした管理の方法」と定められており，これが適正に実施されることが必要である。

2. 米

現在，味噌醸造に使用される米は約8万tである。これは，大豆に次ぐ主要原料で，麹割合の高い米味噌ほど米の品質は製品味噌の品質に対する影響が大きい。

世界で生産されている米は、主に日本型（ジャポニカ種）とインド型（インディカ種）に分類される。味噌製造用としての米は昭和46年から平成4年までは、使用する米の大部分は国内産ジャポニカ種を水稲栽培したうるち米を使用していたが、平成5年（1993年）の国内産米の不作によりタイ米が緊急輸入されたことで味噌用原料米に使用された。その後、ガット・ウルグアイラウンド農業合意により米を最低限輸入することとなり、平成7年（1995年）度からタイ、アメリカ、オーストラリア、中国などからミニマムアクセス米（MA米）が輸入され、味噌の原料としても使用されるようになった。

味噌用原料米としては、麹にしやすいことが重要なポイントで、そのためには吸水性がよく、かつ蒸して粘らないものでなければならない。国内産水稲が好適であるが、インディカ種などの芯まで完全に蒸すことが困難なものは、二度蒸しなどの工夫が必要となる。

米の成分

玄米の92％が胚乳、8％が糠である。歩留りが92％に精白した米を白米といい、味噌用にはこれを用いる。米の成分は主に炭水化物で、その大部分はデンプンである。その他にデキストリン、還元糖、ペントザンをそれぞれ1％程度含んでいる（表2.1-3）。

表2.1-3 米の一般成分（100g当たり）

	水分(g)	タンパク質(g)	脂質(g)	炭水化物(g)	灰分(g)	備考
玄米(g)	15.5	6.8	2.7	73.8	1.2	
精白米(g)	15.5	6.1	0.9	77.1	0.4	歩留り90～91％

〔日本食品標準成分表2010より〕

3. 麦

麦味噌は麹の原料に大麦や裸麦を使用する。国内産は味噌の組成に粘り気があり味噌原料にとても適しているが、近年、国内産量が少なくなり、多くを輸入に依存している。

麦味噌の原料に使用する際の精白歩合は大麦で60～70％、裸麦で75～85％程度である。とくに淡色系の麦味噌に使用する場合は、さらに精白度を上げる。味噌用原料の要件としては、米に準ずるものであるが、皮の占める割合が少ないこと、大麦は淡黄色、裸麦は淡褐色で光沢があること、異臭（カビ臭など）がないことなどが挙げられる。

4. 塩

一般に国内塩の並塩（塩化ナトリウムの含有量95％以上）が用いられる。海水濃縮（イオン交換膜）法による鹹水（かんすい）を煮詰めたもので、平均粒径は400μmである。

◆ 味噌の原料処理

1. 大豆

大豆処理は、精選⇒洗浄⇒浸漬、水切り⇒蒸煮⇒冷却⇒擂砕（らいさい）の処理工程を経る。

精選：大豆の枝、鞘（さや）、土砂、屑豆（くずまめ）、雑草の実などの夾雑物を選別機で除去する。また、原料大豆で既述したように、味噌の色、なめらかさをよくするためには大豆の研磨や脱皮を行う。

洗浄：次に大豆に付着した土、埃（ほこり）などを洗い落としたり、選別機で除去できなかった小石などを除去するため洗穀機などを用いる。

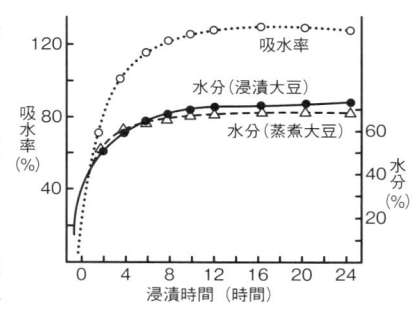

図2.1-3 大豆の吸水率および水分

浸漬：洗浄した大豆を水に浸す。これは大豆に水を十分に吸水させ、均一に蒸煮するために行う。図2.1-3に大豆の浸漬時間と吸水率の関係を示す。

十分に吸水した大豆の重さは吸水前の2.2～2.4倍になる。最適な浸漬時間は味噌の種類、製造法などで異なる。一般的に浸漬時間を長くして吸水量を多くしたほうが蒸煮が容易になり、味噌がやわらかく淡色に仕上がる。これは、大豆の色素や味噌の着色原因となる物質などが浸漬中に水に溶出するためである。しかし、豆味噌のように大豆を麹にする場合には、吸水量が多すぎると、その後の麹づくりに支障をきたす場合があるので1～3時間程度と短くする。

水切り：浸漬が終了後、水切りを行う。水切りとは、浸漬水から大豆を引き上げることにより、大豆表面に付着した水を内部に侵入させ、粒内の水分を均等化するために行う。

蒸煮：大豆の蒸煮方法には蒸熟法と煮熟法がある。

(1) **蒸熟法**：常圧で蒸すと4～8時間かかるので、加圧蒸煮缶で短時間で蒸す。大量の場合は連続蒸煮装置が使われる。

(2) **煮熟法**：淡色味噌で色を淡く仕上げるため、蒸煮缶で加圧しながら煮る。蒸す

よりも色が淡く仕上がるが，成分の溶出が多く，固形物の損失が10％以上となる。

蒸煮大豆は，味噌の出来映えに大きく影響するため，味噌の種類に適した蒸煮条件を選択することが重要である。

蒸した大豆は煮た大豆に比べ，処理後の色が濃いが，煮汁への成分溶出量が少ないことから味が濃く，味噌の味にも微妙に影響する。このため一般的には蒸熟法は赤色系味噌の製造に，煮熟法は淡色系味噌の製造にむいている。

蒸煮大豆の硬さであるが，上皿時計秤に蒸煮大豆をのせて1粒ずつ人差し指の腹で押して加重し，大豆が潰れるときに秤が示した重さをグラム数で読みとる。50粒を測定し，その平均値を求める。味噌や大豆の種類により異なるが，一般的に適切な硬さは500gである。硬すぎる場合は味噌になってざらつきを生じ，やわらかすぎると味噌の粘り，発酵不足を生じやすいため，適切な硬さにすることが大切である。

冷却：蒸煮が終了した大豆は高温になっており，この状態では大豆の着色が進むので，できるだけ早く冷却する必要がある。

現在の味噌工場では以下のような方法がとられている。

(1) **減圧冷冷**：加圧缶にジェットコンデンサーなどをつけて減圧し，水分が蒸発する際の気化熱で熱が奪われて冷却する方法。目的の温度まで下げるのに時間がかかることや，冷却後の蒸煮大豆の水分が低くなり，固くしまるなどの欠点がある。

(2) **ネットコンベア式放冷**：連続的に網状のコンベアの上に蒸煮大豆をのせ，強制的に通風あるいは吸引により冷却する方法。コンベアに送る大豆の量やコンベアの速度で冷却温度を調整するが外気の温度の影響を受けやすい。

(3) **ネットコンベア式冷気通気冷却**：ネットコンベア式放冷機に冷凍機を連結し，冷風による冷却を行う方法。夏季など外気の温度が高いときでも品温を下げやすい。

擂砕：冷却を終えた蒸煮大豆を仕込み前に漉し網のチョッパー（粉砕機）で潰す。細砕した場合，仕込み後の味噌に含まれる各種成分の分解は早くなるが，粘度が高くなり，酵母による発酵が遅くなる場合がある。使用する漉し網の網目は，粒味噌は5～10mm，越後タイプの麹粒味噌（浮き麹味噌）は2～3mm，漉し味噌は5～6mmを使用する場合が多い。

2. 米

米処理は，精白⇒洗浄⇒浸漬，水切り⇒蒸し⇒冷却の処理工程を経る。

精白：味噌には精白された米を使用するが，精米歩合（白米kg/玄米kg×100）が90％前後の米が一般的に使用される。

洗浄：次に米に付着した糠，埃，異物などを除去するため洗米機で洗浄する。一般的

に洗米機を用いるが，乾式研磨や湿式研磨機で洗浄を省略または簡略化することもある。乾式研磨とは水を使用せずにブラシで米粒を磨く方法で，湿式研磨は微量の水（米1t当たり3*l*前後）を霧状に噴霧しながら米粒を磨く方法である。このような研磨を行い，洗米を省略することで米処理廃水のBOD負荷量を減らすことができる。

図2.1-4 米，麦の吸水

浸漬：洗米を浸漬し，米粒の中心部まで均一に十分に吸水させる。これは蒸煮によるデンプンの α 化を完全に行わせるためである。図2.1-4に米と麦の吸水に関する図を示す。

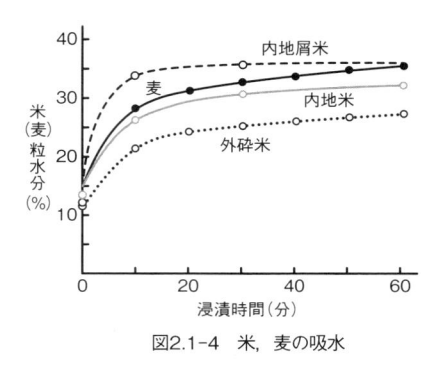

米の吸水は30分くらいで一定量に達する。しかし米粒全体を均一な吸水状態にし，よい蒸米とするには3時間以上浸漬するのがよい。通常は15℃くらいで一晩浸漬する。

水切り：米粒表面の付着水を除き，蒸米の上粘り（表面が異常にべたつくこと）を防ぎ，吸水を均一にする。ただし，気温が高い場合，水切り時間が長すぎると臭いを生じたり，微生物汚染による着色が起きることがある。水切り後の浸漬米の水分は32～33％が適正とされる。浸漬米の吸水歩合は蒸し後の米の水分に直にかかわり，さらには麹の良否に多大な影響を与える。

蒸し：米の生デンプン（β-デンプン）をα化（糊化）して麹菌の生育を容易にすること，付着している微生物を殺菌し，以後の製麹工程を安全に行う。蒸しが不足し，米粒内部にα化されていない生デンプンが残った場合，麹菌の菌糸の侵入（破精込み）ができず，酵素活性の低い麹となる。

よい蒸米の条件は，米粒をひねり潰したときに芯がなく，ふっくらとし，外面はやや硬いが内部はやわらかで弾力があり，上粘りしないものである*。浸漬時の吸水不足や蒸しの蒸気量不足の場合は，蒸米に芯が残りやすく，味噌の組成のざらつき，漉し味噌タイプでは色のくすみの原因となる。また，蒸米が水分過多でやわらかすぎた場合は，以降の製麹作業に支障を生じるとともに，麹の雑菌汚染，麹菌の生育の低下が起こりやすくなり，酵素活性が低下する。

*蒸しの状態を判定するには，"ひねり餅"にする方法がある。これは古くから用いられてきた方法で，熱い米を手のひらで押し潰して餅状とし，芯が残っていないことを確かめる。

冷却：蒸し上がった米は製麹の適温まで冷却する。大量生産する工場では蒸米冷却機（連続通風冷却機）を用いる。冷却温度は季節，製麹方法，床の状態，蒸米の量を考慮して決める。一般的に冬期や冷えやすい床，蒸米の量が少ない場合は35～36℃，

夏季は32～33℃が適温とされる。また，冷却しすぎないよう，以後に行う麹菌の種付け後の米の温度を30℃以下にしないように配慮する。

3. 麦

米とほぼ同様なので，注意点を述べる。

浸漬，水切り： 麦は米に比べて吸水速度が速く，洗浄時から水を吸いはじめる（図2.1-4）。よって短時間で吸水し，水分のムラの発生を防止しなければならない。また水温の影響が大きく，温度により浸漬時間を調整する。水切りは通常2時間以上行う。

蒸し： 蒸し時間は無圧の場合30～60分，加圧下は30分くらいが一般的である。大麦類は蒸しの段階でも塊になり，そのまま製麹すると麹菌の繁殖にムラが生じるので抜け掛け法により蒸す。その後，熱いうちに早めに塊を崩壊することが重要である。蒸した麦粒は弾力のある飴色であり，全体が十分に膨れ，上粘りがしないものがよい。浸漬時の吸水過多，あるいは水切りが不十分の場合には表面がべたつき，逆に吸水不足では中心部に白い芯（未糊化部分）が多く残る。一般的に蒸麦の水分は38～40％がよい。

◆ 味噌の麹

麹菌を原料に付着させ，増殖させることを製麹という。目的は次のとおりである。
(1) 原料の分解に必要なプロテアーゼ，アミラーゼなどの酵素を生産・蓄積させる。
(2) 蒸米の表面および組織内に麹菌 *Aspergillus oryzae* （アスペルギルス　オリゼー）の菌体（菌糸）を増殖させる。
(3) 原料臭を除去する。
(4) 味噌の香気成分の前駆物質を生成させる。

原料の大豆からアミノ酸，米からブドウ糖をつくり，味噌として完成させるため(1)がもっとも重要である。(2)は菌体内で酵素生成や菌の自己消化で呈味成分生成があり，外観上でくすみがなく見栄えをよくする効果もある。

1. 種麹

醸造で主に使われる麹菌は *Aspergillus* 属のカビで，*Asp. oryzae*，*Asp. sojae*（ソヤ），*Asp. tamarii*（タマリ）の3種類が存在する。*Asp. oryzae* はデンプン糖化力，タンパク質分解力ともに強いので，味噌，清酒，醤油などの醸造用麹菌として幅広く利用されている。*Asp. sojae* は醤油醸造に使われ，*Asp. tamarii* は豆味噌や醤油の醸造に使われ

ている。

味噌メーカーの多くは *Asp. oryzae* を使用し，種麹を購入している場合が多い。市販の種麹は麹菌の成熟胞子を乾燥したものである。麹菌菌株の実用的性質によって以下の分類がある。
(1) 長毛菌，中毛菌，短毛菌といった分生子（胞子）柄の長さによる分類：一般的には中毛または短毛を選択する。
(2) プロテアーゼやアミラーゼなどの生成酵素の活性力に基づく分類：味噌の種類によって使い分ける。赤系味噌や麹割合の低い味噌（辛口）はタンパク質の分解を促進させたいので，プロテアーゼの生成力のある麹菌を選択する。淡色系味噌や麹割合の高い味噌（甘口）はデンプンの分解を促進させたいのでアミラーゼの生成力のある麹菌を選択する。
(3) 製麹初期の増殖速度による分類：初期増殖の早いものを選択する。
(4) 種麹として粉末状，粒状の分類：粉末状は胞子数$3〜5×10^9$個/g，粒状は胞子数$5〜10×10^8$個/g程度である。種麹使用量は，原料に対して粉末状で1/10,000,粒状で1/1,000が基準である。
(5) 胞子の色は緑色または白色胞子が多い。

2. 麹菌の生育

麹菌胞子は30〜35℃，相対湿度90%以上の環境下であれば3〜4時間で発芽し菌糸を伸ばす。その後，酸素と蒸米中のデンプンなどを栄養源として麹菌は増殖する。その際に多量の酸素を要求し，炭酸ガスと呼吸熱を発生しながら菌糸を伸ばす。そのため，呼吸熱と炭酸ガスを排除しなければ，麹菌は増殖できなくなる。40〜45℃では死滅しないが，著しく増殖が阻害される。

3. 酵素の生産

麹の生成する酵素は，原料成分の加水分解に必要である。大豆，米，麦などが酵素で分解されることにより，酵母や乳酸菌の発酵が進む。その結果，味噌らしい味や香りが生成される。麹菌の生成する酵素は30種類以上もあるといわれている。主要な酵素の役割を表2.1-4に示す。

味噌醸造において重要な酵素は，米などのデンプンを分解し，デキストリンやグルコースを生成するアミラーゼである。グルコースは味噌の甘みと酵母，乳酸菌などの栄養源となる。プロテアーゼは大豆などのタンパク質を分解しアミノ酸を生成する。アミノ酸はうま味に寄与する。

表2.1-4 主要な酵素とその作用

酵素名		作用
プロテアーゼ	プロティナーゼ	タンパク質の可溶化，ペプチドの生成
	ペプチダーゼ	ペプチドから各種アミノ酸を遊離
グルタミナーゼ		グルタミンをグルタミン酸に変換
アミラーゼ	α-アミラーゼ	デンプンの液化，デキストリンの生成
	グルコアミラーゼ	デキストリン・デンプン（一部）からグルコースを遊離
リパーゼ		脂肪をグリセロールと脂肪酸に分解
セルラーゼ	植物組織分解酵素	大豆など原料の植物組織を分解
ペクチナーゼ		
ヘミセルラーゼ		
β-グルコシダーゼ		イソフラボン，サポニンなど配糖体から糖を分離
ホスファターゼ		5'-リボヌクレオチド（リボ核酸）の分解（核酸系調味料の無味化）
チロシナーゼ（酸化酵素）		麹の褐変
フィターゼ（ホスファターゼの一種）		フィチン・フィチン酸からのイノシトール生成
ホスホリパーゼ（A〜D）		レシチンからのコリン生成，イノシトールリン脂質からのイノシトール生成
エステラーゼ		エステルをアルコールと酸に分解，およびその逆反応を行う酵素の総称

1. アミラーゼ

デンプンの分解形式により4種類に分類される。

(1) α-アミラーゼ（液化型アミラーゼ）
(2) β-アミラーゼ
(3) グルコアミラーゼ
　　（糖化型アミラーゼ・S-アミラーゼ）
(4) イソアミラーゼ

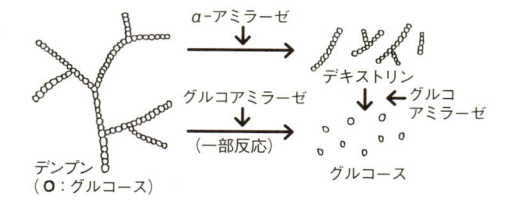

図2.1-5　デンプンの酵素分解

味噌醸造において重要な酵素は(1)および(3)である（図2.1-5）。

α-アミラーゼはデンプンを分解してデキストリンとグルコースのオリゴ糖を生成する。この酵素が低い麹で仕込んだ味噌は，甘みが不足し，ざらついた物性になる。グルコアミラーゼはデンプン，デキストリン，グルコースのオリゴ糖に作用する。この酵素が低い麹で仕込んだ味噌は甘みが不足してべとついた物性になる。

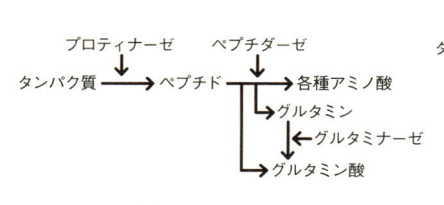

図2.1-6(a)　タンパク質の酵素分解

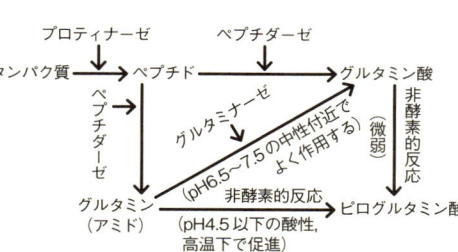

図2.1-6(b)　グルタミン酸の生成・形態変化

2. プロテアーゼ，グルタミナーゼ

タンパク質を分解して各種アミノ酸を生成する酵素にプロテアーゼ，グルタミナーゼがある（図2.1-6(a)(b)）。プロテアーゼにはプロティナーゼとペプチダーゼがあるが，味噌醸造においては両者を区別せずpHに対する作用が異なることからpH3.0，pH6.0，pH7.5の各プロテアーゼに分けて測定する。

4. 製麹法

1. 製麹法

製麹法は，非通風製麹と内部通風製麹に大別される。
(1) **非通風製麹**：非通風製麹は古くからの方法であり，麹蓋製麹法，麹箱製麹法，全床製麹法がある。麹蓋製麹法は木箱を使った方法で，その規模を大きくした麹箱製麹法，さらに大きくしたものが全床製麹法である。
(2) **内部通風製麹**：規模は非通風製麹より大きく，温度管理，送風の温度湿度管理，手入れを機械または人力で行う方法である。米120kg程度を製麹する装置は写真2.1-1のタイプである。手入れは人力で実施する。また，規模の大きなものとして回転円盤製麹法がある。これは完全に機械化された装置で，円盤状の麹室へ原料を機械で搬入し，麹を搬出できる。麹室のなかの温度，湿度，通風をコンピューター制御によって行う。

2. 出麹の品質

蒸した米に麹菌を付けることを種付け，麹菌が十分に増殖した米麹を麹室から出す工程を出麹という。種付け後の内部通風製麹における管理方法は湿度95％以上に保ち，温度

写真2.1-1　小規模な通風製麹装置

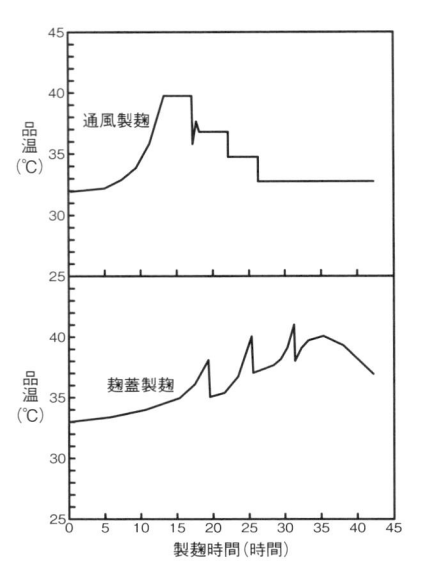

図2.1-7　製麹時の品温経過の一例

は40℃以上にならないように手入れ（撹拌）をする。40〜46時間後には35℃前後までに段階的に下げる（図2.1-7）。よい米麹は以下のとおりである。

(1) 水分は通常24〜28%。30%以上は多湿麹（ベタ麹），22%以下は乾燥麹（砂麹）である。

(2) 米麹を手で握ったとき，ふっくらした感じで湿っぽくなくパラパラとしている。

(3) 芳香があり，糖化臭（甘酒臭）および異臭（雑菌による汚染臭として蒸れ臭，酸臭など）がない。

(4) プロテアーゼ，アミラーゼ活性が十分にある。赤系味噌にはプロテアーゼが高いこと，淡色系・白味噌はアミラーゼが高いこと。

(5) 米の中心部まで麹菌の菌糸が伸びていることを破精込むという。米の精米歩合にもよるが，破精込みは図2.1-8の③または④相当がよい。そして一般生菌数が10^4個/g台以下である。

3. 麦麹の製麹

麦麹の製麹管理は米味噌とほぼ同等である。しかしながら，麦麹の発熱量は大きいのが特徴である。

5. 出麹の保管

麹は完成直後に使用したほうがよい。麹を室で放置すると麹菌は自己発熱により50℃以上になり酵素失活や異臭の原因となる。そのため，すぐに使えない場合は以下の方法で保管する。

(1) 麹に室温の風を多量に当てる。これは「からし麹」といわれ，麹表面の水分乾燥および麹の品温を下げる。しかし，長期保管すると乾燥しすぎてデンプンの劣化が進み，熟成中に麹が溶けにくくなる。よって，からし麹の保管期間は5時間程度である。

(2) 麹重量に対して20%程度の塩を麹と混合する。これは「塩切り麹」といわれ，麹菌を死滅させることを目的としている。長期保管するとプロテアーゼ活性が落ちるので，塩切り麹の保管期間は2日間である。

図2.1-8 麹の破精込み程度
①ヌリ破精　②やや破精込み　③相当破精込み　④総破精

味噌の仕込み，熟成管理

1. 仕込み

　味噌にするために必要な原料を混ぜる作業を仕込みという。具体的には蒸煮大豆，麹，食塩，種水（水のこと），発酵に必要な培養微生物または種味噌を均一に混合し，熟成容器に入れる作業である。微生物による発酵，麹の酵素による原料の分解には原料を均一に混ぜることが重要である。

写真2.1-2　たらい型混合機

1. 混合

　仕込みの規模によりさまざまな機器が使われる。たとえば，たらい型混合機（写真2.1-2）がある。たらい型は内部に1段または2段の回転翼を有し，回転することによって混合する。

2. 仕込温度

　仕込温度は味噌の種類によって異なる。白味噌は微生物の活動を必要とせず，酵素作用によって大豆のタンパク質，米のデンプンを分解させる必要がある。そのため，酵素活性が最大になるように50℃前後で仕込み，熟成中は30℃以下にすると雑菌により腐敗の危険性がある。淡色系・赤系味噌は加温醸造（温醸）と天然醸造がある。加温醸造では25～30℃で仕込み，その品温を維持するようにする。天然醸造では人為的温度管理せず，外気温に左右されるので，仕込み時の温度がその後の熟成に影響を及ぼす。仕込温度は蒸煮大豆の品温によって管理する。

3. 種水

　種水は仕込水分を調整するために入れる。仕込み時の塩分が同一で水分が少ない場合，微生物の発酵が進みにくい。また水分が多い場合，微生物の発酵が進みやすい。

4. 対水食塩濃度

　味噌の塩分/（味噌の水分＋味噌の塩分）×100で表し，対水食塩濃度は熟成中の微生物活動の指標となる。麹割合5～7で21～22％，麹割合8～10で20～21％といわれている。発酵型味噌において，対水食塩濃度19％未満では味噌にとって不要な微生物も活動しやすい環境になり，酸敗の危険性がある。22％以上で乳酸菌や酵母が働かなくなり，味覚的に好ましくない。

5. 種味噌，種菌（培養微生物）の添加

発酵型味噌に欠かせない有用な菌として酵母，乳酸菌がある。主要な耐塩性酵母は *Zygosaccharomyces rouxii*（ジゴサッカロマイセス ルキシー），*Candida versatilis*（キャンディダ バーサティルス）があるが，主に*Zygosacch. rouxii* が使用される。主要な耐塩性乳酸菌は *Tetragenococcus halophilus*（テトラジェノコッカス ハロフィラス）である。味噌中での酵母，乳酸菌の役割は以下のとおりである。

(1) 酵母
　① 原料臭，未熟臭，温醸臭などの消臭やマスキング
　② 味噌らしい芳香の付与
　③ 味に「丸み」をもたせ，塩辛さの低減（塩なれ）
　④ 異臭の原因である産膜酵母の発生抑制

(2) 乳酸菌
　① 原料臭，未熟臭の消臭やマスキング
　② 余韻を響かせているような味（押し味），塩辛さの低減（塩なれ）
　③ 熟成時の着色抑制
　④ 酵母増殖のためにpHを下げる

これらの菌を仕込み時に添加する方法として，種味噌または種菌を入れる。一般家庭で味噌をつくる場合は種味噌を，味噌醸造メーカーでは種菌を使う。種味噌は仕込重量に対し，完成済味噌を10％以下で入れる方法であるが，添加による効果は少ない。種菌は購入または自社培養により管理している。酵母は仕込重量に対して 5×10^5 個/g，乳酸菌は $5 \times 10^6 \sim 1 \times 10^7$ 個/g 添加するのが一般的である。酵母を添加することは味噌醸造において必須であるが，乳酸菌の効果は酵母に比べて少ないため添加しない場合もある。

6. 踏込みと重石

踏込み，重石は仕込容器中の混合物を嫌気的（酸素がない）な環境化におくことで発酵を均一に進めるために行う。踏込みはかつては足で踏み込んでいたが，現在は機械化が進んでいる。また，重石は石や人工的な重量物を使用し，仕込重量の10％前後を容器上部に入れる。仕込重量としてトン単位で仕込む場合は味噌の自重があるので踏込み，重石を使用しない場合もある。

2. 熟成管理

味噌の熟成は，麹の酵素による原料の分解，乳酸菌・酵母による発酵により味噌らしい香りや色をつくることである。また，その熟成管理においては，適度な温度管理をし，適切な時期に切返し（天地返し）を行うことなどがある。

1. 温度管理

　天然醸造と加温醸造（温醸）がある。天然醸造は温度管理をしないこという。専用の発酵室を完備し，加温・冷却装置を設置すれば，酵素分解および発酵微生物育成の最適な温度を維持管理できる。これを加温醸造（温醸）という。

(1) 酵素作用の適温：プロテアーゼ，アミラーゼの適温は50℃前後である。プロテアーゼよりアミラーゼのほうが適温は高い。酵素作用のみで米，大豆を分解し，発酵作用を目的としない甘味噌は，酵素作用の適温である50℃前後の高温で熟成させる。熟成期間は冷却期間も含めて1週間前後である。高温が長時間になると，色や異臭の原因となるので注意が必要である。

(2) 微生物の生育適温：微生物には生育に適した温度があり，乳酸菌，酵母は30℃前後で，40℃では生育不能になる。味噌醸造においては，仕込品温を25～30℃とし，その品温を維持したまま発酵と熟成をさせる。味噌が目的とする色や香味に近づいたら加温を中止する。以後20℃前後で後熟させ，最終的には15℃以下に冷却し着色を防止する。

2. 切返し（天地返し）

　発酵と熟成中の味噌をタンクから別のタンクへ移すことを切返し（天地返し）という。その目的は以下のとおりである。

(1) 酸素を供給することによって酵母の増殖を促す。
(2) タンク内の各部位を均一に発酵と熟成させる。
(3) 発酵熱によってタンク中央部の品温が高くなるので解消させる。

　切返しの時期や回数は味噌の種類により異なるので一概にいえないが，例として仕込み後1週間～10日間に実施すると酵母によるアルコール生成量が多くなる。天然醸造の場合は夏に実施することが多い。

3. 発酵作用

　味噌に添加した耐塩性乳酸菌 *Tetragenococcus halophilus* は，対水食塩濃度と温度が適切（25～30℃）であれば1桁程度増殖する。通常0.2～0.3％の乳酸を生成し，pHを下げ，酸味，塩なれ，味のしまり，大豆臭の除去，味噌の色の淡化，冴えを出すなどの役割を果たす。pHが下がったことで耐塩性酵母 *Zygosaccharomyces rouxii* が増殖しやすくなる。

　酵母のもっとも重要な役割は発酵による味噌の香気成分の生成である。*Z. rouxii* は麹菌のアミラーゼで，原料の米デンプンが分解されてできたグルコースを発酵してエタノールを生成する。エタノールは，有機酸あるいは高級脂肪酸とのエチルエステル，アルデヒドなどに変わる。

4. 熟成度の判定

(1) 色：味噌の色は熟成度を判定するのに重要な指標で，官能と機械での測定がある。機械で測定する場合はCIE（国際照明委員会）の表色系により，明るさY(％)，色相x値，彩度y値で示す。仕込み直後の味噌はY(％)が高いが，熟成にともない着色が進み赤味が増してY(％)が低下する。またx値が増大し，黄色から赤色に変化する色相を表す。Y(％)，x値，y値を使用するのは食品では味噌のみであり，とくにY(％)を重視する。味噌の色の変化は酸化と非酵素的な反応であるアミノカルボニル反応による褐変がある。アミノカルボニル反応とは，原料の大豆や米などに由来するアミノ酸と糖が反応して褐色の色素に変化することである。この反応を止めることはできないが，低温（約15℃以下）で保存すると，着色スピードは遅くなる。

(2) pH，酸度：味噌仕込み時のpHは5.7～6.0であるが，熟成にともない低下し，淡色味噌では4.9～5.2，赤色味噌では4.8～5.0になる。pHの低下はアミノ酸や乳酸の生成，褐変物質の生成によるものである。酸度とは，味噌10gを水に溶解後，0.1N水酸化ナトリウムでpH7.0まで滴定するのに要したml数を酸度Ⅰ，pH7.0～8.3まで滴定するのに要したml数を酸度Ⅱといい，通常は主に酸度Ⅰが使われる。酸度には味噌のpH低下要因と同じ成分が関与しており，アミノ酸，ペプチドの寄与がもっとも大きく，次いで乳酸などの有機酸やリン酸などが関与している。味噌の正常な発酵・熟成では酸度ⅠとⅡはともに増加をする。しかし酸敗すると乳酸が増加し，酸度Ⅱと比較して酸度Ⅰが異常に多くなる。

(3) タンパク質の溶解度・分解度の測定：味噌の全窒素に対する水溶性窒素の比をタンパク溶解率，またアミノ酸窒素（ホルモール窒素）の比をタンパク分解率という。それぞれの値の高いものほど熟成度が進んでいる。

(4) 乳酸量，アルコール量：味噌の熟成中に乳酸菌により乳酸が生成する。味噌の種類によっても異なるが，普通0.2～0.3％である。酵母によって生成されるエタノールも熟成が進むにつれて増加し，発酵型の味噌では0.2％以上になる。2.0％以上は過発酵状態である。過発酵の欠点として酵素による分解の阻害や酵母の糖類の消費がある。また，エタノールが0.1％以下の味噌は，酵母が生育発酵していないか，死滅していると推測される。

5. 熟成成分の変化

(1) 糖類：熟成初期は麹のアミラーゼによって米（麦）のデンプンは分解されグルコースになる。味噌中の糖は主に酵母，乳酸菌のなどの活動によって消費されるので，熟成後期には減少する。

(2) 有機酸類：大豆は乾物中1.2～1.7％の有機酸を含有し，そのうちクエン酸が70

～80%である。原料米（麦）に含まれる有機酸は少量である。味噌中の有機酸では乳酸菌が生成した乳酸がもっとも大きな比率を占める。
(3) 無機成分：無機成分の大部分は食塩である。

◆ 味噌の製品調整，包装，保管

1. 製品調整

官能検査や成分分析結果から熟成が完了したと判定された味噌は，漉したり，防湧処理としてアルコールの添加や加熱処理される。また，味の調整のために調味料（だしなど）を添加することもある。

1. 味噌漉し

漉し味噌は粒味噌を漉すことで製造する。一般的には漉し網の目が0.8～1.2mmのチョッパー（粉砕機）を用いるが，目が細かいほど，また回転数が遅いほど味噌が練れる。結果として粘りが強く，おたまにつきやすい製品となり，扱いにくくなる。

2. 防湧処理

味噌の湧きの原因は酵母で，防湧処理としてはエタノールや加熱殺菌が行われる。
(1) アルコール（エタノール）添加：防湧のために添加するアルコールには，現在，一般に未変性で，純度95％，比重0.81の食用エタノールが使用されている。辛口味噌の場合，味噌中のアルコール量が2％以上になると酵母による湧きを阻止できる。
(2) 加熱殺菌：味噌中の酵母の死滅温度は60℃で10分，80℃以上では1分程度である。大量処理する場合は連続式の加熱冷却装置を使用する。少量の場合は味噌を袋詰めしてから湯殺菌する。加熱殺菌では加熱状態におく時間が長いと変色し，風味も変化するので，加熱後急速に冷却することが必要である。

3. 調味料

味噌汁をつくるときには，鰹節，昆布，煮干などでだしをとるのが一般的である。しかし近年では，簡便性により，だしを添加した味噌の売り上げが伸びている。だし入り味噌は，鰹節や昆布のエキスや粉末などの風味原料を味噌に加えて調合する。

2. 包装

味噌の包装形態

現在，一般小売用味噌の包装形態は，①パウチ（ピロー）タイプの袋詰め，②ガゼットタイプの袋詰め，③カップ詰めの3種類がほとんどである。

味噌は昔，樽で出荷されていた。樽で送って，その空樽を回収していたが，回収や樽の修理の手間から，ダンボールに入れて輸送する形態に変わっていった。その後，味噌が量り売りからスーパーマーケットでの個包装販売が主流になるにつれ，袋詰め形態が一般的になり，さらにカップへと主流は変わってきた。また，近年ではペットボトル入りの味噌も登場している。

味噌の包装資材の材質には，ガスバリヤー性の優れたEVOH（エチレン-ビニルアルコール共重合樹脂）が使われることが多い。EVOHはガス透過性が低いため，酸化による味噌の着色を防ぐ。

| ピロー袋 | ガゼット袋 | カップ | チューブ | ペットボトル |

写真2.1-3　味噌の包装形態

3. 保管

味噌を室温に置いておくと，色調，香味などが劣化して品質がおちる。保存の温度が高いと褐変が進み，また空気中の酸素によっても表面の着色が進行する。成分的にはpHの低下や滴定酸度の増加が続き，褐変臭がしてくる。ただし，これらの変化は味噌を15℃以下の低温に保管することで防止できる。

◆ 豆味噌の製造法

豆味噌は，愛知，岐阜，三重の東海三県で大部分が生産されている。味噌の色が赤黒く，味は渋味，酸味が強いなど個性の強い味噌である。原料は大豆と食塩のみを使用し，大豆を味噌玉とよばれる麹にして仕込むなど，製造法，風味ともに特徴ある味噌である。豆味噌の製造工程を図2.1-9に示す。

1. 原料処理

浸漬：大豆を原料として製麹する。蒸煮大豆の水分が高いと雑菌が生えやすくなるなど，微生物の制御が難しくなるため，大豆を完全吸水させず，製麹がしやすい水分にするため限定吸水させる。浸漬・水切り後の重量（容積）は元原料大豆に対し1.5〜

1.6倍（容積比1.55～1.7倍）が適当とされており、浸漬時間は大豆の品種や新旧、また水温によって異なり、60～180分が目安となる。浸漬後は水切りを行い、大豆の中心部分まで均一に吸水されるまで放置する。2～5時間が目安となるが、蒸煮前日に水切りまで行い、当日蒸煮する方法もある。

蒸煮： 豆味噌らしい色合いを出すための重要な工程である。加圧蒸煮により0.35kg/cm^{2}で20～40分、その後0.75kg/cm^{2}で90～120分程度蒸す。限定吸水により水分が低いため、長時間かけて適度な硬さになるまで蒸す。加圧蒸煮では、大豆の練れを防ぐため加圧中は缶を回転させない。それに代えて大豆から出てきたアメを釜から排出させる作業、アメ抜きを行う。蒸し上がった大豆は、色のY値14～20%、硬度500～600gが適当である。

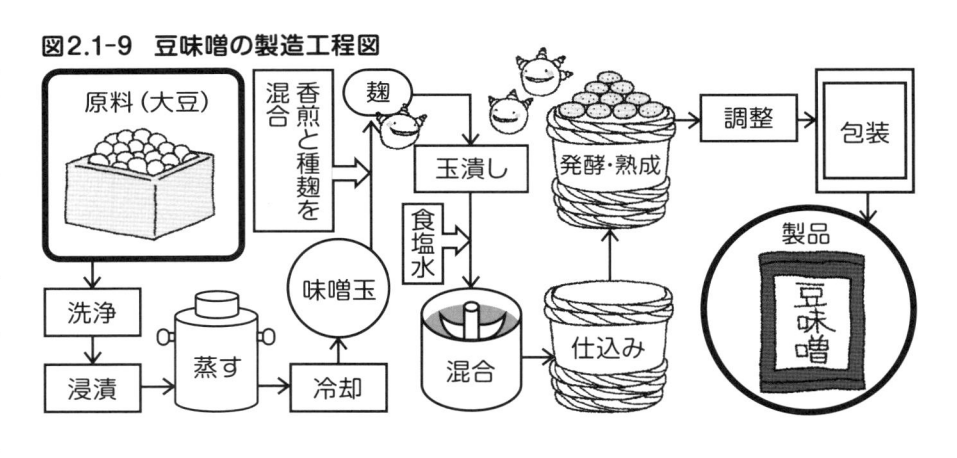

図2.1-9　豆味噌の製造工程図

2. 製麴

　蒸煮大豆は冷却機で種付けに適した温度まで冷し、味噌玉成型機（玉握り機）（図2.1-10）を使って味噌玉をつくる。味噌玉をつくる理由は、バラのままだと水分50%前後ある大豆状では*Bacillus*（バチルス）属細菌が増殖しやすくなるので、味噌玉をつくることで嫌気的状況をつくり、乳酸菌などの生産菌の増殖を促し、味噌玉のpHを下げることで雑菌の増殖を抑制し、麴菌が生育しやすい環境をつくることにある。味噌玉の大きさは直径15～

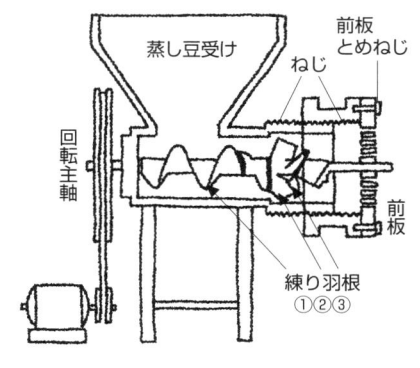

図2.1-10　味噌玉成型機

40mmとするが，平均は30mmである。味噌玉が小さいと表面積が大きくなり，酵素活性が上がることから熟成が速やかに進み，濃厚な味の豆味噌になる。逆に味噌玉が大きいと酵素活性や熟成が逆となり，またpHが低下しやすくなることからさっぱりとした味の味噌となる。

種付け時には種麹を香煎と混ぜて使用する。香煎は味噌玉どうしの結着を防ぎ，表面をほどよく乾燥状態にするため，*Bacillus*属細菌の増殖を防ぐ効果がある。通常，大豆使用量に対して0.8～2％使用する。

製麹管理は*Bacillus*属細菌の増殖を防ぐために初めは乾湿差を少なくして低温域で麹菌の発芽を促し，菌糸が味噌玉全体にまわって発熱が旺盛になってきたら，乾湿差を大きくして積極的に送風して味噌玉の表面を乾燥気味にして内部への砕精込みをよくする。

3. 仕込み

できあがった味噌玉の麹は，押圧ローラーにかけて圧扁，崩壊する。そこに飽和食塩水と残りの追い塩を混合して桶やタンクに仕込む。豆味噌の仕込みは塩水量が全体の30％以上になるため，タンク内の水分や塩分にバラツキが生じやすい。そこで仕込み後すぐに表面に重石をのせる。重石は味噌重量に対して1/4～1/3程度となる。重石の目安は，味噌の表面に数cm以上溜りが見える程度がよい。

4. 熟成

熟成方法には天然醸造と加温醸造がある。天然醸造は，加温をしないで6～12か月あるいはそれ以上熟成させる。加温醸造は一般的に4～6か月くらいである。長期醸造がかならずしもよいわけではなく，熟成が長すぎると，色が濃くなり，苦みが出たり，酸味が強くなり，色や味のバランスが悪くなることもある。

豆味噌は熟成中にアミノ酸の結晶が白く析出してくる。これは昔から「キビ粒」とよばれ，難溶性のアミノ酸のチロシンが結晶状に析出したものである。また豆味噌は産膜酵母が表面に白く繁殖しやすく，製品化したときに品質トラブルの原因になりやすい。そのため，産膜酵母が生育した表面を除去するなど十分留意する必要がある。

◆ 味噌の成分

味噌の成分は種類により大きく異なる。また同一の種類でも，原料配合，原料処理，熟成方法と期間，発酵微生物などにより異なる。よって，ここでは味噌の基本的

な栄養成分について述べる。

1. タンパク質：ペプチド，アミノ酸

アミノ酸は，分子内にアミノ基とカルボキシル基をもつ化合物の総称である。アミノ酸がペプチド結合によって相互に結合した化合物のうち，比較的低分子のものをペプチド，高分子のものをタンパク質とよぶ。

タンパク質は豆味噌に多く含まれるが，米味噌や麦味噌には比較的少ない（表2.1-5）。また，味噌中の微生物によって大半のタンパク質はペプチドやアミノ酸にまで分解されている。そのため，味噌の摂食による大豆タンパク質の吸収効率はとてもよい。

また，大豆タンパク質の分解でできたペプチドは，グルタミン酸，アスパラギン酸，グリシンなどの低分子アミノ酸を含むため，穏やかなうま味があり，味噌の味をまろやかにする。

2. 炭水化物：糖

炭水化物は，一般式が$C_m(H_2O)_n$で表されるものの総称であり，単糖類，オリゴ糖，多糖類に分類される。

味噌に含まれる糖は，米（麦）由来の直接還元糖である。麹割合の高い味噌ほど甘味が強い。大豆だけを主原料としてつくられる豆味噌は甘味が弱い。

3. 脂質

脂質は，エーテル，クロロホルムなどの有機溶媒に可溶な油状の物質で，分子内に必ず脂肪酸を含む。

脂質は豆味噌にもっとも多く含まれており，米味噌の2～3倍である（表2.1-5）。原料大豆の油脂の大半が脂肪酸とグリセリンに分解されているが，大豆の細胞膜で守られているため酸化に対してきわめて安定で，栄養価値も高い。

表2.1-5 味噌の成分
味噌の可食部100g当たりに含まれる量　　　　　　　　　　　　　　　　　　　　　　（単位：g，エネルギーの単位 kcal）

	エネルギー	水分	タンパク質	脂質	炭水化物	灰分	ナトリウム	食塩相当量
米味噌(甘味噌)	217	42.6	9.7	3.0	37.9	6.8	2.4	6.1
米味噌(淡色辛味噌)	192	45.4	12.5	6.0	21.9	14.2	4.9	12.4
米味噌(赤色辛味噌)	186	45.7	13.1	5.5	21.1	14.6	5.1	13.0
麦味噌	198	44.0	9.7	4.3	30.0	12.0	4.2	10.7
豆味噌	217	44.9	17.2	10.5	14.5	12.9	4.3	10.9
即席味噌(粉末タイプ)	343	2.4	20.1	9.3	44.7	23.5	8.1	20.6
即席味噌(ペーストタイプ)	131	61.5	8.2	3.7	16.2	10.4	3.8	9.7

〔日本食品標準成分表2010より一部抜粋〕

4. その他

味噌は酢酸，乳酸などのカルボン酸を含み，酸味を呈する。

香気成分として，アルコール，エステル，カルボニル化合物を含み，味噌特有の香りはこれらに由来する。

◆ 味噌の機能性

味噌は食塩を含むため血圧を上げるのではないかと心配される。しかし，味噌の食塩濃度は12％程度で，味噌汁にすると多くは1％程度（味噌汁1杯当たり約1.4g）である。これは他の食品の1回の摂取量と比較しても必ずしも多くはない。また近年の研究では，味噌の摂取によって血圧は上昇しないと報告されている。古くから日本人の食文化を支えてきた味噌の健康機能に着目して積極的に味噌や味噌汁を摂取することを勧めたい。

1. 血圧上昇抑制

追跡調査により2杯以上の味噌汁の摂取が高血圧を有意に抑制したと報告されており，疫学的には味噌は血圧を上げないと考えられている。またラットに味噌を投与した試験では，血圧の上昇が認められず，血圧上昇ペプチドであるアンジオテンシンを生成するアンジオテンシン変換酵素を阻害するペプチドなどが味噌のなかに存在すると考えられている。

2. 放射線防御効果

長崎の被爆医師秋月氏は原爆症が発症しなかった原因として「ワカメの味噌汁」であったと述べている。これが翻訳され，チェルノブイリの原発事故（1986年）後にヨーロッパの放射能汚染地域で味噌の需要が突如高まり，日本からの味噌の輸出が爆発的な伸びを示したことがある。マウスにX線照射を行った試験では，味噌の熟成期間が長いほどマウスの生存日数や小腸腺窩再生が増加したと報告されている。味噌のどの成分がどのように働いて放射線防御作用を起こすかは明らかになっていないが，多糖類や香り成分のピラジンなどが放射性物質と結合し，排出促進されるのではないかと推察されている。

3. 抗腫瘍性

味噌を食べる人は胃癌が減少することが報告されている。国立がんセンターを中心に行われた多目的コホート研究では，味噌汁および大豆製品に含まれるイソフラボンの摂取量と乳癌の発症率について，1日3杯以上味噌汁を飲む人で乳癌の発生率が減少したと報告されている。また，味噌を含む飼料を与えたラットでは胃癌の発生率が

低く，発生した胃癌も小さかったと報告されている。これらは，味噌中のタンパク質，イソフラボンなどの成分によるものではないかと推測されている。

4. 抗変異原性

味噌に含まれる脂溶性物質であるリノレイン酸エチルなどの不飽和脂肪酸エステルが抗変異原性の有効成分であることが認められている。また，味噌に含まれるピラジン類，フルフラール類，グアヤコールについても抗変異原性を示すことが確認されている。さらに，調理・加熱中に生じる変異原物質（ヘテロサイクリックアミン）の生成を味噌が防ぐことも確認されている。

5. 抗酸化作用

味噌原料の大豆に含まれるサポニンやイソフラボンは抗酸化物質であるが，味噌はさらに強い抗酸化作用を示す。これは味噌の着色成分であるメラノイジンによるものであると考えられている。

6. その他

味噌醸造過程において分離された乳酸菌に高いTh1型サイトカイン産生誘導能およびIgE産生抑制作用を有する菌株が見出され，免疫調節作用をもつことが報告されている。また，この菌株をアトピー性皮膚炎モデルマウスに経口投与すると，皮膚炎の発症と進行を抑制したと報告されている。

◆ 味噌製造における廃水処理―環境への配慮

味噌の製造工程では，大量の廃水が日々発生している。廃水は，汚れ成分である有機物を多量に含むため，そのまま河川へと流せば深刻な水質汚染を引き起こす危険がある。そのため各メーカーでは，下記の方法を併用して廃水を処理している。

1. 嫌気・好気式活性汚泥処理

活性汚泥とは，活性汚泥菌（土壌菌）を主成分とする汚泥のことをいう。

本処理は，菌によって廃水中の有機物を分解させたのち汚泥を沈殿させ，上澄みのきれいな水のみ河川へ放流する。沈殿した汚泥は脱水・圧搾処理されて堆肥となり，農地に還元される（図2.1-11）。

2. メタン発酵処理

メタン菌が有機物をメタンと炭酸ガスに分解することを利用して，廃水中の有機物を分解することをメタン発酵処理という。大豆の浸漬水や煮汁など，多量の有機物を含む廃水の処理に適している。単独で十分な処理効果は得られないため，本処理で得られた処理水を前述の嫌気・好気式活性汚泥処理し，水質をさらに上げたのち河川へ

と放流される。処理時に発生したメタンは、温水ボイラー用燃料として再利用される（図2.1-11）。

図2.1-11　廃水処理工程図（一例）

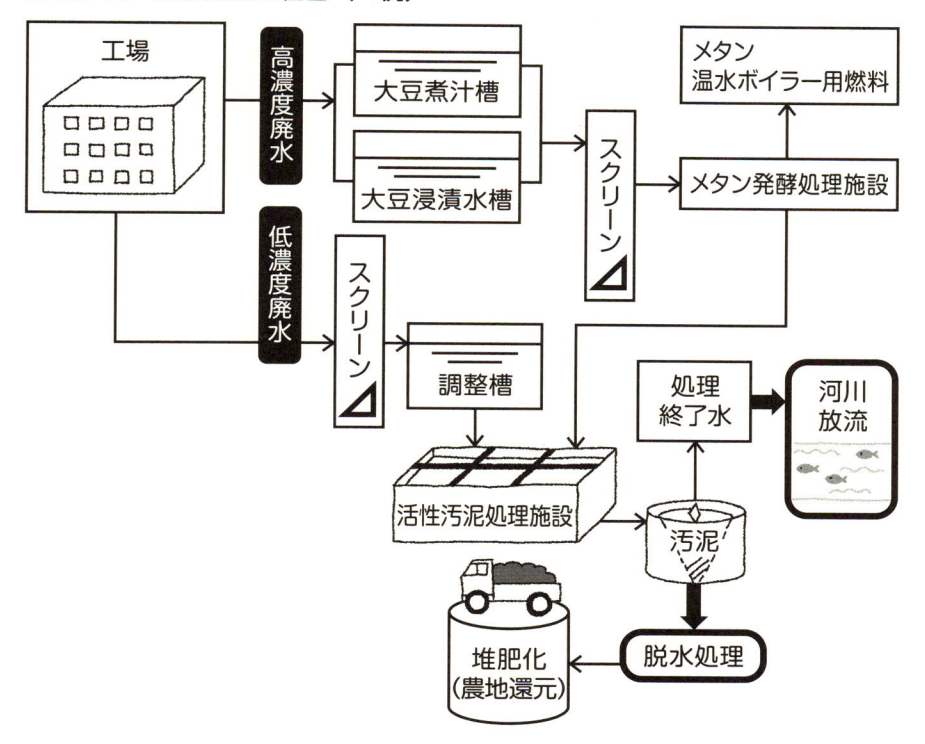

2.2 醤油

◆ 醤油の歴史

　醤油は日本の伝統的な醸造調味料であるが，そのルーツは「醤(ひしお)」である。醤とは食塩を用いた保存食で，肉を用いると「肉醤(ししびしお)」，野菜を用いると「草醤(くさびしお)」，魚を用いると「魚醤(うおびしお)」に分類される。狩猟民族であった原始人が食塩により肉を保存できることに気が付き，最初に肉醤ができたとされている。のちに農耕民族になり，穀物による「穀醤(こくびしお)」ができ，その穀醤のつくり方が仏教伝来とともに中国から日本に伝わった。『大宝律令』(701年) によると，宮内省の大膳職に属する醤院で大豆を原料とする醤がつくられていたとされている。

　日本は，夏暑く梅雨はカビが生えやすい。我々の先祖は，この気候風土を逆手にとり，穀物に麹菌(こうじきん)というカビを生やした麹を使用して伝統的な発酵食品をつくる醸造技術を確立した。中国から伝来した醤から未醤(みしょう)ができ，未醤から日本固有の味噌ができたと考えられている。この味噌の桶に溜まった汁である溜(たま)りが，室町時代に独立した液体調味料である溜醤油(たまりじょうゆ)に発展したとされている。したがって，最初にできた醤油は溜醤油である。文献に「醤油」の記載が最初に登場するのは，安土桃山時代の日常用語辞典『易林本節用集(えきりんぼんせつようしゅう)』だとされている。

　鎌倉時代に禅僧覚心が中国から径山寺味噌のつくり方を持ち帰り，紀州湯浅の村人に伝え，桶に溜まった溜りが醤油のはじまりだとする説もある。いずれにしても味噌の桶に溜まった汁である溜りから醤油が生まれたのである。

　江戸時代に入り，政治と文化の中心が京から江戸に移り，江戸独自の食文化が生まれてくる。江戸は京と異なり，前に海があり，魚を食べる機会が多く，魚の生臭みを消す醤油が必要となり，濃口(こいくち)醤油が生まれてくる。溜醤油が大豆だけを原料として使うのに対し，濃口醤油は原料に大豆と小麦を使うことから，小麦のデンプンにより微生物の発酵が旺盛となり，香りの高い醤油となる。この味と香りがよい濃口醤油の出現により，江戸前の鮨(すし)や蕎麦(そば)などの和食が生まれてくることになる。濃口醤油は江戸から全国に広がり，現在では日本の醤油生産量の8割以上を占めている。

　江戸時代中期 (1666年) に，兵庫県の龍野で円尾孫右衛門が淡口(うすくち)醤油を開発し

た。濃口醤油と製造方法は同じであるが，色を淡くする努力をしてつくった醤油で，京の懐石料理や精進料理に使われ，関西で淡口食文化を形成した。江戸時代末期（1790年）には，山口県の柳井で高田伝兵衛が再仕込み醤油を開発した。味が濃厚でおいしいことから甘露醤油ともよばれ，刺身などのつけ・掛け醤油として使われることが多い。また江戸時代末期に愛知県の碧南で，淡口醤油よりも色が淡い白醤油が生まれている。その色の淡さから，吸い物や茶碗蒸しなどの料理や煎餅などに使用されている。

　醤油の輸出は，鎖国中であった江戸時代に長崎の出島からオランダに向けて細々と行われていた。1970年代に入りアメリカで醤油（soy sauce）が広まり，のちにテリヤキブームが起こり，現在では海外での現地生産も行われ，今や醤油は世界の調味料として認知されている。

◆ 醤油の種類

　現在，日本農林規格（JAS）では，濃口醤油，淡口醤油，溜醤油，再仕込み醤油，白醤油の5種類が規定されている（写真2.2-1）。平成21年度の農林水産省総合食料局資料によると，各醤油の生産比率は，濃口醤油84％，淡口醤油12％，溜醤油1.4％，再仕込み醤油1.0％，白醤油0.7％となっている。また，醸造方式では，副原料であるアミノ酸液の使用の有無，添加時期で，本醸造方式，混合醸造方式，混合方式の3種類の醸造方式が規定されている。アミノ酸液を使用しないのが本醸造方式，アミノ酸液を諸味に添加して熟成して醸造したものが混合醸造方式，生揚醤油にアミノ酸液を加えたものが混合方式である。平成21年度の前述資料によると，醤油生産量の約85％は本醸造方式で，混合方式は14％程度，混合醸造方式は0.6％しか生産されていない。日本農林規格では5種類の醤油ごとに，特級，上級，標準の3等級が規定されているが，生産量の70％以上が特級で，上級が20％程度，標準は3％程度と少ない。特級のなかで，うま味成分が多く含まれるものに対して，品質表示基準に

| 濃口醤油 | 淡口醤油 | 溜醤油 | 再仕込み醤油 | 白醤油 |

写真2.2-1　醤油の種類

したがって「超特選」や「特選」など表示が許されている。なお，日本農林規格は5年ごとに見直すことになっている。

　減塩醬油は，食塩分9％以下の醬油で，主に濃口醬油が生産されている。その他に食塩分を80％以下〜50％以上にしたうす塩醬油があり，健康志向から減塩醬油やうす塩醬油を使う人が増えている。醬油をベースに，だしを加えたものや昆布，みりんなどを加えたものなど多くの醬油様調味料が販売されているが，これらは醬油ではなく醬油加工調味料である。近年，その手軽さからこれらの醬油加工調味料も増えている。また魚醬油は，魚の消化酵素で魚を自己消化させたもので，日本農林規格では醬油に当たらない。魚醬油に関しては2.5節を参照のこと。

◆ 濃口醬油（本醸造方式）の製造法

　もっとも生産量の多い濃口醬油（本醸造方式）の製造工程を図2.2-1に示す。濃口醬油の原料は大豆と小麦を等量使用するが，大豆はほとんどの場合，大豆油の抽出残渣を醸造用に加工した脱脂加工大豆を使用する。それに対して大豆をそのまま丸ごと使用した醬油を丸大豆醬油とよび差別化している。脱脂加工大豆の原料処理は，熱湯を撒湯（さんとう）して水分を吸収させてから蒸煮し，小麦は炒熬（しゃごう），割砕する。蒸煮大豆と割砕小麦を混合することを両味混合（りょうみこんごう）という。両味混合された原料に麴菌の胞子である種麴（たねこうじ）を撒布して麴室（こうじむろ）に引き込み，40時間かけて醬油麴を製麴（せいきく）する。醬油麴には，麴菌が生産した各種酵素が含まれるが，醬油醸造で重要な酵素はタンパク質分解酵素であるプロテアーゼとデンプン分解酵素であるアミラーゼである。

　醬油麴を食塩水に仕込んだものを諸味という。天然醸造においては，春先に諸味を仕込んで気温の上昇とともに発酵が旺盛になり，夏を越して秋口に搾るとおいしい醬油ができるとされている。温醸（おんじょう）では，人工的に諸味を加温，冷却をすることにより天然醸造に匹敵するおいしい醬油を醸造している。

　最初は麴が食塩水に浮いているが，仕込み直後から麴菌の酵素分解がはじまり，次第に諸味はドロドロに解けた状態となる。諸味中の麴菌や非耐塩性微生物は食塩によって死滅するが，耐塩性の醬油乳酸菌や醬油酵母により発酵が行われる。とくに醬油酵母は，アルコール発酵の際に炭酸ガスを発生するので，諸味がプツプツと沸き，発酵状態を確認できる。

　仕込んでから6か月間，発酵・熟成後，諸味を布に包むか袋に入れて圧搾し，生揚醬油を搾る。生揚醬油は清澄タンクに集め，数日間放置して油と醬油を分離後，醬油油をとり除く。生揚醬油を日本農林規格の品質基準に従って食塩水を添加するなどし

て全窒素や成分を調製する。醤油はプレートヒーターなどを用いて火入れを行い，数日間静置して滓（おり）を沈殿させた後，濾過助剤のセライトを加えて濾過機にかけ，清澄化する。醤油の再発酵や産膜酵母の生育を抑える目的で，防湧，防黴のための酒精（しゅせい）（エタノール）を加えて，容器に充填して製品となる。濃口醤油は，清澄な液体で，色は食欲をそそる赤味を帯びた褐色で，十分な発酵香を有しており，味は深いうま味と酸味や甘味がバランスよいものがよいとされている。

図2.2-1 濃口醤油・淡口醤油・再仕込み醤油の製造工程図

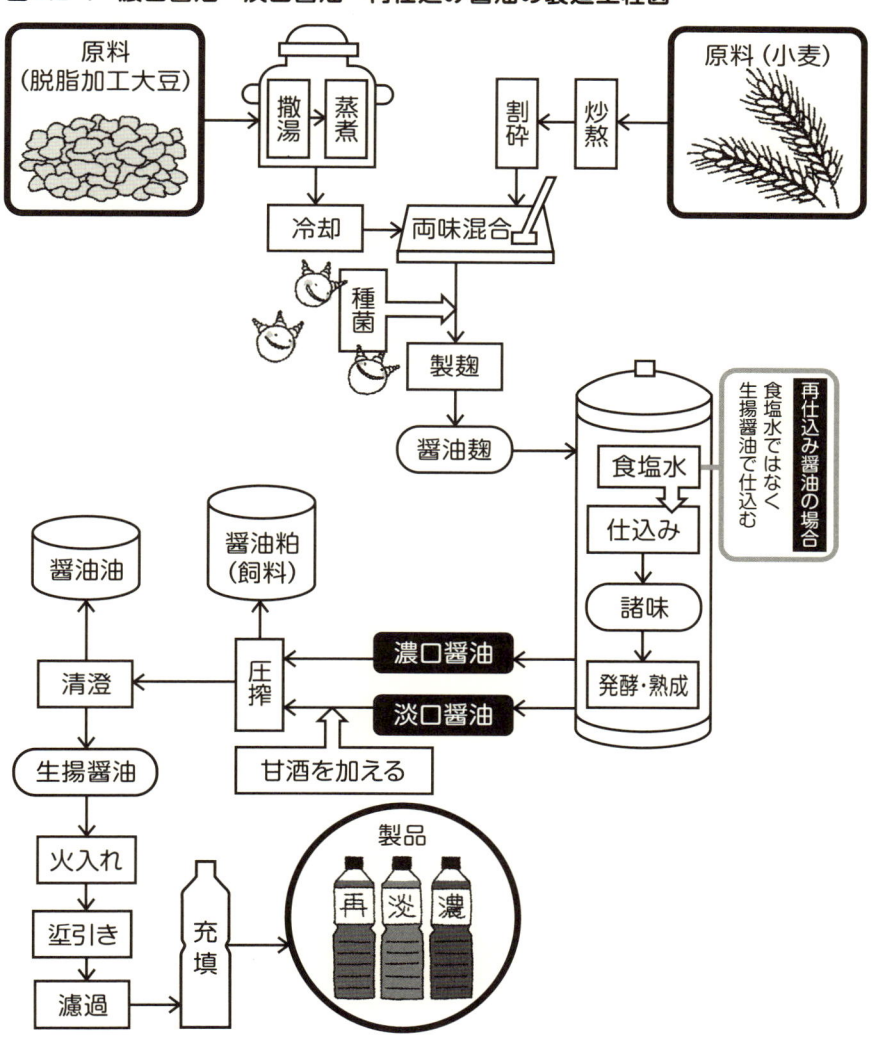

◆ 醤油の原料と原料処理

1. 大豆

　大豆の主成分はタンパク質で，麹菌のプロテアーゼで分解され濃口醤油のうま味成分であるアミノ酸となる。大豆には脂質も多く含まれるが，濃口醤油の製造過程では最後にとり除かれる。したがって，醤油原料としてはタンパク質含量の多い大豆が適している。一部に国産大豆が醤油原料として用いられているが，大半が輸入大豆で，安全性の観点から遺伝子組換えをしていないnon-GMO大豆が用いられている。醤油原料としては，一般に大豆から脂質をヘキサン抽出でとり除き，脱溶剤，乾燥，大きさを揃えた醸造用の脱脂加工大豆（写真2.2-2）が用いられることが多い。大豆を丸ごと使用した丸大豆醤油は，コストが高いがまろやかな醤油となることから，高級品として差別化されている。

写真2.2-2　脱脂加工大豆

写真2.2-3　連続蒸煮缶

　大豆を蒸煮する目的は，タンパク質を熱変性させ，麹菌プロテアーゼによる分解を促進することにある。脱脂加工大豆の重量に対し130％の熱湯を撒湯し，水分を吸収させてから蒸煮する。中小工場では回転蒸煮缶であるNK缶を用いて1.5kg/cm^{2}で30分間蒸煮しているが，大規模工場では連続蒸煮缶（写真2.2-3）を用いて2kg/cm^{2}で3分間蒸煮している。最新の連続蒸煮缶では，6kg/cm^2，30秒で蒸せる装置もある。現在，大豆タンパク質の消化率は90％以上に達し，醤油醸造の大豆原料処理が食品製造における技術革新のもっとも優れた例とされている。

2. 小麦

　小麦の主成分はデンプンであるが，濃口醤油の窒素成分の25％は小麦のタンパク質由来であることから，小麦もタンパク質含量の高い外麦を用いることが多い。一般

写真2.2-4 小麦

写真2.2-5 流動焙焼装置

に小麦は粉にしやすいことから製粉してから食品に用いられるが，醤油原料の場合は製粉せずに小麦粒のまま使用する（写真2.2-4）。

製粉の副産物として出てくる小麦の皮の部分である麸（ふすま）と，小麦粉を混合し整形後，あらかじめ熱処理をした「麹麦（こうじむぎ）」が醤油原料として用いられる場合もある。「麹麦」を用いれば小麦の原料処理設備が不要で，配合の異なった「麹麦」を用いることにより容易に醤油の品質を調製できるなどの利点がある。

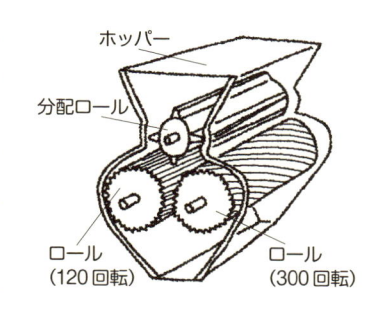

図2.2-2 ロール式割砕機

小麦を炒熟する目的は，デンプンのα化とタンパク質の熱変性により麹菌酵素の分解を受けやすくすることと，水分の減少と殺菌である。中小工場では，まだ砂と小麦を混合し加熱して炒る砂炒りを行っているが，大規模工場では熱風を吹き付けて炒る流動焙焼装置（写真2.2-5）で炒られている。

割砕は，完全に粉末化するのではなく，脱脂加工大豆と混合した場合に麹菌が窒息しない程度の粒度でなければならない。割砕にはロール式割砕機（図2.2-2）が用いられる。

3. 食塩

海水からイオン交換膜法により濃縮，乾燥，精製された国内産の並塩を用いることが多いが，外国産の岩塩を用いる場合もある。

食塩は水に溶解させ飽和食塩水を調製し，濾過後，濃度を調製して仕込水に用いる。

4. 種麹

多くのメーカーでは，プロテアーゼ活性の強い醤油用種麹を種麹屋から購入して用いるが，大手メーカーでは自社で育種，培養した種麹を使用している。種麹は，*Aspergillus oryzae*（アスペルギルス オリゼー）や*Asp. sojae*（ソヤ）を培養して胞子を集め，撒布したときの分散をよくするためにデンプンなどの増量剤を加えて調製してある（写真2.2-6）。

写真2.2-6 種麹

5. 水

井戸水や水道水など飲料用の水を使用する。鉄，マンガン，銅などが少ないほうが色の安定性からよいとされているが，仕込水中の金属イオンの量では醤油の品質にはほとんど影響を与えないと考えられる。

6. アミノ酸液

脱脂大豆や小麦グルテンなどの植物性タンパク質を，麹菌の酵素ではなく塩酸で分解したもので，醤油より強いうま味をもっている。日本農林規格において混合醸造方式および混合方式の醤油に使用することが認められている。

7. 食品添加物

調味料，甘味料，着色料，保存料などの使用が認められている。防湧，防黴のための酒精（エタノール）が添加される場合が多い。

◆ 醤油の各製造工程

1. 製麹

醤油醸造の要点を示す言葉に「一麹，二櫂（かい），三火入れ」があり，麹がいちばん大切でよい麹ができないとおいしい醤油はできないことを表している。その後の諸味管理と製品調製でも失敗は許されないのである。

蒸煮した脱脂加工大豆は水分を多く含むが，炒熬割砕した小麦は水分が少なく，両味混合することにより脱脂加工大豆の表面水分が麹菌の生育に適した水分になる。種

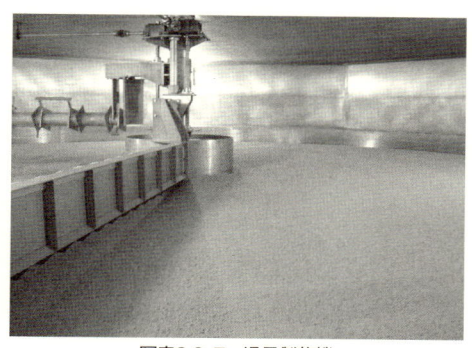

写真2.2-7　通風製麹機

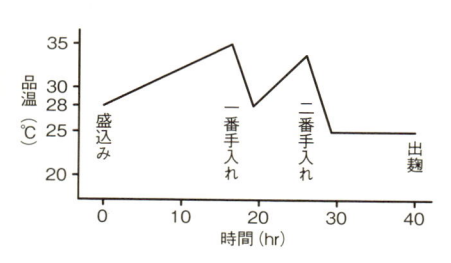

図2.2-3　製麹中の品温経過（3日麹）

麹に含まれる麹菌の胞子を発芽させ、麹菌を増殖させるために、湿度が90％以上で温度が28℃の室（むろ）で製麹する。昔は麹蓋（こうじぶた）を用いて製麹していたが、現在は製麹機を用いた通風製麹が主流で、大規模工場では自動化され無人運転が行われている（写真2.2-7）。図2.2-3に製麹時における麹の品温経過（3日麹、盛込みから出麹まで足掛け3日）を示したが、最初は胞子の発芽を促すために徐々に温度を上昇させる。麹菌の増殖が旺盛になると発酵熱で品温が上がりすぎるので、2回の手入れにより温度を下げる。二番手入れ以降は、プロテアーゼの生産を誘導するために出麹まで25℃を保つ。出麹の状態は、麹菌の菌糸が十分生え、麹が締まった状態で、麹らしい香りがしているものがよいとされている。

2. 仕込み

　濃口醤油は、大豆と小麦の原料体積の合計1klに対し、1.2klの汲水（くみみず）（食塩水）に仕込む12水仕込が一般的である。仕込み時期は、天然醸造では春先に仕込み、温醸では諸味を春先の温度にするため、冷却した食塩水に仕込む。仕込水の食塩濃度はボーメ19度（食塩濃度23％）程度が一般的である。

写真2.2-8　大型屋外ステンレスタンク

　仕込容器は、木桶からコンクリートタンク、ホーロータンク、FRPタンク、ステンレスタンクと移り変わってきた。大規模工場では大型屋外ステンレスタンク（120kl）が主流である（写真2.2-8）。

2.2 醤油

大型屋外ステンレスタンクには，ジャケットが付いており，加温，冷却などの諸味の温度管理ができるようになっている。

3. 諸味

仕込み直後は，麹が食塩水に浮くため，早く食塩水と混和するように荒櫂を行い，非耐塩性微生物の死滅や麹菌の酵素による分解を促進させる。大型屋外ステンレスタンクでは，空気を送り込み，諸味を対流させて撹拌している。諸味の品温を25℃に徐々に上昇させ，撹拌を行いながら醤油酵母による発酵を促す。発酵が終われば撹拌回数を減らし，諸味の品温も下げていく。

醤油諸味の微生物叢（ミクロフローラ）を図2.2-4に示す。仕込み直後から麹由来の非耐塩性微生物は食塩により死滅していく。仕込み初期の諸味のpHは6近辺であることから，醤油乳酸菌 *Tetragenococcus halophilus*（テトラジェノコッカス ハロフィラス）が乳酸発酵を行いながら増殖してくる。醤油乳酸菌は自身が生成した乳酸により生育できなくなり死滅する。諸味のpHが5.5近辺になった頃から主発酵酵母 *Zygosaccharomyces rouxii*（チゴサッカロマイセス ルキシー）がアルコール発酵を行いながら増殖してくる。この時期は，諸味の表面にアルコール発酵にともなう二酸化炭素の泡がみられる（写真2.2-9）。主発酵酵母は自身が生成したアルコールにより生育できなくなり死滅する。最後に熟成酵母 *Candida versatilis*（キャンディダ バーサティルス）や *Can. etchellsii*（エッチェルシー）などが増殖して醤油らしい香りをつくる。開放型発酵タンクを使用している中小工場では発酵微生物の添加は行っていないが，密閉型発酵タンクを使用している大規模工場では，諸味への発酵微生物の添加を行っている。

醤油麹に生えた麹菌は仕込食塩水によって死滅するが，麹菌の酵素は仕込食塩水によって抽出され，麹の脱脂加工大豆や小麦を分解する。タンパク質はペプチドやアミノ酸まで分解され醤油のうま味となり，デンプンはオリゴ糖やブドウ糖まで分解され醤油の甘味となる。さらにブドウ糖からは乳酸発酵により乳酸が生成され醤油の酸味

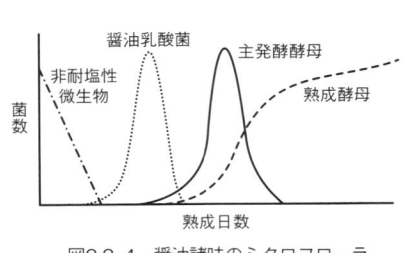

図2.2-4　醤油諸味のミクロフローラ

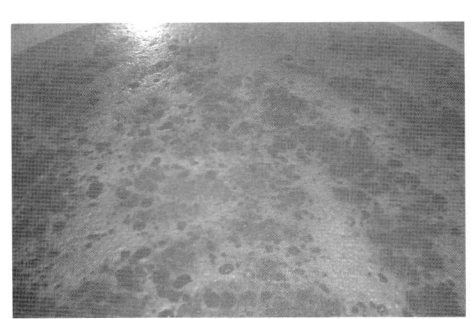

写真2.2-9　発酵中の諸味

となり，アルコール発酵によりアルコール，エステルが生成され醤油の香りとなる。またアミノ酸と糖がアミノカルボニル反応により，褐色色素であるメラノイジンが生成される。このように，醤油は発酵作用により生成した多くの成分を含む複雑な調味料である。

4. 圧搾

仕込み後6か月経過した諸味を圧搾する。諸味を濾布に包み，ケージのなかで6mほどの高さに積み重ね，自重で濾過した後，80tの予圧プレスで圧搾後，700tの押切プレスで圧搾し，醤油成分のほとんどをとり出している（写真2.2-10）。大手メーカーでは，1,800mの長尺布のなかに諸味を充填し，自重で濾過したのち，2,000tのプレスで圧搾している。生揚醤油は清澄タンクに集め，数日間放置して油と醤油を分離後，醤油油と生㵡（なまおり）をとり除く。

醤油粕（かす）は，粉砕して家畜の飼料として用いられている。

写真2.2-10 諸味充填機（左），圧搾装置（右）

5. 火入れ

火入れの目的は，殺菌，酵素失活，火香の付与，色沢の調製，㵡（おり）の生成などである。近年は，精密濾過膜を用いて酵母をとり除いた生醤油も製造されている。

火入れには牛乳の殺菌に使われる熱交換機であるプレートヒーターが使われている（写真2.2-11）。昔は，醤油を直接加熱して85℃で20～30分の火入れを行っていたが，プレートヒーターを使用

写真2.2-11 プレートヒーター

するようになり、110～130℃で数秒の火入れを行い、加熱後60℃まで冷却している。その後、清澄タンクで数日間、火入れ澱の澱引きを行う。

火入れ前に、生揚醤油を日本農林規格の品質基準にしたがって食塩水を添加するなどして全窒素や成分を調製する。また、調味料、甘味料、着色料、保存料などの食品添加物の添加も火入れ前に行う。

6. 濾過

濾過助剤であるセライトを加えて濾過機にかけ、清澄化する。最近は精密濾過や限外濾過を行う場合もある。最後に、醤油の再発酵や産膜酵母の生育を抑える目的で、防湧、防黴のための酒精（エタノール）を加える。すべて調製の終わった醤油は、ペットボトルや瓶などの容器に充填されて製品となる（写真2.2-12）。

写真2.2-12 醤油充填機

開栓後に醤油が空気に触れるとアミノカルボニル反応による酸化褐変が進み、風味が劣化する。最近、酸素バリヤー性の高いラミネート袋とディスペンサーを組み合わせた容器が開発され、醤油の鮮度保持技術が向上した。

濃口醤油は清澄な液体で、色は食欲をそそる赤味を帯びた褐色で、十分な発酵香を有しており、味は深いうま味と酸味や甘味がバランスよいものがよいとされている。香りやうま味のバランスがとれた万能調味料で、広く料理に使われている。

◆ 各種醤油の製造法

1. 淡口醤油

淡口醤油の製造法は、甘酒を加える点を除いては濃口醤油の製造法とほとんど同じ（図2.2-1）であるが、色が淡くなるように次に示すいろいろな努力をしている。①脱脂加工大豆の使用割合を多くする。②淡口用の麹菌を使用する。③仕込水の食塩濃度を高くし、量を多くする。④諸味の撹拌回数を減らし、品温を低くする。⑤熟成期間を短くする。⑥甘酒を加える。⑦生揚醤油を低温貯蔵する。⑧火入れによる着色

を少なくする。

淡口醬油は，色が淡く素材の持ち味を生かす調味料で，濃口醬油に比べて香りは軽快で，味は塩味がやや強くまろやかである。

2．溜醬油

溜醬油は，愛知，三重，岐阜の東海三県で主に生産されている醬油である。原料のほとんどが大豆で，小麦の使用割合は10％程度と少ない。製麹の際，原料を味噌玉として製麹しやすくしている（図2.2-5）。汲水6水と少なく，諸味は固くて撹拌できないので，諸味に穴を掘り溜まった醬油を諸味にかける汲み掛けによって諸味管理を行う。約1年間の発酵，熟成後，諸味タンクの下の口から生引溜を分離する。さらに諸味は圧搾して圧搾溜をとり，生引溜と圧搾溜を調合し，火入れして製品とする。

溜醬油は，色は濃く，とろりとした濃厚な調味料で，刺身のつけ醬油として使われたり，加熱すると赤味が出るので加工用にも使われる。

図2.2-5　溜醬油の製造工程図

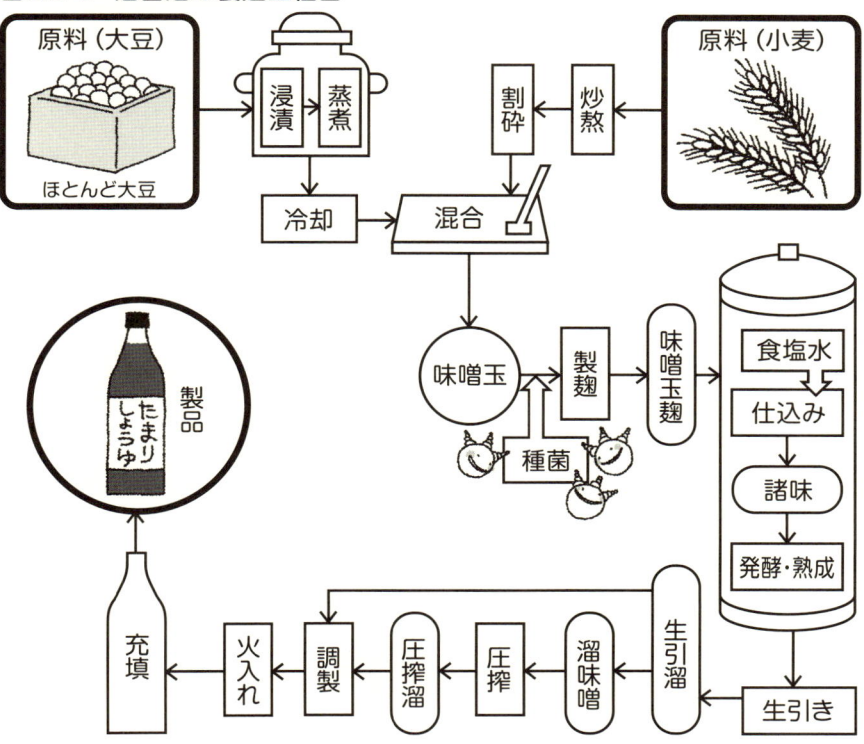

3. 再仕込み醤油

再仕込み醤油は，醤油麹を生揚醤油に仕込むことから二度仕込みを行うことになるので，再仕込みとよばれている（図2.2-1）。色，味，香りとも濃厚でおいしいことから，別名「甘露醤油」ともいわれている。刺身や冷奴など主につけかけ用の醤油に使われる。

4. 白醤油

白醤油の原料はほとんど小麦で，小麦は精白，浸漬し，大豆は炒熱，割砕した後，皮をとり除き浸漬する。次に，小麦と大豆を混合後，蒸煮する。蒸した原料を冷却後，種麹を撒布して製麹する（図2.2-6）。着色を抑えるため，淡口醤油と同様に仕込水の食塩濃度を高くして仕込む。白醤油の醸造では，微生物の発酵は行われず，麹菌の酵素による分解が主である。3か月間熟成させたのち，諸味タンクの下の口から生引白醤油を分離する。

白醤油は，淡口醤油よりも色が淡く，味は淡白ではあるが，甘味が強く独特の香りがある。色を淡く仕上げたいときに使う醤油で，主に料理店などの業務用で使われて

図2.2-6　白醤油の製造工程図

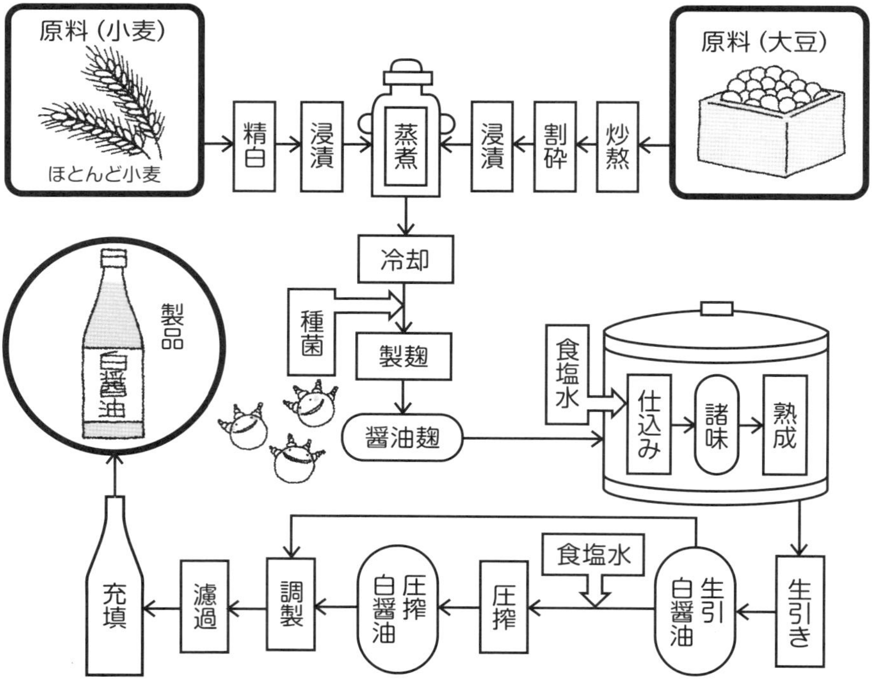

いる。また煎餅などの加工用にも使われている。一般家庭用では，白醤油にだしを加えた醤油加工調味料である「白だし」として使われている。

5. 減塩醤油

減塩醤油は，高血圧や腎臓疾患などで食塩の制限を受けている患者用の醤油として販売されており，食塩分9％以下の醤油で，主に濃口醤油が生産されている。濃口醤油の諸味は，食塩が16％存在することで微生物の発酵をコントロールしていることから，諸味の食塩分を下げることはできない。したがって，減塩醤油は，できあがった醤油を電気透析など，なんらかの方法で食塩分を抜くか，濃い醤油をうすめるとかしてつくられる。その他に食塩分を80％以下～50％以上にしたうす塩醤油があり，健康志向から減塩醤油やうす塩醤油を使う人が増えている。

◆ 醤油の成分

表2.2-1に市販醤油の一般成分を示した。醤油のうま味は，醤油麹に含まれる麹菌のプロテアーゼにより，大豆や小麦のタンパク質が分解されて，食塩水に溶解したアミノ酸による。プロテアーゼによる分解が良好なものほど醤油に含まれる全窒素が多くなり，アミノ酸の含量を示すホルモール窒素が多くなる。ボーメはボーメ計による測定値で比重を表し，無塩可溶性固形分は食塩以外の醤油成分の量を示している。色度は醤油標準色による番号で色の濃さを表したもので，番号の小さいほど濃い色を表している。

表2.2-1　市販醤油の分析値

種類	製造方式	等級	ボーメ	食塩	全窒素	ホルモール窒素	還元糖	酸度			pH	無塩可溶性固形分	色度
								アルコール	I	II			
濃口	本醸造	特級	21.18	16.70	1.59	0.89	2.82	2.15	11.22	9.10	4.74	18.7	11
濃口	本醸造	特級(特選)	21.97	16.69	1.68	0.93	3.83	2.56	12.22	10.00	4.73	20.7	11
濃口	本醸造	特級(超特選)	22.34	15.90	1.94	1.12	3.75	2.33	16.35	12.67	4.66	22.7	11
濃口	本醸造	特級(うす塩)	18.34	13.08	1.52	0.88	2.97	3.22	12.43	9.70	4.67	19.2	11
濃口	本醸造	特級(減塩)	14.97	6.89	1.58	0.84	3.04	4.74	16.10	9.82	4.56	23.5	7
濃口	本醸造	上級	21.06	17.36	1.37	0.77	3.53	2.42	9.73	8.13	4.72	17.1	11
濃口	混合	標準	20.60	16.72	1.24	0.74	1.59	0.58	10.94	7.30	4.67	15.1	5
淡口	本醸造	特級	22.05	19.16	1.18	0.69	5.23	2.30	8.32	6.62	4.69	15.5	37
溜	本醸造	特級	22.65	17.14	1.87	1.11	3.49	2.14	12.04	12.08	4.90	21.2	3
再仕込	本醸造	特級	27.75	13.75	2.13	0.97	9.35	3.21	20.58	16.59	4.61	37.9	2以下
白	本醸造	特級	24.26	18.01	0.58	0.36	15.19	0.90	4.55	3.03	4.62	19.8	53

〔分析：日本醤油技術センター〕

JASマークが付いた市販醤油は，一般成分値が日本農林規格に適合していることが確認できる。たとえば濃口醤油では，全窒素が特級1.50%以上，上級1.35%以上，標準1.20%以上で，無塩可溶性固形分は特級16%以上，上級14%以上，色度が特級，上級，標準とも18番未満と規定されている。

1. 窒素成分

　醤油は，原料全量を醤油麹とし食塩水に仕込むため，麹菌のプロテアーゼによる分解が十分に行われることから，原料タンパク質は若干の低級ペプチドはあるもののほとんどがアミノ酸まで分解している。濃口醤油のアミノ酸では，強いうま味をもつグルタミン酸が1.2%と多く含まれている。

2. 糖類

　醤油原料の小麦のデンプンは，麹菌のアミラーゼによりほとんどがブドウ糖まで分解される。このブドウ糖は乳酸発酵やアルコール発酵により消費されるので，製品の濃口醤油では2%程度と少ない。他の単糖類やオリゴ糖の含量も少ない。

3. 有機酸

　主に醤油乳酸菌の乳酸発酵により生成される。醤油乳酸菌 *Tetragenococcus halophilus* はホモ型発酵菌なので，ブドウ糖から乳酸だけを生成するが，醤油諸味中では酢酸も生成する。また，その際，麹由来のリンゴ酸とクエン酸を資化する（図2.2-7）。

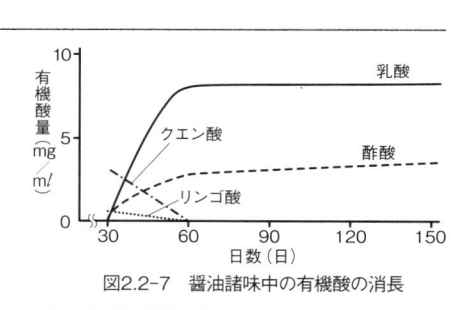

図2.2-7　醤油諸味中の有機酸の消長

4. 香気成分

　醤油の香気成分としては300種類以上のものが検出されていて，非常に複雑である。酵母が生成するHEMF（図2.2-11）は，醤油の香りを特徴づける成分とされている。

◆ 醤油の機能性

1. 大豆由来の機能性成分

　醤油の原料として機能性成分が多い大豆を用いることから，醤油にも大豆の機能性成分が移行している。

(1) 大豆の特殊なアミノ酸であるニコチアナミン（図2.2-8）は血圧上昇の抑制作用を示す。ニコチアナミンは，プロアンジオテンシンから血圧上昇ペプチドであるアンジオテンシンを生成するアンジオテンシン変換酵素を阻害することにより血圧上昇の抑制を行う（図2.2-9）。

(2) 大豆イソフラボンの誘導体であるショウユフラボン（図2.2-10）は，骨粗鬆症予防，抗酸化作用，ヒスタミン関連疾病の予防などの生理作用がある。

(3) 大豆由来の多糖類（醤油多糖類（Shoyu polysaccharide；SPS））は抗アレルギー作用をもち，アレルギー症状の低減効果がある。また鉄吸収促進効果による貧血予防効果や中性脂肪低減作用もある。

(4) スペルミンやスペルミジンなどの大豆由来のポリアミンには動脈硬化の抑制作用がある。

2. 抗酸化作用

酵母が生成するフラノン類であるHEMF（図2.2-11）は，醤油の香りを特徴づける成分として発見されたが，抗酸化作用をもち，胃癌を抑制する作用がある。また，醤油の褐色色素であるメラノイジンにも抗酸化性があり，癌の発生を抑制している。

3. 食中毒菌の増殖抑制

醤油は，食塩，アルコール，有機酸など，微生物の増殖を抑制する物質が多く含まれているので，食中毒菌などの増殖抑制作用があり，腸管出血性大腸菌O-157の増殖を抑制する。醤油の褐色色素であるメラノイジンはピロリ菌の増殖も抑える。

4. 醤油乳酸菌

最近，醤油醸造で重要な役割を担っている醤油乳酸菌 *Tetragenococcus halophilus* に，免疫調節作用の指標であるインターロイキン-12の産生を誘導する菌株が見出され，免疫調節作用をもつことが明らかになった。通年性のアレルギー性鼻炎患者を対象とした臨床試験においてアレルギー症状の有意な改善が認められている。

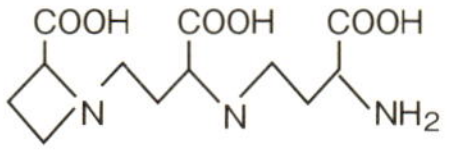

図2.2-8　ニコチアナミンの構造

	R₁	R₂
ショウユフラボンA	H	H
ショウユフラボンB	OH	H
ショウユフラボンC	OH	OH

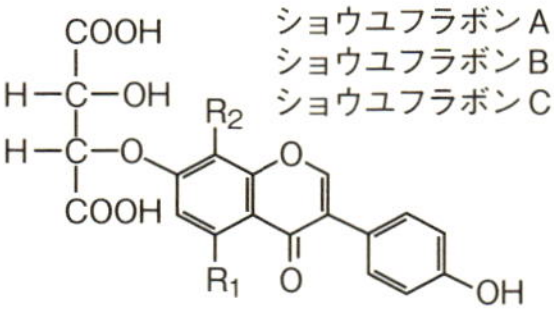

図2.2-10　ショウユフラボン

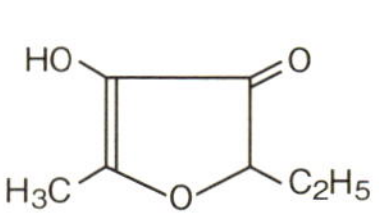

Asp-Arg-Val-Tyr-Ile-His-Pro-Phe-His-Leu-Val-Ile-His-Thr-Glu
アンジオテンシノーゲン
↓レニン（腎臓）
Asp-Arg-Val-Tyr-Ile-His-Pro-Phe-His-Leu
プロアンジオテンシン
↓アンジオテンシン変換酵素
Asp-Arg-Val-Tyr-Ile-His-Pro-Phe
アンジオテンシン

図2.2-9　アンジオテンシンによる血圧上昇

図2.2-11　HEMF

2.3 食酢

食酢の歴史

　食酢は酸性調味料として，おそらく塩に次いで古くから人間が利用した液体調味料と思われる。食酢を英語では vinegar（ビネガー）というが，その語源はフランス語の vinaigre（ビネグル）に由来する。フランス語で Vin は英語の wine（ワイン）のことで，naigre は sour（サワー）の「酸っぱい」という意味から，ワインが酸化したものとされる。このことからもわかるように，酢は酒からできる。

　もともと食酢の起源は古く，紀元前5000年頃のバビロニアには食酢があったとされ，約3000年前のモーゼの書に酢を示す「essiggenus（エッシヒゲネス）」という語が残っており，『旧約聖書』のなかにも発酵でつくった冷たい酢を飲んだという記録もある。日本の食酢の起源は，文献によれば，369～404年，応神天皇の時代に，中国より食酢製造技術が酒の醸造法とほぼ同時に現在の大阪市南部，和泉の国に伝えられ，後年まで「いずみ酢」という語が残っていた。また，大化改新後，「造酒司（さけのつかさ）」が置かれ，酒や醤（ひしお）の類とともに宮廷用の酢もつくられていた。しかし，一般の人たちに調味料として供され，量産されるようになったのは江戸時代であり，明治時代になってからは新しい造酢技術がとり入れられ，製造量が増大した。

　酢は酒（のアルコール）からできるから，世界の諸地域にはそれぞれ伝統的な酒に対応する酢があるのは今も昔も変わらない。フランス，ドイツ，イタリア，スペイン，ポルトガルなどのワイン産出地域ではワインビネガーが，イギリス，北欧，アメリカなどの麦芽を使う酒つくりの国にはモルトビネガー（麦芽酢）が，そして日本のように米を原料として酒をつくる国には米酢や粕酢（かすず）などがある。

食酢の用途

　日本における食酢の用途は，すし，酢の物，酢漬けなど伝統的な和風料理の味付けに使われてきた。しかし，戦後食品の洋風化にともない，主に外国で使われている麦芽酢，ブドウ酢，リンゴ酢などもつくられ，積極的に使用されるようになった。伝統的な米酢などにさらに洋酢が加わり，食酢の多様化が生まれた。また，食品の多様化

にともない，洋風調味料であるソース，マヨネーズ，ドレッシングなどの消費が急激に増え，食酢はそれらの副原料として需要も高まった。そして最近の食品の低塩増酸傾向は，食酢の新しい利用面として関心を集めている。同様に食酢のもつ機能性も注目されており，健康食品のひとつの素材としても大いに使用されている。

食酢の製造

食酢の製造は，第二次世界大戦中はそれまでの約半分45,000klにまで減ったものの，戦後の復旧とともに増えはじめ，昭和40年代は5〜6％の年間伸長率がみられた。最近では，食生活の多様化や飲む食酢ブームもあり，平成16年（2008年）頃，5〜10％もの伸長率でその生産は爆発的に増加した。しかし現在は高止まりの状態にある。

◆ 食酢における微生物と発酵

1. 微生物

1. 酢酸菌

一般にアルコールを酸化して酢酸をつくる菌群を酢酸菌と総称している。その菌学的特徴は形態が楕円または短桿であり，高温または高塩下で，球状・伸長・クラブ状・糸状・分岐などの形を呈することがある。細胞は単一あるいは二連，または短い連鎖状など種類により異なる。一般に胞子を形成せず，若い細胞はグラム陰性であるが，老細胞ではグラム陽性になることもある。アルコールを含む液の表面に好気的に繁殖する。

日本の食酢醪（もろみ）から分離される主要な酢酸菌は *Acetobactor aceti*（アセトバクター アセチ）（写真2.3-1），*Ace. rancens*（ランセンス）や *Ace. pasteurianus*（パストリアヌス）などである。代表的な酢酸菌を表2.3-1に示す。

優良菌として具備すべき条件とし

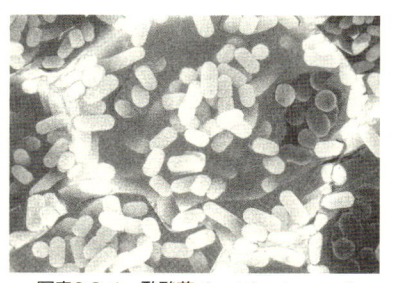

写真2.3-1　酢酸菌 *Acetobacter aceti*

表2.3-1　酢醪から分離された代表的な酢酸菌

酢酸菌	分離酢醪
Acetobacter aceti	米酢
Acetobacter pasteurianus	
Acetobacter oxydans	
Acetobacter rancens	
Acetobacter industrium	麦芽酢（モルトビネガー）
Acetobacter acetosum	果実酢
Acetobacter acetigenum	アルコール酢

ては，表面発酵法（後述）では健全な膜を形成し，酸の生成開始が早く，その酸生成速度が発酵末期まで衰えず，目的の酸度まで上げる酸化能力があり，酸を分解せず，香りがさわやかで芳香を有し，菌の分離も容易なことである。

2. 有害微生物

　以前，*Acetobactor xylinum*（キシリナム）とよばれ，現在 *Ace. pasterianus* に編み入れられた菌は，厚膜形成菌として糖からセルロースを形成し，通称「コンニャク菌」とよばれ，有害菌として恐れられている。この菌により発酵中に汚染されると生酸速度の低下をきたし，また貯蔵熟成中に汚染されると酢酸が分解され，過酸化臭とよばれる異臭が発生する。他の有害菌としては産膜酵母が挙げられる。この酵母は発酵初期に液面に皮膜を生じ，アルコールを消費し，異臭を発生し，酢酸菌が酢酸をつくらなくなる。

2. 酢酸発酵の機作

　酢酸菌はアルコールを酸化して酢酸にするが，その際に生じるエネルギーを利用している。酢酸菌によるアルコールおよび糖から酢酸を生じる代謝を下記に示す。

$$CH_3CH_2OH + \frac{1}{2}O_2 \rightarrow CH_3CHO + H_2O \rightarrow CH_3-\underset{H}{\overset{OH}{C}}-OH$$

エチルアルコール　　　　　アセトアルデヒド　　　　　水和アセトアルデヒド

$$CH_3-\underset{H}{\overset{OH}{C}}-OH + \frac{1}{2}O_2 \rightarrow CH_3COOH + H_2O$$

水和アセトアルデヒド　　　　　　　　　酢酸

またブドウ糖から酢酸の量は次の式で表される。

$$C_6H_{12}O_6 \rightarrow 2\,C_2H_5OH + 2\,CO_2$$

　　ブドウ糖　　エチルアルコール
　　（180）　　　（2×46）

$$C_2H_5OH + O_2 \rightarrow CH_3COOH + H_2O + 114.6\,kcal$$

　　　　　　　　　　　　　酢酸
　　　　　　　　　　　　　(60)

上記から理論的にはブドウ糖1kgから酢酸667gが得られる。同様にアルコール1kgから酢酸が1.304kgできる。あるいはアルコール1*l*から酢酸1.036kgと水316gができ，2,019kcalの熱を発生する。

実際に糖質原料を利用する場合，一部酵母や他の菌に消費されたり，アルコール以外の物質になる。またアルコールが酢酸菌より酸化される際にも20%くらいの消費があるので，アルコール1gから酢酸1gができるとみなされる。

3. 種酢

種酢（写真2.3-2）を用いることが特徴の酢酸発酵が他の発酵食品工業と大いに異なる点である。それはpH2.0以下という極端に低いpH条件下で発酵が終始完結するため，一般の微生物の汚染を受ける危険性が少ないこと，また主要発酵菌以外の微生物の生産する微量な生産物が食酢に特有の風味を付与することが経験的に知られている。以上より酢酸菌を純粋培養菌したものではなく，良好な発酵を示した醪を種酢として連続して使っている。

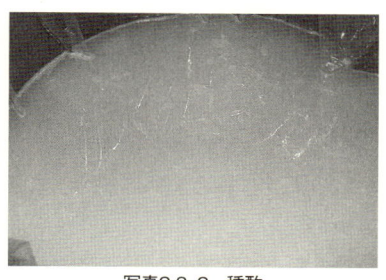

写真2.3-2　種酢

もちろん，優良菌を分離選択し，それを拡大培養して種酢をつくることもある。さらに種酢の代わりに皮膜移植の方法もあり，大手食酢メーカーでは本法を用いて行っている。

◆ 食酢の製造工程

日本の食酢の製造法を大別すると，表面発酵法（静置発酵法）と全面発酵法に分けられる。

1. 表面発酵法（静置発酵法）

本法は古くから行われてきた表面発酵法であり，設備費も少なく，小規模の生産が可能であり，製品も上質であることから，現在でも日本の食酢製造業者の大部分はこの方法を採用している。静置発酵法ともいう。

表面発酵法の製造図を図2.3-1に示す。

製造を開始するときは，まず種酢を先に入れ，それにアルコール含有原料液を注入し，種酢を十分に混和する。加温する温度は種酢と混

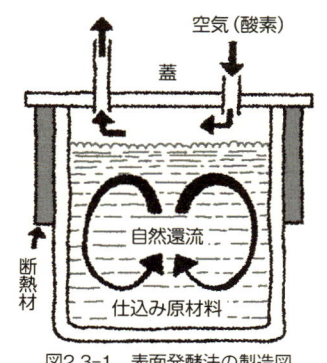

図2.3-1　表面発酵法の製造図

合したときに酢酸菌の発酵適温の30〜35℃前後になるようにする。食酢仕込み直後の醪酸度は種酢または食酢で1.5〜2.0％にしておくことで他の微生物からの汚染が防止される。

仕込み後，蓋をして保温すれば，3〜4日後には液面に薄い菌膜が張り酢化がはじまる。槽の大小・形状・温度や通気の管理により異なるが，1〜3か月で酢化が終わる。酢酸発酵は液面発酵なので，容器に対して深さの浅い槽，すなわち単位面積当たりの容量が小さいほど発酵期間が短縮される。

しかし，静置法は，発酵管理が永年の経験や勘に負うところが多い。また，開放式のため，野生菌の侵入汚染の機会が多く，発酵期間も長く，欠減も多い反面，品質的には他の速醸法のものに比べて良質の製品ができる。高級品は静置法の製品に一部速醸法の製品をブレンドしてつくられている。

表面発酵法の機械・設備であるが，発酵槽として木桶を使用していたが，近年では耐酸性金属槽やFRPなどの合成樹脂槽が使われるようになった。しかし最近では，健康食品ブームにより，再び木桶を使用する工場も出てきた。

2．全面発酵法

全面発酵法として，日本で行われているのは，深部発酵法（アセテーター法）と連続発酵法（キャビテーター法）である。本法の基本は，原料液と酢酸菌の混合物に空気を送り込み，激しく撹拌しながら液内全体で急速に酸化を行わせるものである。いずれも種菌を小型のタンクで大型用と同じ組成の醪を用いて30℃で5〜10日間菌の前培養を行ってから大型タンクに移し，通気・撹拌して酸化を行う。これにより酸度13〜15％の高酸度醸造酢ができる。

全面発酵法（連続発酵法）の製造図を図2.3-2に示す。

全面発酵法では，短時間で多量のしかも高酸度の食酢が均一に，かつ自動的にできる利点もある。一方，表面発酵法の製品に比べると，味やコク，香味性の点で劣る。そのためソースなどの副材料として高酸度酢の必要性のあるものはそのまま使われるが，一般には表面発酵法の製品とブレンドして製品化している。

全面発酵法に使われている機械・設備であるが，発酵槽にはアセテーター（acetator）と

図2.3-2
全面発酵法（連続発酵法）の製造図

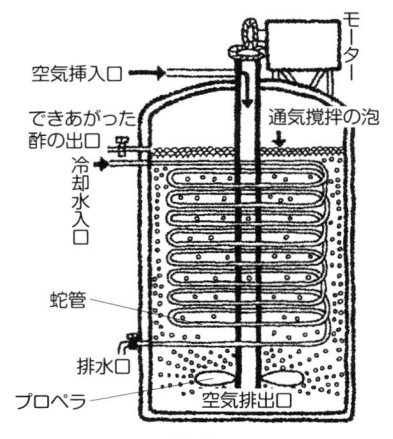

キャビテーター（cavitator）がある。

アセテーターは通気装置と冷却装置のあるステンレススチールタンクで，醪に酢酸菌を浮遊懸濁させておく。空気は液全体に非常に細かい気泡となって菌と常に直接接触する。半連続式で，発酵終了液の半量を残し，これを次回の種培養として利用すれば48時間で10〜15%の高酸度食酢の製造が可能になる。

キャビテーターは，酢化に必要な空気を供給するのにcavitation（回転する推進機の後部にできる真空）の現象を応用したもので，タンクの上部にあるモーターにより垂直中空シャフトを回転し，その下端のローターの速度が一定の値を超えると，空気は中空シャフトを通って吸い込まれて流下し，タンクの底部で醪中に分散され，よく混合し，この混合物は壁面に沿って上昇する。上昇した混合物は液表面に達してドラフト管に入り，そのなかを流下する。このような循環をくり返してアルコールを酢化する。毎時0.1%の酸が生成される安定状態になったら，醪所要量を追加しつつ連続発酵を行う。

食酢は酸度が高いので，使用する器具は耐酸性のステンレスなどの材料を使う。加熱殺菌用の熱交換プレートヒーター，輸送ポンプもステンレス製である。アルコール発酵醪や酒粕発酵液の濾過には藪田式の連続圧搾機を使っている工場が多い。

1．深部発酵法（アセテーター法）

Horomatkaらが詳しく基礎研究を行い，ドイツのフリングス社によって装置（アセテーター）が工業化された。日本でも一部の工場でこのアセテーターを利用し，高酸度酢の製造を行っている。

本法では，原料液と酢酸菌の懸濁液を混合し，通気装置と冷却装置のあるステンレスタンクに入れ通気する。空気は液全体に細かい気泡となっているので，菌と空気は直接接触し，急速に酢化が進む。しかし，本法は，通気状態が重要な条件となっており，高酸度下では1分以内の通気停止で菌が死滅する。

また，本法でつくられる食酢は，酢酸菌の菌体や不溶解物で濁っているので，珪藻土などの濾過補助材で濾過が必要となる。日本では昭和35年（1960年）に本法のプラントが導入され，現在はほとんどの食酢メーカーで工業的な深部発酵法と表面発酵法とを組み合わせて行っている。

2．連続発酵法（キャビテーター法）

Mayerの考案により，アメリカのヨーマンズ社が装置を製作，「Cavitator」という名称で販売されている。本法の特徴は，酢化に必要な酸素を供給するため，タンク上部にあるモーターにより特殊な垂直中空シャフトを回転し，ローターのノズルにより空気と醪をよく混合させる。この混合物はタンクの壁の方向に向かって広がり，

壁面に沿って上昇する。上昇した混合物は液表面に達しドラフト管に入り，そのなかを流下する。下部に戻った醪は再び空気と混合する。このような循環をくり返してアルコールは酢酸に酢化される。本法では，純粋な酢酸菌のみを使用するので，香味が平たんになるため加工原料用の製品に使用される。

3．速醸法

Fringsによって完成された発酵塔（ジェネレーター：generator）による食酢醸造法である。本法は，アルコールを含んだ醪を塔の上部から充填物に均一に散布する。醪は多孔質の充填物の表面を流下する間に下部から上昇してくる空気と接触し，酢化される。1回の流下で十分に酸化されないので，ステンレスポンプによって塔上に送られ，再び塔内に散布し，予定酸度に達する4〜5日で終了する。しかし，いわゆるコンニャク菌などの厚い菌膜をつくる有害菌などに侵されると，充填物をすべて詰めかえるなど，費用と労力を要するため，日本ではほとんど使用されていない。

3．熟成，濾過

発酵の終了は，酸度と残留アルコールを測定することにより判定される。酸度が予定酸度に近づき，残留アルコールが0.3〜0.4％のときに主発酵を終わらせたほうが製品の過酸化を防ぎ，熟成後の香味もよい．

発酵の終わった醪の半量または一部は次回の種酢として槽に残し，ほかは貯蔵槽に移して常温まで品温を下げ，1日1〜2回撹拌して菌膜が生成するのを防ぎながら2〜3か月熟成貯蔵する。熟成後の食酢は香味がいっそう良好になる。熟成の終わったものは濾過を行う。

濾過は熟成前に行う方法と熟成後に行う方法とがある。前者の場合には浮遊物質が多く存在するため，濾過がやや困難であるが，熟成中の沈殿物や菌による香味への影響は少ない。後者の場合は熟成中に不溶性物質が沈殿し，濾過清澄は容易である。

清澄処理は酢酸菌体とタンパク質などの析出物の除去にある。表面発酵の場合は発酵が長期間（3週間から3か月）にわたるため，その間に析出した「滓」は下部に沈降し，表面の菌膜だけを除けば，滓下げを行わなくとも，セライトなどの濾過助材を使って簡単に清澄できる。ところが，近年，普及してきた全面発酵法では，液中に菌体が充満し，普通の珪藻土濾過ではすぐ目詰まりを起こしてしまう。このため，ベントナイト0.5％添加処理がもっとも効果があるとされている。

4. 殺菌・貯蔵

滓下げした食酢を，濾過助材を使って圧力濾過しても食酢中には10^4〜10^5/mlの細菌が認められる。これらは主として酢酸菌であるが，酵母，乳酸菌や不完全菌も認められる。食酢の殺菌法としては加熱殺菌が行われる。濾過した食酢は殺菌し，容器に詰め密栓する。殺菌は瓶詰め後，熱湯に浸漬する小規模で簡単に行う方法と，大量生産用には蛇管やステンレススチールのプレート型熱交換機を用いる方法とがある。殺菌温度は70℃前後で，10〜20分を目安に行われる。80℃を超えると品質に悪い影響がある。

貯蔵熟成中に表面に菌膜を張る恐れがあるので，表面積を小さくし，表面を自動撹拌機で1日数回撹拌するか，櫂入れを1〜2回行う。貯蔵・熟成は長期間行ったもののほうが製品の品質も向上する。

5. 包装・流通

昭和46年（1971年）にはガラス瓶の軽量化が試みられ，容器の形も一升瓶型から試薬瓶型に変化し，輸送コストの軽減，省資源対策などに寄与している。しかし，いまだペットボトルなどのプラスチック容器の使用はほとんど行われていない。容器での出荷量は，500〜900mlの瓶が31％，1.8lは16.5％，20lのキュービテナーが23％，タンクローリーなどが22.0％となっている。生活様式の変化にともない，大型の食品加工業や外食産業などが増加し，タンクローリーによる大型輸送も珍しくなくなってきた。

6. 規格・表示

食酢は醸造酢と合成酢に明確に区別し，醸造酢は原料を酢酸発酵させたもので，米酢酸もしくは酢酸を使用できず，また添加しないものとし，合成酢は米酢酸もしくは酢酸を主原料として調製したもの，または米酢酸もしくは酢酸に醸造酢を混合調製したものと定めた。また，醸造酢について，原料名を付けてよぶときには，その原料使用量をそれぞれ規定した。この厳しい規約の施行により，市販の合成酢が急速に減少し，醸造酢が増加した。さらに10年を経た昭和54年（1979年）6月8日には，食酢の日本農林規格（JAS）が告示され，施行された。JASの内容は食酢を醸造酢と合成酢に分け，合成酢は醸造酢と混合したものをさす。醸造酢は穀物酢と果実酢とこの2種を除いた醸造酢に分け，穀物酢のうち米を製品1l中に40g以上使用したものを米酢とし，果実酢のうちリンゴ搾汁またはブドウ搾汁を製品1l中に300g以上使

用したものをリンゴ酢およびブドウ酢とよぶことにしている。表2.3-2に日本農林規格（JAS）による食酢の分類と規格値を示す。このほかJASでは，食酢の用語の定義や規格も示している。

表2.3-2 日本農林規格（JAS）による食酢の分類と規格値

分類			主原料の使用量	酸度	無塩可溶性固形分
食酢	醸造酢	穀物酢	穀物の使用量が1*l*中40g以上使用したもの	4.2%以上	1.3～8.0%
		米酢	穀物酢であって米の使用量が1*l*中40g以上使用したもの		1.5～8.0%(0～9.8%)*1
		果実酢	果実の搾汁の使用量が1*l*中300g以上使用したもの	4.5%以上	1.2～5.0%
		リンゴ酢	果実酢であってリンゴの搾汁の使用量が1*l*中300g以上使用したもの		1.2～5.0%*2
		ブドウ酢	果実酢であってブドウの搾汁の使用量が1*l*中300g以上使用したもの		1.2～5.0%*2
	醸造酢	醸造酢	穀物酢・果実酢以外の醸造酢	4.0%以上	1.2～4.0%
	合成酢	合成酢	醸造酢の使用割合が60%以上であること（業務用は40%以上）	4.0%以上	1.2～2.5%

*1 糖類・アミノ酸および原材料の項に規定する食品添加物を使用していない米酢に適用。
*2 果実酢で原材料として1種類の果実のみを使用したものには適用されない。

7. 廃水の成分

食酢製造における廃水量は，原料処理工程での洗浄廃水と洗瓶，容器洗浄廃水が主なもので，他の醸造食品工業に比べれば量も少なく，廃水中のBOD（生物化学的酸素要求量），COD（化学的酸素要求量）などの汚染成分量も低いと考えられる。

◆ 食酢の種類と成分

食酢の種類を図2.3-3に示す。これは先の表2.3-2のJASによる食酢の分類と同じである。食酢は大きく分けると，醸造酢と合成酢に分けることができる。醸造酢は，糖質またはデンプン質をアルコール発酵させ，続いて酢酸発酵させてつくる。この場合，上記の原料にアルコールを加えて酢酸発酵させる場合もある。合成酢は，米酢酸または酢酸の希釈液に糖類や酸味，化学調味料，食塩などを加えたものである。

醸造酢は，穀物酢と果実酢，穀物酢と果実酢以外の醸造酢に分けられる。この3つの酢に共通の希釈をして使用する高酸度酢もある。

穀物酢とは穀類を使用したもので，その使用総量が醸造酢1*l*に40g以上のものをいう。とくに穀類のうちで米を使用したものを

```
         ┌ 穀物酢 ┬ 穀物酢（米酢以外の穀物酢）
         │       └ 米酢
         │       ┌ 果実酢（リンゴ酢とブドウ酢以外の果実酢）
食酢 ┬ 醸造酢 ┤ 果実酢 ┤ ブドウ酢
     │       │       └ リンゴ酢
     │       └ 醸造酢（穀物酢と果実酢以外の醸造酢）
     └ 合成酢
```

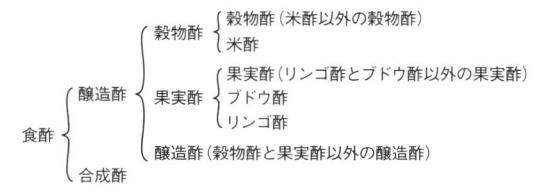

図2.3-3 日本農林規格（JAS）での食酢の種類

米酢という。麦芽酢も穀物酢に入る。

　果実酢とは，使用する果実が果実の搾汁として醸造酢1*l*につき300g以上のもので，とくにリンゴ搾汁とブドウ搾汁を使用したものを，それぞれリンゴ酢とブドウ酢という。果実酢はリンゴ酢とブドウ酢およびそれら以外の果実酢に分けている。穀物酢と果実酢とに共通して規定の原料重量に満たないものは，ただの醸造酢ということになる。醸造酢の規格として，酸度と無塩可溶性固形分が定められている。

　合成酢は先述したように，米酢酸または酢酸の希釈液に種々の物質を加えてつくったもので，JASでは酸度，無塩可溶性固形分と醸造酢の混合割合が定められている。とくに品質向上を考慮し，醸造酢とその混合比を酸量の60％以上（業務用では40％以上）と規定している。

　食酢は酸性調味料であり，その主成分は酢酸である。醸造酢では薄いアルコール含有液や清酒，ワインに酢酸菌が働いて酢化し，食酢ができる。そこでアルコールとなる原料は，いずれも食酢の原料となりうる。大きく分けると，デンプン質を含む穀類，清酒製造の際に出る副産物の酒粕，リンゴやブドウ果汁などのような糖分を含むものに分けられる。

　穀類を利用する場合には，穀類に糖化源としての麹や麦芽，あるいは糖化酵素を使ってそのデンプンを糖分に変え，それに酵母を働かせて酒をつくり，食酢の醪原料とする。そしてもうひとつの方法は，穀類や含糖質から工業用のアルコールをつくり，その希釈アルコール液に穀類の糖化液，酒粕，酒粕抽出液，果汁や酵母の栄養源などを加えて醪原料とする。前者の場合は，穀類などの糖化とアルコール発酵，果実の場合にはアルコール発酵後に酢酸発酵を行う方法であるが，後者の場合には，食品工業用のアルコールを用い，それだけでは酢酸菌の栄養源と風味に乏しいので，上述のような添加物と混合して醪をつくる。

　日本の食酢は，次の2つに大きく分けることができる。
(1) 米酢や粕酢のような伝統的な和酢
(2) 麦芽酢や果実酢，アルコール酢などのような洋酢

　表2.3-3に主な食酢の一般成分を示す。

　米酢，リンゴ酢，ブドウ酢は，全糖，還元糖，エキス分が多いことが特徴であり，とくに米酢の全糖，還元糖の含有量が際立っており，味も濃厚であるといえる。逆に，粕酢，麦芽酢，酒精酢はいずれも低く，味も淡白なものになっている。

　次に一般的に使われている原料名にちなんだ名称でよばれている主な食酢について説明する。

2.3 食酢

表2.3-3 食酢の一般成分

	総酸	不揮発酸	アルコール	全糖	還元糖	全窒素	アミノ態窒素	エキス分	灰分	比重	pH
米酢	4.60	0.37	0.15	4.97	3.00	0.04	0.017	5.86	0.72	1.049	2.70
粕酢	4.59	0.22	0.18	1.30	0.018	0.02	0.008	1.71	0.58	1.018	2.65
麦芽酢	4.95	0.37	0.17	1.66	0.70	0.004	0.006	1.36	0.22	1.017	—
酒精酢(速醸法)	5.33	0.21	0.36	1.84	0.69	0.010	0.0008	0.64	0.40	1.011	2.61
リンゴ酢	5.05	0.32	0.17	2.60	1.77	0.009	0.004	5.35	0.10	1.022	—
ブドウ酢	5.28	0.49	0.31	—	0.92	0.012	0.005	4.02	0.16	1.024	—

(単位:g/100m*l*)

1. 穀物酢

　穀物酢は，麦，酒粕，粟，トウモロコシなどの穀物原料を1種類ではなく複数種混合したもので，JASでは製品1*l*中の穀物含量が40g以上のものを穀物酢とよぶ。麦芽酢は麦汁をアルコール発酵，酢酸発酵により酢化して麦芽酢とする。他の穀類は加圧蒸煮し，冷却後，適宜に加水し，米麹や糖化酵素を加え，50〜60℃で糖化し，必要に応じてアルコール発酵した後，酢酸発酵が行われる。なお，製品1*l*中に酒粕40g以上使用した抽出液を含む食酢は，従来は粕酢とよばれていたが，現今のJASでは穀物酢となる。麦芽酢も同様である。

1. 米酢

　米酢の原料としては，白米，外米，砕米，白糠などである。第一段階として，これで麹をつくる。米酢仕込みの原料と仕込配合は種々であるが，米麹に蒸米，さらに穀物類，酒粕，もち米や酒類などを加えることもある。

　米酢の製造工程を図2.3-4に示す。

　これらで糖化してアルコール発酵させる。すなわちアルコールを生成させてから酢酸発酵の工程に入る。このようにアルコール発酵後に酢酸発酵を行う工程が普通であるが，清酒製造と同じく，糖化とアルコール発酵が同時に行われる並行複発酵でも行われる場合もある。

　米酢は，まず糖化してアルコール発酵後，濾過し，つづいて酢酸発酵を行う。単式発酵では，蒸米，麹と温水とで60℃で仕込む。次いで15〜20℃にして酵母を加えてアルコール発酵させる。アルコール発酵が終了したら30〜35℃に温度を上げ，種酢を加える。仕込み時の酸度は1.5%以上に調整する。

　米酢では酒造りのように段仕込みを行えば，原料利用率も高く，芳香をもった醪となり，製品の品質も一段と向上するが，普通は一段仕込みか二段仕込みである。表面発酵法の場合は1〜3か月で発酵を終え，さらに少なくとも2〜3か月熟成させると円熟した米酢になる。

　米酢はすしに好適で，すし飯の味付けに広く使われている。おそらく米酢の原料由

図2.3-4 米酢の製造工程図

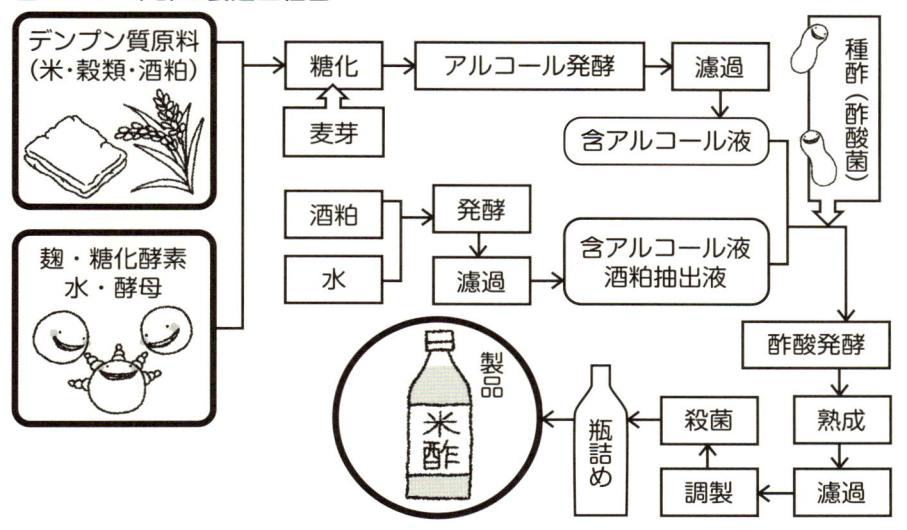

デンプン質原料（米・穀類・酒粕） → 糖化 → アルコール発酵 → 濾過 → 含アルコール液 → 種酢（酢酸菌）

麦芽 → 糖化

麹・糖化酵素・水・酵母

酒粕・水 → 発酵 → 濾過 → 含アルコール液 酒粕抽出液

→ 酢酸発酵 → 熟成 → 濾過 → 調製 → 殺菌 → 瓶詰め → 製品（米酢）

来の成分がすしに調和するからであろう。すし酢としては刺激臭が少なく酸味の強いものが好まれる。また、日本料理の合わせ酢、酢の物、酢みそなど、微妙な香りと味を求められる料理の味付けに用いる。一部、古法にのっとった壺酢のように、糖化、アルコール発酵と酢酸発酵を同時に行う場合もある。

2. 黒酢（黒玄米酢），壺酢

JAS規格では醸造玄米酢として分類され、文字どおり玄米を原料にした米酢である。また、鹿児島県福山町周辺でつくられる酢をとくに壺酢とよぶ。

特徴的な壺はアマン壺とよばれるが、これは鹿児島の方言で酢という意味である。壺酢は中国から伝来した原始的な古い製造法である。蒸米と麹と水を40〜50 lの壺に入れ、日当りのよい庭に並べて放置しておくと3か月くらいで食酢になる。さらに数か月熟成させる。とくに注目すべきは仕込み当日か翌日にふり麹として称して、乾燥麹を液面に浮かせておくように加えることである。ここで麹菌糸が繁殖し、厚い蓋を形成する。糖化とアルコール発酵が進むと、この麹の蓋は壺の壁側から沈み、酢酸菌の菌膜が一面に張り、酢酸発酵が進む。このように1つの壺のなかで、糖化作用、アルコール発酵と酢酸発酵の三者が巧妙かつ順調に行われる。しかし発酵管理が自然の気候に左右され、うまく発酵しなかったり、成分にバラツキがみられる。

製品は色調が褐色であり、しっかりとしたうま味と独特の香りがあり、酸味がやわらかいため、食酢特有の刺激が軽減されている。近頃、健康志向の立場からこのような壺酢や玄米酢を飲料として摂取する人が多くなった。

3．香酢

　原料にもち米や高粱（コーリャン），粟など雑穀を多種，使用して主に中国でつくられている。JASには分類されていないが，日本では黒酢にもっとも近い。香酢は加熱調理でも失わない「香り」や「コク」は中華料理に欠かせない調味料である。また米酢に比較して豊富なアミノ酸や酢酸を主とした有機酸が健康飲料として利用されている。

4．粕酢

　粕酢は原料として清酒製造時に副生する酒粕を利用する。日本独特の原料として，粕酢がもてはやされた時代もあったが，近頃は少なくなり，アルコール酢の副原料として使われる。まず酒造期の秋から冬にかけて副生する新粕を，大きな木桶やほうろうタンクに空気を遮断して踏み込み，2〜3年貯蔵すると色も茶褐色に変色する。その間に粕中に含まれる炭水化物やタンパク質（細菌や酵母菌体など）は粕中の酵素による分解や菌の自己消化により，アルコール分，糖分や有機酸，窒素成分などが増える。

　次いで酒粕に水を加えて粥（かゆ）状にして室温におく。1日に1〜2回櫂入れをして静置すれば，夏季で2〜3日，冬季で4〜5日で沸きつき，7〜10日で発酵が終わる。その間に酵母や細菌のはたらきでアルコールと酸が増える。発酵の終わったものは濾過し，液と酢粕に分ける。濾液を澄汁（すまし）という。澄汁を10℃くらいに加温したものを沸汁（わかし）といい，いずれもアルコール原料として用いる。酢酸発酵に供する種酢の使用量は原料液と等量または1/3ぐらいである。

　醪は発酵末期になると品温が下がりはじめる。残留アルコール分が0.3〜0.4％くらいで発酵を止め，常温まで温度を下げ熟成貯蔵する。熟成期間は3〜6か月である。粕酢は古くから米酢と同じくすしに使われてきたが，色と粕酢特有の香りが一般消費者に好まれなくなったため，粕使用量の多い粕酢の消費が少なくなった。今の粕酢は粕使用量が少ないので漬物などの副材料としても広く使われている。

5．麦芽酢

　麦芽酢では大麦，小麦，トウモロコシなどの穀類デンプンを麦芽で糖化する。麦芽は一般に大麦を原料としてつくるが，自家製造を行っている工場はなく，麦芽製造業者から乾燥麦芽を購入している。この乾燥麦芽（グリーンモルト）のにおいは製品に影響するので，高品質のものが望まれる。

　麦芽汁は乾燥麦芽に65℃前後の水を4倍量を加え，4〜8時間糖化させ抽出を行う。糖化が終わったら濾過し，濾液と粕に分け，麦汁を得る。これに酵母を加え，26〜32℃でアルコール発酵を行う。だいたい5日くらいでアルコール発酵が終わる。この発酵麦芽汁に種酢を添加し，酢化して麦芽酢とする。

　麦芽汁はその爽快なビール様香気と大麦に由来するアミノ酸が多く，そのコクはマ

ヨネーズ，ドレッシング，ソース，ピクルスなどに用いられる。米酢が和風料理に合うとすれば，麦芽酢は洋風料理に適した食酢といえる。

2. 果実酢

果実を原料とした果実酢の製造工程を図2.3-5に示す。

図2.3-5 果実酢の製造工程図

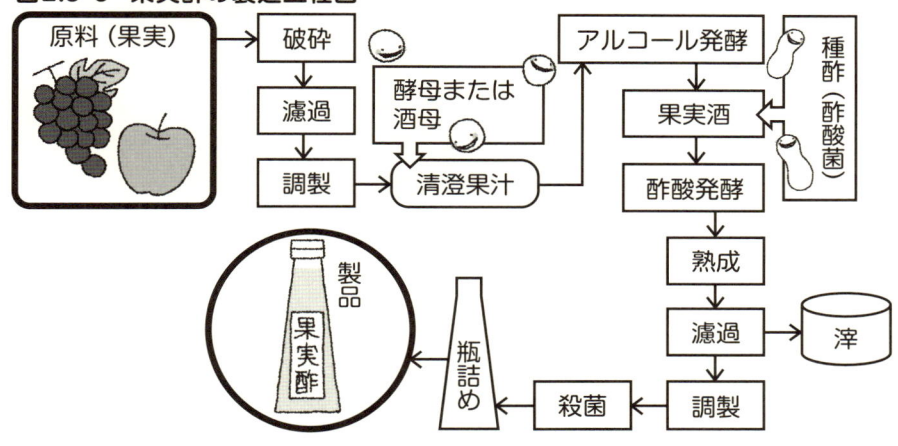

1. リンゴ酢

　日本の食酢メーカーは原料となるリンゴを輸入または国産の濃縮果汁を購入して使う場合が多い。リンゴ酢のリンゴ原料はなるべく完熟した糖分含量の多いものがよい。世界的には渋みや酸味の強いリンゴが加工用原料となる。日本ではデザートアップルと称される生食用のリンゴを原料とする。また未熟な果汁中にはペクチン質が多く含まれ，製品となってから清澄が困難であるので，酵素剤として市販のペクチナーゼを用いペクチンを分解する。果実は選別し，十分に水洗したのち，ハンマーミル破砕機または適当な磨砕機で細砕し，圧搾搾汁する。

　外国では細砕したまま酸母を加えて短期間2～3日で発酵を終える場合があるが，一般には得られた搾汁はあらかじめ95～98℃で殺菌する。殺菌果汁を使用することによりリンゴ酸やコハク酸が増え，酢酸発酵中も比較的安定し，不揮発酸の多い良質のリンゴ酢が得られる。糖分含量の少ない果汁にはブドウ糖など補糖を行ってアルコール発酵を行う。発酵終了後は細砕リンゴに対し発酵旺盛なリンゴ酒醪0.4～0.8%を加えると2～3日で酢酸発酵が終了する。

　リンゴ酢は原料そのものの香りと味に特徴がある。その芳香は上品で爽快，そのなかに含まれるリンゴ酸のため調味がやわらげられ，洋風調味料としてマヨネーズ，ド

レッシング，ソースなどの原料に最適である。近年，焼肉のたれの原料としても消費が伸びている。

2．ブドウ酢

　ブドウ酢には白酢と赤酢の2種類がある。白酢の原料は白ブドウで，破砕し搾汁したものを使う。赤酢の場合は赤ワイン用ブドウを破砕し，色素を抽出させるため果皮と果汁をともにアルコール発酵させてつくる。果汁は60～70℃に加熱して酢酸発酵の妨害となる細菌類や酵母類およびタンパク質やその他のコロイド質を凝固沈殿させて除去する。果汁中のペクチン質が濁りや滓の原因となるので，アルコール発酵前に市販の酵素剤であるペクチナーゼ処理するほうが望ましい。このようにしてつくったブドウ果汁をアルコール発酵させた後，常法より酢化を行いブドウ酢をつくる。

　赤酢は色が赤くてタンニンも多く，白酢と同様やや苦味と渋味を有している。その色と味を利用してソースやドレッシング，白酢はマヨネーズ，ドレッシングやソースに使われる。

　日本での市販製品の酸度は4.5～5.5%くらいで，高酸度酢として酸度10～15%のものも市販されている。

3．バルサミコ酢

　イタリア北部エミリア・ロマーニャ州で11世紀頃から製造されてきた伝統的な酢である。原料はトレッビアーノ種の白ブドウで，果汁を濾過して煮詰め，木製の樽にて発酵・熟成を行う。この間1～2年ごとにナラ，クリ，サクラ，クワなどの材質が異なる木樽にて熟成を行う。熟成期間が長いほど濃度が高く，風味も豊かになる。最高級のバルサミコ酢は12年以上熟成させる。熟成期間が短いものは香料などを加えて味や風味を向上させている。

　バルサミコ酢はまろやかな甘みと穏やかな酸味があり，香りも華やかでドレッシングやソースはもとより料理の隠し味として利用されている。日本ではメディアにとり上げられ一躍有名になった。

3．アルコール酢

　アルコールを主原料とし，それに種々の菌の栄養物を加えて発酵させてつくる。最近の食品の淡白化にともない，その生産量も増加している。なお，現在のJASではアルコール酢は醸造酢となる。

　食酢の製造で使用するアルコールには3つの方法で変性して使用することが許可されているが，通常，種酢変性法が一般的である。純アルコールに酸量（酢酸として）1%以上アルコール分15%以下となるように種酢および水を混和する。アルコール

の原料では酢酸菌が繁殖するのに栄養源が不足し，発酵に支障をきたすので，含窒素物（ペプトン，アミノ酸など），リン，カリウム，マグネシウムなどの無機塩を加える。また栄養源と同時に製品の品質を高めるため糖類（ブドウ糖など），麹エキス，酒粕などが用いられる。

　酒精酢のなかで酸度が10〜15%もある高酸度酢が市販されている。これは先述した深部発酵法でつくられ，短期間に発酵を終える速醸酢である。

　酒精酢は一般に淡白で香味に乏しいがクセが少なく，すし飯，漬物などの原料に使われる。

4. 蒸留酢

　蒸留酢はアルコールを原料とした高酸度酢とは区別している。

　その製造法は麦芽酢をガラス製またはステンレス製の蒸留機に入れる。蒸留棟内部には加熱蛇管が設けてあり，棟内を0.9〜0.8気圧に減圧し，蛇管に加熱蒸気を通じて加熱する。生じた酢の蒸気は充填物のあるカラムを通して泡抹を除去し，冷水で冷却して受器に集める。蒸留酢は欧米で主に市販されているが，日本ではほとんど見当たらない。

5. 濃縮酢

　小規模では中国のように天然の冷気を利用し，凍結，解氷をくり返すことによりつくることもあるが，アメリカでは工業的規模で生産が行われている。アンモニア熱交換器を通し17%の酢を凍らせ，遠心分離で氷を除き20%の濃縮酢を得ている。また，ボテーター（votetor）という熱交換器を使用し，7%のリンゴ酢を20%以上の濃度まで濃縮している。濃縮酢は蒸留酢同様，日本ではほとんど市販されていない。

6. 合成酢

　合成酢は酢酸を主体として種々の物質を混和調合してつくる。酸類としては酢酸のほかにコハク酸，グルコン酸，乳酸，酒石酸，クエン酸などが使われる。エキス分としては，糖分，グリセリン，食塩，アミノ酸，粉末水あめ，コハク酸ソーダなどである。糖分としては砂糖，ブドウ糖，みりんが使われるが，主としてブドウ糖が使用される。香気は果実香料，香辛料オイル，飲料用香料などを加えて香気の改善を行う。酢酸を除く酸類は別個に適当に水に溶かし，甘味質およびエキス分も同様である。仕込む順序は，甘味質エキス分を容器に入れ，酢酸以外の酸を加え，次に酢酸液を徐々

に加え，最後に香料を加えよく撹拌して仕込みを終える。熟成は常温に静置して日数をかけるが，20～30℃に保温して熟成を早める方法もある。

7. もろみ酢

　もろみ酢は沖縄県特産の米焼酎である泡盛を蒸留した後の留液を圧搾・濾過して得られたものである。泡盛の製造には黒麹といわれるクエン酸を生成する麹菌を使用しているため，独特の酸味を有している。また一段仕込みのためアミノ酸や機能性成分といわれる物質が多く含まれている。しかし酢酸がわずかしか含まれていないのに「酢」となっているのは，JASの分類で一定量の酸味を含む食品を「食酢」としているためである。

8. 加工酢

　食酢を主としてそれに種々の原料を加えた酸性調味料と，果実の搾汁そのものを使用する天然果汁酢がある。

1. 生ポン酢

　柑橘酢（かんきつ）は，とくに酸を多く含み，もっぱら料理に酸味を添える目的で利用される。世界各地でその地方特有の果物が使われる。一般的なものとしてはレモンやライムがあり，日本ではダイダイ，ユズ，スダチ，カボスがある。搾汁の上部にオイルが浮遊してくるが，これが香気成分で，酸味は主としてクエン酸である。

2. ポン酢

　一般に柑橘果汁（生ポン酢）はクエン酸を主体とした不揮発酸を主成分とし，多少とも重い感じがする。そのため食酢のもつ独特のさわやかな酸味を付加するとともに，食酢そのものの保存効果を利用して保存面での安定性を高める。以上より，両者を混合して使いやすくしたものである。

3. 味付きポン酢

　二杯酢の一種であり，生ポン酢が母体となって醤油と食酢を加えたものである。この場合の生ポン酢の果汁としては，夏ミカン濃縮果汁がもっとも多く使用されている。食酢としてはリンゴ酢のような果実酢が使用されるが，最近ではユズやカボス，シークワーサーのような地域限定の果汁も使われるようになってきた。

4. 合わせ酢

　日本の料理に使われてきた調味料で，基本は二杯酢（酢と醤油，または塩の2種類を合わせた甘味のない調味酢。酢2，醤油1，酢の弱いものは酢と醤油同量）をいろいろに変えたもの。この範疇に入るものとしては，らっきょうを漬けるらっきょう酢

やすし酢がある。以上が和風の合わせ酢と考えると，サラダ酢やスパイスビネガーは洋風合わせ酢に分類される。

◆ 食酢業界の動向

　食酢の生産量は戦前にいちばん多くつくられた昭和12～13年（1937～1938年）に比べ4倍近くも生産量が増え，しかも他の醸造品の生産量が横ばい状態にあるのに，わずかではあるが生産量の増加がみられる。このことは食酢の多様化と加工食品の副材料としての需要がみられると同時に，健康志向としての飲料としての需要も見逃せない。昭和45年（1970年）の『食酢の表示に関する公正規約』の告示とその施行，さらに昭和54年（1979年）のJASの告示と施行にともない，合成酢から醸造酢への業界の転換がスムーズに進み，消費者の信頼感をいち早くとらえたことも幸いしている。

　しかしながら，食酢業界は100kℓ未満の工場が72％を占める中小企業の形態をとり，専業が少なく，ソースや醤油との兼業が多く，工場数は300弱である。しかも大手5社で全生産量の67～70％を占める寡占態勢で，大企業とその他の中小企業という際立った二極化が生じている。

　生産量と用途別の需要においては，醸造酢の生産は99％以上を占めている反面，合成酢は年々減少しており1％未満となっている。種類別では穀物酢が半分近くを占めており，とくに米酢の増加が著しく高品質製品需要志向を反映している。またリンゴ酢などの果実酢もドリンク需要を反映して増加しているが，現状では6％程度となっている。用途別ではここ数年，家庭用32～33％，業務・加工用が66～67％となっている。業務用は飲食店で，加工用は加工食品のソース，ケチャップ，マヨネーズ，ドレッシングなどの原料にされる。

　食酢業界は，基本的には酸性調味料としての多様化・個性化，また消費者の健康志向としての多面的な需要に対応しつつある。今後もこのような安定需要を続けていくうえで，調味料としての需要を大切にしながら新規需要開発への努力が望まれる。

◆ 食酢の機能性

　酢を大昔から非常に重宝して賞味してきたのには4つの大きな理由があった。
　第一は，酸味を味わうといった味覚上の理由，すなわち食欲増進作用が挙げられる。
　第二は，酢のもつ強い殺菌力や防腐力を利用して，魚介類を酢漬けにしたり，酢〆に

したり，酢洗いにしてきたことである。酢飯などは酢のもつ防腐力を巧みに利用した主食の保存法なのである。

第三は調理上の理由で，材料の生臭みを消したり，塩辛さをやわらげるとともに，ゴボウやトロロイモ（長イモ），レンコンなどのアク抜きや変色の防止にも酢を大いに役立ててきたのである。

第四は，保健的機能性を体験的に知ってのことである。酢は昔から体をやわらかくする，動きを機敏にする，疲労に効く，動脈硬化や脳卒中，高血圧によい，肩凝りに覿面だ，糖尿病によい，湿布消炎剤に重宝だと民間療法的にいわれてきた。そのため酢を意識的に摂取してきたわけであるが，近年，その効果が医学的，生理学的な研究により少しずつ明らかになってきた。

酢の効能が一般的に知られてきたきっかけは，アメリカ・バーモント州の罹病率が低く，長寿の人が多いことにあった。この地方特有のリンゴ酢と蜂蜜を混ぜた「バーモント酢」のためではないかという考えが起こり，調べたところ，バーモント酢愛好者の多くが非飲酢者に比べて肉体疲労度が少ないことなどがわかった。

そして現在，酢の機能性はさまざまな方面から検討されている。そのなかには老化防止のための効果も含まれており，たとえば高血圧症の患者に臨床的に酢を毎日一定量投与した場合，投与しなかったグループに対して血中総コレステロール値や中性脂肪値が減少したという。

また，体内の脂肪分解促進の効果が酢によってもたらされることが認められ（実際には体内における脂肪合成系代謝の阻害），さらに高血圧症発生機序であるアンジオテンシン系の酵素を阻害する成分も発見された。このほかにも糖尿病に対する効果，肥満抑制効果，脂肪肝改善効果，過酸化脂質抑制効果，抗腫瘍性効果などが実験的に認められているという。

しかし民間では客観的な科学評価によらず，食酢の機能性が過大評価され，「酢の効用」といった本が多数出版されており，正しい知識が必要である。

◆ 酢酸菌が生産する関連食品

食酢の分類から外れるが，酢酸菌が生産する関連食品をここに挙げる。

1. ナタデココ

ナタデココはココナッツジュースを *Gluconobacter xylinum*（グルコノバクター キシリナム）（旧名 *Acetobacter xylinum*）を主体としたナタ菌といわれる酢酸菌で発酵させたゲル状の菌体のことで，フィリピンの伝統発酵食品である。ナタデココとはスペイン語で「ココナ

ッツジュースに浮く上皮」という意味である。

2週間ほど発酵させると菌体が15mmほどになったところでとり出し，食用に供する。日本で出回っているのは，この菌体膜をさいの目に切り，酸を抜き，シロップ漬けにしたものである。寒天に近い外観ながら，独特の歯ごたえのある食感をもっている。ナタデココの主成分は食物繊維であり，微生物セルロースとして，その機能性が注目されている。

写真2.3-3
ナタデココの製品

2．紅茶キノコ

昭和40年代末に日本で一大ブームになった健康食品である。「キノコ」と名は付いているが，実際は酢酸菌の菌膜であり，真菌（キノコ）の子実体ではない。紅茶キノコは19世紀から20世紀初頭にかけ，ロシアやウクライナで「ロシアン・ティー・マッシュルーム」とよばれた飲料である。

つくり方は，紅茶に砂糖を入れた瓶に酢酸菌や酵母などの菌を加えて置く。その後，発酵してキノコの傘のような物体が生成される。このゲル状の菌体や培養液を飲用とする。

しかし商品化の例はなく，あくまで家庭で行われたため，ブームは一過性のものであった。成分は酢酸が主であり，グルコン酸や乳酸が含まれている。

2.3 食酢

2.4 みりん

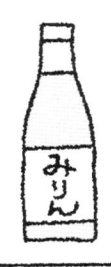

◆ 酒税法におけるみりんの定義

みりんは，もち米，米麹，焼酎またはアルコールを原料として醸造され，45％以上の糖分と11〜14％のアルコール分を含有する酒類調味料である。混成酒類に属する酒類で，原材料や製造法は『酒税法』で規定されている課税対象物品である。

酒税法第3条第11号を要約すると，みりんとは『米，米こうじに焼酎またはアルコール，その他政令で定める物品を加えてこしたもので，アルコール分が15度未満，エキス分が40度以上の酒類』と定義されている。

ここで，政令で定める物品とは，とうもろこし，ぶどう糖，水あめ，たんぱく質加水分解物，有機酸，アミノ酸塩，清酒かすまたはみりんかすをいい，ぶどう糖や水あめの添加できる量は白米（こうじ米も含む）重量の2.5倍量以下と規定されている。また，これまで飲用に供されてきたアルコール分22〜23％，糖分10〜12％程度の本直し（柳蔭ともいう）は，平成18年の酒税法改正によりリキュールとして扱われるようになった。

◆ みりんの歴史

みりんの発生起源については，日本独自に清酒から発生したとする説と中国伝来説がある。日本発生説は，文正元年（1466年）の『蔭涼軒日録』に「練貫酒」という焼酎を加えた甘い酒が博多にあり，これが改良されてみりんになったという説。一方，中国伝来説は，中国清明の時代の『湖雅巻八造醸』という書に「蜜淋」とよばれる甘い酒があったという記述があり，これが戦国時代に日本に伝来したという説である。慶安2年（1649年）の『貞徳文集』にも，みりんが異国より渡来したものであるとの記述がみられる。

みりんが文献に初めて登場したのは，文禄2年（1593年）の『駒井日記』である。そのなかにみりんは「蜜淋酎御酒」とあり，この頃には，みりんは甘い珍酒として上層階級にもてはやされていたようである。みりんが料理に使用された最初の記述

は，元禄2年（1689年）の「合類日用料理抄」にみられ，鳥醤に味淋酎を使用したと記載されている。その後，料理に使用された記述が増えていき，天保から安政年間にかけて諸国の風俗を記した『守貞漫稿』(1837～1867年)には，みりんの多くが江戸でそばつゆや鰻の蒲焼きのたれに使用されているという記述があり，この頃になってようやく調味料としての使われ方が定着したといえる。

みりんの出荷現状

みりんの出荷数量を表2.4-1に示す。昭和45年（1970年）から平成10年（1998年）まで直線的に増加を示した後，横ばい状態となり，現在は11万1,000kl程度であるが，家庭料理から業務・加工食品，各種たれ・つゆなどに幅広く使用されている。

表2.4-1　みりんの課税移出数量の推移

(年度)	昭和45	50	55	60	平成元	5	10	15	18	19	20
数量	31	41	69	80	91	93	110	109	113	115	111

(単位：千kl)

◆ みりんの製造工程

製造工程を図2.4-1に示す。原料は米，米麹，焼酎またはアルコールであり，うるち米でつくった米麹，掛米の蒸もち米に焼酎またはアルコールを加えて仕込み，20～30℃で40～60日間糖化・熟成後，圧搾し，清澄化して製品化する。各工程については後で詳述する。

◆ みりんの原料と原料処理

米

原料米は，麹にはうるち米，掛米にはアルコール存在下でも溶けやすいもち米を使用する。掛米にうるち米を使用する方法も検討されているが，収率が悪いほかみりん様の香りも出にくいためほとんど使用されていない。玄米を精米機で精白し，麹米で80～85％，もち米で85％前後の精米歩合のものを使用する。

原料米の処理は次のとおりである。

原料米の洗米・浸漬工程では，米粒表面の糠を十分洗い流した後，4～10時間浸漬し，麹米，掛米ともに十分水を吸わせる。

蒸煮は，回分式の蒸し釜を用いる工場と連続式蒸米機を使用する工場がある。蒸し

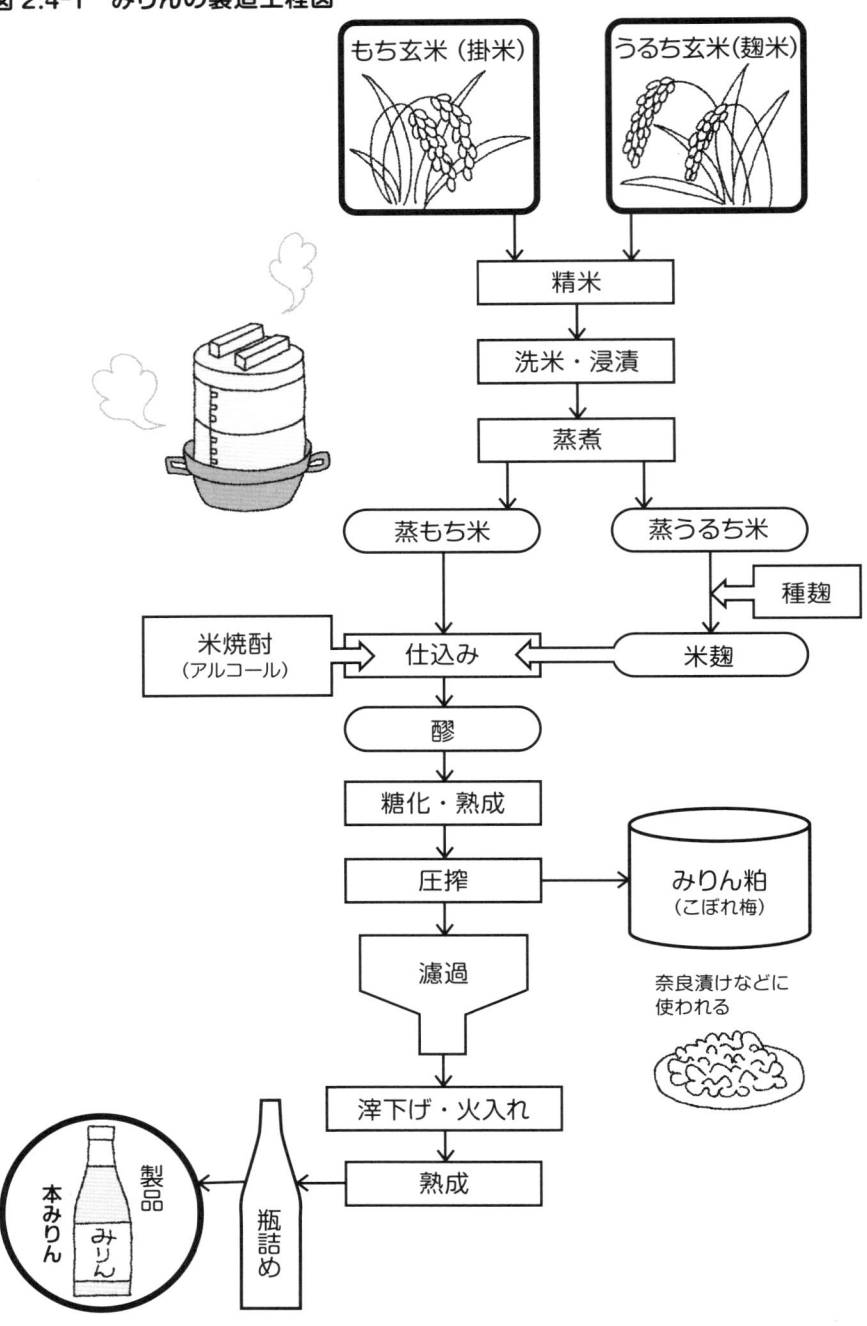

図2.4-1 みりんの製造工程図

もち玄米（掛米） うるち玄米（麹米）
↓
精米
↓
洗米・浸漬
↓
蒸煮
↓
蒸もち米／蒸うるち米
蒸うるち米 ← 種麹 → 米麹
米焼酎（アルコール）→ 仕込み ← 米麹
↓
醪
↓
糖化・熟成
↓
圧搾 → みりん粕（こぼれ梅）　奈良漬けなどに使われる
↓
濾過
↓
滓下げ・火入れ
↓
熟成
↓
瓶詰め
↓
製品　本みりん

時間は蒸し釜では蒸気が抜けてから30〜50分，連続式では25〜40分程度が一般的で，この工程で米のデンプンは糊化，タンパク質は変性し，脂質の半分程度は揮散する。古くから，みりんを加熱またはアルコールを添加する際に煮切り（タンパク質混濁）が問題にされてきたが，掛米のもち米を蒸煮する際に圧力をかけて米タンパク質を変性させ，溶解性を低くすることにより解決してきたため，$0.5〜0.7 kg/cm^2$程度の加圧蒸しをする場合もある。加圧が$0.7 kg/cm^2$以上になると混濁防止効果は大きくなるが，着色やもち米の溶解が悪くなるので注意が必要である。なお，煮切り混濁は，もち米のグロブリン，オリゼニンに由来するタンパク質の部分分解物が原因と考えられている

◆ みりんの各製造工程

1. 仕込配合

　仕込みを行う際のもち米，麹米および焼酎またはアルコールの割合を仕込配合という。古くは元禄8年（1695年）の『本朝食鑑』，寛政11年（1799年）の『日本山海名産図会』などにも記述がみられる。しかし，当時の仕込配合から予想されるみりんは糖分が少なく，主として飲用に適したものがつくられていたと推測される。現在の仕込配合の例を表2.4-2に示す。

表2.4-2　みりんの仕込配合の例

もち米(kg)	麹米(kg)	焼酎またはアルコール(40%)(*l*)	麹歩合(%)	焼酎歩合(%)
2,580	420	1,900	14	63
2,500	500	1,950	17	65

麹歩合(%) ＝（麹米(kg)／総米(kg)）× 100
焼酎歩合(%) ＝（焼酎(*l*)／総米(kg)）× 100

　仕込配合のちがいにより製成されるみりんの成分・品質は大きく異なってくる。一般に，麹歩合は10〜30％，焼酎歩合60〜80％であるが，麹歩合を10％程度にして酵素剤を使用する場合もある。この場合，酵素剤の使用量は総白米重量の1/1000以下と規定されているので注意が必要である。なお，使用する焼酎またはアルコールの濃度は35〜45％が一般的である。

2. 製麹

清酒製造では昔から「一麹，二酛，三造り」といわれ麹の重要性が指摘されてきたが，みりん製造でも「一麹，二仕込み，三熟成」とされ，麹づくりがもっとも重要であることを示している。

みりんは，高濃度のアルコールの存在下，米麹の酵素群の作用でもち米から多くの糖類，アミノ酸などが生成され，また麹菌の代謝産物や自己消化物に由来する香味成分が品質を形成する。したがって，麹の良否はみりんの品質に大きく影響する。

一般に米麹に使用される麹菌は，黄麹菌 *Aspergillus oryzae* である。アルコール存在下での酵素作用が求められることから清酒用の麹菌に比べ，アミラーゼ，プロテアーゼともに力価の高い麹菌が使用される。

製麹法には，在来法の蓋麹法，箱麹法と省力化を図った機械製麹法があり，製麹時間はそれぞれ45～52時間，40～45時間程度である。黄麹菌の蒸米上での増殖は温度と水分含量に影響され，種麹を散布する時点の蒸うるち米の温度は30～32℃，水分33～38％程度である。一般に，アミラーゼは37.5℃付近の高温域で，プロテアーゼは32.5～35℃の低温域でよく生産されることから，温度管理を適切に行い両酵素の活性の強い麹をつくることが重要である。麹菌の胞子（分生子）（写真2.4-1）と蒸米上での麹菌の酵素の分泌状態を模式的に図2.4-2に示す。

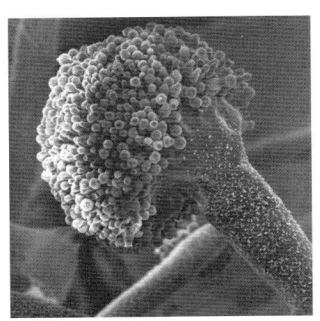

写真2.4-1　麹菌の胞子（分生子）

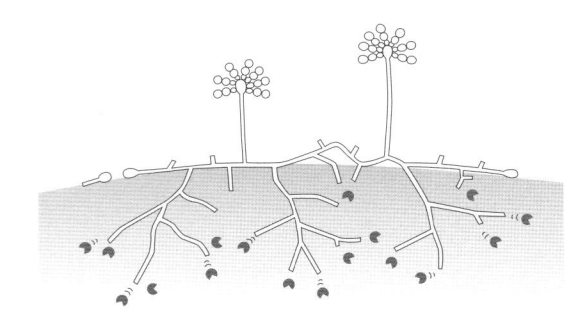

図2.4-2　麹菌の蒸米上での酵素分泌の様子（模式図）
蒸米にまかれた胞子は発芽して菌糸を伸ばし成長する。
菌糸の先端から酵素を出す。

3. 仕込み

仕込みは，放冷した蒸もち米に米麹と焼酎または醸造アルコールを混ぜ，醪タンクまでポンプ輸送する方法が一般的である。中小メーカーではもち米の加圧蒸しを行わ

ないことが多く、煮切り防止のため仕込品温を20℃以下に設定することが多い。その場合は糖化・熟成期間が長くなる。仕込み終了後はアルコールの揮散を防止するためタンクを密閉する。5〜7日経過すると醪表面が乾燥してくるので、櫂棒で撹拌し、表面がアルコールに浸った状態に保つ。これにより表面のカビや細菌の繁殖を防ぐことができる。蒸もち米の放冷の様子を写真2.4-2に、仕込み直後の醪の状態を写真2.4-3に示す。

醪は、ときどき櫂入れを行いながら20〜30℃で約40〜60日間糖化・熟成を行う。この間、蒸もち米は米麹の酵素作用によりデンプンはグルコースや少糖類に、タンパク質はペプチドやアミノ酸に、脂肪は脂肪酸に分解される。

みりん醪の糖化・熟成期間の主な成分の変化を図2.4-3に示す。

デンプンの分解によりボーメ（濾液の比重）は22程度まで、エキス分は48％程度まで増加し、アルコール度は液量の増加により40％から15％程度に希釈される。また、タンパク質の分解によりアミノ酸度が上昇する。有機酸は図には示していないが、15日目頃から増えはじめ、最終的に滴定酸度0.2〜0.6ml程度になる。

写真2.4-2　蒸もち米の放冷作業

写真2.4-3　仕込み直後の醪

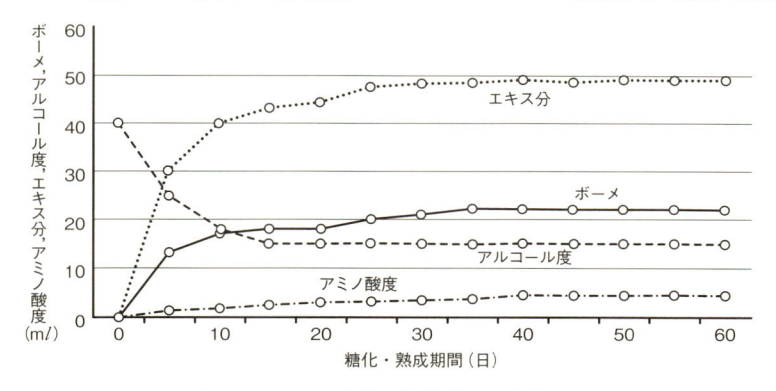

図2.4-3　みりんの糖化・熟成期間の主要成分の変化

各種成分は仕込み後20〜30日でほぼ一定になり、その後は、アミノ酸と含有量の多い糖類とのアミノカルボニル反応や、わずかに含まれる有機酸や脂肪酸とのエチルエステル化反応などが起こり、カルボニル化合物、コハク酸ジエチルエステル、高級脂肪酸のエチルエステルなどが生成され、みりん特有の香味を形成する。最終的には、上澄液が琥珀色のアルコール臭の感じない重厚な甘みをともなったものになれば上槽となる。

4. 上槽

糖化・熟成工程を終えた醪は、ポンプで圧搾機に送られる。小メーカーでは従来型の油圧式圧搾機で、木綿またはナイロン製袋に数 l ずつ醪を入れ積み重ね、加圧して圧搾する。ある程度の規模のメーカーでは連続自動圧搾機に醪を注入し、15〜24時間ぐらいで固液分離を行う。固体のみりん粕は「こぼれ梅」とよばれ、菓子や漬物用として利用される。なお、濾過に使用する布袋や濾布は細菌の汚染源になるので十分に洗浄することが必要である。仕込み直後から圧搾後までの醪の状態を写真2.4-4に示す。

| 仕込み直後 | 仕込み10日目 | 圧搾前 | 圧搾後 |

写真2.4-4　みりん醪の糖化・熟成による変化

5. 製成・殺菌

上槽したばかりのみりんは「滓」が含まれ濁っているので、10〜14日程度タンクに貯蔵して上澄部と沈殿部（滓）に分離するのを待つ。これを滓引きとよんでいる。上澄部の清澄度が不十分な場合は、滓下げ剤（活性グルテン）と柿渋タンニンを適度の割合で添加し、未分解のタンパク質を凝集・沈殿させ清澄化を図る。このとき、活性炭を併用すると沈殿も加速され、香味の調整にも有効である。なお、加圧蒸煮をしない蒸もち米を使用した場合、上澄液を60〜65℃程度で火入れ殺菌を行い、未分解タンパク質の変性・凝集および残存酵素の失活を図る。

その後、綿または濾紙を担体とした濾過機で濾過助剤のセライトを加え濾過するこ

とで、テリのあるみりんが得られる。いくつかのみりんを調合し、目標の成分に調整後火入れ殺菌し、タンク内で香味の熟成を図る。以前は火入れを行わずにタンク貯蔵をするメーカーも多かったが、上槽時の細菌の汚染により貯蔵中に腐敗（「火落ち」という）する危険もあったことから、最近では火入れをするのが一般的である。

◆ 市販みりんの性状

市販みりんには、（イ）糖類使用みりん、（ロ）純米みりん、（ハ）長期熟成みりん、の3タイプがあり、そのなかで、糖類使用みりんの消費量が圧倒的に多く、80～90%を占める。長期熟成みりんは、こだわりの料理に使用されることやラム酒の代わりに菓子用に使用されることが多い。これらの一般的な成分を表2.4-3に示す。

糖類使用みりんは純米みりんと比較すると、ボーメ、アルコール度、エキス分、酸度、アミノ酸度、グルコース濃度、着色度いずれの成分も低い値を示している。長期熟成みりんは純米タイプであり、もとは純米みりんと同様の成分であったと考えられるが、1年から3年または10年貯蔵したことによる成分の変化が大きく現れている。たとえば、貯蔵熟成中にアミノ酸とグルコースの反応（アミノカルボニル反応）によりこれらの成分が減少するとともに着色度および酸度が増加し、pHが低くなっている。一方、ボーメ、アルコール度、エキス分はあまり変化せず、純米みりんとほぼ同様の値を示している。

市販みりんの貯蔵期間と着色度の関係を写真2.4-5に示す。

表2.4-3 各種市販みりんの一般成分

みりんのタイプ		ボーメ	アルコール度 (%)	エキス分 (%)	酸度 (ml)	アミノ酸度 (ml)	グルコース (%)	pH	着色度 (OD^{430nm})
糖類使用	最大	21.1	14.0	46.4	0.4	1.6	34.5	6.0	0.122
	最小	19.4	11.5	42.3	0.2	0.8	25.7	5.1	0.028
	平均 (n=7)	19.90	13.16	45.46	0.28	1.13	31.61	5.66	0.0628
純米	最大	21.4	14.3	50.1	2.0	4.2	39.9	5.9	0.651
	最小	18.5	13.5	43.1	0.2	1.2	33.0	4.8	0.052
	平均 (n=6)	19.97	14.00	46.65	0.62	2.21	36.36	5.65	0.2496
長期熟成	最大	21.6	14.5	50.7	1.8	4.8	37.0	5.5	10.641
	最小	19.0	13.8	44.2	0.3	0.6	26.8	4.2	0.676
	平均 (n=6)	20.42	14.12	47.73	0.77	1.90	33.52	4.87	3.7000

| 1年未満 | 3年貯蔵 | 5年貯蔵 | 10年貯蔵 |

写真2.4-5　市販みりんの貯蔵期間と着色度の関係

◆ みりんの主要成分組成

　もち米のデンプンは麹菌の生産するα-アミラーゼ，グルコアミラーゼ，α-グルコシダーゼ，トランスグルコシダーゼなどの酵素の作用を受け，各種糖類に分解される。またタンパク質は，プロテアーゼ，酸性カルボキシペプチダーゼの作用によりペプチドやアミノ酸に分解される。糖組成を表2.4-4に，アミノ酸組成を表2.4-5に示す。

　なお，有機酸は，他の成分に比べると微量であるが，米麹からの持ち込みの有機酸としてクエン酸（2.96〜7.80），コハク酸（0.75〜5.15），リンゴ酸（0.88〜1.83），フマール酸（3.71〜5.98）など，製麹中の乳酸菌などの汚染によると考えられる乳酸（2.15〜21.52）および酢酸（2.57〜3.60），貯蔵中グルタミン酸のピロリドン化によるピログルタミン酸（8.08〜11.19）（いずれもmg%）などが検出されている。

◆ みりんの調理効果

　甘味調味料のみりんは，甘味を付与するために使用されるが，いろいろな糖類やアルコールを含むことから，砂糖とはちがう，みりんならではの調理効果が報告されている。その効果は，主に次の7点にまとめられる。

(1) 上品な甘味の付与：本みりんの甘味は砂糖に比べ，ブドウ糖，イソマルトース，オリゴ糖など多種類の糖類で構成されているため上品に仕上がる。

(2) テリ・ツヤの付与：グルコースやオリゴ糖が関与する。グルコースは単糖類ではもっとも光沢度が高い。

(3) 煮崩れ防止効果：糖類とアルコールの作用により，植物性食材ではデンプン粒の溶出，動物性食材では筋繊維の崩壊を抑制する。

(4) コク・うま味の付与：もち米および麹の自己消化から生まれるアミノ酸やペプ

表2.4-4　市販みりんの糖組成

	みりんA	みりんB	みりんC	みりんD
ペントース	—	—	—	0.78
グルコース	87.5	81.3	82.8	87.70
ニゲロース	0.98	1.02	0.96	0.85
コージビオース + マルトース	1.83	2.10	1.01	2.51
イソマルトース	6.12	5.97	6.05	6.64
パノース	0.86	2.53	1.54	0.90
イソマルトトリオース	0.65	1.48	1.51	0.47
高級オリゴ糖	2.02	5.63	6.15	0.23

(単位：構成比%)

表2.4-5　市販みりんのアミノ酸組成

アミノ酸	みりん(イ)	みりん(ロ)	みりん(ハ)	みりん(ニ)
アスパラギン酸 (Asp)	15.4　(8.9)	19.9　(10.1)	27.4　(8.7)	8.7　(6.2)
スレオニン (Thr)	10.6　(6.1)	7.2　(3.6)	19.4　(6.1)	8.3　(5.9)
セリン (Ser)	12.3　(7.1)	14.1　(7.2)	21.7　(6.9)	9.6　(6.9)
グルタミン酸 (Glu)	23.6　(13.6)	36.3　(18.4)	39.6　(12.5)	13.5　(9.6)
グリシン (Gly)	7.2　(4.1)	10.0　(5.0)	14.1　(4.5)	5.3　(3.8)
アラニン (Ala)	13.6　(7.9)	17.3　(8.7)	26.9　(8.5)	12.2　(8.7)
シスチン (Cys)	+　(0)	+　(0)	+　(0)	+　(0)
バリン (Val)	12.3　(7.1)	11.0　(5.6)	19.1　(6.0)	8.9　(6.4)
メチオニン (Met)	1.6　(0.9)	2.3　(1.1)	6.9　(2.2)	2.4　(1.7)
イソロイシン (Ile)	8.0　(4.6)	6.6　(3.3)	11.6　(3.7)	5.7　(4.0)
ロイシン (Leu)	16.8　(9.7)	17.1　(8.6)	28.3　(8.9)	13.5　(9.7)
チロシン (Tyr)	17.1　(9.9)	24.5　(12.4)	33.5　(10.6)	15.7　(11.2)
フェニルアラニン (Phe)	16.0　(9.2)	14.7　(7.5)	25.7　(8.1)	12.7　(9.1)
リジン (Lys)	3.5　(2.0)	1.2　(0.6)	6.6　(2.1)	2.9　(2.0)
アンモニア (NH₃)	4.6　(2.7)	5.6　(2.8)	5.9　(1.9)	3.4　(2.4)
ヒスチジン (His)	2.0　(1.1)	+　(0)	+　(0)	2.8　(2.0)
アルギニン (Arg)	13.3　(7.7)	4.7　(2.4)	21.8　(6.9)	11.0　(7.8)
プロリン (Pro)	+　(0)	10.8　(5.5)	+　(0)	6.6　(4.7)
トリプトファン (Trp)	+　(0)	+　(0)	+　(0)	+　(0)
合計	173.1　(100)	197.6　(100)	316.4　(100)	139.8　(100)
みりんのタイプ	糖類使用	糖類使用	純米	3年熟成

(単位：mg%　(構成比%))

チドなどのうま味物質と糖類，有機酸など多くの成分が複雑に絡み合って深いコクとうま味が生まれる。

(5) 味の浸透性向上：アルコールが食材に速やかに浸透し，同時に食塩，糖類，アミノ酸，有機酸など呈味成分も浸透しやすくなる。

(6) 消臭効果：臭みを消すはたらきがあり，アルコールの共沸効果である物理的消

臭と，α-ジカルボニル化合物とアミン類との反応による化学消臭とがある。
(7) 脂質酸化防止：本みりんの抗酸化活性により，みりん干しなど脂質の過酸化を抑制し，香りの劣化を抑える。

◆ みりんの機能性

　食品の機能性は昭和59年（1984年），文部省が「食品機能の系統的解析と展開」のプロジェクトを立ち上げ，食品を3つの機能に体系化したことにはじまる。食品の栄養素が生態に果たす機能を一次機能，香味成分等が味覚や嗅覚器官などに対して示す機能を二次機能，生体の生理機能を調節し健康の維持・回復に寄与する機能を三次機能と位置づけ，三次機能を効率的に発現するよう設計・製造された食品を機能性食品とよぶようになった。また，平成3年（1991年）には国の審査に合格した機能性食品を「特定保健用食品」の名で認可する制度が発足した。

　機能性に関しては，伝統的な醸造食品の醤油，味噌，食酢，納豆，酒類の清酒，ビール，ワインなどでは以前からよく研究されていたが，みりんは，平成14年（2002年）頃から研究開始された。みりんの機能性は，主に次の2点にまとめられる。

1. 抗酸化性

　醸造食品では褐変色素が抗酸化性を示すことが報告されている。みりんにおいても，表2.4-3に示した市販みりん20種類の抗酸化性と着色度の間に1%以下の危険率で高度に有意な相関関係（相関係数 $r=0.951$（$n=20$））が認められている。これらのなかで糖類を使用した色の薄い普及型のみりんの場合，抗酸化性を示す主要な物質はアミノカルボニル反応の初期段階で生成されるアマドリ転移化合物（フラクトースヒスチジン，フラクトースメチオニン，フラクトースグルタミン酸，フラクトースヒスチジンなど）であり，一方，着色度の高いみりんではアミノカルボニル反応の後期段階で生成するメラノイジンによることが明らかにされている。

　着色物質メラノイジンは貯蔵とともに重合して大きな分子となり，抗酸化性も高くなる。メラノイジンの分子量は3年貯蔵みりんで26～43KDa，10年貯蔵みりんでは34～57KDaと推定され，抗酸化性もそれぞれ1063.6，2977.7（いずれもTrolox当量（μmol/100ml））である。なお，貯蔵が1年未満のみりんの抗酸化性は256.8～431.1（平均351.2，$n=7$）Trolox当量（μmol/100ml）程度である。

2. アンジオテンシンI変換酵素阻害活性

　アンジオテンシンI変換酵素（ACE; angiotenshin I-converting enzyme）はアンジオテンシンIに作用し，血管を収縮させ血圧を上昇させるアンジオテンシン

Ⅱを生成させる。また，降圧作用をもつブランジニンを不活性化する。そこでACEを阻害すれば，これらのはたらきを止め，血圧上昇を抑制できる。みりんのペプチドのなかに，このACE阻害活性を示すものがあり，現在4種類のペプチド（グリシン－チロシン，アラニン－チロシン，バリン－チロシン，グリシン－フェニルアラニン）が分離されている。また表2.4-3に示した20種類の市販みりんのACE阻害活性と着色度との間に危険率1％以下の高度に有意な相関関係（相関係数$r=0.683 (n=20)$）が認められており，着色度の増加とともにACE阻害活性も高まり，着色物質メラノイジンがその主役であることが明らかにされている。

また，いろいろな機能性をもつ着色物質メラノイジンの生成には，アミノ酸類が85％程度の寄与率を示し，フェニルアラニンおよびイソロイシンを除いてほとんどのアミノ酸が寄与していること，なかでもトリプトファンに次いで，バリン，チロシン，アルギニンなどのアミノ酸の寄与率が高いこと，フェニルアラニンが着色抑制に働くことが最近明らかにされた。これらのアミノ酸の着色への関与は清酒においても報告されている。

◆ みりん類似調味料

甘味を付与する調味料にはみりんのほかに，みりん風調味料と発酵調味料がある。一般的な成分例を表2.4-6に示す。

みりん風調味料は，糖，アミノ酸，有機酸などを目的に応じて混合したアルコール1％未満の調味料で，防腐を兼ねて糖濃度を55％以上に高めたものが多い。発酵調味料は不可飲処置のため所定量の食塩を加えて発酵した醸造物に糖質原料などを目的に応じて添加したアルコール10％前後の調味料である。いずれも酒類に属さないため酒税は課されない。

表2.4-6 みりんとみりん類似調味料の成分例

成分	みりん	みりん類似調味料	
		みりん風	発酵調味料
pH	5.65	3.40	3.70
全窒素 (mg/100ml)	78.8	11.8	61.0
全糖 (％)	47.2	68.3	42.9
アルコール (％)	14.0	0.9	7.6
食塩 (％)	0	0.2	1.6

2.5 魚醤油

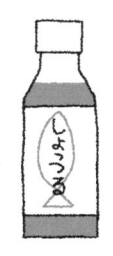

醤油のルーツは「醤(ひしお)」である。これは魚肉，野菜，穀物などに塩を加えて発酵させながら蓄えたものである。醤には，「魚醤(うおびしお)」「肉醤(ししびしお)」「草醤(くさびしお)」「穀醤(こくびしお)」の4種類があり，弥生時代から大和時代にかけてすでにつくられていた。

魚醤は魚醤油ともいい，醤油の原料に魚介類を使用するものである。その原料には，小型の魚やイカ（あるいはそれらの内臓），エビなどが用いられる。これらに食塩などを加え，魚肉や内臓の自己消化酵素（プロテアーゼ）の作用により，魚肉タンパク質がアミノ酸に分解されて醤油となる。なお，液体上の製品のみならず，発酵した原料が軟化（塩辛など）あるいはペースト状となったものも広い意味では魚醤に入る。高い食塩濃度と嫌気的条件のため微生物の動きは制限されるが，耐塩性菌が香気形成に関与している。

魚醤は食事に風味を付けるために広く使われ，ナム・プラーなどが有名な東南アジアだけでなく，日本や中国でもつくられている。日本では，しょっつる（秋田），いしる（石川），いかなご醤油（香川），鮭醤油（北海道）などが知られている。

次に，日本およびアジア諸国の魚醤について紹介し，とくに有名なものについては，その製造法についても説明する。

◆ 日本の魚醤油

明治24年（1891年）に完成した『日本水産製品誌』には，この時代における全国の水産加工食品が網羅されている。古くからの文献に記録された魚醤油には，讃岐国と下総国の玉筋魚(いかなご)醤油，能登国と石見国の鰯(いわし)醤油，生産地の記載のない鮭(ひしのこ)醤油，山陰と北陸の漁村で製造するという鯖腸(さばわた)醤油，能登国（石川県）を発生地として，佐渡でも製造するようになったという烏賊腸(いかわた)醤油がある。これらの魚醤油生産の多くは現存していないが，現在でも秋田の「しょっつる」と奥能登の「いしる」は生産を続けており，北海道では2000年頃からさまざまな魚介類を原料にした魚醤油がつくられ，それぞれの地方の特産品として複数の業者によって生産されている。

しょっつる

　しょっつるに，塩汁や塩魚汁という字を当てることがあるが，語源は定かではない。50年くらい前には秋田市周辺の海岸地域の多くの家庭で，しょっつるの自家製造をしていたという。現在は自家製のしょっつるをつくる家庭はほとんどなく，小規模の業者が製造している。年間生産量は2,000kℓ程度と推定されている。

　原料魚としてはハタハタのイメージが定着しているが，古くはマイワシを使用していたとの説もある。現在はさまざまな小魚も利用されている。これは漁獲量が少なくなり，かつ高価なハタハタのほかに，マイワシ，カタクチイワシ，小アジ，コウナゴなども原料魚として，単独あるいは混合で使用されている。

◆ しょっつるの製造法

　しょっつるの製造工程を図2.5-1に示す。しょっつるはもともと自家製造が主で，販売を目的とした大規模な製造はされていなかったため，その製造法もそれぞれ細かいところで異なる。

　ハタハタを原料とする場合，頭部・内臓・尾を除去し，洗浄後，一昼夜放置して水切りをする。魚体処理をする以前のハタハタ10kgに対し食塩2kg（20%），麹1～2kgを混合し，木製の桶に入れ，内蓋をした上に重石をのせ，冷暗所に1～3年間置いて発酵・液化，熟成させる。熟成後，布に入れて濾過した液体を煮沸，殺菌後，瓶詰めして製品とする。マイワシを原料とする場合は，頭部・内臓・尾を除去することなく全体を漬け込む。発酵・熟成期間は1年間である。

　麹を添加する理由については風味をよくするためとされるが，麹は必ずしも必要では

写真2.5-1
しょっつるの原料を混合（左）し，1年以上熟成させたもの（右）

2.5 魚醤油

図2.5-1 しょっつるの製造工程図

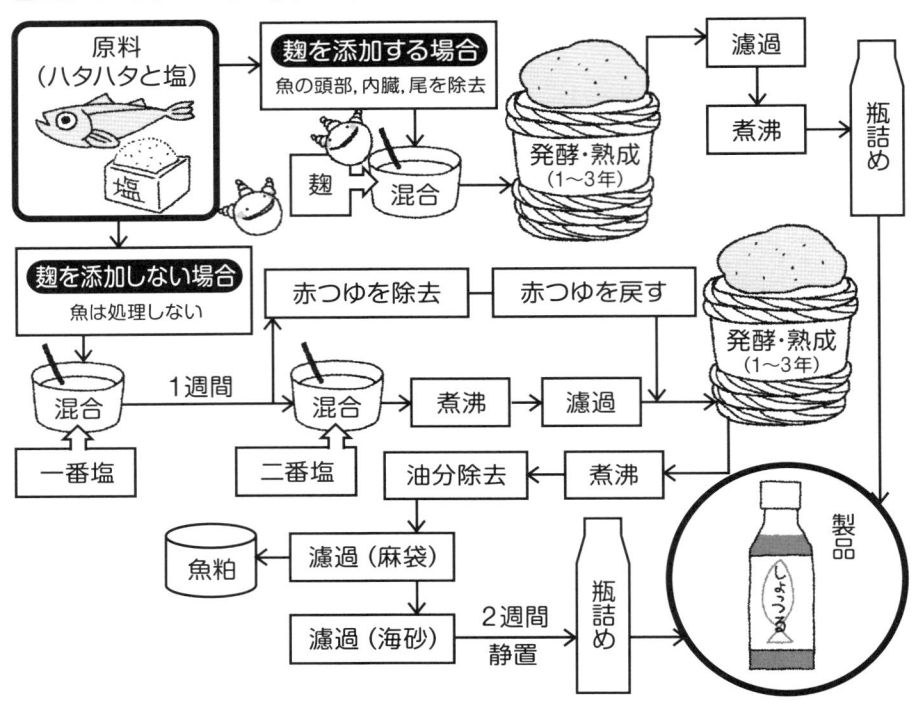

ないとして添加しない業者もある。その場合は原料魚を姿のまま20％程度の塩をし（一番塩），1週間タンクか桶に入れておく。このとき，魚肉から「赤つゆ」と称する血液の混ざった浸出液が出る。これがとても生臭く，製品の食味低下の原因になるので，「赤つゆ」を容器から一度汲み出して煮沸を行い，沈殿物をとり除く。残った魚体に再び塩をし（二番塩），煮沸，濾過した例の「赤つゆ」を桶に戻す。桶に木製の内蓋をし，重石をのせて1年以上，多くて3年程度置く。発酵・熟成が終了すると，桶の上部から液体と分解せずに残った魚体を汲み上げて大釜で煮沸する。このとき釜の上に浮いた油脂分をひしゃくなどでとり除く。この後液を麻袋に入れて漉し，さらに砂の層を通過させて濾過する。すると透明な黄金色をした液体が得られる。これを2週間程度静置して瓶詰めし，出荷する。

いしる

　現在の能登半島での魚醤油の生産地は，輪島など奥能登地方に限定される。名称は産地によって異なり，いしるのほか，いしり，よしり，よしるともよばれる。魚汁がなまったものともいわれている。

　昭和30年（1955年）頃までは，奥能登地方の漁村では自家消費用のいしるを製造したが，現在では自家製やいしる専門店はなくなり，奥能登地方の十数件の水産加工業者が他の水産加工品とともに製造している。

◆ いしるの製造法

　原料はスルメイカの肝臓，マイワシ，ウルメイワシ，マサバ，アジなどが使用される。このうち，イワシ類のいしるの製造工程を図2.5-2に示す。

　まず，頭・内臓をつけたままのマイワシやウルメイワシをぶつ切りにし，食塩を混ぜる。食塩の量は濃度24％以上になるように調整する。それ以下の塩分濃度では最終製品の色が濁り，悪臭がする。仕込みには塩のほかに風味を増すため，ごく少量の麹と酒粕を加える場合もある。これらを混合して桶に入れ，約8〜9か月発酵・液化，熟成させたのち，メッシュの異なる布により3度濾過する。この濾過したものがいしるで，火入れをしてから瓶詰めし，出荷する。いしるの生産量は年間20kℓ程度といわれるが，その量はいしるのよさが広く知られてきたため年々増えてきている。

図2.5-2　いしるの製造工程図

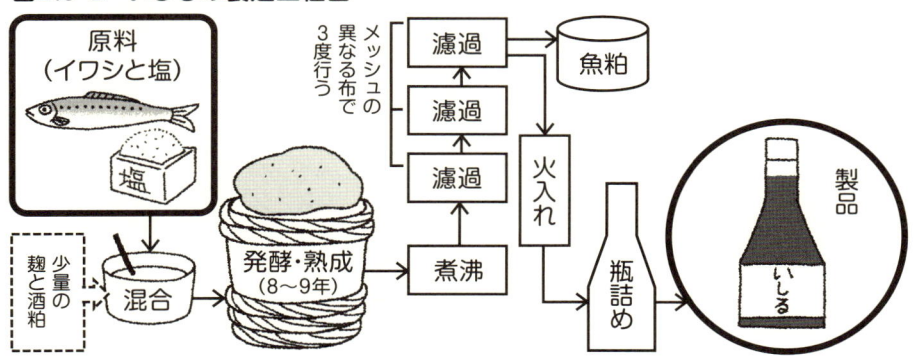

いかなご醤油

　香川県でつくられている魚醤油である。現在，商業的な製造はされていない。いかなご醤油は，大豆醤油の代用としてつけ醤油や野菜の煮付けに用いられた。大豆醤油を自由に入手することが困難であった第二次世界大戦期と，その後の食糧不足の時代の統制経済下で，いかなご醤油の製造が盛んとなった。しかし昭和30年代になると，大豆醤油が増加し，いかなご醤油の製造が減少した。原料は4月〜6月に漁獲されるイカナゴを用いる。

◆ アジア諸国の魚醤

　中国や東南アジアでは，各地で産する魚介類を利用したさまざまな魚醤が生産されている。とくにタイの「ナム・プラー」やベトナムの「ニョク・マム」は有名で，近年のエスニック料理ブームにより，日本でも身近な存在となりつつある。
　以下，国別に紹介していく。

ベトナムの魚醤　ニョク・マム

　ベトナムはその海岸線が3,000km以上もあり，さらにメコン川に代表される数多くの河川と巨大なデルタ地帯が存在する。したがって，魚類が多く水揚げされ，魚醤が製造される下地がもともと存在した。そこで製造された魚醤はすべて「ニョク・マム」と称される。

　ニョク・マムの産地は，海岸部とトンキンデルタ，メコンデルタに分布するが，その多くはベトナム南部にある。もっとも高品質のニョク・マムは，ドン・ホイ，ファンティエット，フーコク島で製造されたものといわれている。

　ベトナムの食生活におけるニョク・マムは重要な調味料であり，ある意味では日本人にとっての大豆醤油に匹敵するものである。

タイの魚醤 ナン・プラー

　タイには，西部にチャオプラヤ（メナム）川，東部にはメコン川の支流が流れ，南部にはシャム湾（タイランド湾）に面している。このため，イワシやアンチョビー，小型のアジ，サバ類など海産魚のほか，汽水産，淡水産の魚類も多く漁獲されており，これらを原料にして各種の魚醤がつくられている。タイ料理では重要な調味料として各種料理の風味付けに用いられるが，その代表はナム・プラーである。なお，ナム・プラーとは「魚」の意味である。

　ナム・プラーは商品として製造されているもので，家庭で製造することはない。ナム・プラー製造工場はタイ全土には200近くあると推定される。このうち淡水魚を原料とする工場はタイ中部のチャオプラヤ川に沿って数業者あるだけで，ほかはすべて海産魚を原料としている。海産魚を原料とするナム・プラーの製造工場は，首都バンコクの東隣にあるチョンブリ市とさらに南のラヨーン市という，シャム湾に面した200kmにも満たない比較的狭い地域に集中している。この2つの地域は漁業が盛んであるばかりでなく，ナム・プラー原料である塩を生産する塩田地帯でもある（現在は安価な輸入塩が使用されるようになった）。

その他の魚醤

　カンボジアには「タク・トレイ」という魚醤，ラオスには「ナム・パー」と「ナム・パー・デーク」と称する塩辛，塩辛汁，ミャンマーには「ガンピヤーイエー」，マレーシアには「ブドウ」，インドネシアにはペースト状の「テラシ」，フィリピンには「パティス」，中国には「魚露（イールー）」などが存在する。

2.5 魚醤油

次に，日本における新たな魚醤油開発について紹介する。

◆ 新たな魚醤油の製造開発

これまで述べてきたように，日本やアジア諸国では伝統的に魚醤が生産されてきた。しかし，現代の日本では，その独特の臭気や生臭みが敬遠されることも多い。また，高食塩濃度であるため製造に長時間を要し，一定の品質を維持できない点なども魚醤の難点として挙げられている。

このような問題を解決するため，新たな魚醤油製造法の開発が北海道石狩市で行われた。その方法とは，鮭肉または鮭肉加工残渣を主原料とし，これらに醤油麹（大豆・小麦）と食塩を加え，高温で原料を強制的に分解後，熟成発酵させるものである。

この製造法で製造した鮭醤油の製造工程を図2.5-3に示す。

図2.5-3　鮭醤油の製造工程図

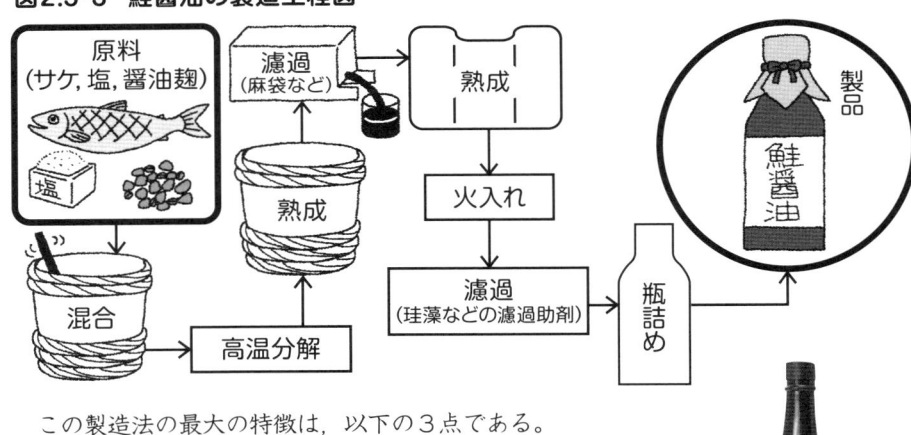

この製造法の最大の特徴は，以下の3点である。
(1) 微生物の利用により生臭みを抑えることができ，大豆醤油同様の芳香とアミノ酸を多く含むことから強いうま味を併せもっている。
(2) 魚醤油完成までに少なくとも1年かかるところ4～5か月と短期間で製造できる。
(3) 魚肉原料として加工残渣が利用可能なため，コストが低下し，環境によい。

このようにすることで，これまでの魚醤製造における欠点を解決し，現代の日本人の嗜好に合うようにした。

写真2.5-2　鮭醤油

新たな魚醤油の製造法

　新鮮な魚介原料に重量比15～30％相当の食塩と麹を混合しながら容器に漬け込み，50～55℃を加温維持し，その後は発酵温度帯で30～90日間，発酵熟成，撹拌する。その後，麻袋などの濾袋を使用して濾過し，90～180日間静置し，再度，熟成，澱引きを行い塩熟れさせる。

　次に火入れ処理90℃で30分以上を条件に処理後，珪藻土などの濾過助剤を使用してさらに濾過処理をし，瓶詰めして製品となる。

　魚介類の内臓中に含まれるタンパク質分解酵素を中心とする自己消化酵素群や，熟成中に繁殖した微生物の産生する酵素群の作用によって魚介類のタンパク質が熟成中に徐々に分解されてアミノ酸や低分子のペプチドが生成し，濃厚なうま味をもつ調味液となる。

原料と原料処理

1．鮭・魚介類

　鮭醤油の原料はサケの内臓，食塩，麹であるが，良質の魚醤油をつくるためには魚介原料の鮮度がもっとも重要である。鮮度の悪くなったものや腐敗細菌に汚染された原料を使用すると，香りや味が悪くなり，アミンなどの成分が増加する。またこのほかの魚介類原料としては，ハタハタ，アジ，イワシ，サケ，サバなどの小魚やエビ，アミ，イカの内臓，イカナゴ，カキ，ハマグリなどからつくることができる。

　原料は水でよく洗い，汚染物質や魚体表面の粘液物質をできるだけ除去しておくことが重要である。とくに粘液物質は粘質多糖を含むので，熟成過程で苦味を生成する原因となる。

2．食塩

　食塩は魚醤油に塩味を付与するとともに熟成中の腐敗を防止し，かつ製品に保存性を与える。食塩は水分含量が少なく，塩化ナトリウム含量が高く苦汁の少ないものがよい。一般に2～3等塩程度のものが使用される。

3．麹

　麹は魚醤油の生臭みを抑えるとともに最終の味に大きく影響する。大豆・小麦を使った醤油麹や米麹，焼酎麹など種類はさまざまだが，種類によって分解率・味・色・風味などが違う。また，麹中に含まれる糖源が熟成中増加する酵母菌によってアルコール類・有機酸に変えられ，香味の向上にも有効となる。

貯蔵

一般に魚醤油は食塩濃度が高いので保存性はよく問題ないが、食塩濃度の低いものやpHの高いものは保存性が低くなるので、できるだけ冷所に保存するのがよい。

◆ 魚醤油の成分とその機能性

表2.5-1〜表2.5-3からわかるように、魚醤油には、全窒素、遊離アミノ酸が豊富に含まれており、うま味成分が多いだけでなく、タウリンや低分子のペプチドも豊富に含むことから、大豆醤油には含まれていない成分も確認されている。

機能性としては、血圧降下作用や抗酸化力をもち、とくに「いしる(イワシ)」では、強いACE阻害活性(血圧降下作用)も確認されている。

このように、魚醤油には多量のうま味成分と優れた機能をもつことが明らかになり、これらの特徴を活かし、一般の消費者が手軽に利用できるように、各生産者の間でオリジナルの新規食品開発へのとりくみや、機能性アミノ酸の供給源のひとつとして業務用の活用が期待されている。

表2.5-1 市販魚醤油の一般成分分析例

	いしる(イワシ)	しょっつる	鮭醤油
全窒素(g/100ml)	2.10	1.45	2.31
塩分(g/100ml)	26.6	26.2	16.0
pH	5.10	5.56	4.80
比重	1.22	痕跡	1.16

表2.5-2 市販魚醤油の有機酸組成分析例

	いしる(イワシ)	しょっつる	鮭醤油
コハク酸	15	痕跡	14.9
乳酸	1159	87.6	1915
酢酸	54	33.2	92

(単位:mg/100ml)

表2.5-3 市販魚醤油の遊離アミノ酸組成分析例

	いしる(イワシ)	しょっつる	鮭醤油
アスパラギン酸	874	460	660
スレオニン	572	563	300
セリン	553	557	390
アスパラギン	痕跡	190	痕跡
グルタミン酸	1044	1167	1270
プロリン	280	320	460
グリシン	420	391	600
アラニン	787	826	430
バリン	660	595	350
シスチン	痕跡	48	50
メチオニン	266	241	140
イソロイシン	418	368	260
ロイシン	544	548	430
チロシン	154	92	70
フェニルアラニン	344	353	220
トリプトファン	105	痕跡	40
リジン	1113	1080	590
ヒスチジン	460	162	180
アルギニン	513	859	90

(単位:mg/100ml)

◆ 今後の日本の魚醤油について

　日本において魚醤油は，一部の地方で伝統食品として製造販売されているにすぎず，統一された製造法や品質管理規格などはまったくなく，その工場独自の昔ながらの手法によってつくられている。使われ方としては，しょっつるはしょっつる鍋や料理の調味料として，いしるはつけ醤油や煮物の調味料として一部の地域で使用されているにすぎず，一般的な調味料とはなっていない。しかし東南アジアなどでは広く使用され，近年，日本の各地域で製造業者数も増えてきており，とくに北海道ではさまざまな海産魚を原料とした魚醤油がつくられて話題となっている。また残渣利用で環境にやさしいことから，今後ニーズが高まると思われる。

　今後の新商品開発として，魚介系ラーメン，ポン酢，ドレッシングなど化学調味料に代わる自然のうま味を活かした調味料としての展開や，搾り残渣の利用としてもニワトリやブタの飼料，畑の肥料などに利用できることから，現代にとっては利用価値が高いと考えられる。

3章 その他の発酵食品

3.1 納　豆

　大豆を発酵させてつくる「納豆」には2種類ある。ひとつは，ネバネバの粘質があって糸を引く「糸引き納豆」，もうひとつは糸を引かない「塩辛納豆」である。この両者は日本の食卓で，タンパク質の供給という重要な役割を担ってきた。

糸引き納豆

◆ 糸引き納豆の歴史

　日本人が糸引き納豆を最初につくり出したのは室町中期とされ（実際にはもっと古いとする筆者のような学説をもつ者も少なくない），当時の『精進魚類物語』には，納豆太郎糸重という武士が登場する。そして江戸時代なると，朝早くから糸引き納豆売りが江戸の街中を掛け声高く売り歩き，大切な庶民の味となった。この頃から朝食には味噌汁と納豆という，大豆の2大発酵食品がひとつの食事形態としてできあがった。そして現在でも日本人の庶民の味として親しまれ，年間約23万t前後の糸引き納豆が生産されている。

◆ 糸引き納豆の製造法

　原料の大豆を洗浄，浸漬したのち1時間蒸煮し，これを稲わらの苞に詰めて保温する。すると40℃くらいで稲わらのなかに生息していた納豆菌が繁殖し，納豆特有のにおい（図3.1-1）とネバネバの粘質物をもった糸引き納豆ができあがる。しかし今日では稲わらに包んで自然のなりゆきで発酵することはほとんどなく，紙パックなど

の容器に大豆が冷めないうちに詰め，培養した納豆菌（*Bacills subtilis* var. *natto*）を添加し，室とよばれる発酵室で発酵させて冷却し製品となる。容器に稲わらを使用する場合は，稲わらを高温で蒸気殺菌したものを用いる。図3.1-2に製造工程を示す。

テトラメチルピラジン

図3.1-1　納豆の主なにおい成分

図3.1-2　糸引き納豆の製造工程図

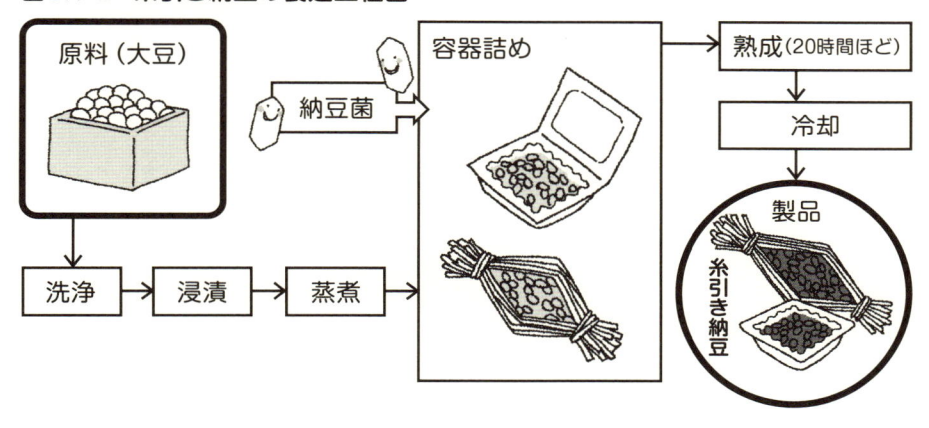

◆ 糸引き納豆の栄養価とその機能性

　糸引き納豆の栄養価としての最大の特徴はタンパク質が豊富なことである。全体の約17％がタンパク質で，遊離アミノ酸（ほとんどが必須アミノ酸）は発酵前の大豆に比べ比較にならないほど増加している。また，糸を引くネバネバした粘質物は，アミノ酸の一種であるグルタミン酸がポリペプチドと結合したものに果糖の重合体が結合したもので，糸引き納豆には2％も含まれている。

　このほか納豆菌の繁殖により，ビタミンB_2が蒸煮大豆に比べて10倍も増加する。これは納豆菌が繁殖するときに生体内でビタミン類を生合成し，それを菌体外に分泌するためである。そしてこのビタミンB_2は成長の促進や体内におけるさまざまな重要な代謝を活性化させる。また，ビタミンB_1やビタミンB_6，ニコチン酸なども多く含まれている。ビタミンB_1は脚気防止，しびれや筋肉痛，心臓肥大，食欲減退，神経症などの防止，ビタミンB_6は体内でアミノ酸の代謝や成長に関与し，皮膚炎を防ぐ，ニコチン酸は抗ペラグラ因子になるなど，それぞれ重要なはたらきをしている。

　このように糸引き納豆は栄養価値がきわめて高いことがわかる。

　そして糸引き納豆のうま味のもとであるが，これはグルタミン酸で1％以上も含ま

れている。ほかにも無機質が100g当たりカルシウム90mg、リン190mg、カリウム660mg と豊富である。

　次に糸引き納豆の保健的機能について述べる。

　糸引き納豆は納豆菌が腸内で有毒菌の繁殖を防ぐ作用のほか、2つの重要な酵素がある。その酵素とはナットウキナーゼとアンジオテンシン変換酵素（ACE）である。ナットウキナーゼは血栓を溶解するはたらきがあり、血栓の主成分であるフィブリン（線維素）を溶かす。この酵素はすでに血栓溶解剤として開発され、経口投与することにより腸管内から血中に吸収されて血栓を溶解することが証明され、経口繊維素溶解治療法として実用化されている。アンジオテンシン変換酵素は抗血圧上昇性酵素で、高血圧に対して降下作用をもつ酵素として注目されている。

　なお、糸引き納豆には血液凝固促進作用があるとされるビタミンKが含まれているので血栓症を起こしやすい食べ物だとして警鐘を鳴らす人もいる。しかし、先述した血栓溶解作用のあるナットウキナーゼや、血液凝固を阻止する酵素を活性化するウロキナーゼも含まれているので、ほとんど問題はないとされている。また血栓症は必ずしもビタミンKの存在だけで起きるのではなく、複雑な要因が絡み合って起きるのであるから、糸引き納豆が直接そのような症状を起こすものではないとされている。つまりはワルファリンのような薬を使って血栓症や心臓病を治療している人を除いては、問題のない健康的な発酵食品である。

　この糸引き納豆だが、なぜ日本人の食事にピッタリと合致したのであろうか。それは日本人の食事形態に関係している。日本人は主食の米をそのままの形で炊いて食べる粒食主食型民族であるのに対し、欧米人は麦を粉にしてから焼いて食べる粉食主食型民族である。この食体系からわかるように、糸引き納豆は完全なる粒食型食品で、主食である米粒に粒食の副食物である糸引き納豆をかけて食べるので、物理的にも食味的にもなんの抵抗もなく味わえたのである。よって、パンやスパゲティのような粉食に糸引き納豆をかけて食べてもおいしいとは感じない。

　また米飯に糸引き納豆をかけて食べるとき、よく噛まずに飲み込んでも心配ないのは、糸引き納豆にデンプンやタンパク質などを分解する消化酵素が豊富に含まれている（発酵中の納豆菌が分泌してくれる）からである。糸引き納豆はとてもよくできている発酵食品なのである。

塩辛納豆

塩辛納豆は大豆の発酵食品ではあるが、納豆菌による発酵ではないので、厳密には納豆とはいえない。

◆ 塩辛納豆の歴史

塩辛納豆の歴史は糸引き納豆より古い。奈良時代、すでに宮内省の大膳職(だいぜんしき)でつくられていた。その原型は「鼓(くき)」という食べ物で大陸から伝えられたという。その後、日本人の発酵技術の知恵により改造され、日本特有の発酵食品となったとされる。京都では大徳寺、天龍寺といった寺院でつくることが多かったことから「寺納豆」ともよばれ、のちに浜名湖畔の大福寺でもつくられ、それが名物化したので「浜納豆」としても名が通った。

◆ 塩辛納豆の製造法

煮た大豆を室(むろ)のなかに敷いた筵(むしろ)の上に広げ、醤油と同じ種麹を付ける。3日ほどすると、麹菌が繁殖して大豆麹ができる。これは大豆のタンパク質が麹菌のタンパク質分解酵素によって分解され、うま味のもととなるアミノ酸が大量にできるからである。次に、この大豆麹を塩水に漬け込み、3～4か月間発酵させる。この発酵菌は耐塩性乳酸菌で、大豆に酸味と特有の風味を付け、さらに保存性を高める乳酸を付与する。これを平らなところに広げ、風を当てて乾燥させてできあがる。できあがった塩辛納豆は暗黒色をしている。この製造法からもわかるように、塩辛納豆は味噌と醤油の製造技術が一体化したすばらしい発酵食品といえる。

◆ 塩辛納豆の栄養価ほか

塩辛納豆にはタンパク質とアミノ酸、ビタミン類などが豊富に含まれており、また塩分もあるため、昔から滋養のある保存性が高い食品として重宝されてきた。風味は溜醤油や八丁味噌に似ている。そのためお茶漬けとして食べたり、調味料として用いられることが多い。

3.2 漬　物
（すぐき，ザワークラウト，糠みそ漬，三五八漬など）

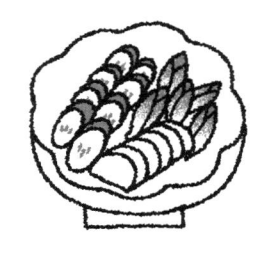

　漬物全般に使用される野菜，その野菜の細胞は細胞膜に囲まれ安定した組織構造になっている。これが食塩，砂糖などの溶液に触れると，その浸透圧で組織構造が攻撃され，細胞膜の防圧機構が破壊されて内からも外からも通じる膜に変化する。そしてこの膜を通して食塩などが細胞内に入り込み，なかの糖分，遊離アミノ酸，AMP（核酸関連物質），香辛成分などと混和し，内部で特有の風味を形成する。この状態を「漬かる」という。

　そしてこの「漬かる」状態になった細胞内容物に，野菜付着等の乳酸菌が乳酸発酵を起こして乳酸を生成したものを乳酸発酵漬物という。

　漬物には，①漬かった状態になった野菜をそのまま食べる浅漬（新漬・お新香），②野菜に加える食塩を20％以上にして保存性を上げたものをつくり（これを塩蔵という），加工時に流水塩抜き，圧搾除水，調味液浸漬，熟成，袋詰めした古漬（調味液の味を楽しむ），そして先述の③発酵漬物の3系統がある。

◆ 漬物の歴史

　中国で6世紀中頃に出た賈思勰の『斉民要術』という農書が，漬物の製造法を記した最古の文書である。このなかの「葅の蔵生菜の法」の項目に「調味酢漬」の酢漬菜，そして野菜の発酵源として穀物を加えて塩漬させた醃蔵菜の葅，すなわち「発酵漬物」が出てくる。また，この醃蔵菜が醸造酢発見以前の酸味料として料理に使われたことも書かれている。この記録の後，発酵漬物は，中国で酸菜，泡菜，ヨーロッパではピクルス，ザワークラウトになっていく。

　一方，日本の漬物は，平城宮跡から発掘された木簡や奈良時代の『写経司解』，『食物雑物納帳』，『食糧下充帳』，延長8年（730年）の『延喜式』に多くの漬物があって，乳酸発酵漬物の存在は推定できるが記録としては残っていない。乳酸発酵漬物がはっきりと文献に現れるのは，元禄8年（1695年）の人見必大『本朝食鑑』の菜部「蕪菁」の項目で，洛外の賀茂の里人のつくる酸味を生じたものは酸茎といって賞味されているとある。また大田蜀山人（1749～1823年）の「都よりすいな（酸菜）

女を下されて東おとこの妻（菜）とこそすめ」という，贈られたすぐきの返礼歌もみられる。当時，上賀茂神社の神宮の門外不出の神社贈答品として「酸茎」が使われていた。また伝説的には寿永4年（1185年）の平家滅亡時に，壇の浦で生き残った建礼門院が京都大原に隠棲した際に，それをなぐさめるため村人が「発酵しば漬」を贈ったとされ，しば漬は800年，すぐきは400年の歴史がある。

このすぐきは『本朝食鑑』によると賀茂の里人がつくるとあるが，店で売られるようになったのはかなり遅く，上賀茂の「御すぐき處なり田」が文化元年（1804年），「すぐきや六郎兵衛」が慶応4年（1868年）である。また，発酵しば漬は大原の「土井志ば漬本舗」が明治34年（1901年）である。しかし天保7年（1836年）の著名な小田原屋主人の『漬物塩嘉言』には，この2つの京都発酵漬物の記載はなく，関東にはあまり普及していなかったものと思われる。

乳酸発酵漬物で量的に多いのは糠みそ漬である。糠みそ漬の歴史は米の精米とともにあると思われ，『本朝食鑑』にもそれらしいものはみられるが，詳しく載っているのは天保7年（1836年）の『漬物塩嘉言』で，糠味噌漬（どぶ漬）として「どこの家でもぬかみそ漬のあらざる所もなけれど」とあって，糠床のよくなれて佳味になるつくり方を詳細に述べている。したがって，江戸末期の天保年間の糠みそ漬の普及は確実であろう。

◆ 乳酸発酵漬物における微生物とその機能

発酵に関与する微生物は発酵中に菌交代することが知られている。このため，かつて京漬物すぐきの純菌接種すなわちスターターの使用実験報告があったが，結果はすぐき様漬物はできたが風味は物足りなかったという。乳酸発酵漬物の菌交代はザワークラウト，すぐき，白菜漬，すんき，キムチなど，おおむね似たような動きをする。細胞膜が破壊されて両透膜になり細胞内液が外に出ると，硝酸還元菌の*Pseudomonas*（シュードモナス）属が生育して野菜中の硝酸を亜硝酸に変える。この亜硝酸が漬物中の腐敗細菌や野生酵母を殺して周囲を清浄にする。そこにヘテロの乳酸球菌 *Lenconostoc mesenteroides*（ロイコノストック メセンテロイデス）が生育し，0.1～0.3%の乳酸を生成する。この球菌の生育が自己の生成した酸により弱まり，ホモ型乳酸桿菌 *Lactbacillus plantarum*（ラクトバチルス プランタルム）が増殖して発酵が完結する。この間，ヘテロ型の *Lac. brebis*（ブレビス）subsp. *coagulans*（コアギュラス）も同時に生育する。この菌はラブレ菌とよばれ，すぐきから分離されてプロバイオテクス（腸内環境を改善する微生物）として広く知られ，整腸効果が大きいとされている。

◆ 漬物の分類と製造工程

　漬物は，食塩の浸透圧によって野菜の細胞膜を壊し，食塩が細胞内に入り，なかの物質と混じってスープを形成する。この「漬かる」という現象が漬物製造の基礎となる。これは野菜それぞれの特有の風味を楽しむところに基礎をおいているのである。野菜の味を主体とする漬物としては，浅漬，新漬，菜漬，梅干しがこれにあたる。この野菜内に形成されたスープに乳酸菌が生育して野菜と発酵生成物の合わさった風味を楽しむ漬物を発酵漬物とよぶ。そして野菜の風味はおよそ考えず，保存性を高めるために20％以上の食塩で野菜を漬け込み，製造時に流水で食塩を流して無味になった野菜に，醤油，食酢，砂糖，味噌，酒粕などの調味料のどれかを浸み込ませた調味料の味が主体となる漬物を古漬とよぶ。

　したがって，発酵漬物は野菜の味主体の漬物をつくりながら乳酸菌を生育させるという二重の工程でつくられる。なお，古漬のなかでらっきょう漬だけは塩蔵時に乳酸発酵させることが品質向上のために必要不可欠なので，発酵漬物に分類される。

　発酵漬物の主な製造工程は，野菜を洗浄してそのまま，あるいは適当な形，大きさに切断して容器に野菜，食塩散布，野菜と交互に詰めて落とし蓋をして重石をする。水が揚がってくれば「漬かる」が完了するわけだが，発酵漬物はそのまま10～20日間放置して野菜付着の乳酸菌によって乳酸発酵して乳酸と発酵香気が生成される。この段階で製造は完了するので，小型の容器あるいはプラスチック小袋に詰めて販売する。

　発酵漬物製造で重要なことは，乳酸菌が嫌気性菌であることで，野菜を塩漬する場合に野菜を整然と隙間なく並べたり，刻み野菜を容器に漬ける場合には平らにならした表面に好気性の産膜酵母が生育しないようにプラスチックシートで表面を覆ったり，あるいは強い圧力をかけるために大量の重石，天秤（梃子の応用），コンプレッサーによる強圧などの手段がとられる。

　ただ現在の漬物は野菜の味主体のものでも軽く調味するので，発酵漬物も少量の醤油，うま味調味料，砂糖で調味することが多い。その場合でも発酵漬物を食べる人は，乳酸菌数が乳製品では10^8/gなのに対し10^9/gもっているので，プロバイオテクス効果が期待されている。よって日持ちを期待しての加熱処理などは極力避けて生菌数の確保に努力したい。

　次に，すぐき，生しば漬，キムチ，ザワークラフト，ピクルスなどの代表的な乳酸発酵漬物について，その製品の概要，製造法などを中心に述べる。

すぐき（酸茎）

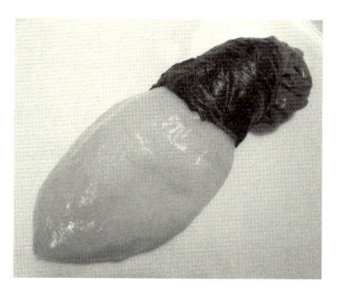

　すぐきは，京都洛北深泥池周辺で8月中旬から9月中旬にかけて酸茎蕪（すぐきかぶ）の種子を蒔き，11月中旬から1月中旬までに600g前後の紡錘形の原菜を収穫する。歳暮販売を目的とするので，11月中旬の収穫が多い。収穫後，根部の皮むき（面取り）をして葉茎とともに4石（720l）樽に食塩5％で荒漬し，48時間放置後，とり出して水洗し，4斗（72l）樽に食塩1％を使って本漬する。本漬は一度強圧して目減りした樽に再度，荒漬すぐきを追加して強圧する。

　すぐき製造には日本の農産加工の粋ともいえる加工方法が2つある。ひとつはすぐきの根体の成分を濃縮するための荒漬，本漬とも梃子の応用の天秤を使って強い圧搾をする「天秤押し」（写真3.2-1（左））をする。そしてもうひとつは40℃の恒温の部屋に入れる「室入り」工程（写真3.2-1（右））を7～10日間行い，乳酸菌を生育させて酸生成1～1.5％で完了する。天秤押しは必ず行うが，室入りは歳暮や早出しの場合だけである。それ以外は本漬後，重石をのせて4か月以上の室温熟成を行う。しかし最近は，天秤圧搾は荒漬だけ行い，本漬はエアープレスというコンプレッサー強圧装置を使うことが多い。いずれにせよ強圧は野菜重の3～6倍の重石に相当する力をかける。完成品は樽のまま店頭に置いて対面販売するか，とり出してプラスチック小袋に包装し，80℃，20分の加熱処理をする。すぐき完成品は塩分2.8％，総酸1％，pH3.8である。対面販売には漬込み1年を越した「ヒネ」もあって，円熟の風味を味わえる。京都の人は根部は輪切りに，葉茎部は細刻して食べる。すぐきは日本の漬物

写真3.2-1　すぐきの天秤押し（左），室入り（右）

で唯一，醬油や化学調味料などの調味をしないで販売される。このため京都以外の人は単純酸味のこのすぐきの大切りは根部も細刻してわずかの醬油をかけて食べるとよい。すぐきの葉茎付きの袋詰めが原菜と食塩以外は何も使っていないということは，あらゆる漬物の袋詰めが調味液化している現在，きわめて貴重である。

生しば漬

　しば漬風調味酢漬という塩蔵野菜を使ってつくった漬物があり，これを本当のしば漬だと思っている人は多い。このため京都大原に古くから伝わるしば漬は，生しば漬，発酵しば漬と名乗らざるをえなくなっている。

　この本物のしば漬は，生の茄子8割，赤紫蘇の刻んだもの2割を大樽に入れ，野菜の5％の食塩を使って漬け込む。野菜と食塩だけで漬け込んで乳酸発酵の味を楽しむので，嫌気性の乳酸菌を成育させるため大樽に人が乗って強く踏み込む必要がある。約1か月の漬込みで乳酸発酵がうまくいくと，赤紫蘇と茄子の色調が酸で美しくなり，細刻してわずかの醬油で食べると発酵漬物の佳味がよくわかる。現在はこの踏み込み品をとり出して冷凍して貯え，需要に応じて袋詰めし，加熱処理して販売する。

　土井志ば漬本舗の「生志ば漬」の原材料表示は茄子，紫蘇，食塩となっている。

写真3.2-2
土井志ば漬本舗の「生志ば漬」

無塩乳酸発酵漬物

　中国には「酸白菜（ツァンパイツァイ）」，ネパールには「グンドルック」という無塩漬物がある。日本にも信州木曽（旧開田村，王滝村）の「すんき漬」，新潟長岡（古志―山古志）の「いぜこみ（ゆでこみ）菜漬」，福井奥越（勝山，大野）の「すなな漬」という3つの無塩漬物がある。これらの共通点は，原菜を湯通しする，極寒で発酵させる，完成品は乾燥して保存する，である。用途は，麺類の具材，菜飯，おやきの芯など料理に使うことが多い。ただし，すんき漬はそのまま切って酒の肴やおかずにもなる。

　新潟長岡の「いぜこみ菜」は，大量の大根葉を大釜の熱湯で茹で込んでから水にさらし，細かく乱切りにする。これを六斗樽（108l）に塩を使わずに踏み込んで水を

加え，いちばん上に藁のさんばいし（さんだらぼっち）のちょうど合う大きさのものを編んで乗せ，強い重石を置く。氷の張るくらいの寒いところで貯え，徐々に乳酸発酵するものを4月半ばまで食べる。用途は味噌汁や雑炊の具材にする。魚沼，頸城でもみられる。

　福井奥越の「すなな漬」は11月の終わり，各家で大根引きといって，たくあん用に干したり，切漬や冬の間に食べる分をつぐらという藁製の貯蔵小屋に貯える。このとき大量の残る大根の葉を茹でて冷水で冷ます。これをねじって四～五斗樽に順次水漬して発酵させる。

　信州木曽の「すんき漬」はもっとも知名度が高い無塩漬物で，赤カブの葉茎をよく洗って沸騰水で軽く湯どおしし，前年の干しすんきをスターターとして挟み込んで樽に漬け込み，落とし蓋をして強い重石をし，厳寒の土間に置く。約2か月で乳酸発酵して0.4％前後の酸が生成されるので，天日干しにして貯える。スターターとして「ずみの実」を使うこともある。使い方は，干したものは戻し，生のものはそのままで酸味料として使う。地域によっては刻んで漬けることもある。

写真3.2-3　すんき漬
王滝かぶ使用（木曽郡王滝村）

ラブレ漬
その他の市販乳酸発酵漬物

　京都のすぐきから，㈶ルイ・パストゥール医学研究センター岸田綱太郎所長により免疫賦活効果をもつ乳酸菌として分離されたラブレ菌は話題となり，カゴメの乳酸菌飲料「ラブレ」として広く知られたが，京つけもの西利のラブレ菌を使った「ラブレ漬」はすでに平成12年度京都中小企業優秀技術賞の栄に輝き，飲料「ラブレ」に先行すること10年であることを忘れてはならない。西利には「ラブレ糠漬」，「ラブレ古漬」，「GABA含有ラブレ昆布仕立て」，「ラブレキムチ」など6系統，45種類のラブレ漬物がある。また，神奈川の秋本食品「発酵野菜の力」シリーズの白菜，かぶ等のほか，日本の北から南まである「赤かぶ漬」は高山の飛騨紅かぶのみ乳酸発酵する。埼玉や高知では杓子菜（体菜）が，長崎では唐人菜を発酵した「ぶらぶら漬」がつくられている。いずれも全体がグリーンの漬菜ではなく，白い茎の面積の多い菜で美しさが出る。宮崎の木村漬物からは「乳酸発酵干したくあん」が売られている。

キムチ

　キムチは日本でいちばん食べられている漬物（生産量第1位の製品）である。

　国内市販のキムチは95％までがペチュキムチ（白菜キムチ）であって，残りの5％がカクトウギ，オイキムチ（きゅうりキムチ）になる。ペチュキムチは平成13年に国際貿易の円滑化のためのコーデックス国際規格が日韓両国の検討の末に批准され，発酵漬物と定義された。その後10年が経過したが，日韓両国のペチュキムチがこの規格に沿ったかというと必ずしもそうではない。国産でもっとも売れているキムチは嗜好性の関係で発酵をできるだけ避け，賞味期限30日の乳酸発酵をさせない製法でつくられている。製造工程に容器の窒素充填，初発菌数の抑制等の工程が入っている。要するに発酵食品ではなくなりつつあり，これは他の企業も追随している。

ザワークラウト

　ヨーロッパではソーセージを食べるとき，必ずザワークラウトが付く。ザワークラウトはポリシートの上でキャベツを2mm幅に切ってキャベツ重量の2.5％の食塩とよく混ぜ合わせ，容器中に移して強く圧す。このときの塩度は2.2％になる。ザワークラウト製造において塩度は重要で，2.5％以上になると着色酵母の発生でピンククラウト，1.7％以下では軟化してソフトクラウトになるおそれがある。容器に強く圧してキャベツを漬け込んだら，キャベツと食塩を混ぜるときに使ったポリシートを容器内壁に回るように覆い，強い重石をしてポリシートをしばっておく。漬込みの終わった容器を15～24℃の室温（春秋の室温）に置くと3週間で乳酸換算1.5％のザワークラウトが完成する。冬の室温ではほとんど発酵しないし，夏の高温では3～4日で酸1.5％を超えてしまう。夏は製造に適さず，冬は20℃くらいの恒温器を使う。

　ザワークラウトは赤キャベツでつくると美しいものができる。また白，赤いずれの場合でも揚がり水は乳酸菌の豊かなザワークラウトジュースになる。アメリカではザワ

ークラウトジュース缶詰が市販されている。日本でザワークラウトジュースをつくるには，揚がり水に8％の砂糖，0.5％のクエン酸を加えると美味で健康的な飲料ができる。ただし，これは非殺菌で流通しなければならない。

ピクルス

ピクルス用きゅうりはシベリア型に属し，果実は短い楕円形で，塩漬にして多少の圧しをかけてもすぐ復元する。日本で使われているのは酒田，最上，桃源種である。サイズは小さいほうからミジット，ガーキンス，メディウム，ラージとなる。ミジットは8～20g，ガーキンスは25～30gである。コルニッションという表現もあるが，これは小さいきゅうりの意である。ピクルスの種類にはスイート，ディル，マスタードとスイートを刻んだレリッシュがある。ピクルスきゅうり10kgに16％食塩水10kgを加え，容器をプラスチックシートで覆い，きゅうりを沈め，落とし蓋をして軽い重石を置く。3か月以上漬けて乳酸換算1％の発酵を目標にする。代表的なピクルスのスイートの味覚成分は食塩2％，全糖10％，酸1％である。ピクルスの重要点はスパイスで，調味液の2％を加える。オールスパイス，ローレル，シナモン，クローブ，ディルシード，黒胡椒，唐辛子のなかから日本人の嫌がりそうなものを避けて混合する。製品は瓶詰めにして中心温度80℃，4分を目安に加熱殺菌する。

糠みそ漬

糠みそ漬の製造ポイントは3つある。第一は糠床（糠と塩水を混ぜ合わせて発酵させたもの）の食塩・水分の各々の％を決めたら，ずっとそれを守ること。以前は食塩8％，水分55％が基準であったが，嗜好の低塩化と軽い乳酸発酵をさせるためには食塩6％，水分60％の床がよい。この床に春秋の室温で漬込み12時間を目標にする。これにより野菜の食塩2％の適塩の糠みそ漬が食べられる。食塩・水分の％維持には漬ける前に野菜に重量の2％の食塩をまぶしておくこと，漬込み中の野菜から出た水は乾いたスポンジで吸いとるか，もし

くは最上の方法としては野菜を10回漬けた後に250gの乾いた米糠を加えてよく撹拌しておくことである。第二は，毎日よく撹拌して酸素を入れることでよい香りをつくり出す乳酸菌を成育させることである。乳酸菌は弱い嫌気性菌であり，不精香をつくる酪酸菌はそれより強い嫌気性菌なので，毎日糠床の下部まで手を入れて1分間ほど撹拌する。第三は長期不在時の処理である。簡単なのは冷蔵庫，冷凍庫に入る大きさの容器が売られているのでそれを買って糠みそ漬をつくっておき，旅行前に容器をそこに入れればよい。

乳酸菌などが働いている糠床に野菜を漬けることで糠がもっている栄養やうま味が野菜に浸み込む

次に何を漬けるかであるが，種々漬けてみるとよい。一般的なのは，きゅうり，かぶ，茄子，人参，大根，白菜，キャベツ，大根の葉であるが，このほか越瓜，さやえんどう，茗荷，パプリカ，軽く硬さが残るくらいに湯がいたカボチャ，馬鈴薯，アスパラガス，ブロッコリー，筍を漬ける。なかでも赤，黄，橙色のパプリカはきれいである。

糠みそ漬は糠床から出してすぐに食べるとおいしい漬物なので，本来，市販品はなく，典型的な家庭漬である。糠みそ漬にはビタミンB_1が多いことが特徴で，かぶ，きゅうり，大根で100g中0.2～0.5mg含まれている。

らっきょう漬

乳酸発酵漬物は，京都のすぐき，生しば漬を合わせて1000 tと生産量は全漬物の0.1%にすぎない。統計はないが，大きいものは家庭の糠みそ漬であり，漬物工業の製品では塩蔵原料を乳酸発酵させる「らっきょう漬」が4万tを示す最大の漬物となる。

らっきょうは収穫後，10%の塩度になるように塩水漬けをする。この過程で発酵が起こり，大量の泡が立ち，10日間の漬込み中に0.3%の乳酸を生成する。この発酵は，らっきょうの糖を酸に変えて加工時の褐変を防ぐとともに甘酢らっきょうなどの製品によい発酵香を与える。製品の良否はこの発酵香の有無により決まる。

三五八漬

　食塩，米麹，米を3容，5容，8容の割合で使って甘酒様の床をつくり，これを野菜や水産物，畜肉の上にかけて塩味，甘味を付けた漬物を三五八漬という。配合は種々あるうえに，会津特産というのに山形，長野にもあり判然としない。そもそも容量で配合するということは，食塩が戦前の1升1,500gが最近では精製が進歩して細粉化し，1升2,000gにもなって合理的ではない。種々の割合で実験してみた結果，食塩2容，米麹5容，うるち米8容の配合がよいことがわかった。重量に換算すると食塩150g，米麹219g，米540gを炊飯すると1,125gになった。床の製造法は，米を炊きあげて10分後に70℃になったら蓋付き容器に移して米麹を加え，60℃の恒温器に12時間入れておくと米飯が糖化して甘酒状になる。60℃が米麹による糖化の適温である。恒温器で糖化中の米麹・米飯の減量は10%で1,210gになった。ここで最初の米麹・米飯の合計値1,344gに2容の食塩150gを加える（炊飯後の米飯重量ではない）。食塩，米麹，炊飯で目減りした米飯の重量で計算するとおおむね2・3・15漬になる。この配合の床の食塩は11%になる。三五八漬は別の容器に入れた野菜や畜肉に床をかけるので，厚さ2cmに切ったきゅうり200g，厚さ1cmに切ったかぶ200gの計400gを容器にとり，野菜の30%重量120gの床をかけて5時間後に試食した。床は食塩を混ぜてから12時間経過してよく混ざったものを野菜が隠れる量の30%を使った。床の食塩が野菜に十分に浸透すれば，食塩は2.5%になる。試食の結果は甘味良好で適塩，香気はかぶに米麹の香りが感じられ，総合的によい風味であった。次に豚肉を長さ12cm，厚さ1cmの切り身3枚240gを容器に入れ，床を豚肉重量の40%，96gを加えて冷蔵庫に48時間放置後，床を除いて焼いて食べた。漬上がり塩度3%できわめて美味で，知名度のある豚の味噌漬に匹敵する風味であった。

　このように，さまざまな食材を漬けることができる三五八漬は，塩麹（塩と米麹と水をねかせたもの（写真3.2-4））のはじまりとされている。塩麹も野菜・肉・魚といった食材を漬けたり，かけたりすることができ，万能調味料といえる。

写真3.2-4　塩麹

3.3 水産発酵食品
（くさや，塩辛，なれずし，いずし，鰹節）

◆ 水産発酵食品の種類と特徴

　魚介類は畜産動物に比べ，死後の自己消化や腐敗が早く，漁獲量の変動も大きいので，捕れるときに捕り，それをまず貯蔵しておく必要があった。したがって，昔から水産では，漁獲された魚をいかに貯蔵して品質劣化を防止するかということが最重要問題であり，畜肉のように屠殺後しばらく低温で熟成させて肉をやわらかくしてから食用に供されるのとはとり扱い方が大きく異なる。干物にしろ，塩蔵品にしろ，魚肉ソーセージや缶詰のような加工品にしろ，水産加工品はほとんどが腐敗防止のために生まれたものといえる。たとえば，缶詰や魚肉ソーセージは魚に付着している微生物を加熱殺菌し，その後，外部からの微生物汚染を密封容器（包装）によって防いだものであり，一方，塩蔵品や干物，佃煮，酢漬けなどは魚の塩分や水分，pHなどを微生物の増殖に不適当な条件にすることによって微生物の増殖を抑制したものである。

　ところで，水産加工品のなかには，「塩辛」，「くさや」，「ふなずし」のように，微生物や自己消化酵素のはたらきをむしろ積極的に利用してつくられていると考えられる発酵食品があるが，これらの加工品ももとは魚介類の貯蔵から生まれたと考えることができる。たとえば，イカを塩蔵している間に自己消化酵素や細菌のはたらきで独特のうま味やにおいが生じるようになったものが「塩辛」，塩干魚をつくる際の塩水を数百年間とりかえずくり返し使用してきたのが「くさや」である。「ふなずし」も塩蔵しておいたフナを夏の土用の頃にご飯といっしょに漬け込み，乳酸発酵をさせることで保存性と風味を付与したものである。

　これらの製品は，製造原理，製造法などから考えて次の3つに整理できる。

(1) 塩蔵型発酵食品：腐りやすい原料魚を塩蔵している間に特有の風味をもつようになったもので，塩辛，くさや，魚醤油など。

(2) 漬物型発酵食品：魚自体は糖質が少ないため，発酵基質として米飯や糠を用い，これに塩蔵しておいた魚を漬け込んだもので，なれずし，糠漬けなど。この場合も保存性の付与が大きな目的と考えられる。

(3) その他の発酵食品：微生物を利用した食品という意味で，鰹節など。

なお，農・畜産品では主に微生物の作用によるものを発酵食品とよんでいるが，水産物の場合は，自己消化による分解作用と微生物による作用が見かけ上区別しにくい（よく調べられていない）ものが多いので，通常はこれらの作用を区別せずに発酵食品とよんでいる。

本節では，くさや，塩辛，ふなずし，いずし，糠漬け，鰹節の代表的な食品について，その製品の概要，製造法，製造過程における微生物・酵素の役割などを中心に述べる。魚醬油については2.5節を参照のこと。

くさや

くさやは伊豆諸島（新島，大島，八丈島など）で，独特の塩汁に漬けてつくられている魚の干物の一種で，主に関東地方で酒の肴として重宝されている。特徴は，独特の臭気と風味，普通の干物よりも腐りにくい点である。

くさやがなぜ生まれたかについては，次のようにいわれている。伊豆諸島は江戸時代初期，天領として塩年貢が課せられていた。そのとりたては厳しく，塩は貴重品であった。近海でとれた魚を塩干魚にする際にも，やむなく同じ塩水をくり返し使っていた。そのうち魚の成分の溶け出た塩水は微生物の作用を受け，独特の臭気をもつようになり，これに漬けてつくられる製品も強いにおいをもつようになった。それでも島では貴重な保存食品として重宝されたため定着したと考えられる。

◆ くさやの製造法

原料はアオムロ，ムロアジ，トビウオなどが用いられる。なるべく新鮮で脂の少ないものがよい。製造法は島により異なるが，ここでは新島の例を記す（図3.3-1）。

魚を開いて内臓を除去し，十分水洗して血抜きを行い水切りしたのち，独特のくさや汁に浸漬する。10～20時間ほど浸漬後，魚体をざ

写真3.3-1　くさや加工場風景

図 3.3-1　くさやの製造工程図

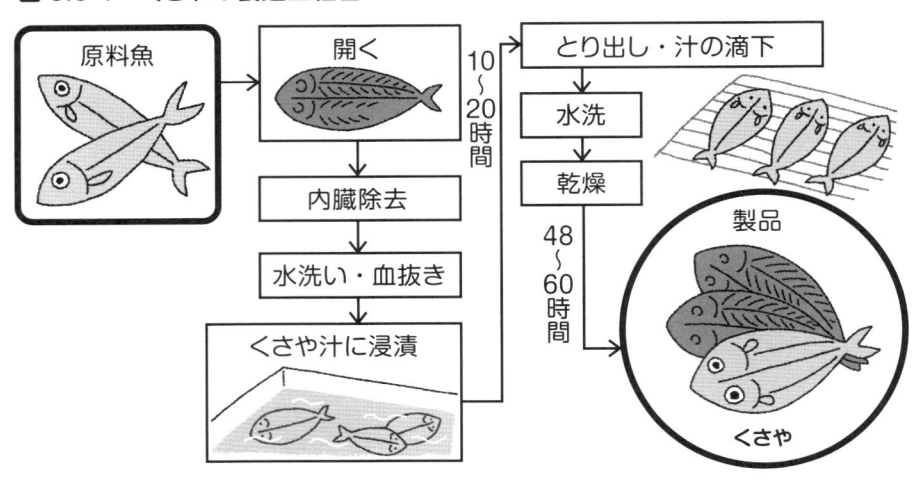

るにとり出して汁を滴下後，水洗し，天日乾燥または通風乾燥する。くさやが普通の塩干魚と異なる製造法上の特徴は，塩水の代わりにくさや汁を用いる点である。くさや汁は同じ液が百年以上にわたってくり返し使用されているので，粘性を有し，強いにおいのする茶色味を帯びた液である。

◇ くさや汁の成分と微生物叢

伊豆諸島のくさや汁の成分（表3.3-1）は，pH（中性），総窒素（0.40〜0.46mg/100ml），生菌数（10^7〜10^8/ml）などには島間に大きな差異はみられない。しかし食塩濃度は，八丈島では8.0〜11.1％であるのに対し，他島では2.7〜5.5％と低い。生菌数は好気菌，嫌気菌とも1ml当たり10^7〜10^8である。また，魚の代表的な腐敗臭成分であるトリメチルアミンは新島からは検出されないという特徴がみられる。

くさやのにおいはくさや汁中の微生物に由来する。においは加工場によって異なり，管理の悪い加工場のものでは刺激臭やどぶ臭が強く感じ

写真3.3-2　魚を浸漬中のくさや汁

表3.3-1 伊豆諸島のくさや汁の成分

	新島		大島		八丈島			
	M	N	O	P	A	B	C	I
pH	7.12	7.01	6.93	7.1	7.06	7.02	7.55	7.04
灰分（％）	2.7	4.0	3.1	3.9	9.5	12.3	10.7	9.6
水分（％）	95.7	94.3	93.3	93.5	86.3	86.4	86.7	85.3
食塩（％）	2.7	3.6	3.3	3.7	8.9	11.1	8.0	9.5
粗脂肪（％）	0.7	0.8	1.2	0.8	0.9	—	0.8	—
総窒素（mg/100mℓ)	397	467	419	447	457	—	440	403
トリメチルアミン(mg-N/100mℓ)	0	0	4.4	3.2	3.4	3.3	2.9	—
生菌数（10^{7}cfu/mℓ)	2.7	17	12	2.5	3.4	—	9.4	4.9

表3.3-2 伊豆諸島のくさや汁の細菌叢

細菌群	新島	大島	八丈島		三宅島	式根島
	M (144)*	O (107)	A (20)	I (40)	G (30)	L (26)
Corynebacterium	0	0	5.0	1.7	0	0
"*Corynebacterium*"**	56.8	56.4	15.0	3.3	80.0	57.7
Pseudomonas	36.7	21.8	15.0	56.6	6.7	19.2
Moraxella	2.2	7.9	65.0	38.3	13.3	23.1
Acinetobacter	0	0	0	0	0	0
Flavobacterium	0	2.0	0	0	0	0
Micrococcus	1.4	1.0	0	0	0	0
Staphylococcus	0.7	3.0	0	0	0	0
Streptococcus	0	5.9	0	0	0	0
Oceanospirillum	2.2	0	0	0	0	0

*（　）内は分離株数。　　　　　　　　　　　　　　　　　　　　　（単位：％）
**寒天平板上でのコロニーが微小な菌群で暫定分類。

られる。くさや汁の臭気成分はアンモニアのほか，酪酸，バレリアン酸などの有機酸や揮発性硫黄化合物が重要である。くさやの味は格別だとよくいわれるが，それが何によるのかについてはほとんどわかっていない。

また，くさや汁の細菌叢（表3.3-2）は，新島，大島，三宅島，式根島，神津島ではいずれも"*Corynebacterium*"（コリネバクテリウム）が優勢であるが，八丈島は異なる。くさや汁中に活発に運動する螺旋菌（らせん）(*Marinospirillum*（マリノスピリルム）など）が認められるのは各島に共通する。

くさや汁は，においや見かけが好ましくないため食品衛生面での危惧がもたれるが，汁中からは大腸菌，サルモネラ，腸炎ビブリオ，黄色ブドウ球菌などは検出されず，アレルギー様食中毒の原因物質であるヒスタミンのような腐敗産物もほとんど蓄積していない。また，くさや汁にこれらの指標細菌や食中毒細菌を接種した実験において，いずれの菌群も増殖不可能であったことから，これらによる食中毒の心配はなく安全であるといえる。

◆ くさやの保存性

　島では古くから「くさやは腐りにくい」といわれている。これを実験的に調べるため，同じ原料魚から水分や塩分がほぼ同じくさやと塩干魚を試作して比較した。すると不思議なことに，くさやのほうが倍近く日持ちがよいという結果が得られた。その原因として，くさや汁中には抗菌物質を産生する"*Corynebacterium*"が10^8/ml存在しており，それに漬かったくさやは腐敗しにくいと考えられている。くさや加工に従事している人が手にけがをしても化膿しないといわれていることからも，この考え方が正しいことを裏付けていて興味深い。このほか，保存性には，汁の酸化還元電位が低いこと（$-320\sim-360$mV）や種々の抗菌成分が蓄積していることなどにもよると考えられる。また，くさや汁には，これまで考えられていたよりも2～3桁程度高い数のVBNC（viable but non-culturable）細菌が存在することが最近わかってきた。これらもなんらかの役割を果たしていると考えられる。いずれのくさや汁にも存在する螺旋菌の意義に興味がもたれるところである。

◆ 先人たちの知恵によるくさやづくり

　くさやについて不思議に思うことは，それが微生物の存在も知られていなかった頃から引き継がれてきた技法であるにもかかわらず，製造上のいろいろな言伝えや工夫が科学的にうまく説明できることである。たとえば加工場では，くさや汁を連続して使うとよいくさやができないといわれているが，これは連続して用いると汁中の有用微生物の比率が減少するからである。この有用菌は，くさや汁をしばらく休ませると回復するため，加工場では汁を二分して一日交替で用いている。また，汁は数か月間使わずにおくと死んでしまうといわれているが，これは長期間の放置中に螺旋菌などの微生物が増殖して，普通は中性付近にある液のpHが8.5付近まで上昇し，有用菌に不適当になるためであろう。さらに汁をしばらく使わないときは，ときどき魚の切り身を入れているが，これは微生物に栄養を供給しているのであろう。このように，汁の保管についても温度や通気などに工夫がなされているが，経験的な知恵によってくさや汁の微生物管理が行われてきたものと考えられる。ある加工場で聞いた話だが，くさやづくりでもっとも大切なのは汁の管理で，これは人任せにはできず，毎日赤子に産湯を使わせるときのような気持ちで行っているとのことで，そこに食べ物づくりへの真心を見る思いがした。

塩辛

　塩辛は魚介類の筋肉，内臓などに高濃度（一般に10％以上）の食塩を加えて腐敗を防ぎながら，その間に自己消化酵素の作用によって原料を消化して（アミノ酸などの呈味成分を増加させて）うま味を醸成させるのが本来の製造法である。塩辛にはイカの塩辛，カツオの内臓の塩辛（酒盗），ウニの塩辛，アユの内臓の塩辛（うるか），ナマコの塩辛（このわた），サケの内臓の塩辛（めふん）など多種類のものがある。ここでは，もっとも生産量が多く，一般的なイカの塩辛について述べる。

◆ 塩辛の製造法

　塩辛のつくり方は比較的簡単で，イカの墨袋を破らないように内臓，くちばし，軟甲などを除去し，頭脚肉と胴肉を分離して水洗する。十分水切りした後，肉と頭脚肉を細切りして大型の樽に入れる。これに肝臓（皮を除いて破砕したもの）および食塩を加えてよく撹拌・混合する。食塩は普通肉量の十数％，肝臓の添加量は3～10％程度である。毎日朝夕，十分に撹拌する（図3.3-2）。

図3.3-2　塩辛の製造工程図

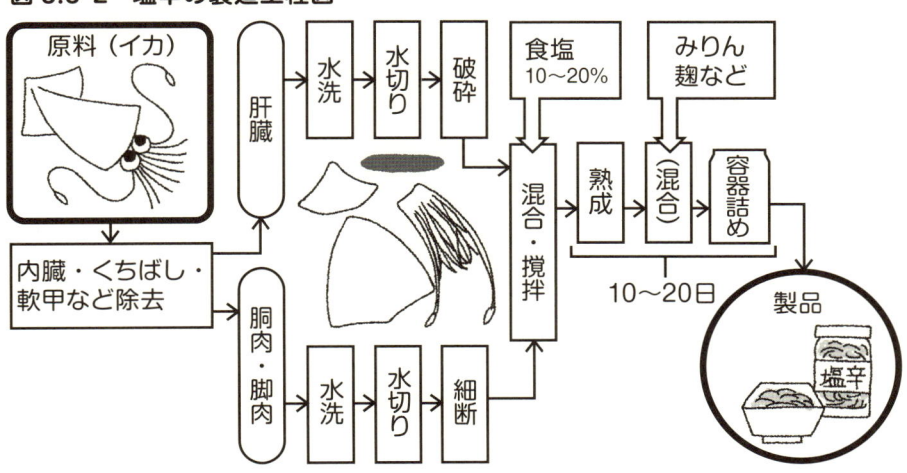

◆ 塩辛の熟成と成分変化

　細切肉は仕込み後，だんだんと生臭みがなくなり，肉質も柔軟性を増し，もとの肉とはちがった塩辛らしい味や香り，色調が増強され，液汁は粘稠性を増す。このように，食品の風味やテクスチャーなどが時間とともにできあがることを「熟成」とよんでいる。塩辛では熟成によりアミノ酸，有機酸，揮発性塩基などが増加する。

　遊離アミノ酸量の変化を調べたところ，熟成中に急増していることがわかった。たとえば，グルタミン酸は仕込み初期の約50mg/100gから食用適期には600〜700mg/100gと10倍以上に増える。熟成中の有機酸量は，一般に熟成の中期以降に乳酸および酢酸が増加することが多いが，その組成は試料によってかなり異なる。また揮発性塩基窒素やトリメチルアミンも塩辛のにおいに関係し，揮発性塩基窒素量がおおむね100mg/100gを超えると異臭として感知されるといわれる。

◆ 塩辛中における食中毒菌・腐敗菌

　食中毒菌や腐敗菌の多くは，伝統的塩辛のなかでは高い塩分のため増殖できない。腸炎ビブリオは2〜3％程度の食塩存在下でよく増殖する好塩菌であるが，塩分が高くなると増殖が遅くなり10％以上では増殖できない。本菌をイカ塩辛（食塩濃度10％，20℃）に10^6/g接種した実験でも10日以内に10^2/g以下に減少した。そのほかの食中毒菌や腐敗細菌も塩辛のような高い塩分ではほとんど生えない。食中毒菌のうち黄色ブドウ球菌（*Staphylococcus aureus*　スタフィロコッカス　アウレウス）は耐塩性が強く，食塩10％以上でも増殖できる。しかし塩辛中では*Staphylococcus*属の細菌が多く存在するにもかかわらず，これと同属の黄色ブドウ球菌はまったく検出されない。これはイカ肝臓成分やトリメチルアミンオキシドが関与していると考えられている。イカ塩辛に黄色ブドウ球菌を10^5/gになるように接種しても黄色ブドウ球菌は増殖せず，エンテロトキシンの産生も認められなかったという。

◆ 急増している減塩塩辛

　昭和50年（1975年）以降，食塩10％以上の伝統的塩辛は少なくなり，代わって塩分が2〜7％程度の減塩塩辛が主流となってきた。食塩5％程度でこれまでと同じような塩辛がつくれるのであろうか。

　上記2種類の塩辛の特徴を表3.3-3にまとめる。低塩分塩辛では腐敗細菌の増殖を

表3.3-3 伝統的塩辛と低塩分塩辛の比較

	伝統的塩辛	低塩分塩辛
食塩濃度	約10～20%	約2～7%
仕込期間	約10～20日	約0～3日
うま味の生成	自己消化によるアミノ酸等の生成	調味料による味付け
腐敗の防止	食塩による防腐	防腐剤・水分活性調整による防腐
保存性	高（常温貯蔵可）	低（要冷蔵）
製品の特徴	保存食品	和えもの風

抑えきれないため，長期間の仕込みはできず，熟成によるうま味の生成ができない。そのため調味料で味付けし，保存性維持のためにpH・水分活性の調整や種々の保存料の添加が行われているのである。製品は，発酵食品というより和えものに近いといえる。

2007年9月，「いかの塩辛」で腸炎ビブリオによる食中毒（患者数620名）が発生した。この食中毒の原因となった塩辛の食塩濃度は1.8～2.4%であった。

近年，多くの食品が低塩化の傾向にあるが，塩辛の場合，単に塩分濃度がうすくなっただけでなく，製造原理自体が別物になったといえる。製品は要冷蔵で，品質はまちまちである。上述の塩辛による食中毒の原因として重要な要因は，おそらく塩辛の低塩化にともなう危害の理解・問題意識が欠落していたことであろう。強いて高塩分を求める必要はないが，食品事業者や消費者が上述した塩辛の中身の変化を熟知して低塩化を歓迎しているかというと疑問である。伝統塩辛とのちがいを十分理解して品質・衛生管理を行う必要がある。

ふなずし

塩蔵した魚介類を米飯に漬け込み，その自然発酵によって生じた乳酸などの作用で保存性や酸味を付与した製品を「なれずし」と総称しており，ふなずし，さばなれずし，はたはたずし（いずし）など多種類の製品が知られている。

ふなずしは滋賀県の特産品で，日本に現存するなれずしのなかで，もっとも古い形態を残していると考えられている。魚の貯蔵に当時貴重であったご飯を用いるという点でかなり贅沢な製品である。においが強烈であるにもかかわらず，平安時代には宮廷への献上品の記録にみられることから，当時は珍重されたことがうかがえる。またその頃，酪というヨーグルトに似た乳製品の記録もあることから，当時の人はこのような風味になれていたのかもしれない。

東南アジア雲南地方の山岳盆地で魚の貯蔵法として生まれたものが、稲作とともに日本に伝来したものといわれ、今も琵琶湖周辺では自家でつくっていたり、魚店や漁師に漬け込んでもらったものを貯蔵している家庭もみられる。県下には専門加工業者が10軒近くある。

ふなずしの製造法

製造法は業者や家庭によって異なるが、一例を示すと下記のとおりである。原料魚にはニゴロブナが用いられる。

まず包丁で魚の鱗をとり除き、鰓をとり、内臓を除去する。魚卵は体内に残したまま腹腔へ食塩を詰め込み、

写真3.3-3 ふなずしを熟成している桶

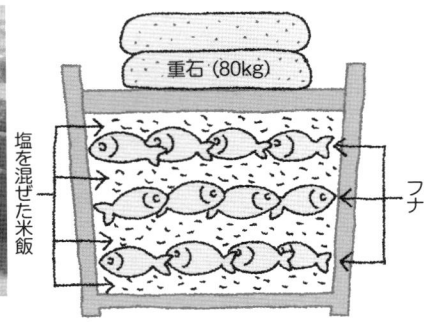

図3.3-3 本漬け：塩を混ぜた米飯と魚を交互に桶に詰め、重石をして1年熟成させる

桶中に並べて食塩をかぶせ、何層にも重ねた状態で重石をして塩漬けする。約1年してからとり出し、塩を全部洗い出し、陰干しする。次に米飯に塩を混ぜ、子を潰さないように注意して、鰓穴から魚の内部へ詰めたのち、桶に米飯と魚を交互に漬け込む（本漬け（図3.3-3））。重石をして2日後ぐらいに塩水を張り、この状態で約1年間熟成させる。

ふなずしの成分と微生物叢

ふなずしの特徴は独特の風味にある。製品の分析例を示すと、pH4.0〜4.5、水分64％、食塩2.3％、粗脂肪4.5％、粗タンパク質25％である。有機酸は乳酸（1.1％）のほか、ギ酸、酢酸、プロピオン酸、酪酸などが検出される。ふなずしの製品および熟成過程からは、*Lactobacillus plantarum*, *Lac. alimentarius*, *Lac. pentoaceticus*, *Lac. kefir*, *Streptococcus faecium*, *Pediococcus parvulus* などが分離されるが、このほかに培養困難な *Lac. acetotolerans* などの乳酸菌も存在することが知られている。

◆ ふなずし熟成における微生物の役割

　ふなずしの発酵・熟成過程における微生物の役割についてはまだ十分に解明されていないが，もっとも重要な工程は米飯漬けで，この間に風味と保存性が付与される。

　風味付けは主として，魚肉の自己消化によって生成される種々のエキス成分や乳酸菌，嫌気性細菌，酵母などが生産する有機酸やアルコールなどによるもので，また生成された有機酸などの影響でpHが低下することにより腐敗細菌の増殖が抑制されるため，同時に保存性も付与されることになる。したがって，よい製品をつくるためには，漬込み後に急速かつ十分に発酵させることが重要である。漬込みは，通常，夏の土用（7月下旬から8月上旬）に行われ，盛夏を越すようにしている。また，この発酵過程は嫌気性であるので重石をし，さらに押し板の上を水で満たして気密を保つようにしている。

　また，米飯漬けの前処理の塩蔵も重要な工程である。この間に魚肉中での腐敗細菌の増殖抑制，自己消化の進行の抑制，肉質の脱水，硬化，血抜きなど多面的な効果があると考えられている。塩蔵中，すでにふなずし特有のにおいが発生し，魚体からの酸度が時間とともに増加していくことから，発酵していると考えられている。

いずし

　ふなずしは強い酸味とにおいをもっているが，室町時代になると，もう少しにおいが弱く，できあがるまでの日数も短い，いわゆる生なれずしがつくられるようになった。和歌山のさばなれずしのような製品で，今日でも各地に残っている。ふなずしや生なれずしの原料は魚と米飯と塩だけで麹を用いないが，東北や北海道では麹を用いる「いずし」が考案された。寒冷地で発酵を早めるための工夫といわれるが，それでも発酵が不十分なせいで生臭みが残るため香辛料や野菜がいっしょに用いられる。

◆ いずしの製造法

　ハタハタを主原料とするいずしは秋田県の特産品である。原料魚を必ずしも塩蔵せず，塩蔵する場合でも短期間で，また漬込みに大量の麹を用いて熟成を促し，製品の

においも強くない。古くから各家庭で秋から冬にかけてつくられていたが，最近は資源が激減して生産量が大幅に減少している。製造法は千差万別で，地域によってかなり異なるが，一例を示すと次のとおりである。

ハタハタの頭と内臓をとり，20%相当量の食塩をかけて4〜5日置いた後，水洗し，約二昼夜酢に漬ける。これを米飯に等量の麹を混ぜたものとともに重石をして2〜3週間漬け込む。彩りと香り付けのため，ニンジンとフノリを入れる。かつては血出しといって，頭部や内臓を除いた後，原料魚を水にさらす方法が多かったようである。その日数も1〜7日と一定ではなく，水さらし前に塩漬けするもの，水さらしをしないもの，酢につけるものなどさまざまである。

◆ いずしとボツリヌス中毒

ボツリヌス食中毒はきわめて致死率が高く，日本では昭和26年（1951年）以降，これまでに114名が死亡しているが，その大部分がいずしで起こっている。製造工程におけるボツリヌス菌の増殖や毒生成についてはいろいろ検討されている。魚の入らないいずし（野菜ずし）では中毒が発生していないこと，魚の入らないいずしにE型菌を接種した実験でも毒素の生成が起こらないことなどから，魚肉中で菌が増殖して毒化する可能性が大きい。また食中毒例が水さらし期間5〜7日と長いもので起きているなどの結果から，水さらし時の毒化がもっとも可能性が高い。最初から塩漬けしたり，酢で〆てしまうなどの方法をとってからは，ほとんど食中毒は発生していない。また水さらし時の水温も重要で，10℃以下では毒化しないが，15℃以上になると毒化する。事実，いずしによる食中毒事例の大部分は冬季以外につくられたものである。

糠漬け

魚の糠漬けはイワシ，ニシン，フグなどを塩蔵（または塩蔵後に乾燥）して，麹とともに糠に漬け込んで熟成させたものであり，主産地は石川県である。珍しい糠漬けとしては，フグの卵巣を用いたものがある。原料の卵巣が有毒にもかかわらず，製品になったときには食用可能な状態になっている。3.7節（p.344）には解毒発酵としても紹介しているので参考のこと。

◆ 糠漬けの製造法

　もっとも一般的ないわし糠漬け（へしこ）の製造法は次のとおりである。

　まず，イワシの頭部を除き，魚体に対して30〜35%の食塩を撒き塩にし，7〜10日ほどしてから魚体をとり出し，水切り後，麹とトウガラシを混ぜた糠とともに重石をして漬け込む。1日後にイワシの塩蔵汁を加え，6か月〜1年間熟成させてから出荷する。

　フグ卵巣糠漬けは，卵巣を35〜40%の食塩で撒き塩漬けにする。この塩漬けは夏を越すことが必要といわれており，約6か月〜1年程度塩蔵を行う。その後，卵巣を水洗し，糠に漬け込む。その際に米麹，唐辛子およびいしる（ボーメ20度くらいに薄めたもの）を加え，重石をして漬け込む。さらに糠漬け初期に数回桶の上部から魚醤油のいしるをさす。卵巣の糠漬けには二夏を越すことが必要といわれている。

写真3.3-4 イワシの糠漬け（上），フグ卵巣の糠漬け（下）

◆ 糠漬けの成分と微生物叢

　いわし糠漬けの分析例を示すと，pH5.2〜5.5，食塩9.8〜14.1%，アミノ態窒素350〜390mg/100g，揮発性塩基窒素32〜100mg/100g，乳酸0.44〜0.96%，アルコール0.07〜0.08%である。

　いわし糠漬け熟成中の微生物は乳酸菌と酵母が主で，漬け込み初期から盛期（6月中旬〜8月下旬）にかけて急増し，酵母として *Saccharomyces* および *Pichia* が，乳酸菌として *Pediococcus* および *Lactobacillus plantarum* が報告されている。

　フグ卵巣糠漬けの塩分は約13%で，製造過程における変化を調べた結果，塩蔵期間中の乳酸は0.03〜0.20%であるが，糠漬け中に0.13〜0.69%になり，pHも塩蔵中の5.7〜5.8から糠漬け後には5.1〜5.4に低下する。この過程における主要な乳酸菌は好塩性の *Tetragenococcus* で，塩蔵中には10^3〜10^5/g，糠漬け中には10^4〜10^6/g程度存在する。

◆ 糠漬け熟成における微生物の役割

　糠漬けの熟成には北陸特有の高温多湿の夏を経ることが必要といわれている。5月に漬け込んだいわし糠漬けは，熟成とともにpHは初期の5.5から終期には5.3に若干低下し，遊離アミノ酸，揮発性塩基，有機酸，アルコールなどが増加する。とくに乳酸は6月（0.46%）から7月（1.2%）にかけて急増する。また微生物叢は上記のように，酵母および乳酸菌が観察される。

　フグ卵巣の糠漬けでは，なぜ製品は食用可能な状態になるのであろうか。フグ卵巣糠漬けでは塩蔵時の食塩濃度が高く，漬込み期間も長い。これは古くより毒消しのためであるといわれてきた。製造工程中の毒性変化を調べた例では，原料の卵巣の毒性は443MU/gと非常に高いにもかかわらず，塩漬け7か月後には90MU/gに，また糠漬け2年目には14MU/gにまで減毒されていた。

　このように糠漬け後の卵巣の毒量が原料の1/30にまで減少する原因は，製造過程で毒が塩水および糠中に拡散して平均化することがいわれてきた。これも原因のひとつだろうが，その場合には総毒量（卵巣，塩蔵汁および糠中の毒量の合計）に大きな変化はないはずである。ところが，総毒量が糠漬け1年後にはもとの1/10ほどに減っていることから，そのほかの原因も考えられる。発酵食品なので当然微生物にもその期待がかかる。筆者らもフグ毒分解微生物がいるのではないかと，
(1) 糠漬けより分離した各種微生物約200株をフグ毒添加培地に接種し，培地中の毒力が減少するかどうか，
(2) 加熱滅菌した糠漬け卵巣と非滅菌の糠漬け卵巣にフグ毒を添加して24週間貯蔵し，その間に毒力が減少するかどうか，
などの検討を行っているが，残念ながら微生物が関与する可能性は少ないように思われる。

　それではなぜ毒が減るのかということになると，今のところよくわかっていない。しかし，フグ毒（テトロドトキシン）にはいくつかの類縁体があり，これらは少しずつ化学構造が違うだけであるが，類縁体の毒力はテトロドトキシンの数十分の一になるので，塩蔵や糠漬け中に，このようなわずかな構造変化が起これば毒力が低下することも考えられる。

鰹節

　節とは魚肉を煮熟後,燻して十分に乾燥した製品をいい,用いた原料魚種のちがいによって,鰹節,鯖節,鰯節などに分けられる。もっとも代表的なものは鰹節である。鰹節には亀節,雄節,雌節,本節などいろいろな呼び方がある。比較的小型のカツオは三枚に卸され,左右１本ずつの節ができるが,その形が亀に似ているので亀節とよばれる。大型のカツオからは片身をさらに背肉部と腹肉部に身割りして合計4本の節がつくられる。このうち背肉部の製品を「雄節」,腹肉部の製品を「雌節」という。雄節と雌節をともに「本節」ともいう。雄節と雌節がいっしょになって亀節になるところから今でも縁起を担いで結婚式の引き出物に重宝されている。

　また鰹節は製造工程の上からは,煮熟後,骨抜きをして表面の水分を焙乾により乾燥したものを「なまり節」,焙乾工程を終了して真っ黒になった節を「荒節」または「鬼節」,カビ付けのためその表面を削ったものを「裸節(赤むき)」,カビ付け終了の製品を「本枯節」という。この本枯節は発酵食品のなかでも世界一硬い食品といわれている。

　鰹節の原型は『大宝律令』(701年)や『延喜式』(927年)などの古文書にみられる堅魚や煮堅魚といわれる。堅魚は天日干ししたもの,煮堅魚は煮てから天日干ししたものらしい。

　鰹節という言葉は「カツオいぶし」から転じたといわれる。カツオを煙で燻して干したものという意味であり,このような製法がとられるようになったのは今から330年ほど前の寛文の頃で,さらに元禄時代(約300年前)に焙乾後カビ付けする方法が土佐において創始されたといわれている。それがさらに改良され,今日のように四〜五番カビまでカビ付けした本枯節の技術が完成したのは今から150年ほど前のことといわれる。

◆ 鰹節の製造法

　鰹節の製造法の概略を示すと図3.3-4のとおりである。
　原料魚のカツオを三枚に卸す。魚体が大きい場合にはさらに背肉と腹肉とに身割り

する。身卸した肉片を煮熟用の煮籠に並べ（「籠立て」という）煮熟釜に入れて，85℃，80分程度で煮熟する。放冷して胸部その他の骨を抜く。この作業は肉片が割れないように水を入れたたらいのなかで浮力を利用して行われる。次に簀の子の付いた蒸籠に並べ，手火山（薪を焚く装置）の上で焙乾する（「水切り焙乾」または「一番火」という）。とり残した小骨を抜き，骨抜き時や作業中に傷ついたり欠けた部分に肉糊を刷り込んで成形する（「修繕」という）。修繕を終えた節を再び蒸籠に並べて5～6時間焙乾し，火から下ろして一夜放置する（「あんじょう」という）。この操作を10～20日間くり返すと，節はタールのついた荒節（真っ黒な様相から「鬼節」ともよばれる）になる。この表面のタールを削り（この状態の節を「裸節」または「赤むき」という），カビ付け庫で10～15日間放置しカビ付けを行う。カビ（「一番カビ」という）の生じた節をとり出し，日乾後，刷毛でカビを払い落とす。通常このカビ付けの操作を4回行うと「本枯節」とよばれる最終製品になる。鰹節の製造工程はかなり複雑で，本枯節ができるまでには最低でも2～3か月はかかる。

図 3.3-4　鰹節の製造工程図

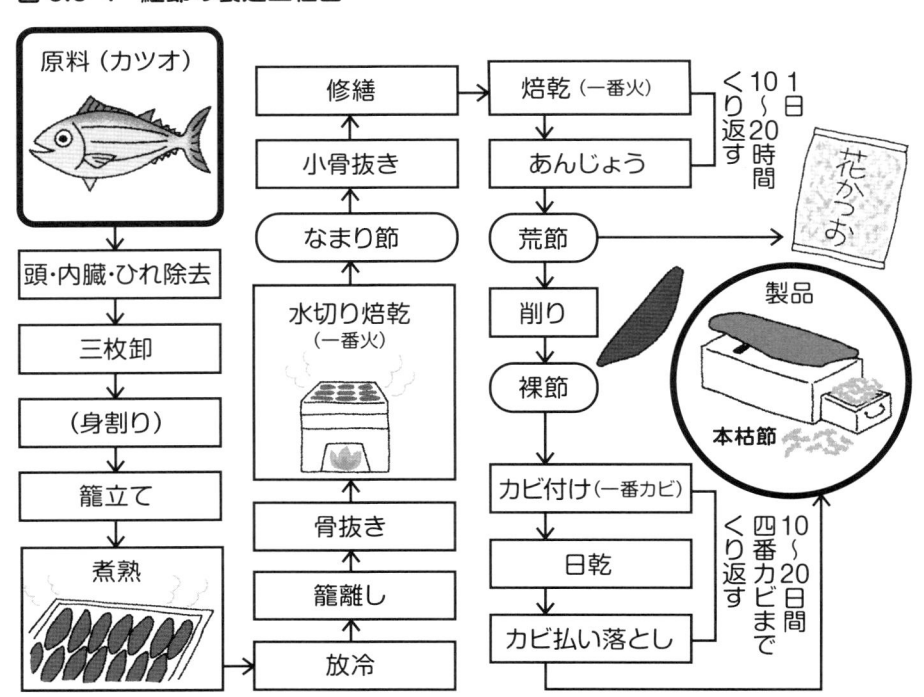

◆ カビ付けの効果

鰹節のカビ付けは，昔は裸節を木の箱に入れて自然にカビが付くのを待ったが，今では優良カビの胞子を噴霧することが多い。優良カビといわれる菌種は多種に及ぶが，いずれも Aspergillus glaucus グループに属し，脂肪分解力は強いがタンパク質分解力は弱く，よい香気を生じる。それに対し，不良カビといわれる菌種はタンパク質分解力が強く，悪臭の原因となるアンモニアなどを生成しやすい。

鰹節において，カビの菌糸は鰹節の表層部から50～500μm程度の範囲内にみられ，またカビの胞子は表層部外側に厚さ20～120μm程度の層をなして局在しており，菌糸と胞子はいずれも鰹節内部の筋肉には存在していない。

このカビの役割は昔から，水分の除去，脂肪の分解，香りの付与にあるといわれてきた。しかし，たしかにカビ付け工程中に水分は減少するが，カビ付けをしなくても水分は同じ程度減少することから，水分の除去に対するカビの効果はほとんどないものと思われる。それに対して，脂肪の減少はカビ付けの有無によってはっきりと差がみられる（表3.3-4）。鰹節中の脂質は燻煙処理により酸化しにくくなっているが，一部は徐々に酸化されて香味の低下の原因となるので，カビ付けはそのような品質低下の原因となる脂質を減らすという意味で効果がある。

またカビ付けは香気の面から，油脂成分からアルコール類を生成したり，フェノール類をメチル化したり分解して燻煙臭をまろやかにする効果があるといわれる。カビ付け中には，トリメチルアミンのような悪臭成分が漸減することが知られているが，これにもカビが関与していると考えられる。そのほか実用的な面からは，優良カビの増殖により不良カビの増殖が防がれること，カビの色が節の乾燥程度の目安になること，脂肪の分解によりだしの濁りが防止されることなどの効果がある。

鰹節におけるこのような微生物作用はユニークであり，他の多くの発酵食品にみられる発酵のイメージとは異なるが，鰹節もその巧みな利用から考えて立派な発酵食品といえよう。

表3.3-4 鰹節のカビ付け前後の水分・脂肪含量

	水分		脂肪	
	前	後	前	後
Aspergillus repens	23.3	14.8	19.3	4.4
三種混合*	23.6	14.6	19.1	6.0
無接種	24.0	14.0	18.4	18.5

* Asp. repens, Asp. schellei および Asp. ruber　　　（単位：％）

3.4 発酵乳製品
(ヨーグルト, チーズ, 発酵バター)

◆ 発酵乳製品の歴史

　発酵食品としての乳製品は，ヨーグルト，チーズ，発酵バターなどがある。これらの歴史はきわめて古く，詳しいことはわかっていないが，チーズなどの乳製品づくりの記録は，紀元前3500年頃のメソポタミアの神殿の石版壁画装飾，紀元前4000年頃の古代エジプトの壁画などにみられ，紀元前6000年頃の遺跡からもチーズづくりに使ったと思われる容器などが発見されている。このように，発酵乳製品は人類がヤギやヒツジなどの小動物の乳を利用するようになった頃，乳に野生の乳酸菌が混入して発酵したのがはじまりと考えられている。

　チーズは，その後，中近東からトルコ，ギリシャ方面，さらにヨーロッパへと広がっていき，紀元前1000年頃には北イタリアのロンバルディア地方に伝わったという説があり，この地域に住むエトルリア人により現代のチーズ製造の基盤が築かれたといわれている。フランスではこれより少し遅れてロックフォール，カンタルがつくられており，特有の気候，風土によりさまざまな種類のチーズが製造されるようになった。アジアにおける乳製品は，騎馬民族であり遊牧民族のモンゴル族が古くより保存性の高い硬質チーズを考え，騎馬戦闘における栄養源として活用してきた。また馬乳を乳酸発酵させた馬乳酒（アイラグ）なども古くから飲まれている。

写真3.4-1　店頭に並ぶ各種チーズ

写真3.4-2　モンゴルの保存を目的としたチーズ（アーロール）

バターもメソポタミア文明期にすでにつくられていたといわれ，容器に乳を入れて振動させることによりバター粒を得ることができ，旧約聖書にはすでにその記述がある。食用油はオリーブ油やラードなどがあったため，当初は肌や髪に塗る化粧品としての用途が多く，食用とされていなかったが，6世紀頃から徐々に食べられるようになった。実際の製造は14世紀頃からで，種々の改良が加えられて現在の製造法になっていった。

　日本における発酵乳製品の歴史はきわめて浅く，商業的生産がはじまったのはいずれも明治時代以降である。しかし，現代の食生活には欠かせないものとなり，ヨーグルトはプロバイオテクス（腸内細菌のバランス調整）としての役割が注目され，種々の製品が発売されている。チーズも数種のチーズをブレンドしてつくられるプロセスチーズが主流だったが，それぞれ個性のあるナチュラルチーズが普及してきた。発酵バターについては日本ではまだ非発酵タイプが圧倒的に多いが，特有の風味が好まれ，徐々に知られるようになってきた。

◆ 発酵乳製品（ヨーグルト，チーズ，バター）の定義

　乳製品は乳等省令（乳及び乳製品の成分規格等に関する省令）で定義が定められている。ヨーグルトは『発酵乳』に分類され，次のように記述されている。

◇発酵乳　『乳又はこれと同等以上の無脂乳固形分を含む乳等を乳酸菌又は酵母で発酵させ，糊状又は液状にしたもの又はこれらを凍結したものをいう。』成分規格は，無脂乳固形分8.0％以上，乳酸菌数又は酵母数（1ml当たり）10,000,000以上，大腸菌群陰性と定められている。

◇チーズ　『ナチユラルチーズ及びプロセスチーズをいう。この省令において「ナチユラルチーズ」とは，次のものをいう。(1) 乳，バターミルク（バターを製造する際に生じた脂肪粒以外の部分をいう。以下同じ），クリーム又はこれらを混合したもののほとんどすべて又は一部のたんぱく質を酵素その他の凝固剤により凝固させた凝乳から乳清の一部を除去したもの又はこれらを熟成したもの。(2) 前号に掲げるもののほか，乳等を原料として，たんぱく質の凝固作用を含む製造技術を用いて製造したものであつて，同号に掲げるものと同様の化学的，物理的及び官能的特性を有するもの。　この省令において「プロセスチーズ」とは，ナチユラルチーズを粉砕し，加熱溶融し，乳化したものをいう。』プロセスチーズの成分規格は，乳固形分40.0％以上，大腸菌群陰性。

◇バター　『生乳，牛乳又は特別牛乳から得られた脂肪粒を練圧したものをいう。』と

図3.4-1 発酵乳製品の製造工程図

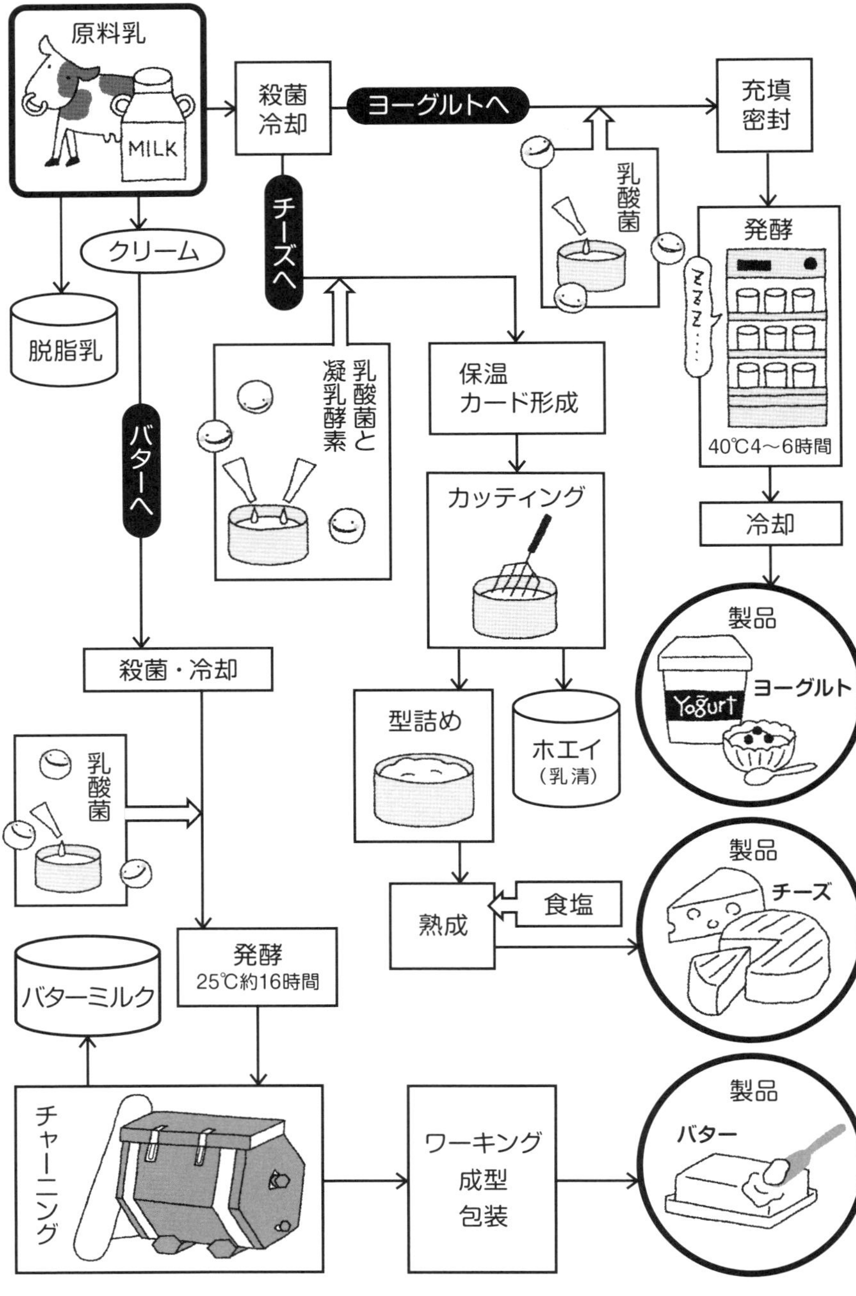

され，とくに発酵バターについての記述はない。成分規格は，乳脂肪分80.0%以上，水分17.0%以下，大腸菌群陰性と定められている。

◆ 発酵乳製品の原料と原料処理

乳製品の原料としては，古くからヤギやヒツジなどの乳が用いられてきたが，これらは特有の濃厚で強い風味があるため，日本では一般的に牛乳を用いることが多い。

牛乳の成分は，タンパク質を主体とする懸濁相，脂肪を主体とする乳濁相，糖質など水溶性成分からなる溶質相からなる。タンパク質は酸性側で凝固するカゼインと水溶性のホエイタンパク質に分かれ，カゼインはカルシウムなどの無機成分と結合し，巨大なカゼインミセルとして存在する。脂肪は細かい脂肪球として分散しており，消化吸収に優れている。水溶性成分には糖質やビタミン，ミネラルなどが溶解しているが，糖質のほとんどは乳糖である。稀に乳糖を消化できない乳糖不耐症の人がいるが，発酵することにより微生物が乳糖を消化または分解するため，発酵乳製品ではそのような心配はない。

乳の殺菌条件としては，乳等省令により『保持式により摂氏63度で30分間加熱殺菌するか，又はこれと同等以上の殺菌効果を有する方法で加熱殺菌すること』と定められており，これに基づき殺菌処理を行う。

この殺菌処理を経た乳は各加工工程を経て，先の製造工程図3.4-1に示したヨーグルト，チーズ，発酵バターなどの食品に生まれ変わる。

次にヨーグルト，チーズ，発酵バターの詳細を記す。

ヨーグルト

◆ ヨーグルトの製造法

殺菌の終わった原料乳は40℃程度まで冷却し，2～3%量のスターター（種菌）となる乳酸菌を加える。スターターは *Lactobacillus bulgaricus*（ラクトバチルス ブルガリカス）の単用または *Streptococccus thermophilus*（ストレプトコッカス サーモフィルス）などを混合して調製する。よく混合してから容器に充填して密封し，発酵室にて40℃前後，4～6時間程度発酵させて，酸度が0.7～0.8%程度になったところで冷却し，発酵を止める。必要に応じて原料乳にゼラチンまたは寒天を加えたり，スターター添加時に香料などを配合する。

ヨーグルトの種類と乳酸菌のはたらき

日本のヨーグルトは，乳等省令における発酵乳に分類され，原料乳を乳酸発酵させたプレーンタイプと果実や果汁などを加えたデザートタイプの製品，さらに飲料タイプのいわゆる「飲むヨーグルト」などもある。いずれも乳酸菌による発酵により牛乳中の乳糖が分解消化されているため，消化吸収がよく，乳酸菌による整腸作用（プロバイオテクス）なども注目されている。とくにこのことに関しては多くの報告があるが，そのメカニズムとして乳酸菌の生産するポリリン酸が関与し，有害物質や病原菌の腸管からの侵入を防止するはたらきがあることが最近の研究で明らかにされている。主な乳酸菌を表3.4-1に示す。

表3.4-1
ヨーグルト製造に使われる主な乳酸菌

- *Lactobacillus bulgaricus*
- *Lactobacillus acidophilus*
- *Lactobacillus helbelicus*
- *Streptococcus thermophilus*
- *Streptococcus lactis*
- *Streptococcus cremoris*
- *Bifidobacterium bifidum*

以上のように，ヨーグルトは保健効果が証明されている特定保健用食品に認定されているものも多い。

また，海外にはアルコール発酵乳としてケフィア（kefir）やクミス（koumiss）などがある。ケフィアは東欧諸国で好まれ，原料乳を殺菌後，ケフィア粒（kefir grain）を加えて発酵させ，ときどき撹拌し，培養後，濾過して充填し，さらに培養して製品となる。ケフィア粒は *Saccharomyces fragilis* や *Tolula* のようなアルコール発酵性の酵母と乳酸菌を含んでおり，発酵後のアルコール濃度は1％前後，酸度は0.6〜0.9％程度になる。製品としては，そのまま飲むプレーンタイプと種々の果汁を混合したフルーツ味のものがある。

クミスは馬乳を発酵させた飲料（馬乳酒）で，中央アジアやモンゴルなどで飲まれ

写真3.4-3　各種ヨーグルト製品
（2011年8月現在）

写真3.4-4
ウクライナで市販されているケフィア

ている。モンゴルでは「アイラグ」という。アルコール分1～3%程度で酸度は1%前後であるが，各家庭でつくられるので，味は発酵状態により異なる。

チーズ

◇ チーズの製造法

　原料乳を殺菌後，乳酸菌を加えて1～2時間保持してpHを下げるとともに凝乳酵素（レンネット）を加えることにより，乳タンパク質中のカゼインが凝固する。これをカードという。レンネットは仔牛の第四胃から調製した製剤でレンニンを主成分としている。最近はカビ（*Mucor pusillus*　ムコール　プシルス）から調製したムコールレンネットが多く用いられている。次に凝固したカードをカードナイフで切断し，加温することによりホエイ（乳清）が分離してくるので，それを除き，型に詰め，味付けと雑菌抑制のため食塩を加えた後，カビや細菌類により熟成させて製品となる。後述するようにチーズの種類はきわめて多く，製法もそれぞれ異なる。

◇ チーズの種類

　チーズの基本的な製造工程は先の図3.4-1に示したとおりであるが，世界には数千種類の製品があり，製法もさまざまである。チーズの硬さや熟成の有無，熟成する場合に用いるカビ，細菌の別などから，ナチュラルチーズは主に次の7種類に分類することができる。

ナチュラルチーズ

1．フレッシュタイプ（非熟成）
　ホエイ排除後，カードの部分を集めた非熟成のチーズで，カッテージチーズ，リコッタ（イタリア），モッツァレラ（イタリア），フロマージュブラン（フランス）などがある。

2．白カビタイプ（軟質チーズ・カビ熟成）
　成型後白カビを表面に付けて熟成させる。カビの酵素によりタンパク質の分解が進み，内部はやわらかいクリーム状になる。これの代表的なものとして，カマンベール，クロミエ（フランス），ヌシャテル（フランス）などがある。

3. 青カビタイプ（軟質，半硬質・カビ熟成）

　青カビにより熟成させるチーズで，青カビを混ぜて型詰めすることにより，チーズのなかのほうから熟成が進行する。このタイプのチーズはブルーチーズとよばれ，強い特有の風味があり，塩味も強いのが特徴で，ゴルゴンゾーラ（イタリア），ロックフォール（フランス），スティルトン（イギリス）は世界の３大ブルーチーズとされている。

4. ウォッシュタイプ（軟質・細菌熟成）

　熟成させる際，チーズ表面を塩水やその地域の酒などで洗うことからウォッシュタイプといわれる。熟成とともに表面は茶褐色で，ややねっとりした感じになり，なかはやわらかくクリーミーで，特有の強い風味がついてくる。タレッジオ（イタリア），ラミデュシャンベルタン（フランス）などが有名。

5. シェーブルタイプ（軟質・細菌熟成，カビ熟成）

　シェーブルとは山羊乳でつくられるチーズで，やわらかく濃厚な風味が特徴である。熟成が進むにつれ，味・香りが強くなるため，好みに応じて熟成の程度をみて食べることができる。表面の乾燥を防ぐため灰をまぶしたもの（ヴァランセ）や，カビを付けたもの（ラジック）など種類も多い。

6. セミハードタイプ（半硬質・細菌熟成）

　カードを型に入れた後，圧力をかけて水分を切り，製品の水分を40〜50％程度としたもの。熟成期間は４か月から半年くらい（長いものは１年）で，深いコクと香りがあるが，クセがなく食べやすい。ゴーダ（オランダ），ルブロション（フランス），サムソー（デンマーク）などがよく知られている。

7. ハードタイプ（硬質・細菌熟成）

　もっとも保存性のある大型チーズで，カードをカッティングした後，加熱してホエ

写真3.4-5　パルミジャーノ・レッジャーノの熟成庫（左）と製品（右）

イを十分に分離させ、型入れ後、さらに圧搾したもので、製品の水分は40％以下となる。熟成期間はセミハードタイプよりも長く、半年から1年くらいが普通であるが、パルミジャーノ・レッジャーノ（イタリア）のように2年から3年ほど熟成させるタイプもある。長期間の熟成によりいずれも濃厚な味となることが特徴である。パルミジャーノ・レッジャーノ（イタリア），エメンタール（スイス），エダム（オランダ），コンテ（フランス）などが有名。

プロセスチーズ

ナチュラルチーズを単独または数種類を加熱溶解させて混合し，乳化剤を加えて固化させたもので，加熱殺菌されているため，その後の発酵，熟成は行わない。ブレンドすることによりクセのないマイルドなチーズとなっている。

日本におけるチーズの消費量としてはきわめて多く，その種類もブロック状のものだけでなく，スライス状や個包装した製品などがある。

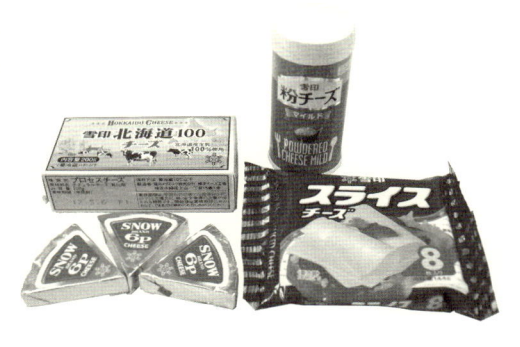

写真3.4-6　各種プロセスチーズ

◆ チーズの成分と栄養

牛乳からチーズを製造する場合，その製品歩留りは10％程度で，残りはホエイ（乳清）として除かれる。もとの牛乳に対しタンパク質は75％，脂肪の90％はチーズに移行しており，栄養成分の損失も少なく，牛乳の濃縮物ということができる。そして発酵により種々の成分が変化し，さらに消化吸収されやすくなったり，特有の風味が増したりしている。タンパク質は主にカゼインで，これにはカルシウムなどのミネラルやビタミンB群などの水溶性ビタミンなどが結合している。また脂肪には脂溶性ビタミンのAやEなどが溶解している。消化吸収という点では，カルシウムがカゼインに結合しているため摂取したものが大変効率よく吸収できる。このようにチーズは栄養的にも大変優れた食品となっている。

発酵バター

◆ 発酵バターの製造法

　バターは原料乳を遠心分離して得られたクリームの部分を用いる。これを殺菌してから40℃程度に冷却して，スターターとなる乳酸菌を添加して25℃程度で約16時間発酵させる。バタースターターには酸生成用に *Streptococcus lactis*，*Str. cremoris*，芳香生成用として *Str. diacetilactis*，*Leuconostoc citrovorum*，*Leu. dextranicum* などを用いる。これをバターチャーンにより撹拌（チャーニング）することにより脂肪球が結合し，バター粒が得られる。水洗後，バターミルクを除き，加塩バターの場合は食塩を加え，バター粒を練圧（ワーキング）により均一な連続層にし，これを成型，包装して製品となる。

バターの製造原理

　バター製造でもっとも重要な工程はチャーニングとワーキングである。これは，クリームの水中油滴（O/W）型エマルションがチャーニングによって油中水滴（W/O）型エマルションに相転換することである。しかし，その機構としては，衝撃による相転換ではなく，撹拌中の気泡表面にタンパク質などの分散相が付着し，衝撃により脂肪球被膜の破壊が起こり，脂肪球どうしが結合してバター粒の生成が起こると考えられている（泡沫説）。そしてバター粒を練圧（ワーキング）することによりバター組織が形成される。

　発酵バターの場合，発酵により生成した風味を残すため，チャーニング後の水洗は1回程度にするか，水洗をしない場合もある。

◆ バターの種類と特徴

　バターの種類として，食塩の添加の有無による加塩バター（食塩1.5〜2.0％含有）と食塩無添加バター（無塩バター）がある。またそれぞれ原料クリームの発酵の有無による発酵バター（酸性バター）と非発酵バター（甘性バター）の種別がある。日本における一般家庭での消費は加塩非発酵バターがもっとも多く，発酵バターはわずかであるが，特有の風味が好まれている。

バターは乳脂肪を主成分としているため、脂溶性のビタミンであるA、D、Eなどが多く含まれている。乳脂肪を構成している脂肪酸は、パルミチン酸やステアリン酸などの飽和脂肪酸が多く、酪酸やカプロン酸などを含んでおり、他の食用油脂にはない特有の芳香と、多くの微量成分による風味を有している。

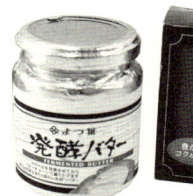

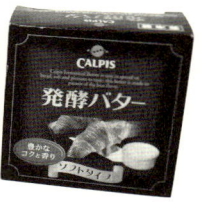

写真3.4-7　市販されている発酵バター

◆ 発酵乳製品の製造過程における副産物の利用

　発酵乳製品を製造する過程で、もっとも多い副産物は、チーズ製造におけるホエイである。これにはカードに含まれない各種乳成分が残っており、水溶性のタンパク質やビタミン、ミネラル、乳糖などが存在する。そこでこれらの有効利用が考えられており、とくにイタリア・パルマの生ハムの製造に使うブタは、パルミジャーノ・レッジャーノのチーズ製造で出るホエイを飼料として与えることが決められている。最近は日本でもブタにホエイを与えることが行われるようになり、「ホエイ豚」としてブランドになっている。これ以外にもミルクの風味付けのために菓子類の副原料としての利用や、サプリメント、タンパク質の性質を利用して化粧品などにも使われている。ホエイは保存性を高めるため乾燥して粉末状にしたり、濃縮してシロップ状にして利用されている。

　また、バターの原料としてクリームを分離した残りの脱脂乳は副産物ともいうことができるが、乾燥して脱脂粉乳としての用途がきわめて多い。チャーチング後のバターミルクはホエイと同じようにミルクの風味付けに使われている。

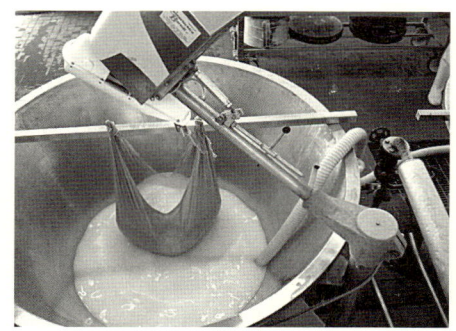

写真3.4-8　ホエイの回収

写真3.4-9　ホエイを飼料としたブタを使用した生ハム（イタリア・パルマ）

3.5 パン

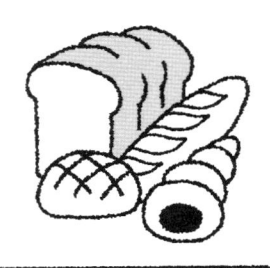

◆ パンの定義

　パンとは，穀類の粉を主原料として，酵母（イースト），水，塩などを加えてつくった生地（ドウ）を発酵させ，焙焼したものであるが，酵母を使用しない無発酵パンや，焙焼せずに蒸したり揚げたりするものも一般的にパンとよばれている。主食として用いられることが多く，世界各国でその土地の風土や生活に適した多種多様なパンがつくられている。

◆ パンの歴史

　小麦の原産地は西アジアである。人類が初めて穀物を食したのは，紀元前6000年前のメソポタミア文明の頃といわれ，この時代の墓から小麦の粒が発見されている。小麦は，最初はお粥，次に団子や煎餅のように焼いたものを食べていた。紀元前4000年頃になると古代エジプトで石臼を使って小麦を挽き，煎餅やビールをつくるようになった。発酵パンは，生地を焼き忘れ，放置して膨張したものを焼いた偶然の発明であったと考えられており，ビール発酵種を小麦粉に混ぜた「ガレット」とよばれる平焼きパンがパンの原型とされている。紀元前12世紀頃のラムセス3世の墓の壁画には，播種や耕作，収穫，製パンの方法が描かれている。

　パンの製造法はエジプトからギリシャへ伝えられた。古代ギリシャ（紀元前1200～323年）では，粉に水と塩を加え，前日残しておいた生地と合わせて壺のなかで発酵させる方法で，残り生地を使わずにブドウ，ホップ，小麦ふすまなどを混ぜて地下室に保存し，「ZYMA（ジマ）」とよばれる純度の高い調合酵母菌を管理するようになった。量産することによってパン職人（マゲイロス）も出現し，交易によってローマ，中世を経てヨーロッパへ広く普及した。

　19世紀頃までは，木製の船形桶のなかで粉を手ごねにして発酵させ，円天井の煉瓦窯で焼成する方法が続けられ，以後，技術の進歩や資本主義の影響，近代の工業化にともなって，大規模製粉と大量製パン技術が確立されるようになった。

日本では，縄文・弥生時代から小麦加工品は存在していたといわれている。「蒸しパン」は中国から伝わり，現在の発酵パンは天文12年（1543年）種子島に漂着したポルトガルの貿易船によってもたらされたとされる。以後，寛永16年（1639年）の鎖国令によって，パンは長崎出島の居留地でつくられるのみであったが，幕末の天保11年（1840年）アヘン戦争を契機に，徳川幕府は戦いに備えて米飯よりも携帯・保存食として最適な「兵糧パン」をつくらせるようになった。このときに製造の指揮をとった江川太郎左衛門は「パンの祖」として知られている。嘉永7年（1854年）に鎖国が解かれると，横浜，神戸など港町を中心にパン製造が盛んになった。現存するパン屋でもっとも古いのは東京銀座の木村屋總本店（明治2（1869年）開業）で，創業者の木村安兵衛らは和菓子に近い製法を用いた「あんパン」を発明した。

◆ パンの種類

　日本国内のパンの年間生産数量は1,205,067 t，国民1人当たり年間9.4kgのパンが生産されている（農林水産省生産動態調査2010年）。表3.5-1に日本におけるパン関連の商品分類表，写真3.5-1に代表的なパンを示す。ここでは世界で食されているパンの概要を述べる。
　四角い形の蓋つきの焼型（プルマン型）で焼く「角食パン」，ハンバーガー用の「バンズ」，バターや卵を生地に練り込み薄くのばして巻きあげた「ロールパン」，低脂肪の「ベーグル」はアメリカで発達した。ベーグルは焼く直前に生地を一度茹でる

表3.5-1　製パン商品分類表

パンの種類		商品名
食パン		角食パン，山形食パン，バラエティブレッド（サワー，全粒などの食パンも含む）
菓子パン	包み物 その他の従来菓子パン デニッシュ類	あんパン，ジャムパンなど メロンパン，コロネなど デニッシュ，スイートロール，コーヒーロール，クロワッサン バターフレーキ，シナモンロール，ブリオッシュ，パネトーネなど
ロールパン	ソフトロール ハードロール 欧風大型パン	コッペ，バンズ，テーブルロール フランスプチパン，ゼンメル，全粒パン，カイザーロール，サワーブレッド バケット，ブロート，ライブレッド，バンドカンパーニュ，サワーブレッド
蒸しパン	中華まん 玄米パン	肉まん，あんまん，野菜まん 玄米パン
ピザ	ピザ	ピザ
その他	アラビック マフィン 調理パン パン粉	アラビック マフィン サンドイッチ，ホットドッグ，カスクート パン粉

ため，小麦粉のデンプンがα化されて，もっちりした食感となる。

食パンのなかで成型後に蓋をせずに発酵・焼成し，上部が山のような型に仕上がる「山型食パン」および「マフィン」はイギリスから伝えられた。スコットランド発祥の「スコーン」は，マフィンと同様，パン酵母ではなくベーキングパウダーを使用する。

ライ麦はヨーロッパの寒冷な地域で栽培され，パン素材として常用されている。ドイツでは，ライ麦と小麦粉を配合した混合パン「ミッシュブロート」が一般的である。100％ライ麦の「プンパーニッケル」は低温長時間で焼成（16時間以上，100〜180℃）する。ライ麦の配合割合が高くなるとしっとりとして重たく，酸味をもつパンとなる。また「プレッツェル」はパン屋を表す目印（ベッカライ）として店先に置かれている。リーンな生地（小麦粉にイースト，水，塩のみのシンプルな生地）を細く綱状にし，結って成型発酵させ，アルカリ液（2〜4％）に浸してから焼成する。赤褐色を呈し，ポリポリした硬い仕上がりとなる。

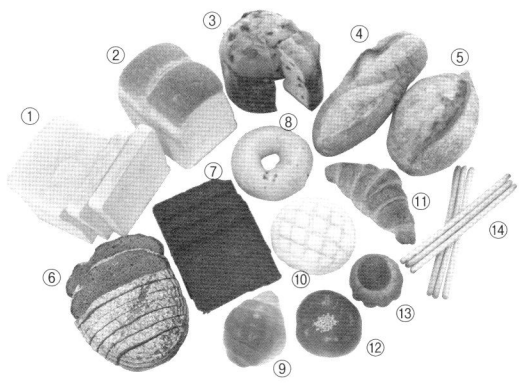

写真3.5-1 パンの種類
①角型パン ②山型パン ③パネトーネ ④バタール
⑤ライ麦パン ⑥ミッシュブロート ⑦プンパーニッケル
⑧ベーグル ⑨ロールパン ⑩メロンパン ⑪クロワッサン
⑫あんパン ⑬ブリオッシュ ⑭グリッシーニ

「ゼンメル」は，オーストリアやドイツのテーブルパンで，表面にゴマやけしの実がまぶされることがある。また「ピロシキ」はロシアの調理パンで，ひき肉と野菜入りの具を包んで揚げたものである。

イタリアのパンには，平たく円い「フォカッチャ」，硬くて細長くクラッカー風味の「グリッシーニ」のほか，「パネトーネ」などがある。フォカッチャは生地にオリーブオイルやハーブが練り込まれた平型パンで，ピザの原型といわれる。「ピザ」はナポリで生まれ，移民によってアメリカで広められた。「パネトーネ」は15世紀にミラノで生まれ，ブリオッシュ生地にレーズン，レモンピールなどが入ったクリスマスの伝統的な菓子パンである。特別な発酵種を使用する。

「クロワッサン」はウィーンで生まれた。17世紀にトルコがオーストリアへ侵攻を試みた夜，オーストリアのパン職人が物音に気付き，いち早く軍に知らせたためトルコを撃退することができた。このことから皇帝がパン職人を称え，トルコ軍の旗に描かれる三日月の型のパンをつくらせたのがはじまりといわれる。

フランスパンはリーンな生地でつくるパンで，形状によって「バケット」，「バタール」，「ブール」，「パリジャン」などの呼び名がある。また「ブリオッシュ」は，バターと卵を多く使用した生地（リッチな生地）を用いるやわらかなパンである。

中国では，古くから老麺とよばれる小麦粉と水の発酵種から包子（パオズ）や饅頭（マントウ）がつくられており，蒸しパンの原型として日本に伝えられた。日本で生まれたオリジナルパンは「あんパン」，「メロンパン」，「カレーパン」などがある。メロンパンは丸パンにクッキー生地をのせ，メロンに似せて柄をつけ焼成したパンであり，カレーパンは，昭和初期にとんかつからアイディアを得て，パン粉を生地にまぶして揚げる洋食パンとして販売したのがはじまりである。

◆ パンの材料

1. 小麦

小麦の構造は，図3.5-1に示すように外皮が硬く中心に粒溝があり，胚乳部分と外皮の間に糊粉層（アリューロン層）がある。外皮が胚乳に密着していて複雑な形状であるため，米のように外側から削ることが難しく，砕いて粉にする。小麦の主成分は糖質のデンプンで65～78％含まれ，大部分は胚乳部に含まれる。デンプンの組成はアミロース24％，アミロペクチン76％からなる。またタンパク質は6.5～13.0％程度含み（表3.5-2），主成分はプロラミン系のグリアジンとグルテリン系のグルテニンで全タンパク質の約80％を占める。

小麦は産地や銘柄，等級によってタンパク質の量と質が異なる。小麦粒を切断したとき，粒が硬いものを硬質小麦という。逆に粒のやわらかいものを軟質小麦といい，

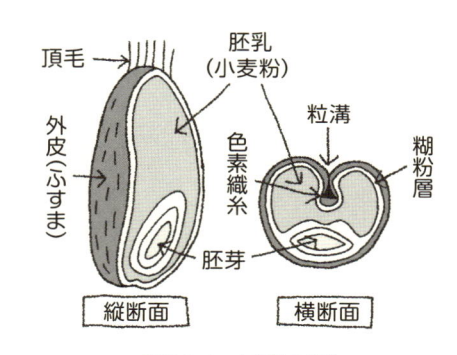

図3.5-1 小麦粒の構造

表3.5-2 小麦の種類と用途

小麦の種類	小麦粉の種類	タンパク質（％）	用途
硬質小麦	強力粉	11.5-13.0	食パン・グルテン・デンプン・麩など
硬質小麦	準強力粉	10.5-12.5	菓子パン・中華麺など
中間質小麦	中力粉	7.5-10.5	うどんなど
軟質小麦	薄力粉	6.5-9.0	菓子など

軟質小麦のうち比較的硬めのものを中間質小麦という。硬質小麦は主にカナダ，アメリカから輸入されており強力粉に加工される。国内産普通小麦は中間質小麦に属し中力粉に加工される。軟質小麦は主にアメリカ産で，薄力粉に加工される。

2．パン酵母

　自然界には無数の酵母が存在しているが，パン用の酵母（イースト）はパンづくりに適した酵母を選別し，純粋培養したものである。酵母は非常に小さく，米粒の1/800程度である。パンに作用する酵母の分離培養を最初に行ったのは，顕微鏡を発明したオランダのレーウェンフックといわれる。またパスツールらは，酵母は体表面から糖などの栄養素を吸収し，嫌気的条件では発酵して糖をアルコールと二酸化炭素に分解してエネルギーを得るが，好気的条件下では呼吸をして繁殖し，アルコールの生成は抑制されることを発見した。この研究を契機に，酵母生産技術は飛躍的に進歩して大量生産が可能となった。

　パン製造に用いられる「生イースト」は，酵母を含む培養液を約70％程度まで脱水してブロック状にし，固めたものである。「ドライイースト」は，生イーストを最終段階で熱風によって乾燥させている。一方，野菜や果物，穀物などに付着する酵母を増殖させた培養物を一般的に「天然酵母」，「自家製酵母」とよび，パン酵母として用いることがある。これには酵母以外に多種の乳酸菌やその他の微生物が同時増殖しており，純粋培養した酵母とは異なった，複雑な呈味をもつパンができる。

　パン製造に使用される酵母は，*Saccharomyces cerevisiae*（サッカロマイセス セレビシエ）がもっとも多い。通常であれば，生地を冷凍すると凍結障害を起こして発酵力が著しく低下するが，日本で上記種から冷凍耐性菌株が発見，実用化され，冷凍生地を用いた工業的生産が可能となった。これらは，糖であるトレハロースが細胞内に蓄積され，ストレス耐性に関与しているといわれており，現在も詳細な遺伝子解析が進められている。また菓子パン製造などで用いる糖含量の生地でも，高い発酵力を有する耐浸透圧性菌株も見出されている。そのほかサワー種用の *Sacch. exiguus*（エクシグース），*Candida milleri*（キャンディダ ミレリ）など，適性に応じて多種の酵母の分離が試みられている。

◆ パンの製造法

　パンの製造法には直捏法（じかごね）（ストレート法）と発酵種法がある。発酵種法には中種法（スポンジ法），自家製酵母を用いる方法，サワー種法などがある。直捏法は，すべての材料を一度に混捏（こんねつ）し，発酵させて生地をつくる。一般的に家庭でパンをつくるとき

に用いられる方法である。一方，中種法は粉の一部（50%以上）をとって発酵種をつくった後に残りの材料と合わせて混捏して発酵させる。直捏法と比較して発酵時間が長いので，生地の伸展性が向上し扱いやすくなる。自家製酵母を用いる発酵種法の場合は，果物や穀物，ヨーグルト，ビールなどを水と混合して数日放置し，大気中から付着した酵母によって発泡した液を用いて発酵種に仕上げる。これらの方法は大規模工場で用いられることもある。またサワー種法は，主としてライ麦パンを製造に用いられる方法で，ライ麦粉と水1：1のなかに酵母を入れて種起こしを行い（25℃，1日），さらに1日1回のペースで種を増量し（種継ぎ），完全に発酵させる。一部は次回発酵のために元種として保存する。ライ麦粉はグルテンを形成しないので通常は膨らみにくいが，サワー種を配合すると生地が安定し，酵母が産生する有機酸によって風味が加わったしっとりしたパンとなる。

　なお，日本独特の「酒種」は，精白したうるち米を蒸したものに麹カビを混ぜ，空気中の酵母と乳酸菌を同時に繁殖させて生じたものを発酵種としたもので，麹カビが米中のデンプンを麦芽糖とブドウ糖に分解する。清酒づくりの工程を応用した日本の技術で，酒饅頭や酒種あんパンの原料として用いられている。

　各パンの製造工程を図3.5-2に，詳しい解説は次項に記す。

◆ 製パン工程の解説

　各種酵母を混ぜて生地を作製していくが，副材料，室内温度などによって生地の仕上がりは大きく異なるので，酵母量や混捏時間，温度を調整する。一般的にイーストに適した温度は30℃前後，捏ねあげたときの生地の温度は20〜30℃が適している。酵母は，生地中の砂糖を栄養素として増殖（発酵）し，酵母体内の酵素によってエネルギー，エタノール，二酸化炭素などを生じる。栄養素としての糖が不足する場合には，小麦粉中のα，β-アミラーゼによって粉中のデンプンを麦芽糖に分解し，酵母中の酵素によってブドウ糖に分解して利用する。

　混捏をはじめると，タンパク質のグルテニンとグリアジンによってグルテンが形成される。グルテニンは細長い繊維状で弾性を有し，グリアジンは球状で弾性が低いが粘性と伸展性をもち，この2つのタンパク質が水和すると，粘弾性と伸展性をもった生地ができる。またグルテニン鎖中に存在するシステインのSH基が酸化され，他のグルテニン鎖中のシステインと架橋してS-S結合（ジスルフィド結合）が起こり，強固な網目構造が形成される。さらに混捏を続けると，グルテンを骨格として周囲にデンプン粒子が充填され，酵母の発酵によって生じた二酸化炭素が気泡となって組織に

図3.5-2 パンの製造工程図

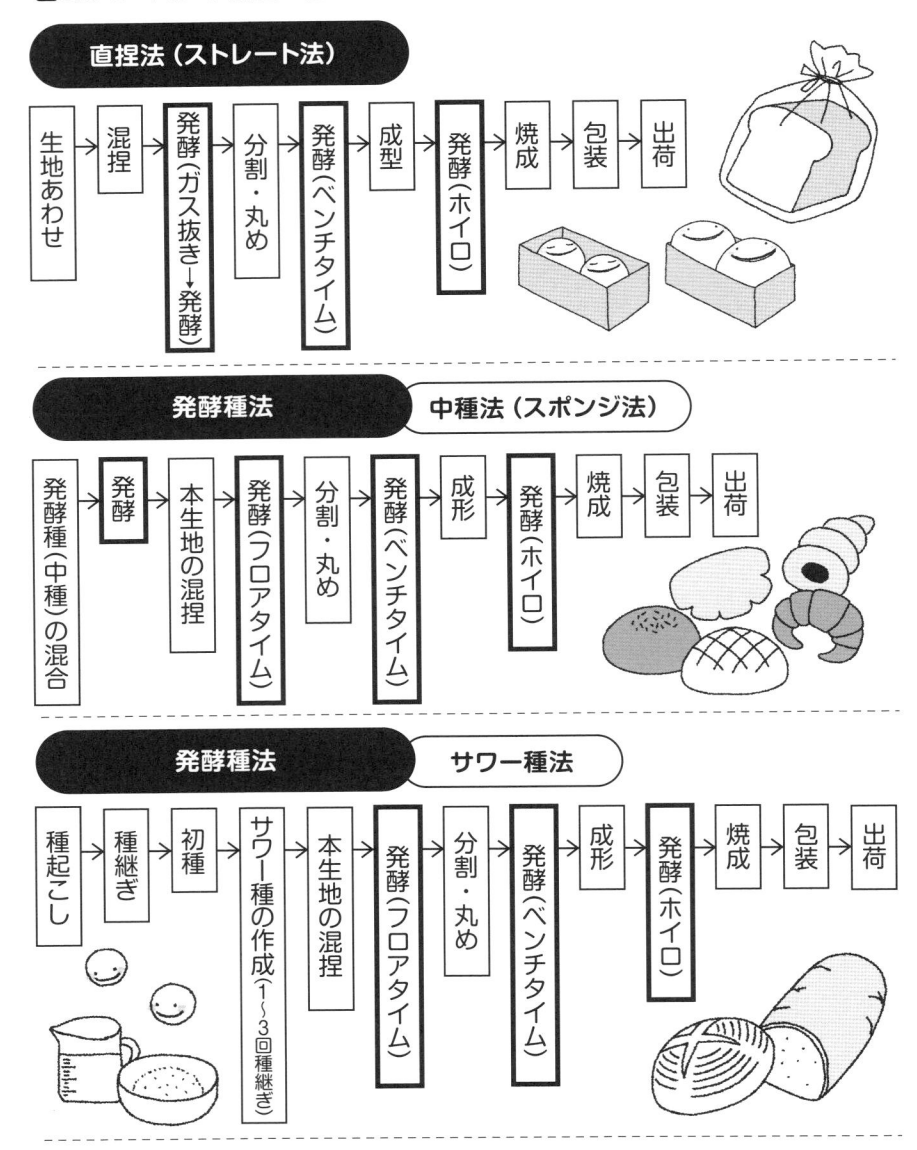

直捏法（ストレート法）

生地あわせ → 混捏 → 発酵（ガス抜き→発酵） → 分割・丸め → 発酵（ベンチタイム） → 成型 → 発酵（ホイロ） → 焼成 → 包装 → 出荷

発酵種法　中種法（スポンジ法）

発酵種（中種）の混合 → 発酵 → 本生地の混捏 → 発酵（フロアタイム） → 分割・丸め → 発酵（ベンチタイム） → 成形 → 発酵（ホイロ） → 焼成 → 包装 → 出荷

発酵種法　サワー種法

種起こし → 種継ぎ → 初種 → サワー種の作成（1〜3回種継ぎ） → 本生地の混捏 → 発酵（フロアタイム） → 分割・丸め → 発酵（ベンチタイム） → 成形 → 発酵（ホイロ） → 焼成 → 包装 → 出荷

各工程の条件例（中種法の場合）

中種発酵	1〜4時間, 24〜27℃
フロアタイム	30〜40分, 27〜29℃, 湿度75%
ベンチタイム	15〜30分, 30℃, 湿度70〜80%
ホイロ	40〜60分, 37℃, 湿度85〜90%
焼成	200〜250℃, 30〜40分

入り込んで生地をいっそう膨潤させる（写真3.5-2）。

中種法の場合，捏ねあがった生地の酸化を進めるためにしばらく静置させる（フロアタイム）。発酵時には，グルテン膜の形成によって発酵で生じたガスは生地中に保持されるが，発酵不十分であると生地が十分に膨潤せず，膜の形成が不十分になって，隙間からガスが抜けてボリュームダウンするのでバランスが重要となる。発酵が進むと副産物として乳酸，酪酸，酢酸などの有機酸やエタノール，アミルアルコール，イソアミルアルコールなどが生じて独特の芳香となる。

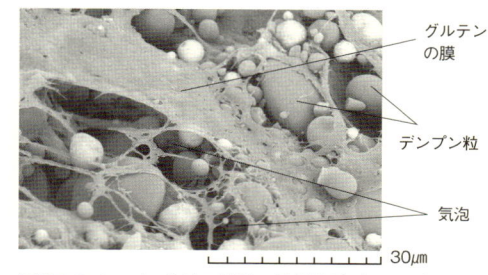

写真3.5-2 パン生地の構造 最終発酵（ホイロ）後の生地中の気泡膜内部（走査型電子顕微鏡写真）

次に生地を目的の大きさに分割する。分割すると生地が傷むので，生地を静置させ（ベンチタイム），発酵の力で修復させる。

ガス抜きは，生地を叩き，なかから二酸化炭素（ガス）を出し，外部の酸素を入れて発酵を促進させ，内部の気泡を均一にする役割がある。一般にリッチな生地の場合には生地がやわらかくなり，グルテンの形成が遅れて酵母の活性が低下する傾向にある。また一般的に捏ねあげの温度が低い場合や，リッチな生地の場合には熟成がゆっくりと進むので，ガス抜きを行う場合が多い。

成形・型詰後は，ホイロで高湿度・高温の環境をつくり，最後の発酵を行う。

焼成時は，45℃程度までは酵母による二酸化炭素の発生は続き，生地中のデンプンは糊化（α化）して生地の膨張が進む。50～60℃になると，生地の体積が最大になるが，酵母やアミラーゼなどの酵素活性が失括する。生地中の中心温度は最終的に97℃付近まで達し，デンプンやグルテンも熱変性を生じて固化する。生地にとどまっていた水分も蒸発しはじめ，重い生地からふんわりとしたパンの内相（クラム）に変化する。生地の表面はアミノカルボニル反応などによって小麦色に着色され，カリっとした薄皮（クラスト）となる。

これまで一般的な製造法について述べてきたが，使用する小麦の種類や副材料，工程などによってパン生地の仕上がりは大きく異なってくる。安定的に大量生産を行うために，測定機器を用いてパン生地のレオロジー評価を行うこともある。たとえば，小麦粉の吸水率，混捏による生地の粘性，弾性の経時的変化はファリノグラフ，生地の伸長度や伸長の抵抗については，エキステンソグラフで知ることができる。

3.6 その他の発酵食品
甘酒, 発酵豆腐

これまで紹介した発酵食品のほかにも伝統的な発酵食品がある。ここでは，甘酒と発酵豆腐について紹介する。

甘酒

米を蒸し，それに麹菌を繁殖させた「麹（こうじ）」は，もとの米に比べると驚くべきほど栄養成分が高まっている。その麹に湯を加えて一夜置いてから飲む甘酒は，麹成分の抽出液のような飲み物である。そこでまずは米麹について述べる。ただし，米麹のつくり方については1.1節の清酒にて既述したので，ここでは主に米麹の機能性について述べる。その後，甘酒について解説する。

◆ 米麹の機能性

米を蒸して，そこに種麹（麹菌の胞子）を撒き，一定の温度（35℃付近）に保つと，48時間後には蒸米表面全体に菌糸をつくり，米麹ができる。最近，その麹のなかに人の体にとって重要な機能をもつ物質が次々と発見され，注目されはじめた。いいかえれば，麹をつくり上げる麹菌が人の健康維持や老化制御といった重要な問題に対し，きわめて興味深い機能性物質を生産していることがわかりはじめたのである。

もともと麹を使った醸造物には共通して保健的機能性があるとされ，たとえば，毎日味噌汁を摂取している人は，摂取していない人に比べて胃癌（がん）や食道癌の発生率が低い，甘酒は疲れた体を癒してくれる，米酢は健康な体をつくり上げるのに格好の嗜好品だ，といったことである。

そこで，それらの体験や実例をもとに，全国各地にある大学の医療機関や食品研究機関が，昭和50年頃からその解明の研究に着手したところ，これまで知られていなかったさまざまな新しい事実が明らかになってきた。そして，それらの効用が分析学的にも，医学的にも，生理学的にも，臨床学的にも，次々と裏付けられ，その要因が

麹菌のつくった成分に由来することがわかってきた。蒸米に麹菌を加えると，麹菌は猛烈な勢いで繁殖し，米にさまざまな成分をつくり上げ，蓄積してくるのである。ある研究によると，蒸米に麹菌が繁殖すると，それまで蒸米になかった微量成分が新たに約400成分も蓄積されるという。そのなかにはビタミン類や必須アミノ酸といった成分のほかに，ペプチド類や複合タンパク質，特殊な糖類や有機酸類，脂質といった生理活性を有する重要な成分が含まれている。

アンジオテンシン変換酵素阻害物質もそのひとつで，日本酒の酒粕(かす)にも含まれていることが報告されている。この物質は特殊なタンパク質でできており，血圧を平常に保つはたらきがある。また麹菌は非常に優れた消化酵素を生産する。市販の胃腸薬の説明書を見ると，必ずといってよいほどアミラーゼ（デンプン分解酵素）やプロテアーゼ（タンパク質分解酵素），脂肪分解酵素，それらを総称してジアスターゼといった消化酵素が添加されている。それらの酵素の多くが麹菌を液体培養し，そこから抽出した酵素製剤なのである。胃腸薬に入れられたそれらの消化酵素は，弱った胃に代わって食べ物を分解し，栄養成分を体内に吸収されるかたちに変えるのである。

したがって，米麹そのものにも消化酵素は活性状態で大量に含まれており，また麹でつくった甘酒などにも大いに含まれている。

◆ 甘酒のつくり方

米麹と炊いたご飯とを同量混ぜ，55〜60℃で一昼夜糖化すると甘味の強い甘酒ができあがる。

これは，米麹にあるアミラーゼがご飯のデンプンに作用してブドウ糖ができるためで，米デンプンのほぼ全量がブドウ糖となるからとても甘い味となる。米麹とご飯を同量用いてつくったものを「かた造り」，米麹とご飯を同量用い，これに米麹とご飯1/2の量の水を加えてつくったものを「うす造り」という。またご飯を使わずに，米麹に同量か倍量の湯を加えてつくったものを「早造り」といい，4〜6時間の糖化でできあがる。糖化が終了した甘酒は一度沸騰するまで加熱して殺菌し，飲用時は湯を加えてうすめて飲むが，このとき少量の食塩を加えると甘味がひきたつ。また，おろし生姜を加えると風味がよくなる。一般的に飲まれている甘酒の糖分は20〜23％程度である。アルコール分は含まれていない。

図3.6-1に現代における甘酒のつくり方を紹介する。

図3.6-1　甘酒のつくり方

炊飯器の蓋を開けたままぬれ布巾をかけて55～60℃で7～8時間発酵させる。
（2時間おきくらいにかき混ぜる）
トロトロになり甘いにおいがしてきたら完成。

原料　米麹と炊いたご飯

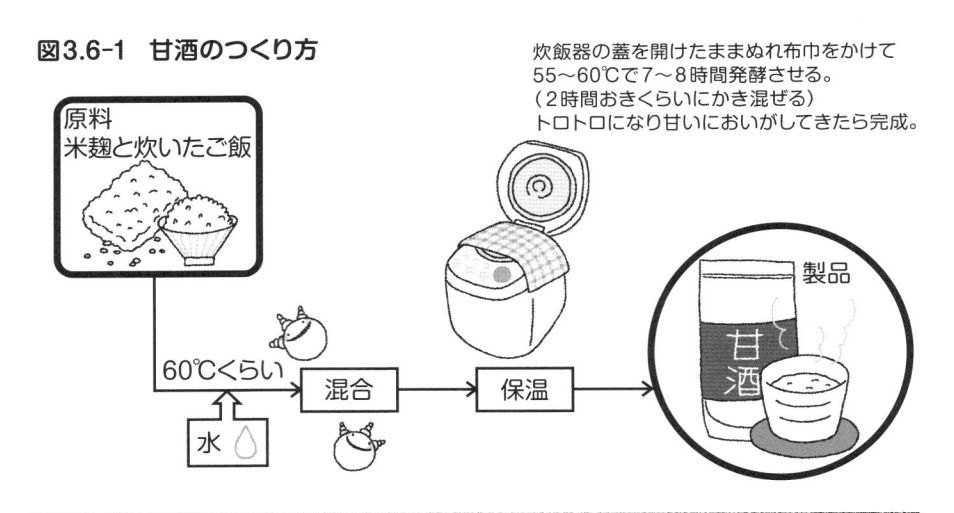

60℃くらい　→　混合　→　保温　→　製品　甘酒

水

◆ 甘酒の歴史・調査

　江戸時代後期の嘉永6年（1853年）に『守貞漫稿』という書物が完成し，世に出た。喜田川守貞という絵師が，当時の庶民生活や街の物売りなどを漫画風にスケッチし（図3.6-2），その絵について簡単な説明を加えたものである。そのなかの「甘酒売り」という箇所に「江戸京坂では夏になると甘酒売りが市中に出てくる。一杯四文也」とある。これは

図3.6-2　夏の甘酒売り〔『守貞漫稿』より〕

「当時の江戸，京都，大坂では夏になると甘酒売りが街に出てきて，それが一杯四文だ」ということだが，この部分を読んだとき，「冬の飲み物なのに，なぜ暑い真夏に甘酒を飲むのだろうか？」と不思議に思った。
　古くは山上憶良の『貧窮問答歌』にしても，その後の冬を謳った歌にしても，甘酒は冬の季語として登場する飲み物で，体を温めるのに使われた。しかし，『守貞漫稿』では夏の飲み物になっている。そこで『現代季語事典』をひいてみたところ，甘酒の季語は夏であった。甘酒がいつから夏の飲み物になったのかはわからないが，『守貞漫稿』が世に出た頃であろうと推測される。そこで『守貞漫稿』が書かれた時代背景を調べてみた。するとおもしろいことがわかった。その当時の平均寿命は約46歳。昔は乳幼児の死亡率などが高かったこともあるだろうが，それにしても平均寿命が低

い。そこで古い寺の墓石から当時の人びとが亡くなった月を調べてみた。すると，その結果，夏の7月，8月，9月の3か月に亡くなった人が際立って多いことがわかった。この夏の暑い最中，当時の質素な食生活では体力はあまりなく，また衛生状況もよいとはいえず，夏を越すことは相当厳しかったと思われる。こうした夏に体力が落ち，暑さに弱い高齢者や病人などが数多く亡くなっていったのであろう。このようなときに甘酒は体力回復に即効性があったものと考えられる。

◆ 甘酒の成分

甘酒を分析すると，ブドウ糖（米のデンプンが麹菌の糖化酵素の作用を受けてブドウ糖になる）がきわめて高く，20％を超す。また，米のタンパク質も，それを分解する麹菌の酵素によって必須アミノ酸類に変えられ，これが豊富に含まれている。さらに特筆すべきはビタミン類で，麹菌が米の表面で繁殖するとき，生理作用に重要不可欠なビタミンB_1，ビタミンB_2，ビタミンB_6，パントテン酸，ビオチンなどのビタミン類を多量につくり，それを米麹に蓄積させるため，きわめて多く含まれている。これらの成分が甘酒に溶出してくるので，甘酒は江戸時代の必須アミノ酸強化飲料であり，かつ総合ビタミンドリンク剤であったといえる。暑さの厳しいとき，この甘酒の一杯は消耗した体におそらく劇的な効果をもたらしたにちがいない。また江戸の街中において，この甘酒という総合栄養ドリンク剤が庶民の手に届く一杯四文で飲めたこともよかったであろう。

このようにして「甘酒は夏バテに効く」とされ，夏に頻繁に飲まれるようになり，甘酒売りが夏の風物詩となって季語も夏に移ったのではないかと思われる。

とにかく，当時の人たちの生活は，何もかも揃っている現代とはちがい，絶えず工夫が必要であったため，生きるためのさまざまな知恵が編み出されたのである。

そして今日，私たちが病院に入院すると栄養補給のために点滴をされる。その点滴の成分はブドウ糖液と必須アミノ酸類，ビタミン類からなり，これは甘酒と同じ成分である。このように，昔の生活の一部には発酵を経た滋養ある食品がすでに存在していたのである。

発酵豆腐

　発酵豆腐は，中国大陸や台湾，タイ，ベトナム，マレーシアなどに広く分布しているが，日本や朝鮮半島には少ない。中国には腐乳や臭豆腐，日本には沖縄県に豆腐ようがある。また，微生物による直接発酵ではないが，熊本県には豆腐の味噌漬けもある。

腐乳

　腐乳は，中国大陸や台湾でごく普通に食される豆腐の発酵食品で，腐乳（フールー），乳腐（ルーフー）あるいは豆腐乳（トウフルー）などと称され，地方により呼称が異なる場合がある。英語ではsufu（酥腐），日本では乳腐（ニューフ）の名称で紹介されている。原料となる豆腐への微生物操作（カビや細菌）の有無や使用するもろみの種類により各種の腐乳が製造されている。豆腐の表面に *Mucor*（ムコール）属や *Rhizopus*（リゾープス）属菌などを生育させたカビ豆腐をもろみに漬け込んで熟成させた腐乳が一般的である。色調のちがいから紅腐乳や白腐乳などがある（写真3.6-1）。紅腐乳の製造には紅麹（*Monascus*（モナスカス）属カビを蒸した米に生育させた麹）が使用される。一般に腐乳は塩味が強く香味が濃厚で，なめらかな食感を有している。腐乳は朝食の粥に添えて食するのが一般的であるが，調味料としても利用される。現在では，健康志向を反映した減塩腐乳が製造販売されている。

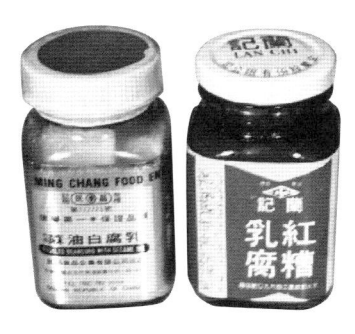

写真3.6-1　白腐乳（左），紅腐乳（右）

◆ 腐乳の歴史

　詳細な腐乳の歴史は定かではない。中国で豆腐が発明され，その保存性を高めるために水分含量を少なくする方法（豆腐乾）や食塩を使用する方法（塩蔵）が考案された。やがて，この食塩を利用した豆腐に醤（ひしお）などの調味料を加えて漬け込むと，風味と貯蔵性が格段に向上した塩漬け腐乳（醃製腐乳（ヤンツー））がつくり出された。明代に書かれた李時珍の『本草綱目拾遺』（1578年）に記された腐乳は，カビ付けを行わない豆腐の発酵食品（醃製腐乳）である。一方，塩漬け豆腐を室温に放置すると表面にカビが生

育したカビ豆腐ができ，それをもろみに漬け込んだものがカビ腐乳（発霉腐乳）である。李日華は『蓬櫳夜話』のなかでカビ腐乳について記している。これらの記述から明代にはカビ付けの有無により2通りの腐乳が存在していたことがわかる。清代になると腐乳に関する記録は数多くみられ，カビ付けを行う製造法が主流をなしてきた。王子禎が書いた『食憲鴻秘』（康熙中頃）によれば，その製造法はカビ付けや塩漬け工程を経た豆腐を紅麹含有もろみに漬け込んで発酵させるとしており，それは後述する沖縄の豆腐ようのルーツにあたる紅腐乳と考えられている。18世紀頃には，腐乳は乳腐とも称され，中国各地で地方色豊かなさまざまな腐乳がつくり出され，現在に至っている。その頃の様子は袁枚が書いた『随園食単』（1782年）によってもうかがい知ることができ，乳腐の産地（蘇州，江西），色調（白乳腐），形状（エビの卵入り乳腐）などが記されている。この記述は，現在の腐乳の状況とよく一致している。

◆ 腐乳の製造法

　カビを使用する腐乳の製造工程を図3.6-3に示す。
　その製造工程は，豆腐の調製，カビ豆腐の調製，塩漬けおよび漬込み・熟成からなる。

豆腐の調製：できるだけ水分含量が少なく，硬めの豆腐をつくることが重要である。圧搾後の豆腐をサイコロ状（2.5×3×3cm）に切り揃える。

カビ豆腐の調製：*Actinomucor*（アクチノムコール）属や*Mucor*属などのカビの種菌をサイコロ状の豆腐に接種し，20～24℃で3～7日間培養すると，豆腐の表面が菌糸に覆われたカビ豆腐（腐乳坯）ができる。この工程は，その菌糸で豆腐の表面を被覆することであり，熟成中に製品の型くずれを防ぐとともに熟成や呈味形成に関与する各種酵素群を産生するなど重要な意義を有している。

塩漬け：カビ豆腐表面の菌糸を押し倒し，食塩を振りかけながら積み重ねて6～12日間塩漬けすると，浸透圧により脱水された塩漬け豆腐ができる。塩漬け豆腐は食塩水で洗浄し，熟成に用いる。

漬込みと熟成：もろみに使用する原材料は，地域の気候，風土や嗜好により異なり，さまざまな種類の腐乳がつくられる。一般的なもろみの原材料は，食塩（約12％）と酒精（黄酒；アルコール分10％）である。そのほかに，紅麹，醤，唐芥子（トウガラシ），茴香（ウイキョウ），ニンニク，エビ，ハムなどが使用される。塩漬け豆腐をもろみに漬け込む。熟成期間は腐乳の種類により異なるが，冷暗所で数か月から1年間を必要とする。

図3.6-3 腐乳の製造工程図

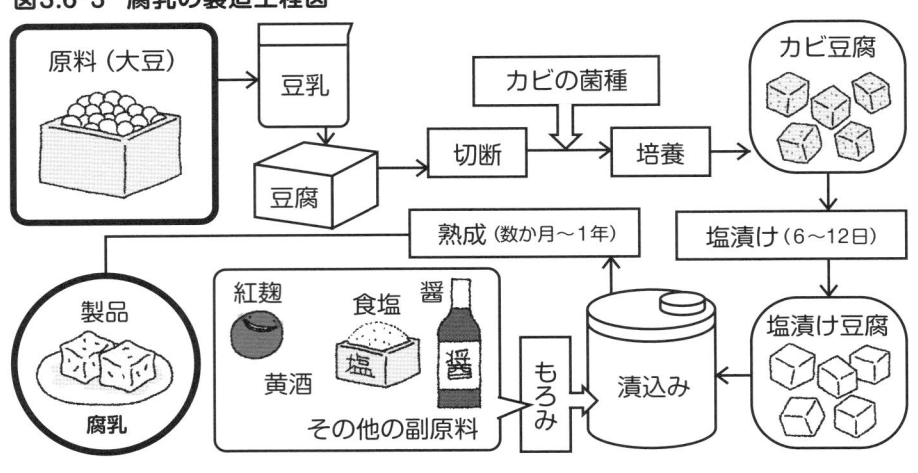

◆ 腐乳の発酵・熟成

　腐乳の発酵・熟成は食塩存在下で行われる。豆腐のタンパク質および脂質含量は熟成中に減少し、香味成分が生成される。熟成3か月における腐乳水溶性画分における分子量分布を調べると、分子量5,000以上のペプチドは少なく、1,800以下が57%、255以下が38%を占めており、大豆タンパク質は熟成中に著しく低分子化する。熟成3か月腐乳の遊離アミノ酸量は、グルタミン酸がもっとも高い値を示し、ロイシン、アスパラギン酸、バリン、フェニルアラニン、セリンの順である。グルタミン酸やアスパラギン酸は腐乳のうま味に寄与する重要なアミノ酸である。また、腐乳熟成中に脂質は分解され、グリセリンと脂肪酸に変換される。遊離脂肪酸はもろみ中の酒精と反応して脂肪酸エチルエステルを生成し、腐乳の香気に寄与する。一方、脂質はタンパク質との間で熟成中に乳化・分散化が起こり、独特のチーズ様食感が付与されると示唆されている。

◆ 腐乳の機能性

　最近、腐乳の機能性に関する知見が得られつつある。生体内酸化は癌やアルツハイマー病にかかわることから、食品中の抗酸化物質に関する研究が活発に行われている。野菜や茶などに抗酸化活性が高く、ポリフェノール類がその関与成分である。腐

乳抽出液にも抗酸化活性が認められている。腐乳の抗酸化活性は，発酵過程で大豆のイソフラボン配糖体が微生物の産生するβ-グルコシダーゼによりアグリコンに変換されるので増大する。

豆腐よう

　豆腐ようは，麹と泡盛含有もろみに陰干し乾燥させた豆腐を漬け込んで熟成させたものである。一般に塩味がうすく，甘味があり，ウニのような風味とソフトチーズ様のなめらかなテクスチャーを併せもつ沖縄県特産の低塩大豆発酵食品である。麹に紅麹を用いた赤い豆腐ようや紅麹を使用しないものもある。豆腐ようは，泡盛の肴（さかな）として食されるのが一般的であるが，フランス料理をはじめとする料理の素材としても利用されている。

◆ 豆腐ようの歴史

　豆腐ようは，琉球王朝時代の18世紀頃に中国・福建省から伝来した紅腐乳に由来すると考えられている。伝来当時の腐乳は塩辛く，においがきつく，味も濃厚でクセがあり，そのままでは受け入れられなかった。琉球王朝おかかえの料理人たちは，これを沖縄の気候・風土・食嗜好に合うように泡盛（蒸留酒）を利用することで減塩と長期保存に成功した。さらにマイルドな風味に改良するなどの工夫を凝らし，エレガントな食品に仕立て上げ，「豆腐よう」と命名した。

　豆腐ように関する記録はきわめて少なく，19世紀に来琉した英国人バジル・ホールは琉球王府から振る舞われた接待料理に「チーズに似たもの」があったと『朝鮮半島及び大琉球島探検航海記』（1816年）に記している。「豆腐よう」の文字が記録に登場するのはそれより16年後

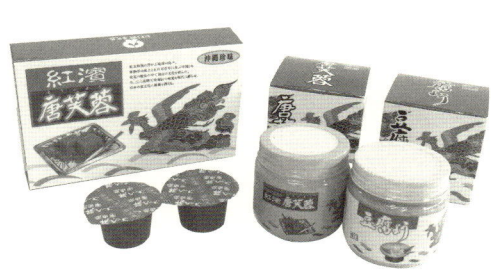

写真3.6-2　市販の豆腐よう

の『御膳本草』(渡嘉敷通寛，1832年) であり，それによれば「豆腐乳は豆腐ようなり。香ばしく美にして胃気を開き，食を甘美ならしむ。諸病によし」とある。この食べ物は当時の上流社会でのみグルメ食品あるいは病後の滋養食として賞味され，庶民はほとんど知らなかったようである。その後，豆腐ようは琉球王家と関係の深い特定の地域や家庭でのみ門外不出の「秘伝」として代々継承され，ごく一部の人たちの珍味であったため，今日に至るまで一般的な食品として普及することはなかった。

近年，豆腐よう製造の技術的特徴が解明され，工場生産されるようになった。現在では豆腐ようは沖縄県の特産品として発展している (写真3.6-2)。

豆腐ようの製造法

豆腐ようの製造工程を図3.6-4に示す。豆腐ようの製造法は製造者により微妙に異なるが，基本的な製造工程は，豆腐の製造，豆腐の乾燥，麹の製造および漬込み・熟成からなる。

豆腐の製造：できるだけ水分含量が少なく硬めの豆腐をつくることが重要である。サイコロ状 (約3cm角) に切り揃える。

乾燥豆腐：サイコロ状の豆腐を室温で陰干し乾燥する (写真3.6-3)。ほどよい硬さの乾燥豆腐を得ることがポイントである。乾燥過程で豆腐の表面に *Bacillus* 属細菌が生育する。この工程は細菌のプロテイナ

写真3.6-3 乾燥豆腐

図3.6-4 豆腐ようの製造工程図

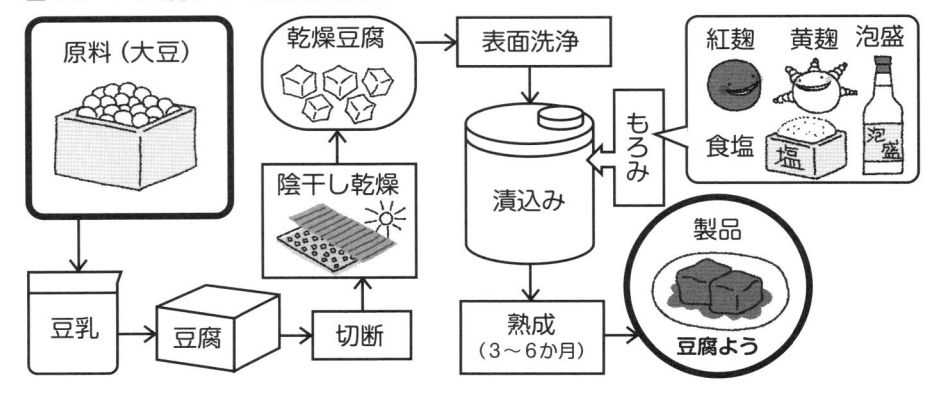

ーゼによる前発酵としての役割がある。豆腐表面を泡盛でよく洗い，次の漬け込みに用いる。

製麴：紅麴菌（*Monascus* 属カビ）や黄麴菌（*Aspergillus oryzae*）を蒸した米に生育させた米麴は豆腐よう製造の重要な酵素源である。豆腐よう製造に適した麴はプロテイナーゼやアミラーゼなどの酵素活性が高く，熟成期間を通してある程度の酵素活性が維持され，さらに美味で芳醇な製品を醸成させるのが望ましい。

写真3.6-4　紅麴（前），黄麴（後）

漬込みと熟成：米麴（紅麴and/or黄麴），食塩（少量），泡盛（伝統的にはアルコール濃度が43%のもの）を混和し，麴が十分に軟化するまで放置した後，もろみを調製する。甕に入れたもろみに乾燥豆腐を漬け込み，密栓して室温で熟成させる。熟成期間は漬込み時期により異なるが3～6か月間必要とする。

◆ 豆腐ようの発酵・熟成

　豆腐ようの発酵・熟成は高濃度アルコール（20%）存在下で各種酵素作用により行われる。熟成中にタンパク質および脂質含量は低下するが，還元糖（グルコース）量は逆に増大する。大豆の水溶性タンパク質はプロテイナーゼやペプチダーゼの作用で低分子化され，一部はアミノ酸やペプチドに変換される。一方，不溶性タンパク質であるβ-コングリシニンおよびグリシニンの酸性サブユニットなどは熟成中に低分子化するが，グリシニンの塩基性サブユニットは分解を受けがたい。未分解のタンパク質は豆腐ようのテクスチャーに関与している。これを物性測定装置で調べると最終製品の硬さや粘弾性などの各物性値は原料豆腐のそれとはまったく異なり，むしろ市販のクリームチーズやソフトチーズのそれと類似した値に変化したことがわかった。また，熟成過程における豆腐ようの微細な組織構造を走査型電子顕微鏡で調べたところ，熟成初期にみられたタンパク質の太い繊維が熟成にともない小さな粒状のタンパク質が連なった構造に変化することなどがわかった。このような物性変化やタンパク質の微細構造変化は，豆腐よう独特のなめらかな食感に深くかかわっている。

　豆腐ようにもっとも多い遊離アミノ酸はグルタミン酸であり，次に，アラニン，アスパラギン酸，グリシン，セリンの順である。グルタミン酸やアスパラギン酸はうま味アミノ酸，そしてアラニンやグリシンなどは甘味のあるアミノ酸として知られて

いる。アミノ酸以外の呈味成分はグルコースがもっとも多く，その他に食塩，有機酸と核酸がある。豆腐ようの呈味には，アミノ酸や糖などとともにそれら成分間の相互作用も大きくかかわっていると考えられる。

豆腐ようの香気成分をガスクロマトグラフで分析すると，アルコール類や脂肪酸，有機酸のエステル類などが検出された。熟成中に大豆油は麹のリパーゼにより分解を受け，生成した遊離脂肪酸あるいは麹由来の各種有機酸が共存する泡盛のアルコールとの間でエステル化が起こり，それぞれのエステルが形成される。一般にエステル類は果物の主要な香気成分と特徴づけられており，これらエステル類が豆腐ようの好ましい香りに貢献している。

豆腐よう独特のおいしさは，クリーミーな食感とアミノ酸，糖，食塩などによる味，そしてアルコール類やエステル類などによる香りなどが調和のとれた好ましい風味になっていると考えられる。

◆ 豆腐ようの機能性

最近，豆腐ようの機能性に関する知見が得られつつある。高血圧の状態が持続すると各臓器の血管が脆くなり動脈硬化の進行が促され，その結果として虚血性心疾患，脳卒中，腎不全の発症リスクが高くなることが知られており，血圧には各自で注意を払う必要がある。血圧上昇抑制効果と関係の深いアンギオテンシンⅠ変換酵素（ACE；angiotensin I-converting enzyme）阻害活性が豆腐ようの水溶性画分に見出され，2種類のACE阻害ペプチド（IFLおよびWL）が同定されている。また，高血圧自然発症ラットを用いた動物実験の結果からも豆腐ようは血圧上昇の抑制に寄与するらしいことが確かめられている。豆腐ようには，そのほかにも赤血球変形能抑制作用，脂質代謝改善および抗酸化作用などの機能性の存在が報告されている。

その他の発酵豆腐

◆ 臭豆腐

中国大陸や台湾で強烈なにおいを発する発酵豆腐であるが，食すると美味である。通常，油で揚げて食する。代表的なものには北京の王致和臭豆腐がある。臭豆腐は腐

乳の一種とも考えられており、その製法は、圧搾豆腐を適当な大きさ（4.2×4.2×1.8cm）に切断して、10℃で15〜20日間、20℃で5〜8日間放置し、カビ豆腐をつくる。それを甕に入れ、食塩を振りかけ6〜10日間放置すると塩漬け豆腐ができる。その塩漬け豆腐を別の甕に移して臭豆腐もろみ（前回使用した臭豆腐もろみの液汁と塩漬けに使用した塩水や食塩などを混合したもの）を入れる。もろみ上部に白酒（蒸留酒）を加えて密封する。発酵には1〜数か月間を必要とする。その間に細菌（納豆菌、酪酸菌、乳酸菌、プロピオン酸菌など）の作用によりタンパク質やその他の分解物および代謝産物などが生成され、独特の呈味や臭気に関係する。

写真3.6-5　臭豆腐の店（台湾・九份（チョウフェン））

◆ 豆腐の味噌漬け

　熊本県や福岡県に伝わる豆腐の加工食品である。この食品は微生物の直接発酵によるものではないが、味噌に存在する酵素の力を利用してつくられた広義の発酵豆腐といえる。熊本県産の豆腐味噌漬けは、乾燥させた豆腐を味噌に3〜6か月間漬け込んだもので長期熟成型である。一般に塩味が強く、味噌の香りとなめらかなうま味がある。それに対し福岡県産の豆腐味噌漬けは、豆腐を一晩水切り後、味噌漬け用味噌に数日間漬け込んで得られるので、短期熟成型といえる。塩辛味の少ない味とチーズ様のテクスチャーを有している。熟成は、味噌に存在するプロテイナーゼ（とくに*Aspergillus oryzae*の産生する中性プロテイナーゼⅡ）やペプチダーゼなどの作用により行われる。

写真3.6-6　豆腐の味噌漬け（熊本県産）

3.7 世界の発酵食品

　世界にはこれまで紹介した発酵食品以外にもさまざまな発酵食品がある。ここでは世界でたくさん食べられている発酵食品や珍しくて風変わりな発酵食品を紹介する。是非，発酵食品の知識として知っておいていただきたい。魚醤油については2.5節を参照のこと。

テンペ

　インドネシア共和国には伝統的な発酵食品「テンペ」がある。この食べ物は体によいとされ，日本でも一部の地域で製造販売されている（その8割が岡山県）。

　インドネシアでは大量に生産され，年間約70万t近いテンペが消費されている。インドネシアの総人口は約2億人強であるから，1日1人当たり10gものテンペを食べている計算になり，日本人が納豆を食べているのに似ている。

　実はインドネシアといっても実際の消費量はジャワ島やスマトラ島，およびその付近の島々が中心で，それらの諸島に生活している人たちの1日当たりの消費量はさらに多いものと思われる。

　テンペの外見は，カマンベールチーズに似ているため「東洋のチーズ」ともよばれている。原料の大豆の表面には，びっしりと乳白色のクモノスカビ（*Rhizopus*属）が繁殖している。

◆ テンペの製造法

　テンペは，原料となる大豆を洗浄してから浸漬し，十分に吸水させる。このとき，浸漬水に0.1％程度の濃度になるように乳酸を加えてpHを低下させ，雑菌や腐敗菌

の侵入を抑える。乳酸を加えずに乳酸菌を加えて乳酸発酵をさせてpHを下げることもできる。

次に，吸水した大豆を竹籠に入れて足で踏み込み，種皮を除く。脱皮させた大豆はクモノスカビの生育がよく，製品の品質の向上を図ることができる。そして，その脱皮させた大豆を沸騰した湯で1時間ほど煮熟し，それを布の上に広げて冷却する。その際，デンプンを1％程度加えてよく混合すると菌の繁殖がよくなる。煮豆の温度が40℃以下に下がったら，テンペの主発酵菌であるテンペ菌 *Rhizopus oligosporus* の胞子を種菌（スターター）として撒く。昔はできあがったテンペの一部を粉末にして種菌として使用していたが，今は純粋培養した種菌を添加している。種菌を撒いた煮豆は，そのまま5時間ほど堆積して前発酵させ，木製またはプラスチック製の容器に入れて本発酵させる。以後は30℃で3日間，後発酵させるとできあがる。できあがったテンペは室内で放冷して品温を下げる。原料大豆1kgから1.7kgのテンペができる。

インドネシアは熱帯の国なので，そのままにしておくと温度が上がって熟成が進みアンモニア臭が出て，それが腐敗臭に変わるのでなるべく早く食べるのが望ましい。保存する場合は，冷蔵庫に入れて10℃以下で冷蔵する。

◆ テンペの食べ方

テンペの食べ方は，一般的に1～2cmの厚さに切って，タマリンドなどの芳香植物を潰して加えた食塩水に一度漬け，椰子油で揚げて食べる。ココナッツミルクに米粉と香辛料を加えたタレにつけてから椰子油で揚げたものも香ばしくておいしい。さらに「テンペスープ」というものもあり，人気がある。これはテンペを砕いたものとジャガイモなどの野菜や胡椒をいっしょにしてココナッツミルクを加えたスープである。その他にもさまざまな食べ方があるが，いずれも米飯の副食とされている。街でよく見かけるのは油で揚げた保存の効く「おやつテンペ」である。

◆ テンペの機能性

テンペは発酵中，大豆成分が大きく変化し，栄養価の高い食べ物となる。まず，大豆の主要成分であるタンパク質が分解されてアミノ酸類やペプチド類となり，繊維が壊れ，消化と吸収が非常によくなる。とくに遊離アミノ酸のグルタミン酸，アスパラギン酸，プロリン，アラニン，リジン，ロイシンが原料大豆に比べて20～200倍に

表3.7-1　発酵中の遊離脂肪酸の消長（mg/試料100g）

遊離脂肪酸	蒸煮大豆	24時間発酵テンペ	48時間発酵テンペ	69時間発酵テンペ
パルミチン酸	41	420	665	863
ステアリン酸	31	175	202	367
オレイン酸	127	713	1359	1671
リノール酸	0	2510	4138	5032
リノレン酸	0	293	304	302

表3.7-2　大豆発酵食品の過酸化物価

試料	POV (M.E../kg)	
テンペ粉末	1.0(入手時)	1.3(3か月後)
蒸煮大豆粉末	1.1(製造時)	71.2(3か月後)
納豆粉末	1.1(製造時)	38.3(3か月後)

も増加している。

　そして，非常に大きな成分変化がみられるのが遊離脂肪酸である（表3.7-1）。テンペ菌の強い脂肪分解酵素（リパーゼ）の作用により大豆中の脂肪が分解され，パルミチン酸，ステアリン酸，オレイン酸，リノール酸，リノレン酸が急激に増加している。たとえば，発酵前に遊離のかたちでまったく存在していなかったリノール酸が，発酵後には5％も含まれている。これらの不飽和脂肪酸は血管や毛細血管を強くする作用があり，脳溢血やクモ膜下出血などの予防に効果があるとされている。また最近の研究では，不飽和脂肪酸は肌を美しくする，血中コレステロールを低下させるといった老化制御の効果もあるとされ，注目を集めている。また，ビタミン類も非常に豊富で，発酵前の大豆に比べ発酵終了後のテンペにはビタミンB_2が約50倍，ビタミンB_6は15倍，ニコチン酸は20倍と増加している。

　このほかにもテンペにはすばらしい機能性がある。テンペには抗酸化性化合物が多く含まれており，自らの酸化防止をしている。その成分はイソフラボン化合物で，ダイゼイン，ゲニステインが主要となっている。

　これまでテンペは栄養価の高い食品として注目されてきたわけであるが，今後は抗酸化物質の研究に有効な試料としても注目を浴びることになるであろう。

　そして前述したが，テンペには遊離脂肪酸が多く，これが強く酸化されると風味の低下ばかりか，その酸化物を食べることで胃腸障害や肝臓，腎臓に急性出血性壊死を起こす恐れがあるといわれている。ところが既述したように，テンペには強い抗酸化力が備わっているので遊離脂肪酸が多くあっても心配はない。表3.7-2に示すが，酸化の状態を数値で示す過酸化物価（POV）は，できあがりのテンペが1.0なのに対して3か月経過してもその同じ試料は1.3にしかなっていない。ところが蒸煮大豆の場合，POVが70倍にも増えるので，いかにテンペが酸化しにくい食品であるかがわかる。

　このようにテンペは不思議な発酵食品で，今後はいっそう健康的な発酵食品として注目されていくことであろう。

発酵茶

茶には,「不発酵茶」,「半発酵茶」,「発酵茶」の3種類がある。

まず不発酵茶とは,発酵をまったく行わない茶で緑茶のことである。その製法には蒸し製と釜炒り製があり,前者には煎茶,玉露,抹茶,番茶,玉緑茶が,後者には玉緑茶の一部(嬉野茶と青柳茶)と中国緑茶がある。これらの茶は製造工程に発酵作用がないので,ここではとり上げない。

次に半発酵茶であるが,これは中国の烏龍茶（ウーロンツァー）が代表とされる。

最後に発酵茶であるが,発酵茶には2種類ある。ひとつは酵素発酵茶,もうひとつは微生物発酵茶である。

茶の場合,「発酵」という名が付いているからといって必ずしも微生物が関与するのではない。半発酵茶と発酵茶の場合,製造工程で茶葉が有する酵素により発酵に似た現象を起こし,茶葉が熟して茶となるために「発酵」という名が付いたのである。これに対し,非常に珍しく希少な茶として微生物発酵茶があり,この茶はカビ(糸状菌)や細菌(乳酸菌や酪酸菌など)が関与してつくられた茶である。

写真3.7-1　発酵茶
野生の茶葉を発酵して袋に詰めて売っている。この発酵茶は,肉とともに炒めて食べる茶である(ミャンマー)

◆ 半発酵茶：烏龍茶

ここでは半発酵茶である烏龍茶について述べる。その製法は,原料の生葉を日光に1時間ほど当て,ときどき撹拌して均一な萎凋（いちょう）を図り,室内に移して発酵させる。発酵といっても温室中に積み重ね,1時間ごとに10～15分ほど撹拌する。茶の周辺が褐色になり,少し発酵して芳香を発してきたらすぐに終了する。それを350℃前後で釜炒りし,酵素を加熱により失活させるとできあがる。発酵期間中には,葉に存在するさまざまな酵素により成分変化が起こり,特有の香味と色が出る。たとえば,赤褐色の色は,茶成分の一種であるタンニンが生葉のポリフェノールオキシダーゼという酵素により酸化されて生じるものである。なお,緑茶は摘んですぐに蒸したり炒ったりするので,この酵素作用がなく,緑色なのである。

中国には，この烏龍茶に属する茶で包種茶(パオチオンツァー)というのがある。これは半発酵茶の発酵工程時に茉莉(モウリ)，黄枝(ホアンツー)，秀英(ショウイン)といった芳香を有する花を茶と交互に積み重ね，花香を茶に移着させた後，乾燥したものである。

◆ 酵素発酵茶：紅茶

　酵素による発酵茶は紅茶である。その製法は，原料の生葉を麻布や網でつくられた萎凋棚の上に薄く広げて陰干しし，35～40％の重量減とする。次に揉捻機にかけて葉を細捻し，形状を整える。この操作により茶葉の細胞が破壊され，酵素が働きやすくなる。この揉捻茶を発酵室に移し，湿度90％以上，品温25℃で30～90分間発酵させる。この段階で茶葉は赤銅色になり，香気も青臭さが消えて芳香する。最後は葉を85℃に温め乾燥させ製品にする。

　半発酵茶の烏龍茶とのちがいは，釜炒りして酵素を失活させない点にある。したがって，紅茶は製品になっても酵素作用は少しずつ続き熟成していく。よってイギリスやスコットランドあたりには何年も長期熟成した逸品の紅茶がある。

◆ 微生物発酵茶

　微生物発酵茶は，今日では数少ない貴重なものとなっている。代表的なものは中国に伝わる黒茶(ヘイツァー)で，緑茶に麴菌(*Aspergillus*(アスペルギルス)属)やクモノスカビ(*Rhizopus*(リゾープス)属)といった糸状菌を繁殖させたもので，黒褐色や茶褐色をしている。

　雲南省特産の普洱茶(プーアルツァー)や広西チュワン族自治区の六堡茶(リウバオツァー)が代表である。発酵の際に糸状菌の生産した酵素が，体内の脂肪分を分解して老廃物を一掃するといわれ，一時「やせる茶」として話題になった。緑茶を蒸してから圧搾して煉瓦(れんが)のように硬くし，それを貯蔵している間に糸状菌が繁殖して発酵茶となる。発酵が終わり，再び熟成していくにしたがい価値も高まる。青海省辺りでは10年ものの真っ黒い黒茶を飲ませてくれたりする。

　これらの茶は，中国の雲南省から四川省に入り，さらに北に上って陝西省から内モンゴル，モンゴル，そしてチベット，ウイグルに至る広い地域で飲まれている。つまり遊牧民にも愛飲されている茶で，長期保存が効く茶でもある。筆者がチベットに行った際，遊牧民はこの茶を煮出したものに，バターと塩を入れ，またモンゴルでは馬乳や牛乳を入れて飲ませてくれた。

日本における微生物発酵茶

　日本にも貴重な微生物発酵茶は存在する。それは高知県にある「碁石茶」である。これが現存する日本唯一の微生物発酵茶である。高知県長岡郡大豊町の特産で，発酵法をとり入れた製造技術をもっている。この「碁石茶」という名前は，発酵を終えた茶葉を臼に入れて搗き，それを手で団子状に固めるとき，その形が碁石に似てくることからきたといわれている。現地で長い間，碁石茶をつくってきた人によると，発酵工程を終えた茶葉をメフリとよぶ竹製の籠に入れてゆすり，寝かせているうちに角がとれて碁石状になるという。

写真3.7-2　碁石茶

　その製法は，自生の山茶葉を茶籠（蒸籠）に入れて2時間ほど蒸し，蒸し上がったら小枝をとり除き，葉を筵に広げて40～60cmに積み，さらにその上に筵をかぶせて5～7日間「前発酵」させる。すると一面にカビが出る。次にこの茶を桶に移し漬け込み，蒸し釜に溜まった茶汁を上から掛けながら茶葉を足で踏み込む。そしてさらに重石をのせて約10日間寝かせ「本発酵」を行う。本発酵が終了した茶葉は茶切り包丁でさらに小さく刻み，再び漬桶に入れて足で踏み固め，2～3日間「後発酵」させたものをメフリに入れてときどきゆすって寝かせたのち，筵に広げて直射日光で乾かし，製品とする。その需要は昔，地元よりも隣の香川県塩飽諸島（瀬戸内海）の茶粥用の茶として有名であった。これは島の水は塩分を多く含んでいるため，うすい塩辛さと碁石茶の酸味と渋い味，そして発酵茶特有のにおいが島民の食性にぴったり合ったからだといわれている。

　この茶の発酵は，前発酵がカビ類，本発酵が乳酸菌や酪酸菌の細菌，後発酵がそれらの微生物が分泌した酵素の熟成作用によって進められていく。このような三段階に分けて発酵を行わせる製造法はとても貴重で珍しい。

　「朝茶はその日の難逃れ」と昔からいわれるように，茶は体にやさしい飲み物である。筆者がモンゴルに行った際に微生物発酵茶を馬乳に混ぜて飲ませてくれたモンゴルの古老は「茶一日無くば則ち病む」と茶の効用を記してくれた。

発酵肉

　肉を微生物で発酵させて香味を付けると同時に，防腐効果を高めて長期保存することができる発酵肉の製造は古くからヨーロッパで行われてきた。なかでも有名なのは，サラミソーセージ，ジューアソーセージ，ペパロニソーセージといったドライソーセージや，チューリンガーソーセージ，セルベラートソーセージ，モルタデラソーセージなどのセミドライソーセージである。またスコッチハム，ウエストファリアンハム，スミスフィールドハム，プロシュートハムのような，いわゆるカントリーハムの類にも，発酵をほどこして特有の風味をもたせたものが多い。

　ドライソーセージの場合，塩漬けした牛豚のあらびき肉に食塩や香辛料を加えて腸に詰め，1～3か月間熟成と乾燥を行う。これにより水分含量が35％以下となり，相対的に食塩濃度が増加するが，この間に乳酸菌による乳酸発酵が起こりpHが低下するので汚染菌や腐敗菌の増殖が抑制され，長期保存が可能となる。そのうえ製品には発酵による奥ゆきのある風味が蓄積される。

　ドライソーセージやカントリーハムは，製造工程に加熱処理がないので有害な腐敗菌に汚染されるはずであるが，このような発酵を行うことで完全に防いでいるのである。昔は塩漬け期間を長くして，自然に入ってきた乳酸菌で発酵を行っていたが，今は塩漬け汁やあらびき肉に硝酸還元細菌と乳酸菌を培養した種菌（スターター）が添加されている。この種菌の添加は腐敗菌や悪変菌の生育を抑制するとともに，塩漬けの際に肉を鮮色固定するために添加された硝酸塩や亜硝酸塩の残存量を低下させ，風味物質も付与することができ，さらには長期保存が効くなど多くの利点をもっている。ヨーロッパの地方に行くと，ドライソーセージや大型の肉塊ハムの外皮に青カビを繁殖させたものを見かけることがあるが，これは発酵による風味物質の蓄積と保存のためである。

◆ 中国の発酵肉：火腿

　中国には「火腿（ホイテイ）」とよばれる肉の発酵食品がある。これは日本の鰹節（かつおぶし）にとてもよく似ている。火腿をつくるためだけに品種改良された中型のブタ「両鳥豚（ルウウトン）」（このブタを飼育する際には，決して残飯や小麦，高粱（コーリャン）などの穀物は与えず，野菜を発酵させたようなものだけで育てる。このようにすることで不要な脂肪があまりつかず良質の火腿ができる）の腿だけを原料にし，これにカビを中心にした発酵菌を繁殖させてつくる

保存食品である。軽く塩漬けにした腿を発酵室に吊るしておくと、そのうちにカビが付いてくる。これをさらに半年ぐらい発酵と熟成を重ねて完成させる。正面を覆っていたカビを払いとると、飴色というかロウソクの焰(ほのお)のような美しい色が現れるので「火腿」とよばれている。

この火腿は日本のカツオをカビで発酵させた鰹節と同じように豚肉をカビを中心とした発酵菌でカチンコチンに硬くして発酵させた食品で、中国では800年も前からつくってきた。食べ方は日本の鰹節と同じく出汁をとったり、切って煮物にしたり炒め物にしたりする。

写真3.7-3 火腿
ブタの腿肉にカビを繁殖させてつくった肉の発酵食品(中国・浙江省)

火腿と日本の鰹節が似ているのは偶然の一致であり、歴史的にはまったく関係がない。中国には中国ハムという私たちが通常食べているハムと同じ一般的なハムもあるが、これを日本の書籍では「火腿」と紹介しているものもある。しかし、その中国ハムと火腿とは別物なので間違ってはいけない。そして火腿は非常に高価で、そのほとんどが香港から輸出され、中国の外貨獲得に貢献している。そのため、製品一本一本に番号が付けられ、厳重管理されている。

キビヤック

「キビヤック」はカナディアン・イヌイット(エスキモー)のきわめて珍しい発酵食品である。イヌイットの生活圏は、冬は極寒の世界で、夏は短く気温が上がらないので、微生物は生息しにくく、発酵食品をもたない、酒ももたない民族として知られてきた。しかし、その極限の民族に驚くべき知恵をもった発酵食品の存在が明らかになった。

このキビヤックとは、巨大なアザラシの腹のなかに何十羽という海燕(うみつばめ)を詰め込み、そのアザラシを土のなかに埋めて発酵させるというダイナミックなアザラシの一匹漬けの漬物である。

◆ キビヤックの製造法

　海燕の一種アパリアスを銃で撃つか，もしくは霞網で捕らえる。このアパリアスは，日本に飛来してくるツバメを二回りほど大きくした鳥で，そのままで食べるとかなりにおいがきつい。アザラシはというと，捕えたらまず肉や内臓を抜きとり（すべて食糧とする），皮下脂肪（燃料や食用にする）も削ぎとり，その空洞となったアザラシの腹のなかに下ごしらえもせず，羽もむしらないアパリアスをそのまま入れて詰める。だいたい40〜50羽くらい詰め込んだら，アザラシの腹を太めの魚釣糸で縫い合わせる。そして地面に掘った大きな穴にアザラシ入れて土をかぶせ，その上に重石をたくさんのせる。この重石は，よく漬かるようにというよりも野犬やキツネ，オオカミ，白クマなどに掘り起こされて食べられてしまわないようにするためにのせる。カナディアン・イヌイットの住むバレン・グラウンズ辺りは，夏は5月末からはじまり，8月末から9月には短い秋，そしてすぐに冬という気候なので，夏は実質3か月ほどしかない。夏といっても暑くなく，夏のはじめに地面に穴を掘ってキビヤックを仕込む。それを2年間放置する。発酵は夏だけ（そのほかの期間は低温のため発酵は休止している）なので発酵期間はだいたい6か月間ということになる。とり出したアザラシはグジャグジャの状態で，土と重石で潰されたようになっているが，アパリアスはアザラシの厚い皮に守られ，自らも羽に覆われているので原形をとどめている。このアパリアスはアザラシの厚い皮のなかで乳酸菌や酪酸菌，酵母などにより発酵し，日本の「くさや」のにおいをすごくどぎつくしたような，強烈な特異臭を発する。

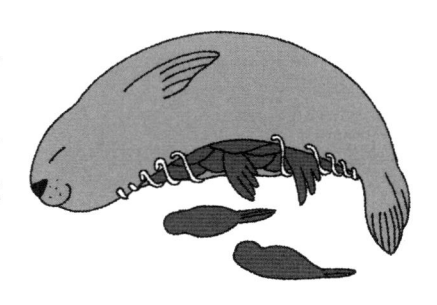

アザラシの腹のなかで2年間

◆ キビヤックの食べ方

　キビヤックの食べ方は，ドロドロに溶けた状態のアザラシのからアパリアスをとり出し，アパリアスの尾羽を引っぱって尾羽を抜き，抜けた穴の近くにある肛門に口をつけ，発酵したアパリアスの体液をチュウチュウと吸い出して味わう。体液はアパリアスの肉やアザラシの脂肪が溶けて発酵したもので，複雑な濃味が混在し，美味である。その味わいは，美味なくさやにチーズを加え，そこにマグロの酒盗（塩辛）を混ぜ合わせたようである。くさみは，（くさやのにおい）＋（ふなずしのにおい）＋

（チーズのゴルゴンソーラのにおい）＋（中国の臭菜(チウツァイ)のにおい）＋（樹から落下したギンナンのにおい）＝（キビヤックのにおい）という公式が成り立つほど強烈なものである。はじめは臭みで少々躊躇(ちゅうちょ)しても，2～3羽食べるうちにその香味の真髄がわかりだし，あとは尾をひいてやめられない。

　そしてこのほかにもキビヤックには食べ方がある。イヌイットの人たちはこのキビヤックを健康保持のためにも使っている。それは，セイウチやアザラシ，イッカク，クジラなどの肉を煮たり焼いたりするときにキビヤックをつけて食べている（生食にはキビヤックはつけない）。つまり，調味料的に用いている。では，なぜ火を通したものだけにキビヤックをつけるのであろうか。そこには驚くべき知恵が隠されている。北極圏というところは気候風土が厳しいため，新鮮な野菜や果物ができない。そのため，植物からビタミン類を十分に補給できない。そこで彼らはずっと長い間，カリブー，白クマ，クジラ，アザラシ，サケやマスなどの生の肉を食べることでビタミン類を摂取してきた。ところがアメリカ人やカナダ人たちが毛皮を求めてイヌイットと交流するようになってから，肉を煮たり焼いたりして食べることを覚え，行うようになった。そのようにして肉を加熱したときに，このキビヤックをつけて食べるのである。そうすることで加熱によって失われたビタミン類をキビヤックから補給している。

　このように発酵食品には発酵微生物が生成したビタミン類が豊富に含まれているので，理に適った食べ方をしているといえる。

　北極圏という新鮮な野菜や果物からビタミン類を補給できない地で，漬け込んだ発酵アザラシと発酵アパリアスからビタミン類を摂取するという生活の知恵には驚かされる。このキビヤックの存在は，これまでいわれてきた「北極圏には発酵食品はない」という説を否定するばかりか，発酵微生物は地球の果てまで人間の周辺に生息していて役立っていることを示している。このような「発酵の知恵」というのは，地球上にまだまだ数々あり，各民族の生活を豊かにしている。

解毒発酵

　この地球上でもっとも珍奇な発酵食品は何か。それは日本にある「毒抜き発酵食品」である。たとえば，石川県金沢市周辺の海岸でつくられるフグ卵巣糠漬けなどは，世界でも例をみない毒抜き発酵食品である。

　人が行ってきた食品加工のなかで，食材から有毒物質を抜いて食べる「毒抜き」と

いうユニークな技術があるが、発酵法によって「毒を抜く」方法は、きわめて珍しく奥深い知恵をもつものといえる。

◆ フグ卵巣の毒抜き

「フグ卵巣糠漬け」は、石川県金沢市周辺の大野、金石地区や白山市美川町、能登半島でつくられている伝統発酵食品のひとつである。有毒な原料を用いる点できわめて特異的で、その有毒物質を微生物によって無毒化し、食品にする。これらの地区は明治初期よりフグ卵巣糠漬けの製造が盛んで、トラフグ（マフグ）、ゴマフグ、サバフグ、ショウサイフグといった毒フグの卵巣を原料としてきた。毒のない肉身を糠漬けにするのならわかるが、ここでは猛毒フグでしかもいちばん毒の多い卵巣を糠漬けにする。毒フグの卵巣には猛毒テトロドトキシンがあり、大型のトラフグの卵巣1個でおよそ15人を致死させる。ところがこれを発酵により解毒し食べられるものにしてしまう。まさに発酵王国、漬物大国ならではの日本の知恵から生まれた発酵食品である。

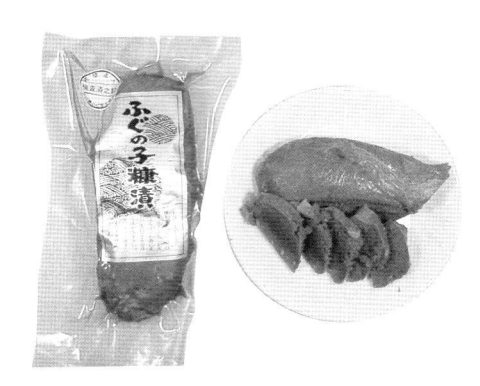

写真3.7-4　フグ卵巣糠漬け

その製造法は3.3節にも示したが、まず卵巣を35〜40％もの塩で塩漬けし、そのまま約6か月〜1年ほど保存する。ただし、この塩漬けは夏を越すことが必要といわれている。保存している間、2〜3か月に一度塩を代えて漬けなおし、塩の量を少しずつ少なくしていく。塩漬けの期間は卵巣の水分が外に出ていくので、このときある程度の毒も抜ける。しかし組織に付いている毒はなかなか抜けず、そのまま卵巣に残っている。次に米麹といしる（魚醤油）を加えた糠に

写真3.7-5　フグ卵巣を糠に漬けて発酵・熟成中の桶
（石川県白山市美川町）

漬け込む。こうして漬け込んだ漬桶に重石をのせて2〜3年間，発酵・熟成させ製品とする。このように一般の魚の糠漬けに比べて塩の使用量を多くし，3〜4年もの長い年月をかけて発酵・熟成させることで残った毒を消していると思われるが，この毒消しのメカニズムの科学的な解明はされていない（3.3節参照）。

　この珍奇な発酵食品の発想の背景には，日本人の食べ物に対する探究心や食材利用に対する執念，発酵王国としての伝統，周囲を海に囲まれた魚食民族の魚をめぐる意地など，さまざまな意識や知恵が織り込まれて生まれてきたものと思われる。

◆ そのほかの解毒発酵

　フグ卵巣漬け以外にも微生物における「解毒発酵」は日本のなかにほかにもある。鹿児島県奄美諸島や沖縄県伊平屋島などの南西諸島において，今ではあまり見かけなくなったが，蘇鉄の実から毒を抜く発酵がある。蘇鉄の実には豊富なデンプンが含まれていて備荒食（前もって凶作や災害に備えておく食べ物）として飢饉時の重要な食糧となっていた。しかし，蘇鉄の実には有毒物質であるホルムアルデヒドが多く含まれており，そのまま食べると中毒を起こしてしまう。そこで実を収穫したら，これを2つに割って日干しし，甕に入れて水に浸漬し，しばらくしてから水をすくい出して空気中から侵入した微生物で数日間発酵させる。この発酵により蘇鉄中の有毒物質であるホルムアルデヒドが微生物の作用で酸化されてギ酸となり，さらに分解されて最終的には二酸化炭素（CO_2）と水（H_2O）になって毒が抜ける。それをよく水で洗い，再び日干しをして乾燥させてから臼で搗いて粉末状にする。これを蒸して筵に広げて2〜3日放置すると，これに麹菌が付いて「蘇鉄麹」ができる。この麹に蒸米および塩を加えて甕に蓄えておくと，そこに耐塩性乳酸菌や酵母が湧き付いて発酵し，特有な香味をもつ「蘇鉄味噌」ができあがる。沖縄島部では，この蘇鉄味噌に豚肉を加えてつくった「アンダンスー（脂味噌）」がお茶うけに最高のものだったとされ，「チョーキミス（お茶うけ味噌）」ともいわれていた。この毒抜きは甕のなかで発酵を行うが，地域によっては蘇鉄の実を土のなかに埋めて土壌微生物によって解毒する原始的な方法もあった。このように土のなかに埋めて微生物の作用で解毒発酵する方法（埋土発酵法）は海外にも例がある。

　それは中国やミャンマーの山岳部族たちの野生茶の発酵である。中国の雲南省とミャンマー国境に近い山岳民族は，野生の茶葉を摘み，それを土のなかに埋めるという手法で「食べる」茶をつくっている。現地に行き何度か見たことがあるが，毒抜きというより，頑固で強いアクを抜きとるようなものであった。野生の茶葉にはタンニン

やリグニンといったポリフェノールがとても多く，これをそのまま茶にして飲むと，苦く，渋く，そして強い収斂(しゅうれん)作用があるので胃壁を痙攣(けいれん)させたり大腸を刺激して強い便秘を起こしたりする。そこで，まず硬い野生の茶葉を煮て竹の筒に入れ，土のなかに1年ほど埋めておく。すると土壌中の発酵微生物が茶葉に作用し，タンニン分解酵素を主体とする酵素で分解する。するとポリフェノールは大幅に減少し，茶として使用することができる。発酵が終わった茶葉はベトベトにやわらかくなっているので，それを食べる。これを食べることで彼らはビタミン補給を行っている。この方法は中国雲南省の山岳民族のみならず，ミャンマーの山岳民族も行っている。このような埋土発酵法による茶づくりは，毒性成分やアク成分を少なく含む栽培種が登場するまで，もっとも古い茶の製法としてメコン川流域に広まっていたのではないかと推察している。そこでこのほかにも埋土発酵法による発酵食品があるか調べたところ，ほとんど見当たらなかった。ただ，毒を消すのではなく，食材を土のなかに埋めて発酵処理し，食べやすくする方法がポリネシアとアフリカのエチオピアにあったので次に紹介する。

　ポリネシアでは「パンノキ（*Artocarpus altilis*（アルトカルプス アルティリス）；30mにも達するクワ科の熱帯植物で，果実は白色パン質の果肉をもち，食糧となる）」の実を土のなかに埋めて土壌微生物に発酵させ，強いアクを抜いてから主食として調理していた。

　エチオピアでは「エンセテ」を土に埋めて奇妙な主食をつくっていた。このエンセテというのは *Enset ventricosum*（エンセテ ヴェントリコスム）という植物で，「偽バナナの木」または「バナナもどき」とよばれている。このエンセテは，バナナと同じバショウ科の植物であるのに食用となるバナナの房をつけず，どこの部分が食べられるのかがわからない不思議な植物で，「偽バナナの木」という名称もここからきている。そのエンセテの食用部分はどこかというと，根と茎との内側にあるやわらかい芯のようなところである。木を切り倒して根を掘り起こし，その根と茎から樹皮を剝ぎ，できるだけ細かく切り刻む。するとエンセテはおろし金でおろした山芋のようなドロドロの状態になる。それを1人3～4日で食べられる量に小分けし，エンセテの葉に包んで直径60cm，深さ1.5mほどの土に掘った深い穴に埋め，上から土をかぶせ，少なくとも2か月，長くて半年，発酵させる。このエンセテの穴は居住建物付近のあちらこちらにあるため，発酵が進むと付近には特有の強い臭気が土をくぐり抜けて現れ，鼻を突く。しかし，このにおいが弱いと発酵が十分に進んでいないことになり，そのエンセテを食べると消化不良を起こす。おそらくこの発酵は，エンセテの可食部に含まれているデンプンと繊維質が土壌中の植物腐朽菌の発酵を受け，消化されやすい炭水化物となり，これを嫌気性菌がさらに発酵して酸味やにおいなどの風味付けをしていると思われる。こ

れを食べるときは，穴から出してきたエンセテをよくこね，油を薄く敷いた丸い金属板で厚めのホットケーキのように焼いて食べる。このパンのような食べ物をグラゲ族の人たちは「ウーサ」とよんでいる。

　ちなみにこのエンセテを調理して食べているのはアフリカでもエチオピア南西部のグラゲ族のみで，世界の民族史からみても大変貴重なものである。

　このようにしてみると，この食べ物の発酵処理方法に近いものが日本にもある。それはギンナンである。ギンナンは外側に果肉状の皮があり，これが強烈に臭い。これも土に埋めておくことで土壌微生物が作用して皮組織を壊し，外皮を除きやすくするのだが，その掘り出すときのにおいがエンセテに非常によく似ている。

　このような土のなかに食材を埋めることで危険なものや不要なものを発酵微生物に除去させる方法を誰が最初に考案したのかわからないが，民族を越えて食材を追求してきた先達たちの執拗なほどの探求心と知恵には頭が下がる。

◆ 出典一覧(敬称略)

I部
写真 I-1，I-2，I-4，I-5，I-6　　財団法人 味の素 食の文化センター
写真 I-3　　山本紀夫（高地研究所）

II部
図1.1-9, 1.1-10　　清酒の官能評価分析における香味に関する品質評価用語及び標準見本（独）酒類総合研究所報告第178号）；http://www.nrib.go.jp/data/pdf/seikoumihou.pdf
写真1.2-7　　宮内酒造合名会社
写真1.2-8　　株式会社フジワラテクノアート
図1.2-4　　西谷尚道，本格焼酎製造技術（西谷尚道編ほか），p.174，第VI-8図，(財)日本醸造協会（1991）
写真1.3-1, 1.3-2, 1.3-3, 1.3-5, 1.3-6　　アサヒビール株式会社
図1.3-2　　ビール酒造組合，ビールの基本技術（国際技術委員会（BCOJ）編），p.3，第1-2図，(財)日本醸造協会（2002）
表1.3-3　　鎌田耕造，醸造の事典（野白喜久雄ほか編），p.262，表3.7，朝倉書店（1988）
写真1.4-1, 1.4-7　　丸藤葡萄酒工業株式会社
写真1.4-2　　中央葡萄酒株式会社
写真1.5-2, 1.5-3, 1.5-4, 1.5-5, 1.5-6, 1.5-7　　ニッカウヰスキー株式会社
写真1.6-1　　株式会社ヴィラデストワイナリー
図1.6-2　　坂井劭，改訂 醸造学（野白喜久雄ほか編），p.139，図9.3，講談社（1993）
写真1.7-3　　©ameeer - Fotolia.com
写真1.7-4　　©PSHAW-PHOTO - Fotolia.com
写真1.9-3　　米田酒造株式会社；http://www.toyonoaki.com/
写真1.9-4　　瑞鷹株式会社；赤酒専門サイトhttp://www.akazake.com/
写真1.9-6　　青沼　潤
図2.1-3　　好井久雄，改訂 醸造学（野白喜久雄ほか編），p.160，図12.4，講談社（1993）
図2.1-4　　好井久雄，改訂 醸造学（野白喜久雄ほか編），p.163，図12.5，講談社（1993）
表2.1-4　　新・みそ技術ハンドブック 付 基準みそ分析法，p.122，表XII-1，全国味噌技術会（2006）
図2.1-5　　新・みそ技術ハンドブック 付 基準みそ分析法，p.124，図XII-3，全国味噌技術会（2006）
図2.1-6　　新・みそ技術ハンドブック 付 基準みそ分析法，p.123，図XII-1, 2，全国味噌技術会（2006）
図2.1-7　　新・みそ技術ハンドブック 付 基準みそ分析法，p.60，図IV-1，全国味噌技術会（2006）

図2.1-8	新・みそ技術ハンドブック 付 基準みそ分析法,p.32,図Ⅲ-2,全国味噌技術会（2006）
図2.1-10	好井久雄,改訂 醸造学（野白喜久雄ほか編）,p.178,図12.10,講談社（1993）
写真2.2-1,2.2-2,2.2-4	しょうゆ情報センター
写真2.2-3,2.2-5	福岡県醤油醸造協同組合
図2.2-2	栃倉辰六郎編,醤油の科学と技術,p.69,図1-35,㈶日本醸造協会（1988）
写真2.2-7,2.2-8,2.2-9,2.2-10,2.2-11,2.2-12	福島県醤油醸造協同組合
図2.3-1,2.3-2	有限会社菊昌;http://kikumasa.h3.dion.ne.jp/~kikumasa/
写真2.3-3	株式会社ドール
図2.4-2	㈱酒類総合研究所,酒類総合研究所情報誌:お酒のはなし,第10号,5（2005）
表2.4-6	森田日出男,調理科学,19(3),164（1986）
しょっつる（写真）,写真2.5-1	諸井醸造所;http://www.shottsuru.jp/
いしる（写真）	株式会社ヤマト醤油味噌;http://www.yamato-soysauce-miso.co.jp/
いかなご醤油（写真）	日本料理 菊水
写真3.2-1	御すぐき處なり田
写真3.2-2	株式会社土井志ば漬本舗
写真3.2-3	木曽農業改良センター
ピクルス,糠みそ漬,らっきょう漬,三五八漬（写真）,写真3.2-4	
	漬けるドットコム（株式会社コーセーフーズ）;http://www.tukeru.com/
塩辛（写真）	株式会社佐藤水産
いずし（写真）	白神い〜べ舎;http://www.rakuten.co.jp/e-besya/
写真3.3-3	（上）社団法人石川県ふぐ加工協会,（下）いしかわや;http://www.ishikawaya.com/
鰹節（写真）	株式会社にんべん
写真3.4-3	森永乳業株式会社,有限会社ヤスダヨーグルト,雪印メグミルク株式会社,オハヨー乳業株式会社,株式会社明治
写真3.4-7	カルピス株式会社,よつ葉乳業株式会社
表3.5-1	日本パン製菓機械工業会,パン菓子機械総覧97,p.3,光琳（1997）
写真3.5-1	廣瀬理恵子（東京都立食品技術センター）
豆腐よう（写真）,写真3.6-2,3.6-3,3.6-4	株式会社紅濱;http://www.benihama.jp/
写真3.6-6	有限会社右田食品工業
写真3.7-2	廣瀬友二（東京農業大学農学部）
写真3.7-5	森真由美（石川県水産総合センター）

◆ 参考文献

I部
- 松田毅一・E. ヨリッセン，フロイスの日本覚え書き，p.102，中公新書（1983）
- 石毛直道，飲食文化論文集，p.297，清水弘文堂書房（2009）
- 石毛直道ほか，論集酒と飲酒の文化，p.45-56，平凡社（1998）
- 石毛直道ほか，東アジアの食事文化，p.73-116，平凡社（1985）
- 石毛直道・ケネス・ラドル，魚醤とナレズシの研究－モンスーン・アジアの食事文化，岩波書店（1990）

II部
◆1.1節
- 国税庁，清酒の製造状況等について
- 国税庁，清酒製造業の概況
- 国税庁，全国市販酒類調査の結果について
- 農林水産省総合食料局，米の検査結果
- 増補改訂清酒製造技術，㈶日本醸造協会（1997）
- 醸造物の成分，㈶日本醸造協会（1999）
- 北本勝ひこ，醸造物の機能性，㈶日本醸造協会（2007）
- 日本伝統食品研究会編，日本の伝統食品事典，朝倉書店（2007）
- 大森大陸，合成清酒の歴史，酒史研究18，p.45-64，日本酒造史学会（2002）

◆1.2節
- 勝田常芳ほか，鹿児島県工業試験場研究速報，1，5（1952）
- 髙峯和則ほか，鹿児島県工業技術センター研究報告，8，1（1994）
- 西谷尚道ほか，本格焼酎製造技術，㈶日本醸造協会（1991）
- T. Ota et al., *Agric. Biol. Chem.*, **54**(6), 1353（1990）
- 須見洋行ほか，*Blood & Vessel*, p.223（1985）

◆1.3節
- キリン食生活文化研究所，2009年世界主要国のビール消費量，レポートVol.29（2009）
- 橋本直樹，酒の科学（吉沢淑編），p.95-115，朝倉書店（1995）
- 水川侑，日本のビール産業，専修大学出版局（2002）
- 高橋定孝，食品加工総覧 加工品編 第7巻 地ビール，p.553-563，㈳農山漁村文化協会（2000）
- キリンビール株式会社 酒類市場データ：http://www.kirin.co.jp/company/marketdata/pdf/databook2010_01.pdf
- ビール酒造組合，ビールの基本技術（国際技術委員会（BCOJ）編），㈶日本醸造協会（2002）
- A. W. MacGregor and G. B. Fincher, Carbohydrates of the barley grain, in Barley : Chemistry and Technology (A. W. MacGregor and R. S. Bhatty eds.), *Am. Assoc. Cereal. Chem.*, p.73-130, St. Paul, Minnesota, USA（1993）

- D. T. Boume et al., *Jour. Inst. Brewing.*, **88**(6), 371-375 (1982)
- 加藤常夫ほか, 育種学雑誌, **45**(4), 471-477 (1995)
- G. Jacson and C. W. Bamforth, *Jour. Inst. Brewing.*, **89**(3), 155-156 (1983)
- M. G. Barber et al., *Jour. Inst. Brewing.*, **100**(2), 91-97 (1994)
- 鎌田耕造, 醸造の事典（野白喜久雄ほか編）, p.246-268, 朝倉書店 (1988)

◆1.4節
- 戸塚昭, 醸造の事典（野白喜久雄ほか編）, p.269-296, 朝倉書店 (1988)
- 渡辺正平・内藤欽一, 改訂 醸造学（野白喜久雄ほか編）, p.118-130, 講談社 (1993)
- 銭林裕, 醸造・発酵食品の事典（吉沢淑ほか編）, p.268-293, 朝倉書店 (2002)
- 戸塚昭, ワインの事典（山本博監修）, 産調出版 (2003)
- 戸塚昭, 新版 ワインの事典（大塚謙一監修）, 柴田書店 (2010)
- 国税庁, 酒のしおり (2011)
- 日本ソムリエ協会編集委員会, 日本ソムリエ協会教本2011, 日本ソムリエ協会 (2011)
- R. B. Boulton et al., *Principles and Practices of Winemaking*, An aspen Pub (1998)
- R. P. Vine et al., *Winemaking*, Springer (2002)
- R. J. Clarke et al., *Wine Flavour chemistry*, Blackwell Pub (2004)
- D. Dubourdieu et al., *Traité d'oenologie* : Tome 1, Denod (2004)
- Y. Glories et al., *Traité d'oenologie* : Tome 2, Denod (2004)

◆1.6節
- 戸塚昭, 食品の熟成（佐藤信監修）, p.149-158, 丸善 (1984)
- 原昌道, 醸造の事典（野白喜久雄ほか編）, p.297-306, 朝倉書店 (1988)
- 坂井劭, 改訂 醸造学（野白喜久雄ほか編）, p.136-139, 講談社 (1993)
- 冨岡伸一, 醸造・発酵食品の事典（吉沢淑ほか編）, p.288-301, 朝倉書店 (2002)
- 日本ソムリエ協会編集委員会, 日本ソムリエ協会教本2011, 日本ソムリエ協会 (2011)
- 国税庁, 酒のしおり (2011)

◆1.7節
- 東和男編著, 発酵と醸造Ⅱ, p.337-348, 光琳 (2003)
- 佐藤賢次, 酒の科学（吉沢淑編）, p.171-184, 朝倉書店 (1995)
- 吉沢淑, 醸造の事典（野白喜久雄ほか編）, p.324-334, 朝倉書店 (1988)
- 坂井劭, 改訂 醸造学（野白喜久雄ほか編）, p.140-144, 講談社 (1993)
- 小泉武夫, 銘酒誕生, p.22-115, 講談社 (1996)
- A. C. Simpson, Gin and Vodoka, in Eeconomic Microbiology, volume 1, *Alcoholic beverages* (A. H. Rose ed.), p. 537-594, Academic Press (1977)
- M. Lehtonen and H. Suomalainen, Gin and Vodoka, in Economic Microbiology, volume 1, *Alcoholic bevarages* (A. H. Rose ed.), p.595-633, Academic Press (1977)

◆1.8節
- 東和男編著，発酵と醸造Ⅱ，p.349-361，光琳（2003）
- 今井滋郎，酒の科学（吉沢淑編），p.191-197，朝倉書店（1995）
- 吉沢淑，醸造の事典（野白喜久雄ほか編），p.372-379，朝倉書店（1988）
- 坂井劭，改訂 醸造学（野白喜久雄ほか編），p.145-146，講談社（1993）
- 全国農業新聞2006年7月28日「家畜も大喜び「エコフィード」食品残さをリサイクル飼料に」

◆2.1節
- みそ健康づくり委員会，みそができるまで，みそ健康づくり委員会（2011）
- 小泉武夫，発酵食品礼讃，文藝春秋（1999）
- 好井久雄，改訂 醸造学（野白喜久雄ほか編），p.151-181，講談社（1993）
- 全国味噌技術会，新・みそ技術ハンドブック 付 基準みそ分析法，全国味噌技術会（1995，2006）
- みそ健康づくり委員会，みそ知り博士のQ＆A50，みそ健康づくり委員会（2011）
- 石村由美子ほか，自家製味噌のすすめ—日本の食文化再生に向けて—（石村眞一編），雄山閣（2009）
- 喜多村啓介，大豆のすべて，サイエンスフォーラム（2010）

◆2.2節
- 伊藤寛，改訂 醸造学（野白喜久雄ほか編），p.182-202，講談社（2003）
- 栃倉辰六郎編著，醤油の科学と技術，㈶日本醸造協会（1988）
- 醤油の研究と技術，㈶日本醤油技術センター

◆2.3節
- 柳田藤治，改訂 醸造学（野白喜久雄ほか編），p.203-218，講談社（1993）
- 柳田藤治，醸造の事典（野白喜久雄ほか編），p.470-489，朝倉書店（1988）
- 全国食酢協会中央会（2011）
- 全国食酢公正取引協議会（2011）

◆2.4節
- 森田日出男編著，みりんの知識，幸書房（2003）
- 柳田藤治，改訂 醸造学（野白喜久雄ほか編），p.87，講談社（1993）
- 森田日出男，醸造・発酵食品の事典（吉沢淑ほか編），p.478-495，朝倉書店（2002）
- 山下勝，日本醸造協会誌，**87**(10)，726-731（1992）
- 山下勝，日本醸造協会誌，**87**(11)，792-800（1992）
- 竹村朋実ほか，日本醸造協会誌，**106**(8)，547-555（2011）
- 高橋康次郎ほか，日本醸造協会誌，**106**(9)，578-586（2011）
- 酒類総合研究所情報誌：お酒のはなし，第7号，㈰酒類総合研究所（2005）
- 宝酒造株式会社パンフレット：匠の技と，おいしさの科学—本みりんを極める（2002）

◆2.5節
- 小泉武夫ほか，水産振興，**443**，㈶東京水産振興（2004）

- 野田実，醸造の事典（野白喜久雄ほか編），p.491-509，朝倉書店（1988）

◆3.3節
- 藤井建夫，塩辛・くさや・かつお節—水産発酵食品の製法と旨み（改訂版），恒星社厚生閣（2001）
- 藤井建夫，魚の発酵食品，成山堂書店（2002）
- 日本伝統食品研究会編，日本の伝統食品事典，朝倉書店（2007）

◆3.4節
- チーズ＆ワインアカデミー東京監修，チーズ，p.6，西東社（1997）
- 中江利孝，牛乳・乳製品，p.159，養賢堂（1993）
- 有賀秀子・渡部恂子，モンゴルの白いご馳走（石毛直道編著），p.192，チクマ秀版社（1997）

◆3.5節
- 吉野精一，パン「こつ」の科学，p.66，柴田書店（2005）
- 大阪あべの辻製パン技術専門カレッジ監修，パンの基本大図鑑，p.362，講談社（2006）
- パン食普及協議会　パンのはなし；http://www.panstory.jp/cworld/c.htm
- 長尾精一編，小麦粉の魅力，(財)製粉振興会（2008）

◆3.6節
- 渡辺篤二ほか，大豆食品 第2版，p.196，光琳（1980）
- C. Tokue and E. Kataoka, *Food Sci. Technol. Res.*, **5**(2), 119 (1999)
- 金鳳燮ほか，中国の豆類発酵食品（伊藤寛・菊池修平編著），p.216, 226, 228，幸書房（2003）
- 小泉武夫，発酵は力なり〜食と人類の知恵，p.146，日本放送出版協会（2008）
- 安田正昭，民俗のこころを探る（原泰根編），p.295，初芝文庫（1994）
- 安田正昭，大豆タンパク質の加工特性と生理機能（日本栄養・食糧学会監修，菅野道廣・尚弘子責任編集），p.65，建帛社（1999）
- 安田正昭，日本食品科学工学会誌，**57**(5), 181 (2010)
- M.Yasuda, *Soybean-Biochemistry, Chemistry and Physiology* (Tzi-Bun Ng ed.), p.299, InTech-Open Access Publisher (2011); http://www.intechopen.com/articles/show/title/fermented-tofu-tofuyo
- 舟木淳子ほか，日本食品科学工学会誌，**43**(5), 546 (1996)

- 小泉武夫，発酵食品礼讃，文藝春秋（1999）
- 小泉武夫監修，発酵食品の大研究，PHP研究所（2010）

◆ おわりに

　人間は有史以来，貪欲なまでにあらゆるものを食し，美味な食べ物や，体にとって大切な食べ物を生み出してきた。その背景には，驚くべき高度な人間の知恵と豊かな発想があったことは，目にも見ることができない微細な生き物を巧みに使って「発酵食品」を創造したことでもわかる。

　発酵食品の周辺の，ほんの一端を本書で知っただけでも，まさに人間の知恵と発想は底なしといってよい。そこに漂う数々の知恵は，人類にこれほどまで発酵文化を築かせた。この頃の一日の生活をよく考えてみると，おそらく何らかのかたちで発酵物の世話にならない日などないといっても過言ではないだろう。それほどまで私たちの生活と密着してきた発酵食品の世界が目にも見ることのできない微細な生物の巨大な力で行われている神秘性を，読者は十分に理解されたことと思う。

　これからも人間は，この小さな巨人たちと，もっともっと深いつながりをもって共存しながら，新たなすばらしい文化を創造していくであろう。そして人間は発酵を通じてさらなる恩恵を数限りなく受けることになる。

　とにもかくにも，発酵食品は誠にもって神秘的な食べ物であり，人知の結晶ともいうべき食べ物であり，そして21世紀に突入した今，もっとも注目されている食べ物なのである。本書を執筆し，監修を終えた今，発酵食品を総論的に表現すれば「食は発酵にあり」となり，各論的に述べれば「美味は発酵に潜み，そして健康や老化の防止は発酵食品に宿る」ということになろう。まさに「発酵食品礼讃」である。

　最後に，ここに示した写真は，昔から今日までさまざまな発酵産業を支えてきた目にも見えない小さな巨人，微生物の供養塚である。いわば世界にひとつしかない微生物の墓標と考えてよい。発酵文化は目に見えぬ無数億のおびただしい微生物の犠牲により維持されているが，多くの人間はこれだけすばらしい恩恵を受けているのに，有用微生物に対して意外に無関心である。

これを反省して，菌の尊さを讃えようと昭和56年に，日本の発酵学者有志の手によって京都市左京区一乗寺竹ノ内町にある名刹曼殊院にこの菌塚が建立された。本書の原稿を書きあげてから，曼殊院に山口圓道門跡を訪ね，生きるものについての貴重な談話をいただいた。人は決して人のみでは成り立たず，自然の偉大さのなかに包み込まれてなるものである。その自然の偉大さをつくり上げる原点が，本書の主題であった微生物の発酵作用によるものであることを改めて認識しながら合掌した。

　本書の刊行にあたり，多くの方たちのご協力をいただき，執筆，編集には数多くの関係する文献や資料，写真等を参考また引用させていただいた。また㈱講談社サイエンティフィク編集部の堀恭子氏には大変お世話になった。心から感謝いたします。

2012年3月

　　　　　　　　　　　　　　　　　　　　　　　小泉武夫

◆ 索 引

あ行

赤酒	185
赤ワイン	114,121
灰持酒	184
味付きポン酢	248
Aspergillus	85,182,303,338
—— *awamori*	199
—— *oryzae*	41,199,222,331
—— *kawachii*	199
—— *sojae*	222
アセテーター法	236
Acetobacter	233,244
—— *aceti*	233
圧搾〔醤油〕	225
圧搾〔ワイン〕	126
アップルブランデー	159
甘酒	226,322
アマドリ転移化合物	262
アミノカルボニル反応	108,207,225,226
アミノ酸液〔醤油〕	217,222
アミノ酸度	67
アミラーゼ	201
荒櫂	50
アルコール酢	246
アルコール添加	60
αエチルグルコシド	77
アロマタイズドワイン	140
合わせ酢	248
泡なし酵母	52
アンジオテンシン変換酵素	213,231,262,276,332
アントシアニン	145
アンバーグラス	69
イースト	318
イオン交換	93
いかなご醤油	268
いしる	267
いずし	297
いぜこみ菜漬	282
イソフムロン	100
イソフラボン	329
板粕	64
一次仕込み	90
色〔ビール〕	107
色〔味噌〕	207
いわし糠漬け	299
インフュージョン法	103
ヴァッティング	152
ヴァン・ジョーヌ	114
ヴァン・ドゥー・ナチュレル	139
ウイスキー	148
—— 製造工程	150
VBNC細菌	292
魚醤油	16,264
—— 成分，機能性	273
ウオッカ	168
淡口醤油	226
打瀬	50
うま味	19
うるか	293
HEMF	230,231
液化	55
液化仕込み	61
エコフィード	181
S-アデノシルメチオニン	77
エステル	146
エソ	137
エッセンス法	180
エチケット	116
MLF乳酸菌	127
エンジェルシェア	156
エンセテ	346
塩蔵	278
円盤式自動製麹装置	89
追い水	59
黄色ブドウ球菌	294
大型屋外タンク	106,223
大麦	99
オランダ・ジン	172
淕〔醤油〕	219
滓〔食酢〕	238
滓〔清酒〕	65
滓〔みりん〕	258
滓引き〔ワイン〕	127
滓ブランデー	159
温醸	218
温浸法	179

か行

外硬内軟	37,87
回転ドラム式製麹装置	89
加温醸造	206,211
加温抽出仕込み	125
垣根仕立て	121
掛米	37
加工酢	248
果実酒	7
果実浸漬ブランデー	159
果実酢	245
ガス臭	92
粕酢	244
粕取焼酎	64
粕取ブランデー	159
粕歩合	63
カゼイン	309
鰹節	301
カビ酒	10
カビ臭	144
カビ付け	303
カプロン酸エチル	73
カベルネ・ソーヴィニヨン	117
カベルネ・フラン	118
果帽	124
下面発酵酵母	105
果膠	124,163
醸し仕込み	124
枯らし	48,51
顆粒状乾燥酵母	123,163
燗酒	76
カンテイロ	139
鑑評会出品酒	74

甘露醬油	217,228	珪藻土濾過機	106	コンニャク菌	234
		解毒発酵	343		
生揚醬油	218	ケフィア	308	**さ行**	
生一本	76	減圧蒸留	92	再仕込み醬油	228
黄色ワイン	114	減塩醬油	229	酒種	319
唎き猪口	68	原酒	76	酢酸イソアミル	73
黄麹菌	85,331			酢酸菌	233,250
貴醸酒	75	濃口醬油	218	酢酸発酵	234
木灰	42	碁石茶	339	酒粕	63
キビ粒	211	高温糖化酒母	51	酒粕焼酎	64
キビヤック	341	高級ワイン	116	鮭醤油	270
貴腐ワイン	136	コウジ酸	77	三五八漬	287
キムチ	284	麹酸度	89	差し酛	90
生酛系酒母	49	麹歩合	91	*Saccharomyces*	299
キャビテーター法	236	麹蓋	45	── *oviformis*	137
Candida	141	麹麦	221	── *cerevisiae*	
── *etchellsii*	224	香酢	244	52,105,142,163,173,300	
── *versatilis*	205,224	硬水	38	── *bayanus*	137,163
魚醬	17,264	合成酢	247	── *fragilis*	308
切返し	206	合成清酒	78	── *pombe*	143,173
キルシュヴァッサー	160	酵素	200	雑酒	184
吟醸香	73	酵素発酵茶	338	サツマイモ	87
吟醸酒	70	紅茶キノコ	251	ザワークラウト	284
		酵母〔味噌〕	205	サワー種法	318,320
クエン酸	89	酵母〔ワイン〕	141	三角棚	89
草麹	10	小エビ塩辛ペースト	15	酸化防止剤	130
くさや	289	コガネセンガン	87	三増酒	34
口嚙み酒	8	黒糖	88	三段仕込み	53
汲み掛け	50,227	黒糖焼酎	81	酸度〔焼酎〕	89
汲水	223	穀物酢	242	酸度〔清酒〕	67
汲水歩合	91,185	甑	40	酸度〔味噌〕	207
Cladosporium cellare	144	このわた	293		
クリアデラ	137	小麦	317	シードル	140
Gluconobacter xylinum	250	米麹	322	ジェネヴァ・ジン	172
グルテン	319	米酢	242	シェリー	137
グレープブランデー	159	米味噌	191	塩辛	15,293
グレーンウイスキー	149	*Corynebacterium*	291	塩辛納豆	277
Kloeckera	141	コルク臭	144	塩麹	287
黒粕	63	コルク栓	130	醢	32
黒麹菌	85	混合醸造方式	217	直捏法	318,320
黒酢（黒玄米酢）	243	混合方式	217	仕事仕舞	89
Glomerella cingulata	144	混成酒類	29	仕込み〔醬油〕	223

索引 ◆ 357

仕込み〔ビール〕	103	焼酎乙類	80	末垂れ	165
仕込み〔みりん〕	256	焼酎粕	94	すぐき	281
地酒	185	焼酎酵母	85	スターター	2
自然流化液	126	焼酎甲類	80	*Staphylococcus*	294
地伝酒	185	上面発酵酵母	105	スティルワイン	113
自動通風製麴法	47	醤油	216	*Streptococcus*	308
シトロネロール	93	── 原料,原料処理	220	── *thermophiles*	307
地ビール	97	── 種類	216	すなな漬	282
ジメチルスルフィド(DMS)	108	── 製造工程	222	スパークリングワイン	113,134
炒熬	221	── 成分	229	スピリッツ	168
煮熟法	196	醤油加工調味料	218	酢醪	233
シャルドネ	118	醤油多糖類	231	すんき漬け	282
シャルマー法	136	醤油乳酸菌	224,230,231		
臭豆腐	332	醤油標準色	229	製麴〔焼酎〕	89
Pseudomonas	279	ショウユフラボン	231	製麴〔醤油〕	222
シュー・ル・リ	133	蒸留	163	製麴〔清酒〕	43
樹液の酒	7	蒸留酒類	29	製麴〔味噌〕	197
熟成	294	蒸留酢	247	製麴〔みりん〕	256
熟成香	130	蒸留法	179	清酒	32
熟成度〔味噌〕	207	食後酒	116,133	── 機能性	77
酒精	226	食酢	232	── 麴	41
酒精強化ワイン	113,136	── 機能性	249	── 原料	35
酒石酸カリウム	145	── 種類,成分	240	── 原料処理	39
酒造年度	34	── 製造工程	235	── 酒母	48
シュタインヘイガー	172	── 微生物	233	── 製成,貯蔵,出荷	65
酒盗	293	食前酒	116	── 製造工程	35
酒母〔清酒〕	48	食中酒	116,133	── 成分	66
酒類	28	除梗破砕機	123	── 醪	53
酒類のカロリー	31	しょっつる	265	清酒酵母	52
純米酒	70	白樺炭	168	静置発酵法	235
常圧蒸留	91	白麴菌	85	精米歩合	39
常温減圧濃縮法	125	白醤油	228	セニエ	125
蒸熟法	196	白だし	229	セライト	226
上槽〔清酒〕	62	白ワイン	114,130	全窒素	229
上槽〔みりん〕	258	ジン	170	全面発酵法	236
醸造酒類	29	新ジャンル	97	千粒重	37
醸造酢	240	心白	37		
焼酎	80	深部発酵法	236	増醸酒	75
── 原料,原料処理	86	酢	11,232	速醸系酒母	49
── 製造工程	83,89	水産発酵食品	272	速醸酒母	51
── 成分,香味	93	ズースレセレヴェ	132	速醸法	236
── 微生物	85			その他の政令で定める物品	32

ソレラシステム	137	

た行

大吟醸酒	71
第三のビール	97,177
大豆〔味噌〕	192
遺伝子組換え ——	194
国産 ——	193
輸入 ——	193
大豆〔醤油〕	220
脱脂加工 ——	220
対水食塩濃度	204
高泡	57
暖気	50
多段式連続蒸留器	164
棚仕立て	121
種菌	2
種麹〔醤油〕	222
種麹〔清酒〕	41
種麹〔味噌〕	199
種酢	235
種水	204
溜醤油	227
樽発酵	133
単行複発酵酒	29
単式蒸留	164
単式蒸留焼酎	80
炭素濾過	65
ダンネージ式	156
単発酵酒	29
チーズ	5,305,309
チオール化合物	146
Zygosaccharomyces rouxii	205,224
チャー	156
チャーニング	312
長期貯蔵酒	92
調合みそ	191
通風製麹	223

漬物	13,278
—— 分類, 製造工程	280
壺酢	243
低塩大豆発酵食品	329
低温醸し法	125
ディスターズイースト	154
テキーラ	174
出麹〔焼酎〕	89
出麹〔清酒〕	44
出麹〔味噌〕	202
デコクション法	103
デザートワイン	116
Tetragenococcus	299
—— *halophilus*	205,224,230
テトロドトキシン	300
天然醸造	206,211
天秤押し	281
テンペ	334
天窓	45
ドイツ硬度	38
酘	33
豆豉	14
豆腐味噌漬け	333
豆腐よう	329
特定名称酒	70
屠蘇	177
どぶろく	79
ドライ・ジン	172
2,4,6-トリクロロアニソール(TCA)	144
トルーブ	104
どんぶり仕込み	82

な行

中種法	318,320
ナタデココ	250
ナチュラルチーズ	309
納豆	13,274
ナットウキナーゼ	276
生酒	65,75
生しば漬	282
生ポン酢	248
なれずし	17,295
軟水	38
ナン・プラー	269
煮切り	253
ニコチアナミン	231
にごり酒	75
二酸化硫黄	123,163
二次仕込み	82,90
二条大麦	88,99,150
日常ワイン	116
二度蒸し	87
日本酒度	67
日本農林規格(JAS)	217,226,230,240
乳酸菌〔醤油〕	224
乳酸菌〔漬物〕	280,286
乳酸菌〔味噌〕	205
乳酸菌〔ヨーグルト〕	308
乳酸菌〔ワイン〕	142
乳酸発酵漬物	279
乳酒	4,187
乳食文化圏	3
乳清	311
乳糖不耐症	4
乳腐	326
ニョク・マム	268
糠漬け	298
糠みそ漬	285
濃縮酢	247
ノンアルコールビール	96

は行

廃水〔ビール〕	110
廃水処理〔味噌〕	214
白酒	182
麦芽〔ウイスキー〕	153

麦芽〔ビール〕	102	火入れ〔醤油〕	225	ブレンド	149
麦芽酢	244	火入れ〔清酒〕	65	ブロアントシアニジン	145
麦汁〔ビール〕	102	火落ち〔清酒〕	66	フロール	137
箱麹法	47	火落ち〔みりん〕	259	プロセスチーズ	311
破精〔清酒〕	44	ピクルス	285	プロテアーゼ	202
破精込み〔味噌〕	203	醤	19,216,264	プロバイオテクス	279,305
バター	305	微生物発酵茶	338	プロファイル表	70
── 種類	312	*Pichia*	141,299	分別生産流通管理	194
蜂蜜酒	5,188	ピノ・ノワール	118	粉末酒	189
Bacillus	211	表面発酵法	235		
── subtilis var. natto	275	瓶内二次発酵法	135	並行複発酵酒	29
発酵	2			β-アミラーゼ	88,104
発酵嗜好飲食品	26	ブーケ	146	β-グルカン	99
発酵種法	318,320	フェノレ	142	β-グルコシダーゼ	93
発酵茶	12,337	フォーティーファイドワイン		β-ダマセノン	93
発酵豆腐	326		113,137	ペクチン分解酵素	131
発酵肉	340	フグ毒	300	へしこ	299
発酵乳	3,305	フグ卵巣糠漬け	299,344	*Pediococcus*	299
発酵乳製品	304	ブドウ	117	紅麹	326
── 原料, 原料処理	304	ヨーロッパ系 ──	117	紅麹菌	331
発酵バター	312	北米系 ──	119		
発泡酒	97	交配品種	119	黄酒	182
発泡性酒類	29	ブドウ酢	246	火腿	340
発泡性ワイン	113,134	ブドウネシラミ	117	ホエイ	311
パテントスチル	149,164	ふなずし	295	ポート	138
散麹	10,182	腐乳	326	ボーメ	57,229
バルサミコ酢	246	腐敗	2	補酸	89
パン	11,314	踏込粕	64	ポットスチル	149,164
── 種類	315	踏込み	205	ホップ	99
パン酵母	318	ブランデー	158	ボツリヌス食中毒	298
半発酵茶	337	── 原料	161	補糖	124
		── 製造工程	162	*Botrytis cinerea*	136,144
BMD値	58	── 成分	166	ポマスブランデー	159
ピート	150	── 分類	159	ポリアミン	231
ビール	9,96	フリーラン	126	ポリフェノール	145
── 原料, 原料処理	99	ブリュワーズイースト	154	ホルモール窒素	229
── 種類	107	フルーツワイン	140	ホワイトリカー	91
── 製造工程	98,102	ブルフ	104	本格焼酎	80
── 成分	108	フレーバードワイン	114	本枯節	301
ビール酵母	105,154	フレーバーホイール	69	本醸造酒	70
ビールテイスト飲料	96	ブレット	142	本醸造方式	217
Phylloxera vastatrix	117	ブレンデッドウイスキー	149	ポン酢	248

ま行

マデイラ	139
豆味噌	191
マリッジ	152
Marinospirillum	291
毬花	100
丸大豆醤油	218,220
マロラクティック発酵	127,133,163
未醤	216
水切り〔大豆〕	196
味噌	190
── 機能性	211
── 原料	192
── 原料処理	196
── 麹	198
── 仕込み，熟成管理	204
── 種類	191
── 製造工程	192
── 製品調整,包装,管理	208
── 成分	211
味噌麹	199
味噌玉	210,227
味噌玉成型機	210
緑麦芽	102
ミニマムアクセス米	195
みりん	252
── 機能性	262
── 原料，原料処理	253
── 製造工程	253
── 成分	259
── 調味効果	260
みりん粕	254,259
みりん類似調味料	263
無塩可溶固形分	229
無塩乳酸発酵漬物	282
麦味噌	191
Mucor	326
── *pusillus*	309
室入り	281
無濾過	65
無濾過ワイン	129
メタン発酵	94
めふん	293
メラノイジン	102,225,231,262
メルロ	118
餅麹	10,182
酛摺り	49
Monascus	331
モノテルペンアルコール（MTA）	93
モヤシ酒	9
盛り〔焼酎〕	89
モルトウイスキー	149
諸白	33
醪〔清酒〕	53
醪〔みりん〕	256
諸味〔醤油〕	224
もろみ酢	94,248
醪垂れ歩合	63

や行

山廃酒母	49
有機酸	145
油性成分	92
ヨーグルト	307
四段	59

ら行

ライフサイクルアセスメント	109
ラガーリング	106
Lactobacillus	66,296,308
── *sake*	50
── *brevis*	279
── *plantarum*	279,296
── *bulgaricus*	307
── *homohiochii*	66
螺旋菌	291
らっきょう漬	286
ラブレ菌	279
ラブレ漬	283
ラム	172
リースリング	118
リキュール	176
Rhizopus	182,326,335,338
── *oligosporus*	335
流動焙焼法	221
両味混合	218
リンゴ酢	245
冷却濾過	92
冷浸法	179
レスベラトロール	146
連続式蒸留	165
連続式蒸留焼酎	80
連続発酵法	236
レンネット	309
Leuconostoc	
── *oenos*	143
── *mesenteroides*	50
濾過〔清酒〕	65
六条大麦	99
ロゼワイン	114,133,172
ロンドン・ジン	172

わ行

ワーキング	312
ワイン	112
── 原料	117
── 種類	112
── 醸造法	121
── 成分	145
── 微生物	141
ワイン酵母	141
若ビール	106
湧き付き	105
割水〔清酒〕	66

編著者紹介

小泉 武夫(こいずみたけお)

東京農業大学農学部醸造学科卒業,東京農業大学農学博士取得
現　在　東京農業大学名誉教授ほか,鹿児島大学・琉球大学・別府大学・石川県立大学・新潟薬科大学・広島大学客員教授
専門分野　醸造学,発酵学,食文化論,農業,街づくり
著　書　『発酵(中央新書)』『発酵食品礼讃(文藝春秋)』『発酵は錬金術である(新潮新書)』『納豆の快楽(講談社)』『食あれば楽あり(日本経済新聞社)』など130冊を超える。

NDC 588　　367p　　21cm

発酵食品学(はっこうしょくひんがく)

2012年 4 月 1 日　第 1 刷発行
2024年 7 月 22 日　第12刷発行

編著者　小泉武夫(こいずみたけお)
発行者　森田浩章
発行所　株式会社　講談社
　　　　〒112-8001　東京都文京区音羽 2-12-21
　　　　　販　売　(03) 5395-4415
　　　　　業　務　(03) 5395-3615

KODANSHA

編　集　株式会社　講談社サイエンティフィク
　　　　代表　堀越俊一
　　　　〒162-0825　東京都新宿区神楽坂 2-14　ノービィビル
　　　　　編　集　(03) 3235-3701
印刷所　大日本印刷株式会社
製本所　株式会社国宝社

落丁本・乱丁本は,購入書店名を明記のうえ,講談社業務宛にお送り下さい。送料小社負担にてお取替えします。なお,この本の内容についてのお問い合わせは講談社サイエンティフィク宛にお願いいたします。定価はカバーに表示してあります。

© Takeo Koizumi, 2012

本書のコピー,スキャン,デジタル化等の無断複製は著作権法上での例外を除き禁じられています。本書を代行業者等の第三者に依頼してスキャンやデジタル化することはたとえ個人や家庭内の利用でも著作権法違反です。

JCOPY 〈(社)出版者著作権管理機構　委託出版物〉
複写される場合は,その都度事前に(社)出版者著作権管理機構(電話 03-5244-5088,FAX 03-5244-5089,e-mail: info@jcopy.or.jp)の許諾を得て下さい。

Printed in Japan

ISBN 978-4-06-153734-7